FSC
www.fsc.org
MIX
Papier aus verantwortungsvollen Quellen
Paper from responsible sources
FSC® C105338

Bibliographische Information der Deutschen Nationalbibliothek

Die Deutsche Nationalbibliothek verzeichnet diese Publikation in der Deutschen Nationalbibliografie; detaillierte bibliografische Daten sind im Internet über hppt://dnb.d-nb.de abrufbar

1. Auflage 1970
2. Auflage 1971
3. Auflage 1973
4. Auflage 1976
5. Auflage 2014 (erweitert)

Gedruckt auf chlorfrei gebleichtem Papier

ISBN: 978-3-923264-00-1

Verlag: Zangemeister & Partner, Innovationsberatung; www.zangemeister.de
Herstellung: BoD – Books on Demand, Norderstedt

Meinem Vater

Prof. Dr. med. Hans E. Zangemeister

1907 - 1970

Vorwort zur ersten Auflage

Die Nutzwertanalyse ist eine Planungsmethode zur systematischen Entscheidungsvorbereitung bei der Auswahl komplexer Projektalternativen. Ihr besonderes Kennzeichen ist darin zu sehen, daß der Bewertung von Alternativen unter vergleichsweise geringen praktischen Schwierigkeiten auch eine Vielfalt von Zielkriterien zugrunde gelegt werden kann. Die Nutzwertanalyse gewinnt daher in allen sozio-ökonomisch-technischen Bereichen, wo die herkömmlichen, eindimensionalen Methoden der ökonomischen Investitionsrechnung alleine zur Entscheidungsfindung nicht ausreichen, zunehmend an Bedeutung. Insbesondere gilt das auf dem Gebiet der Forschung und Entwicklung, wofür die Planung in der amerikanischen Raumfahrt ein charakteristisches Beispiel ist.

Das Ziel dieser Arbeit ist es, die Möglichkeiten und Grenzen der Nutzwertanalyse im Rahmen systemtechnisch orientierter Planungsprozesse aufzuzeigen. Dazu wird die allgemeine Logik von Nutzwertanalysen beschrieben und die praktische Bedeutung der durch sie implizierten Annahmen über die Entscheidungssituation hervorgehoben. Davon ausgehend werden dann die alternativen Verfahrensweisen für die praktische Durchführung von Nutzwertanalysen behandelt (vgl. Abb.2 auf Seite 11).

Diese Arbeit entspricht der von mir im Zusammenhang mit meiner wissenschaftlichen Tätigkeit am Brennpunkt Systemtechnik der Technischen Universität Berlin angefertigte Dissertation. Ihr unveränderter Abdruck in diesem Buch trägt dem vielfach an mich herangetragenen Wunsch Rechnung, die von mir im Rahmen der "Aufbauseminare Systemtechnik" gehaltene Vorlesung bereits jetzt in vertiefter Form einer breiteren Öffentlichkeit zugänglich zu machen. Die damit gelegentlich in Kauf zu nehmenden Kompromisse zwischen theoretischer Betrachtung und praktischer Arbeitsanleitung müssen unter diesem Gesichtspunkt verstanden werden. Diese unter praxisorientierten Aspekten zu vermindern, soll einer zukünftigen Überarbeitung des Themas vorbehalten bleiben.

Besonderen Dank für wertvolle Anregungen und weitreichende Unterstützung beim Entstehen dieser Arbeit schulde ich Herrn Professor Dr.-Ing. H.H. Koelle, dem Ordinarius für Raumfahrttechnik und Leiter des Brennpunktes Systemtechnik an der Technischen Universität Berlin. Herr Professor Dr. rer.oec. H. H. Weber, Ordinarius für allgemeine Betriebswirtschaftslehre und Unternehmensforschung an der Technischen Universität Berlin, war so freundlich, das fertige Manuskript kritisch durchzusehen, was mir die Vornahme verschiedenerer Ergänzungen ermöglichte. Schließlich danke ich nicht zuletzt Frau Lilli Reiser für ihre in großer Sorgfalt ausgeführten Schreibarbeiten.

Berlin, Januar 1970 Christof Zangemeister

Vorwort zur fünften Auflage

Seit der ersten Auflage dieses Buches im Jahr 1970 sind in relativ kurzer Folge drei weitere Auflagen als Nachdruck in unveränderter Form erschienen. Nachdem auch die vierte Auflage bereits seit einigen Jahren vergriffen ist, wurde und wird diese Arbeit dennoch nach wie vor nachgefragt. Ein Grund dafür dürfte darin liegen, daß das Thema Nutzwertanalyse (NWA) bisher in keiner anderen Monographie vergleichsweise breit und tiefgehend behandelt wurde und sich an den methodischen Grundlagen der Nutzwertanalyse trotz des inzwischen großen zeitlichen Abstandes seit der Erstveröffentlichung kaum etwas geändert hat. Dies erklärt auch den gerade in jüngster Zeit wiederholt an mich herangetragenen Wunsch von Studenten und Doktoranden, die für ihre wissenschaftliche Arbeit die Originalfassung der Nutzwertanalyse benötigen, möglichst noch ein Exemplar aus dem Restbestand zu erwerben oder bei mir auszuleihen.

Vor diesem Hintergrund und den heute gegebenen Möglichkeiten des "Book On Demand", Nachdrucke preiswert zu erstellen, habe ich mich daher entschlossen, nunmehr doch noch eine 5. Auflage bereitzustellen. Sie besteht - wie die vorangegangenen vier Auflagen - im Kern aus dem *unveränderten* Nachdruck des ursprünglichen Werks. Erstmals wurden hier jedoch zwei Themenkomplexe hinzugefügt, die im Laufe der Jahre infolge der breiten Anwendung der Nutzwertanalyse in der Praxis zunehmend an Bedeutung gewonnen haben:

Zum einen betrifft dies das *Thema Empfindlichkeitsanalyse* der Ergebnisse von Nutzwertanalysen. Dieser Themenkomplex wird in dem neu hinzugefügten Kapitel 9 speziell unter dem Aspekt der möglichen Änderung von Zielgewichten behandelt. Zum anderen geht es in dem ebenfalls neu hinzugekommenen Kapitel 10 um die Frage, wie die rein monetär orientierte, eindimensionale Wirtschaftlichkeitsanalyse in Richtung Nutzwertanalyse (NWA) erweitert werden kann, um bei Bedarf die Vorteile der Mehrdimensionalität der Nutzwertanalyse mit der Systematik einer ökonomischen Investitionsrechnung methodisch zu verknüpfen. Die dazu in jüngster Zeit entstandenen Verfahren der *Erweiterten-Wirtschaftlichkeits-Analyse (EWA)* werden typologisiert und speziell am Beispiel des nutzwertanalytischen Drei-Stufen-Verfahrens zur EWA erläutert.

In den vergangenen Jahren hatte ich wiederholt Gelegenheit, mit Hörern meiner Vorlesung an der TU Berlin und Lesern dieses Buches in einen fruchtbaren Gedankenaustausch über die Verfahren und Anwendungen der Nutzwertanalyse zu treten. Ich würde mich freuen, wenn diese Kommunikation auch in Zukunft weiterentwickelt werden kann (info@zangemeister.de) .

Hamburg, Mai 2014 Christof Zangemeister

INHALTSVERZEICHNIS

I. EINFÜHRUNG

In neuerer Zeit werden in zunehmendem Maße insbesondere in der angelsächsischen Literatur Verfahren zur systematischen Analyse komplexer Investitionsentscheidungen vorgeschlagen, die sich von den herkömmlichen Verfahren der betrieblichen Investitionsrechnung grundlegend unterscheiden. Das Hauptkriterium für die Investitionsentscheidung im industriellen Bereich ist gewöhnlich der voraussichtliche Gewinn eines Projektes, der monetär ausgedrückt wird. Der Gewinn ist aber als einziges Zielkriterium für die Entscheidungsfindung häufig unzureichend und kann außerdem bei komplexen Projektalternativen oft auch gar nicht angegeben werden. Dieser Sachverhalt gilt allgemein bei der Auswahl von Projekten im staatlichen und gemeinnützigen Bereich. Aber auch im industriellen Bereich kann der monetäre Gewinn nicht immer als allein maßgebendes Zielkriterium dienen, so insbesondere bei der Auswahl von Forschungs- und Entwicklungsprojekten. Eine rein ökonomische Investitionsrechnung ist in solchen Situationen nicht ausreichend oder scheidet als methodisches Hilfsmittel zur systematischen Entscheidungsvorbereitung möglicherweise ganz aus. In diesen Fällen sind vielmehr Verfahren notwendig, mit deren Hilfe die Vielfalt der entscheidungsrelevanten Zielkriterien berücksichtigt, und die in den unterschiedlichsten Größen indizierten Zielerträge von Projektalternativen zu einer eindeutigen Aussage über den gesamten Projektwert zusammengefaßt werden können.

Verfahren, die den Anforderungen multidimensionaler Zielsysteme grundsätzlich gerecht werden können, beruhen auf einem Modellansatz, der häufig auch als entscheidungstheoretischer Ansatz zur Lösung des Auswahlproblems bezeichnet wird (vgl.z.B. Baker u. Pound / 6 /). Die Grundlagen diesbezüglicher Entscheidungsmodelle, die hier Nutzwertmodelle genannt werden sollen, sind Gegenstand dieser Arbeit. Von den Nutzwertmodellen zu unterscheiden sind die auf dem wirtschaftstheoretischen Ansatz beruhenden Ermittlungsmodelle (Investitionsrechnung i.e.S.), sowie die auf dem operations-research Ansatz beruhenden Optimierungsmodelle.

Die Analyse einer Entscheidungssituation mit Hilfe eines Nutzwertmodells - im folgenden Nutzwertanalyse genannt - ist eine Planungsmethodik, die der systematischen Entscheidungsvorbereitung dient. Nutzwertmodelle dürfen nicht als Ersatz sondern zunächst nur als eine wichtige Ergänzung der übrigen Modelle betrachtet werden, die dem systematischen Abbau der Entscheidungsproblematik bei der Auswahl von Projektalternativen dienen können. Allerdings ist die Anwendung eines Nutzwertmodells häufig das einzig geeignete Hilfsmittel zur systematischen Analyse einer Entscheidungssituation, wenn eine Vielzahl von entscheidungsrelevanten Zielkriterien zu beachten ist (multidimensionales Zielsystem!) und / oder ein monetärer Projektwert nicht bestimmt werden kann. Diese Situation ist typisch für Auswahlentscheidungen im Zusammenhang mit der systemtechnischen Betrachtung komplexer Projektalternativen. Wie in Abb. 1 schematisch angedeutet ist, besteht hier die Aufgabe gewöhnlich darin, diejenige Alternative zu ermitteln, deren Zielwertkombination einen maximalen Gesamtnutzen verspricht (vgl. dazu Chestnut / 19 ,S.10 / , Shinners / 125,S.3 /). Nutzwertmodelle sind infolgedessen ein unentbehrliches Hilfsmittel für die praktische Durchführung systemtechnischer Planungsprozesse (vgl. dazu auch Hall / 55 ,S. 283 /). Es kann daher als eine wissenschaftliche Aufgabe der Systemtechnik angesehen werden, eine diesbezügliche Methodik zu entwickeln und praktische Verfahrensweisen, so insbesondere auch Verfahren aus den Bereichen der Psychometrie und der Entscheidungsforschung, unter dem Gesichtspunkt der Nutzwertanalyse zu betrachten.

Das besondere Kennzeichen von Nutzwertmodellen ist darin zu sehen, daß die

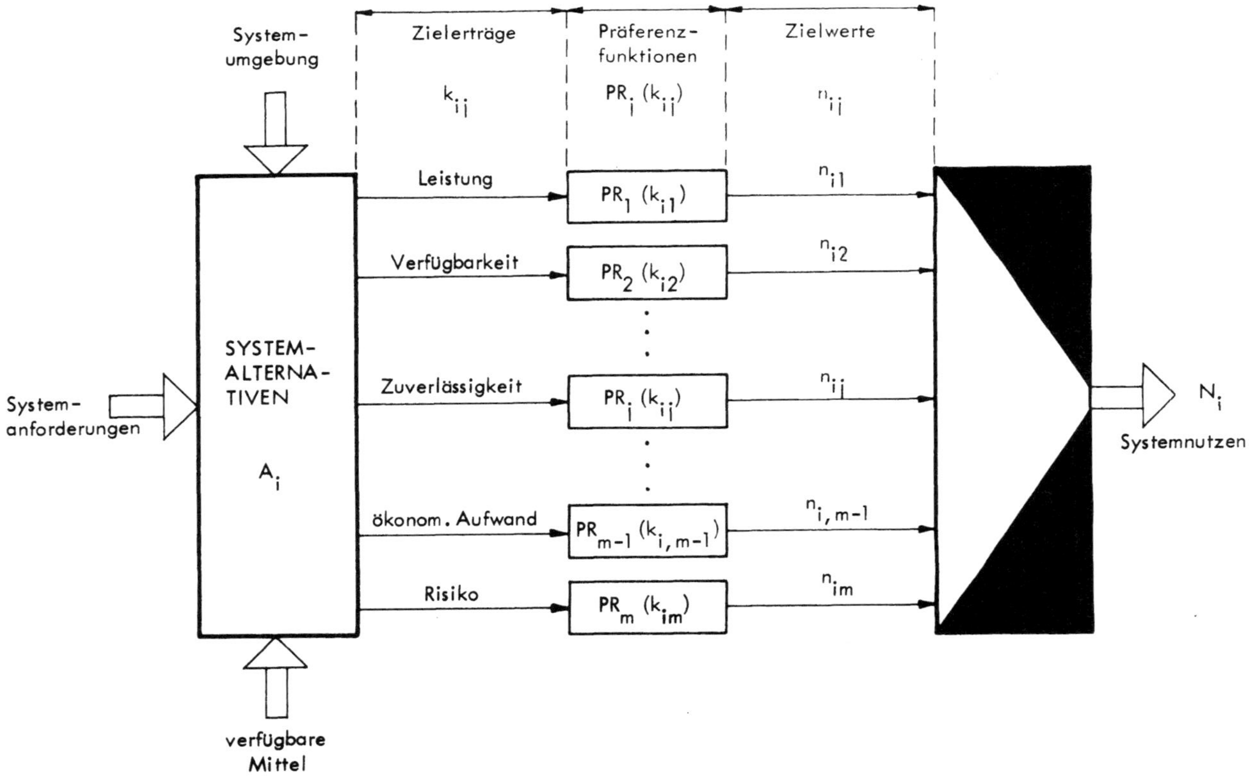

Abb. 1 **Das Problem der optimalen Auswahl von Systemalternativen unter Beachtung eines multidimensionalen Zielsystems**

Bestimmung des Projektwertes nicht allein aufgrund objektiver Informationen über die Zielerträge der Projektalternativen erfolgt, sondern gleichermaßen subjektive Informationen berücksichtigt werden. Diese bestehen in explizit zu formulierenden Präferenzaussagen des Entscheidungsträgers (Einzelperson oder Gremium) bzw. der durch ihn beauftragten sachverständigen Experten über die relative Bedeutung der Zielkriterien und der zu erwartenden Zielerträge der Projektalternativen.

Die subjektive Ausrichtung von Nutzwertmodellen muß grundsätzlich als vorteilhaft angesehen werden. Denn sie berücksichtigt die zweifellos jeder Komplexentscheidung innewohnenden subjektiven Momente, die gewöhnlich gedanklich unkontrolliert und nicht sichtbar in die Entscheidungsfindung eingehen. Diese an sich positiv zu beurteilende Modelleigenschaft läßt die Nutzwertanalyse in der Praxis jedoch leicht als eine ungenaue und daher wenig brauchbare Methode erscheinen. Solche Vorbehalte sind in der Tat gerechtfertigt, soweit über die Nutzwertanalysemethodik sowie über die durch spezielle Verfahrensweisen der Nutzwertanalyse implizierten Annahmen Unkenntnis besteht und noch wenig Erfahrungen mit Nutzwertmodellen gesammelt werden konnten. Unbegründet wäre jedoch die Auffassung, daß die Analyse einer Entscheidungssituation unter Einbeziehung explizit formulierter Werturteile zu notwendig weniger zuverlässigen Ergebnissen führt als die Anwendung eines Verfahrens, das den subjektiven Problemaspekt vollkommen außer acht läßt (vgl. dazu beispielsweise die Untersuchungen von Moore und Baker / 99 /, Shephard /124, S.266 /). Vielmehr rechtfertigen die mögliche Anwendung von Erkenntnissen der modernen Entscheidungstheorie in Verbindung mit den Fortschritten der Psychologie bei der Erfassung subjektiver Größen und die systematische Ausnutzung der vergleichsweise unbegrenzten Speicher- und Operationsmöglichkeiten von elektronischen Datenverarbeitungsanlagen heute die Auffassung, daß die Entscheidungsproblematik mit Hilfe von Nutzwertmodellen wesentlich transparenter gemacht und die Entscheidungsfindung verbessert werden kann.

Das Ziel dieser Arbeit ist es, eine allgemeine Logik der Nutzwertanalyse zu entwickeln und alternative methodische Vorgehensweisen für die im einzelnen erforderlichen Analyseschritte aufzuzeigen. Es sollen damit einerseits das Mißtrauen gegenüber Nutzwertmodellen als praktische Entscheidungshilfe dort, wo es ungerechtfertigt ist, abgebaut werden, andererseits aber auch durch Herausstellen der häufig implizit getroffenen Annahmen über die Entscheidungssituation die Grenzen solcher Modelle deutlich gemacht werden. In erster Linie werden hier die Grundlagen der Nutzwertanalyse behandelt, die für den logischen Entwurf praktischer Verfahrensweisen ebenso wie für eine kritische Würdigung der in den verschiedensten Anwendungsbereichen vorgeschlagenen pragmatischen Modelle notwendig sind. Solche Modelle sind beispielsweise in / 16 / 17 / 27 / 46 / 80 / 81 / 101 / 107 / 110 / 126 / beschrieben.

Der Aufbau der Arbeit geht aus Abb. 2 hervor. Zunächst wird in Kapitel 1 eine Charakteristik der Systemtechnik gegeben, um damit den Problemrahmen von Entscheidungssituationen, die mit Hilfe von Nutzwertmodellen analysiert werden sollen, zu verdeutlichen. Dazu wird eingegangen auf die Ursprünge und Entstehungsmomente, auf den wissenschaftlichen Standort sowie auf die Methodik der Systemtechnik. Es wird gezeigt, daß die Nutzwertanalyse ein charakteristisches Glied in der logischen Kette der systemtechnischen Methodik darstellt. Davon ausgehend wird in Kapitel 2 eine Problemdefinition vorgenommen, die wichtigsten Lösungsansätze beschrieben und die allgemeine Aufgabenstellung der Nutzwertanalyse definiert. Im Kapitel 3 wird dann das Grundmodell der multidimensionalen Nutzwertanalyse entworfen. Entsprechend den dort aufgezeigten erforderlichen Analyseschritten werden in den folgenden Kapiteln 4 bis 7 die wichtigsten methodischen Grundsätze und praktischen Verfahrensweisen der Nutzwertanalyse behandelt. Dabei wird insbesondere eingegangen auf die Fragen im Zusammenhang mit der Aufstellung von Zielen, mit der Bewertung von Zielerträgen, der Überprüfung und Synthese von Bewertungsergebnissen sowie auf die Problematik und Methodik bei der praktischen Berücksichtigung von Ungewißheiten.

Wie die Ergebnisse der einzelnen Kapitel zeigen werden, wäre hier der Versuch verfehlt, ein in jedem Schritt allgemeingültiges Vorgehen bei der Nutzwertanalyse im Sinne eines "Patentverfahrens" entwickeln zu wollen. Derartige Bemühungen sind nur in Hinblick auf ganz konkrete Entscheidungssituationen sinnvoll, wo von einem

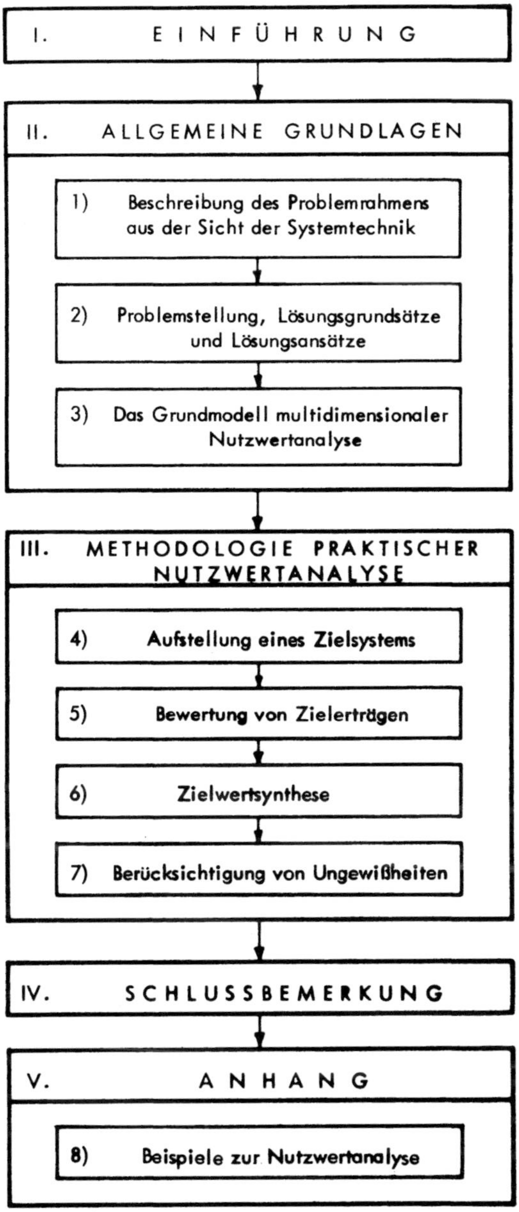

Abb. 2

Schematischer Aufbau der Arbeit

vorgegebenen Informationsstand und einer bekannten Einstellung des Entscheidungsträgers zu den Annahmen ausgegangen werden kann, die durch die einzelnen Verfahrensschritte impliziert werden. Die hier im Anhang beschriebenen Beispiele zur Nutzwertanalyse dienen infolgedessen auch in erster Linie nur der Demonstration möglicher Vorgehensweisen bei der Nutzwertanalyse sowie der Darstellung von Ergebnissen einzelner Analyseschritte. Die behandelten Probleminhalte sind dagegen in diesem Rahmen von untergeordneter Bedeutung und dürfen daher auch nicht als beispielhaft für den Umfang und die Komplexität realer Entscheidungssituation angesehen werden, in denen Nutzwertmodelle als zweckmäßige Entscheidungshilfe Anwendung finden können.

II. ALLGEMEINE GRUNDLAGEN

In diesem Abschnitt wird zunächst der Begriffsinhalt der Systemtechnik charakterisiert und davon ausgehend der Problemrahmen der Nutzwertanalyse aus systemtechnischer Sicht abgegrenzt. Es wird dann eine Definition des Problems der Auswahl zwischen Projektalternativen sowie eine Definition der Nutzwertanalyse gegeben. In diesem Zusammenhang werden auch verschiedene Lösungsgrundsätze aus entscheidungslogischer Sicht erörtert, die für das Verständnis einer Nutzwertanalyse und der Interpretation ihrer Ergebnisse notwendig sind.

1) Zur Charakteristik der Systemtechnik

Im folgenden wird eine Charakteristik der Systemtechnik gegeben. Dazu werden zunächst die Ursprünge und Entstehungsmomente aufgezeigt, die eine neuzeitliche Methodik zur Gesamtplanung komplexer Systeme verlangen. Der Begriffsinhalt der Systemtechnik wird in Hinblick auf entsprechende Planungsanforderungen abgegrenzt und anschließend anhand der Methodik und der wissenschaftlichen Grundlagen der Verfahren, die bei systemtechnischen Untersuchungen zur Anwendung gelangen, weiter spezifiziert. Es wird gezeigt, welche Stellung die Nutzwertanalyse in der systemtechnischen Methodik einnimmt, und welche Aufgaben ihr bei der Durchführung konkreter Planungsprozesse grundsätzlich zufallen.

1.1) Ursprünge und Entstehungsmomente der Systemtechnik

Die schnell fortschreitende Entwicklung auf fast allen Gebieten der wissenschaftlichen Forschung insbesondere seit dem 2. Weltkrieg hat zweifellos zu tiefgreifenden Veränderungen in den sozioökonomischen Strukturen unserer Umwelt und ihrer inneren Dynamik geführt. Machten sich früher neue wissenschaftliche Erkenntnisse und deren praktische Konsequenzen aufgrund des spärlichen Informationsflusses und der geringen Wissensakkumulation nur sehr allmählich bemerkbar, so sind sie heute unmittelbare Ursache für permanente Anpassungsprobleme vor allem auf dem technisch-ökonomischen Sektor. Angesichts der internationalen Wettbewerbssituation kann es sich heute kaum eine Regierung, ein Industriezweig oder ein Unternehmer mehr leisten, die technologische Entwicklung längere Zeit unbeachtet zu lassen und die eigene Innovationsrate ganz nach eigenem Gutdünken zu bestimmen. Diese wird vielmehr in zunehmendem Maße von wenig beeinflußbaren Momenten diktiert, die durch das politische Geschehen, den sozialen Wandel und den wissenschaftlich-technischen Fortschritt hervorgerufen werden. Insbesondere gilt das auf militärischem und industriellem Gebiet. Hier wird die rechtzeitige

Anpassung der Aktionsprogramme an den technologischen Fortschritt angesichts der ausgeprägten Konkurrenzsituation häufig zur Existenzfrage.

Zu welchen bedeutsamen Umweltveränderungen diese Entwicklung in den letzten 30 Jahren geführt hat, ist allgemein bekannt. Erwähnt seien hier nur die Erfolge auf den Gebieten der Elektronik, der chemischen Technologie, der Atomtechnik und der Raumfahrttechnik. Die völlig neuartigen und oft vor wenigen Jahren noch nicht vorausgesehenen Möglichkeiten zur Gestaltung unserer Umwelt, die sich hier ergeben haben, erscheinen unerschöpflich und eröffnen immer wieder neue Perspektiven.

Parallel mit dieser Entwicklung ist eine zunehmende Komplexität sowohl der Umwelt im allgemeinen als auch spezieller sozio-ökonomisch-technischer Lebensbereiche im besonderen zu verzeichnen. Diese Komplexität äußert sich darin, daß sowohl die Organisationsformen des täglichen Lebens als auch die Funktionsstrukturen technischer Produkte immer umfangreicher und verwickelter werden, um den schnell wachsenden Bedürfnissen neuer Umweltanforderungen gerecht werden zu können. Mit anderen Worten werden die materiellen und immateriellen Systeme, die der Verknüpfung der modernen Gesellschaft dienen, zunehmend komplexer, d.h. die Zahl ihrer Komponenten wird größer und die Art der funktionalen Beziehungen vielschichtiger. Zu diesen Systemen sind Nachrichten-, Verkehrs-, Versorgungs- und Wirtschaftssysteme ebenso zu rechnen wie komplexe technische Produkte wie zum Beispiel Flugzeuge, Raketen, Fertigungssysteme etc. . Generell liegt diesem Systembegriff folgende Definition zugrunde (vgl. z.B. Kosiol / 83, S.338 /):

> Definition (1)
>
> Ein System ist eine Gesamtheit geordneter Elemente. Diese Elemente haben Eigenschaften und sind miteinander durch Relationen verknüpft. Die formale Abbildung dieser Verknüpfung wird als Struktur des Systems bezeichnet.

Komplexe Systeme gewinnen für alle staatlichen und privatwirtschaftlichen Organisationen zunehmend an Bedeutung, sowohl was deren Aktionsfelder, als auch was deren nach innen oder außen gerichteten Aktionsprogramme angeht. Insbesondere äußert sich das darin, daß die zur Programmdefinition führenden Entscheidungsprozesse überprüft und dieser Entwicklung angepaßt werden müssen. Mit der Komplexität möglicher Projektalternativen wächst offenbar auch die Komplexität der Entscheidungsproblematik, die mit der Konzipierung, Auswahl und Realisierung von Projekten verbunden ist. Grundsätzlich beginnen die Schwierigkeiten der Entscheidungsfindung dort, wo mit weitreichenden Konsequenzen von Handlungen zu rechnen und eine Vielzahl von Alternativen zu berücksichtigen ist. In Hinblick auf die ständig wachsende technologische Fortschrittsrate sind es vor allem folgende Momente, die zu einer komplexen Entscheidungsproblematik führen :

- Zeitkontraktion :
  Gleichlange Zeitintervalle, die zu einem späteren Zeitpunkt beginnen, beinhalten mehr Ereignisse als vorher beginnende Intervalle (vgl. Abb. 3), so daß der projektrelevante Informationsfluß laufend dichter wird, d.h. z.B. konkret, die Anzahl der zu beachtenden Patente und neuen Verfahren, allgemein die Anzahl der zu berücksichtigenden Änderungen der Systemumgebung werden immer größer (vgl. Kaufmann / 75 ,S. 19 /).

- Neuheitsgrad :
  Komplexe Systeme, die einer wirtschaftlichen Bedarfsdeckung dienen, haben gewöhnlich eine Nutzungsdauer (Lebenszyklus) von etwa 5 bis 10 Jahren, bis sie durch ein Nachfolgesystem ersetzt werden müssen (vgl. Abb. 4). Aufgrund der Wirkungen der Zeitkontraktion wird damit die Wahrscheinlichkeit, daß ein zu planendes Nachfolgesystem sich in wesentlichen Komponenten von dem vorangehenden System unterscheidet oder überhaupt etwas völlig Neues darstellt, immer größer. Die Erfahrungsbasis für die Planung wird also laufend schmäler, der Lernprozeß am Objekt im Sinne einer stetigen Verbesserung von Systemele-

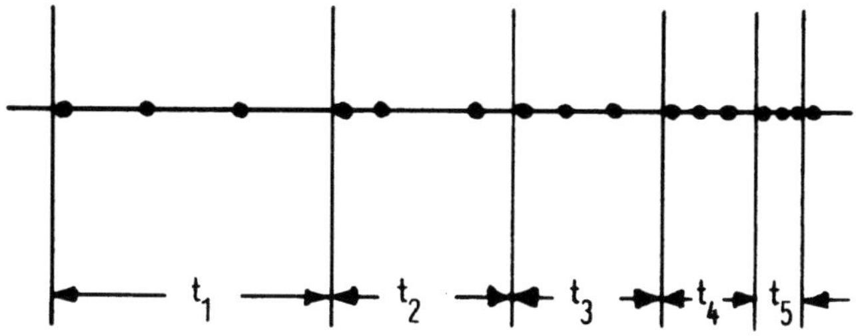

Abb. 3 Schematische Darstellung der zunehmenden Ereignisdichte über der Zeit t .

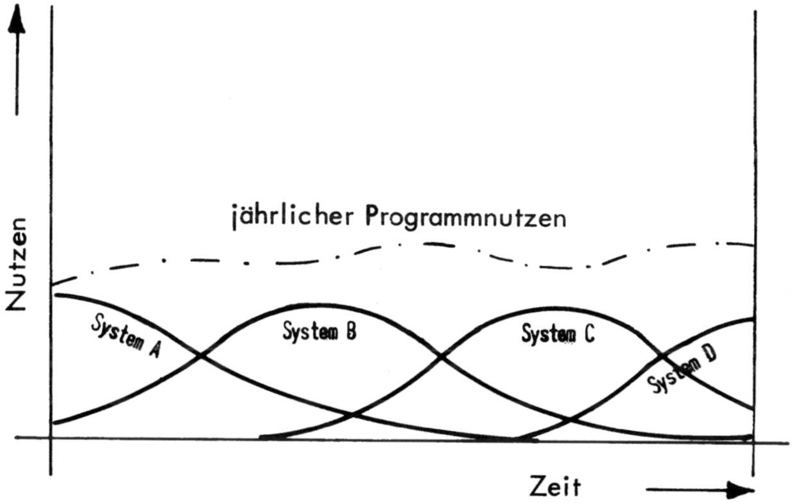

Abb. 4 Nutzenverteilung über der Zeit

menten ist aufgrund des zunehmenden Neuheitsgrades eines Nachfolgesystems kaum noch möglich. Der Lernprozeß muß daher heute im Rahmen der Entscheidungsvorbereitung durch systematische Analyse und Simulation möglicher Konsequenzen von Projektalternativen am Systemmodell vorweggenommen werden.

- Vielfalt möglicher Alternativen:
  Mit dem exponentiellen Anstieg des technischen Wissens im Detail wachsen auch die Entwurfsalternativen materieller Systemkomponenten und damit deren Kombinationsmöglichkeiten. Die Gesamtzahl möglicher Projektalternativen, die in konkreten Entscheidungssituationen zu beachten sind, wird daher immer größer. Ein Beispiel dieser Entwicklung für Luftwaffensysteme zeigt Abb. 5.

- Langfristigkeit der Gesamtplanung:
  Zunehmende Arbeitsteilung und Spezialisierung machen eine langfristige Gesamtplanung komplexer Systeme notwendig. In Verbindung mit den Wirkungen der Zeitkontraktion besteht damit zunehmend die Gefahr, daß Projekte zum Zeitpunkt ihrer Realisierung bereits von der zu erfüllenden Aufgabenstellung her überholt und / oder technisch veraltet sind. Die Konzeption eines Projektes muß dementsprechend möglichst flexibel gehalten werden. Das aber erschwert die Entscheidungsfindung, da zusätzlich Prognoseinformationen beschafft werden müssen und im Entscheidungsprozeß systematisch zu berücksichtigen sind.

Angesichts solcher Erschwernisse wird es immer notwendiger, den Entscheidungsprozeß im Zusammenhang mit der Gesamtplanung komplexer Projektvorhaben durch Anwendung wissenschaftlicher Entscheidungshilfen transparent zu gestalten, um sich damit gegen das Risiko und die psychologische Belastung von Fehlentscheidungen weitgehend abzusichern. Zur umfassenden rationalen Entscheidungsvorbereitung und -realisierung sind daher Methoden erforderlich, mit

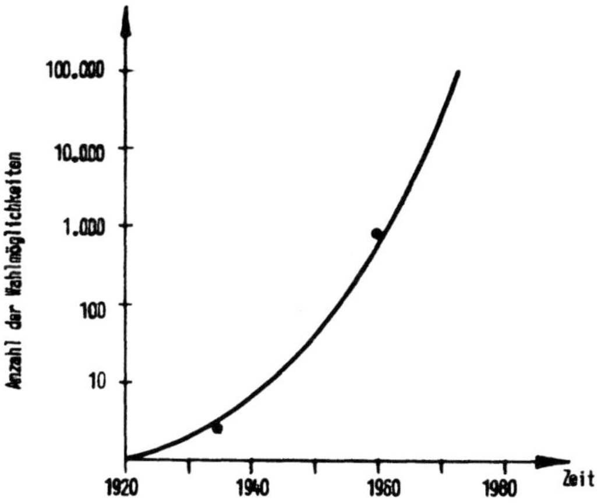

Abb. 5

Entwicklung der Wahlmöglichkeiten beim Entwurf von Luftwaffensystemen (aus Eckman / 32 , S.62 /).

deren Hilfe es möglich ist, die Vielschichtigkeit der Berührungsebenen zwischen projektrelevanten materiellen und immateriellen Systemen zu berücksichtigen und die wechselseitigen Beziehungen zwischen den Systemkomponenten interdisziplinär, d.h. insbesondere unter technischen, ökonomischen, sozialen und politischen Gesichtspunkten systematisch zu analysieren. Um in diesem Sinne bedarfsgerechte Handlungsalternativen definieren, sowie in Hinblick auf die angestrebten Zielsetzungen bewerten und rationell realisieren zu können, sind also Methoden notwendig im Zusammenhang mit

- der Informationsgewinnung über gegenwärtige und zukünftige relevante Tatbestände einer Entscheidungssituation,

- der Informationsverarbeitung zwecks systematischer Auswahl optimaler Handlungsalternativen,

- der Informationsauswertung zwecks rationeller Realisierung der ausgewählten Alternativen.

Als übergeordneter Begriff für diese Tätigkeiten soll hier die Bezeichnung Planung gewählt werden. Der Planungsbegriff wird in der Literatur und auch in der Praxis allerdings häufig noch nicht in diesem weiten Sinne gebraucht. Man versteht unter Planung oft nur die Niederlegung von Anweisungen und Organisation von Maßnahmen zur Durchführung bereits getroffener Entscheidungen. Ohne Zweifel lag hier so lange der Schwerpunkt der Planung, wie Fragen im Zusammenhang mit der Entscheidungsvorbereitung in Anbetracht wenig umfangreicher Probleme noch leicht überschaubar waren. Im Zusammenhang mit der Entwicklung komplexer Systeme ist es aber immer wichtiger geworden, auch der systematischen Vorbereitung von Entscheidungen selbst mehr Aufmerksamkeit als bisher zu widmen und geeignete Planungsmethoden zu entwickeln. Unter diesem Gesichtspunkt soll der Planungsbegriff hier folgendermaßen verstanden werden:

Definition (2)

Planung bedeutet vorausschauendes, systematisches Durchdenken und Formulieren von Verhaltensweisen, Zielen und Handlungsalternativen, deren optimale Auswahl sowie die Festlegung von Anweisungen zur rationellen Realisierung der ausgewählten Alternative.

1.2) Zum gegenwärtigen Begriffsinhalt der Systemtechnik

Die systematische Anwendung technischer Hilfsmittel und wissenschaftlich begründeter Methoden entsprechend dem oben definierten Planungsbegriff auf komplexe Systemsachverhalte soll hier mit dem Begriff Systemtechnik (systems engineering) umschrieben werden.

Diese Begriffsdeutung ist zwar noch nicht feststehend, sie entspricht jedoch der in der Literatur am häufigsten benutzten Interpretation des systems engineering, so insbesondere der von A. Hall in /55/ gegebenen Definition. Der häufig synonym gebrauchte und vor allem von der RAND Corporation geprägte Ausdruck

Systemanalyse (systemsanalysis) wird hier als charakteristische Phase einer umfassenden systemtechnischen Untersuchung verstanden, worauf weiter unten noch eingegangen wird.

Betrachtet man die systematische Anwendung wissenschaftlicher Planungsmethoden auf konkrete Systemprobleme vom Standpunkt eines Ingenieurs aus, so kann man feststellen, daß sich dessen Aufgabenbereich gegenüber früher erweitert hat. Die ursprüngliche Aufgabe eines Ingenieurs bestand primär darin, physikalische Naturgesetze zu verstehen und diese Kenntnisse auf die Lösung technischer Probleme anzuwenden. Heute erstreckt sich der Aufgabenbereich eines systemtechnisch orientierten Ingenieurs bei der Lösung von Systemproblemen vor allem darauf, die Gesamtheit der entscheidungsrelevanten Systemvariablen und -parameter geeignet in einem Modell zu erfassen und deren Zusammenwirken in Hinblick auf ein multidimensionales, nicht nur technisch determiniertes Zielsystem zu optimieren. Zur Lösung solcher Aufgabenstellungen werden natürlich oft umfangreiche Kenntnisse in den verschiedensten wissenschaftlichen Disziplinen benötigt, so daß eine interdisziplinäre Zusammenarbeit in einem Team notwendig wird. Mauch /91/ charakterisiert diese Entwicklung folgendermaßen:

> "Für die Ingenieurwissenschaften war die erste Hälfte unseres Jahrhunderts die Blüte der Analyse von physikalischen Tatbeständen. Im gleichen Sinne könnte man die jetzige Zeit als Beginn der Blüte der Analyse und Synthese von Systemen bezeichnen."

Abgesehen von der aufgezeigten Notwendigkeit dieser Aufgabenausweitung ist deren praktische Bewältigung - analytische Planungsmethoden vorausgesetzt - natürlich nur mit Hilfe entsprechend leistungsfähiger Rechenanlagen möglich. Bei der Gestaltung eines systemtechnisch orientierten Planungsprozesses spielt daher der Einsatz von elektronischen Großrechenanlagen zur schnellen Informationsgewinnung und -verarbeitung eine wesentliche Rolle und kann als charakteristische Voraussetzung einer entsprechenden Planungsmethodik angesehen werden.

1.3) Der wissenschaftliche Standort der Systemtechnik

Häufig werden in ein und demselben Zusammenhang neben dem Ausdruck Systemtechnik (systems engineering) auch Begriffe wie Unternehmensforschung (operations research), Systemforschung (systems research), Systemtheorie (systems theory) und Entscheidungstheorie (decision theory) mehr oder weniger synonym gebraucht. Diese Vielfalt in der Terminologie ist durchaus nicht verwunderlich. Denn die hinter diesen Begriffen stehenden wissenschaftlichen Aktivitäten sind generell gekennzeichnet durch eine Gemeinsamkeit ihrer Ansätze, der zur Anwendung kommenden Methoden, Denkweisen und Zielsetzungen. Darüber hinaus liegt ihnen allen dasselbe Forschungsproblem zugrunde, nämlich nach welchen Grundsätzen, Regeln und aufgrund welcher Informationen in bestimmten Situationen nach dem Rationalprinzip vorzugehen ist, um Zielsetzungen bestmöglichst zu erreichen. Dieses Problem ist fraglos interdisziplinär von großer Bedeutung und betrifft zweckrationales Handeln, d.h. das bewußte auf Ziele ausgerichtete Handeln an sich. Es ist daher nicht erstaunlich, daß man sich in den verschiedensten Bereichen der Wissenschaft schon lange und je nach spezifischem Forschungszweck unter teilweise unterschiedlichen Aspekten mit diesem Fragenkomplex beschäftigt hat.

In neuerer Zeit sind die wissenschaftlichen Bemühungen in dieser Richtung jedoch aufgrund der allgemeinen Aktualität der Problematik intensiver geworden und beginnen sich in bestimmten Aktivitätsschwerpunkten zu konzentrieren, die in wechselseitiger Beziehung zueinander stehen und sich teilweise auch noch überschneiden. Diese Entwicklung kann heute dahingehend interpretiert werden, daß sich im Zusammenhang mit der zunehmenden Komplexität technisch-ökonomischer Entscheidungsprobleme und den Bemühungen, solche Probleme befriedigend zu bewältigen, eine interdisziplinäre Wissenschaft vom zweckrationalen Handeln herauszubilden beginnt, der auch die Systemtechnik zugeordnet werden kann. Als übergeordnete Bezeichnung für diese Wissenschaft wird gelegentlich der Begriff Systemwissenschaft verwendet (z.B. Rittel / 112 /, Churchman u. Ackoff in / 96 /).

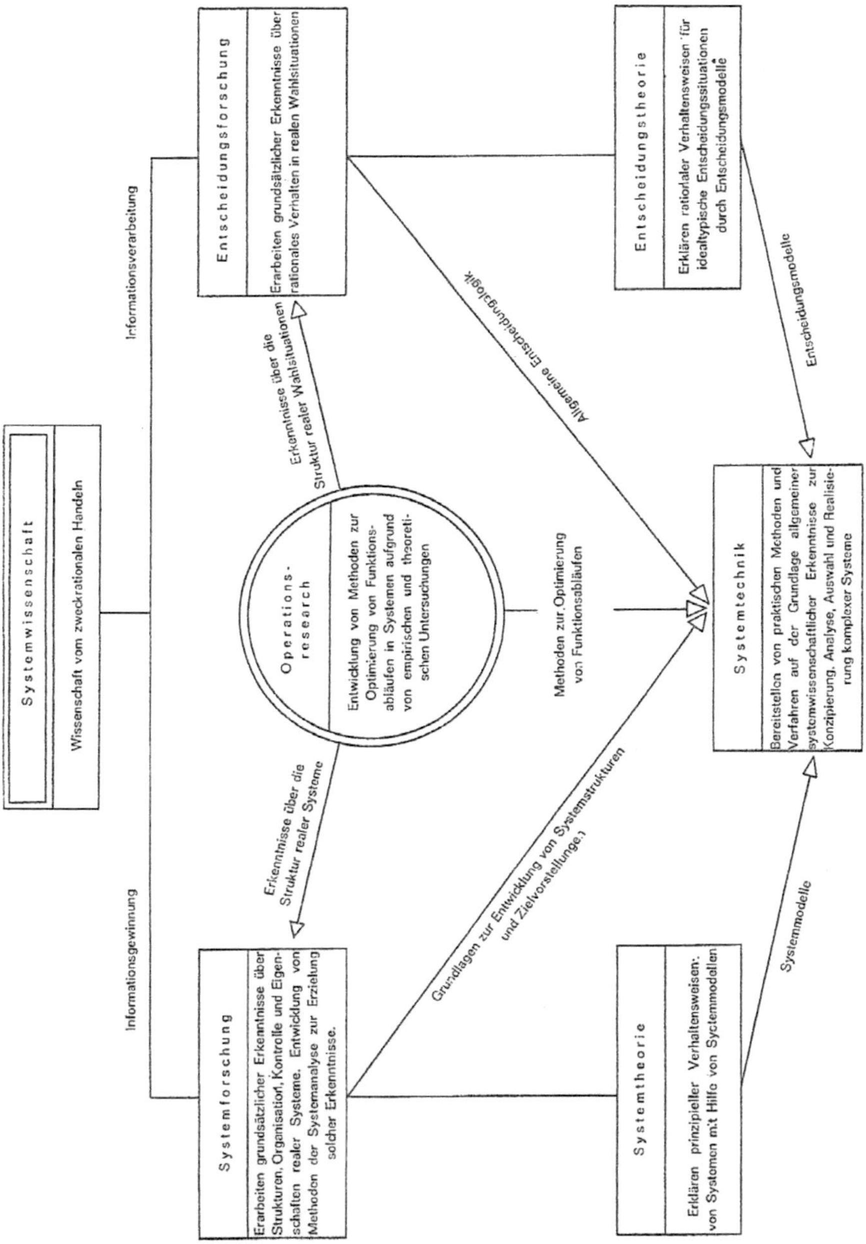

Abb. 6 Systematik der Systemwissenschaft

Die Systemwissenschaft:

Ziel und Aufgabe der Systemwissenschaft ist es, Erkenntnisse zu gewinnen und Methoden zu entwickeln, mit deren Hilfe Handlungsempfehlungen in Hinblick auf konkrete Aktionsaufgaben gegeben werden können. Als Grundprinzipien systemwissenschaftlicher Vorgehensweise können das Systemdenken (systems point of view) zwecks integrierender Betrachtung einerseits, sowie das Black-Box-Prinzip zwecks notwendig abgegrenzter nicht aber isolierter Analyse andererseits, angesehen werden.

Offenbar setzt jede rationale Handlung einerseits eine systematische Informationsgewinnung über den zur Handlung zwingenden Sachverhalt (Erkennen von Tatbeständen) sowie andererseits eine logische Informationsverarbeitung im Entscheidungsvorgang voraus. Dementsprechend können in der Systemwissenschaft die Aktivitätsschwerpunkte Systemforschung und Systemtheorie bzw. Entscheidungsforschung und Entscheidungstheorie unterschieden werden (vgl. Abb. 6).

Die Systemforschung und Systemtheorie:

Die Systemforschung kann als problemorientierte Interdisziplinforschung verstanden werden (Kosiol /83/). In ihr werden Probleme in Hinblick auf die Informationsgewinnung über Systemzusammenhänge und -eigenschaften behandelt. Die wissenschaftlichen Ziele und Aufgaben können insbesondere im folgenden gesehen werden:

- Entwicklung einer allgemeinen Methodologie zur systematischen Untersuchung von Systemen (Methoden der Systemanalyse).

- Auffinden allgemeiner Systemstrukturen von materiellen und immateriellen Systemen. Erkennen von Funktionaltypen materieller Systeme durch logische und mathematisch numerische Analyse.

- Vorhersage systemrelevanter Einflußgrößen für die langfristige

Planung zukünftiger Systeme. Ermittlung notwendiger Anforderungen an solche Systeme sowie der aus diesen in Hinblick auf die Voraussagen resultierenden Zielsetzungen (Zukunftsforschung).

Alle in der Systemforschung zu erarbeitenden Erkenntnisse sollen dazu dienen, Struktur, Verhalten und Einflußparameter von Systemen zu erklären, um dadurch Systeme kontrollieren sowie für die Zukunft bessere Systeme planen zu können.

Die exakte mathematische Analyse empirischer Systeme mit dem Zweck, das Systemverhalten zu erkennen, ist häufig nicht möglich. Um aber wenigstens näherungsweise Aussagen über das Verhalten realer Systeme zu erhalten, werden Modelle für bestimmte Systemtypen (Idealtypen) entworfen, die mathematisch zugänglich sind. Mit Hilfe solcher Modelle können dann gegebenenfalls Rückschlüsse auf reale Systeme gezogen und konkrete Systemprobleme gelöst werden. Dieser wissenschaftliche Arbeitsbereich der Systemforschung fällt unter die Bezeichnung Systemtheorie. Da in dieser Richtung sehr viel gearbeitet wird, kann man hier von einem besonderen Aktivitätsschwerpunkt innerhalb der Systemwissenschaft, genauer innerhalb der Systemforschung, sprechen.

Im Bereich der Systemforschung sind unter anderem folgende Arbeitsbegriffe typisch: Struktur, Organisation, Steuerung, Regelung, Kontrolle, Funktion, Einflußparameter, Kontrollvariable, Ziel etc. .

Die Entscheidungsforschung und Entscheidungstheorie:

Gegenstand der wissenschaftlichen Betrachtung in diesen Aktivitätsschwerpunkten der Systemwissenschaft ist der eigentliche Entscheidungsprozeß, d.h. die in einer Entscheidungssituation erforderliche Logik der Informationsverarbeitung, um zu einer rational begründeten Entscheidung im Sinne einer Auswahl der optimalen Handlungsalternative zu kommen. Dabei werden in der Entscheidungstheorie rationale Verhaltensweisen für idealtypische Entscheidungssituationen mit Hilfe von Entscheidungsmodellen erklärt.

In diesem Bereich der Systemwissenschaft sind insbesondere folgende Arbeitsbegriffe typisch: Risiko, Strategie, Bewertung, Gewichtung, Nutzen, Erwartung, Dominanz, Entscheidungsregel und Entscheidungskriterium.

Operations Research (Unternehmensforschung):

Eine zentrale Stellung in der Systemwissenschaft nimmt das Operations Research ein. Ausgehend von realen Problemstellungen, vorwiegend auf militärischem und ökonomischem Sektor, stellt O.R. häufig den pragmatischen Ausgangspunkt systemwissenschaftlicher Forschung dar.

In O.R. Untersuchungen werden in sich geschlossene Problemkomplexe, die den Ablauf von Systemfunktionen betreffen, sowohl was die Seite der Informationsgewinnung über das Objektsystem als auch was die Seite der logischen Informationsverarbeitung im Entscheidungsvorgang angeht, systematisch analysiert. Es ist ein typisches Merkmal von O.R., daß gestaltungsfähige Phänomensysteme durch ein Modell abgebildet und mit Hilfe mathematisch-statistisch-logistischer Verfahren analysiert werden, um eine quantitative Optimallösung des Problems zu erhalten. Die allgmeine wissenschaftliche Aufgabe des O.R. besteht dementsprechend darin, für charakteristische Problemtypen Optimierungsverfahren zu erarbeiten (vgl. Kosiol /83, S.369 /).

Es ist naheliegend, daß im Rahmen einer begrenzten O.R. Untersuchung bei der Lösung eines speziellen Problems auch Erkenntnisse allgemein-gültiger Natur über das Verhalten und die Struktur von Systemen sowie den Aufbau typischer Entscheidungssituationen gewonnen werden können. Solche Erkenntnisse sind dann formal zur Systemforschung oder Entscheidungsforschung bzw., soweit es um die Erklärung dieser Erkenntnisse geht, zur Systemtheorie oder Entscheidungstheorie zu rechnen. Mit anderen Worten kann man also sagen, daß im Rahmen des O.R. ein wesentlicher Teil der Arbeit geleistet wird, der zur Gewinnung eines geschlossenen Erkenntnisgebäudes der Systemwissenschaft führt.

Die Systemtechnik:

Innerhalb der Systemwissenschaft stellt nun die Systemtechnik in Hinblick auf die praktische Anwendung systemwissenschaftlicher Erkenntnisse einen zusammenfassenden Aktivitätsschwerpunkt dar. Die Systemtechnik ist keine Technik im klassichen Sinne. Sie ist vielmehr das Konzept einer umfassenden, interdisziplinären Betrachtungsweise komplexer Problemstellungen im Zusammenhang mit der Analyse und Gestaltung materieller Systeme, um eine angestrebte Bedarfsdeckung bei minimalem Aufwand optimal zu erfüllen.

Formal gesehen ist die Systemtechnik der Oberbegriff für alle praktischen, systemwissenschaftlich fundierten Methoden und Verfahren, die zur Konzipierung, Analyse, Auswahl und Realisierung von komplexen Systemen notwendig sind. In der Systemtechnik kommen also in Hinblick auf diese grundsätzliche Aufgabenstellung einerseits die Entscheidungslogik, die sich ableitet aus dem Begriff der formalen Rationalität des Handelns und nur die formale Richtigkeit des Denkens voraussetzt, sowie andererseits die objektivierte und systematisierte Erfahrung, die sich in empirisch überprüften Systemmodellen des Umweltzusammenhanges niederschlägt, zum Tragen. Durch die Verknüpfung der Erkenntnisse der Entscheidungsforschung mit den Erkenntnissen der Systemforschung in der Systemtechnik entsteht damit eine wissenschaftlich fundierte Kunst des richtigen Handelns in Bezug auf die umfassende Planung komplexer Systeme. In diesem Sinne ist die Systemtechnik wie jede Technik als eine "Kunstlehre" zu verstehen. Systemtechnisch begründete Entscheidungen werden getroffen aufgrund umfassender Informationsgewinnung im Sinne der Systemforschung und logischer Informationsverarbeitung im Sinne der Entscheidungsforschung.

Die wissenschaftliche Aufgabe der Systemtechnik besteht dementsprechend darin, auf der Grundlage der Erkenntnisse der einzelnen Aktivitätsschwerpunkte der Systemwissenschaft praktische Methoden und Verfahren zu entwickeln, mit deren Hilfe der systemtechnische Planungsprozeß konkret durchgeführt werden kann. Dabei ist im wesentlichen auszugehen von (siehe Abb. 6):

- den Systemmodellen der Systemtheorie
- den generellen Zielvorstellungen betreffend die Gestaltung von Systemen aufgrund der Erkenntnisse der Systemforschung
- den Optimierungsmethoden des O.R.
- den allgemeinen Regeln der Entscheidungslogik aufgrund der Entscheidungsforschung
- den Entscheidungsmodellen der Entscheidungstheorie.

Die konkrete Betrachtung eines materiellen input - output Systems, unter systemtechnischem Aspekt, unterscheidet sich grundsätzlich von einer O.R. Untersuchung. Gegenstand von O.R. Untersuchungen sind speziell die Probleme im Zusammenhang mit der Arbeitsweise - in der Regel vorhandener - Systeme. Ziel solcher Untersuchungen ist es, die problemrelevante Systemstruktur durch ein Modell so abzubilden, daß die Systemfunktionen in ihrem Ablauf entsprechend einer Zielfunktion mathematisch optimiert werden können. Im Rahmen der angewandten Systemtechnik werden dagegen noch nicht realisierte Systeme systematisch im weitesten Sinne untersucht. Ziel solcher Untersuchungen ist es, unter vorgegebenen Randbedingungen ein optimales System in Hinblick auf ein multidimensionales Zielsystem zu ermitteln. Hier wird also das System als Ganzes in Frage gestellt und nicht nur die Kontrolle seiner Funktionen. Dazu müssen alternative Systemkonzepte entworfen und systematisch analysiert werden, um aufgrund technischer, ökonomischer, sozialer und auch politischer Kriterien das "beste" System auswählen und realisieren zu können. Die diesem Vorgehen zugrundeliegende Methodik ist typisch für einen systemtechnisch orientierten Planungsprozeß, in dem die Nutzwertanalyse eine charakteristische Stufe darstellt.

1.4) Die Methodik der Systemtechnik

Entsprechend der in Abb. 7 dargestellten Makrologik werden hier 8 charakteristische

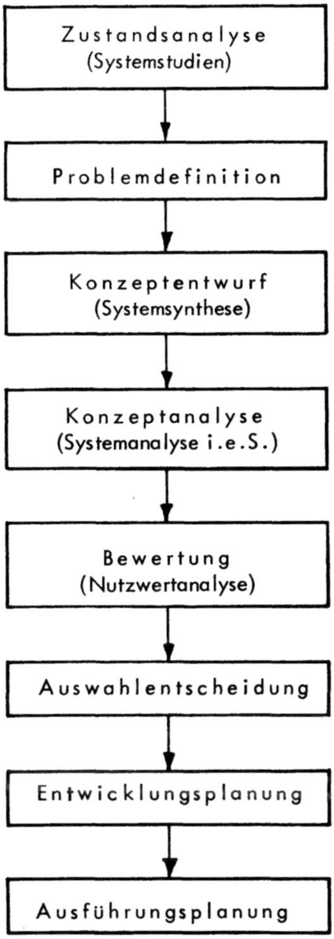

Abb. 7 Makrologik der systemtechnischen Methodik

Stufen im methodischen Ablauf der systemtechnisch orientierten Gesamtplanung komplexer Systeme unterschieden.

1. Stufe: Zustandsanalyse (Systemstudien).
Die Zustandsanalyse bildet den logischen Ausgangspunkt einer systematischen Gesamtplanung. In ihr werden systematisch Informationen über das zugrunde liegende Situationsbild gesammelt. Die Phänomene der Umwelt müssen in ihren Ursachen, ihren Interdependenzen und hinsichtlich ihrer voraussichtlichen Entwicklung erkannt und analysiert werden. In der Praxis wird natürlich immer nur der jeweils relevante Teilbereich der Umwelt einer Zustandsanalyse unterzogen. Dieser kann durch den Aktivitätsbereich eines Unternehmens oder durch den Wirkungsbereich eines zu planenden Systems bestimmt sein. Die Ergebnisse der Zustandsanalyse bilden die Informationsbasis zur Definition allgemeiner Programmziele.

2. Stufe: Problemdefinition.
Die Problemdefinition ist das Ergebnis einer Problemanalyse, in der das "Spannungsverhältnis" zwischen dem Ist- und dem Sollzustand untersucht wird. Dieses resultiert in der Hauptsache aus den grundsätzlichen Schwierigkeiten, die sich bei der Verwirklichung der Programmziele angesichts des verfügbaren Mittelvorrats und der technologischen Möglichkeiten ergeben würden.

3. Stufe: Konzeptentwurf (Systemsynthese).
Im Rahmen der durch die Problemdefinition bestimmten Restriktionen und operativen Ziele sind Projektalternativen zu konzipieren.

4. Stufe: Konzeptanalyse (Systemanalyse i.e.S.).
Auf dieser Stufe der Gesamtplanung müssen Informationen über die mutmaßlichen Konsequenzen, die mit der Realisierung der Konzeptalternativen verbunden sind, gewonnen werden. Erfahrung und Experiment im Sinne eines praktischen Versuches scheiden hier als Methode der Informationsgewinnung aus, wenn es sich um Großprojekte handelt. Die gedankliche Vergleich der Alternativen ist daher

oft die einzige Möglichkeit, die hier methodisch in Betracht kommt. Mit Hilfe von Systemmodellen und digitalen Rechenanlagen müssen die Alternativen im Lichte der Zielsetzungen und Randbedingungen systematisch analysiert werden. Man spricht in diesem Zusammenhang häufig auch nur von Systemanalyse.

5. Stufe: Bewertung (Nutzwertanalyse).
Aufgrund der Ergebnisse der Systemanalyse müssen die Alternativen in Hinblick auf die relevanten Ziele und die Präferenzen des Entscheidungsträgers miteinander verglichen werden, um eine Aussage über den relativen Gesamtwert (Nutzwert) der Alternativen im Sinne einer Präferenzordnung zu erhalten. Die dabei speziell anzuwendende Vorgehensweise, um der Multidimensionalität realer Zielsysteme und einer differenzierten Präferenzstruktur Rechnung tragen zu können, wird hier mit Nutzwertanalyse bezeichnet.

6. Stufe: Auswahlentscheidung.
Auf dieser Stufe wird die Auswahlentscheidung aufgrund der Ergebnisse der Nutzwertanalyse und eventuell bis dahin noch nicht berücksichtigter Entscheidungskriterien getroffen.

7. Stufe: Entwicklungsplanung.
Die Entwicklungsplanung umfaßt die Planungsaufgaben im Zusammenhang mit der materiellen Entwicklung von Systemkomponenten einschließlich eventuell notwendiger Prototypen und deren Testfolgen.

8. Stufe: Ausführungsplanung.
Diese Stufe umfaßt schließlich die Planung aller Maßnahmen, die zur rationellen Realisierung der ausgewählten Projektalternativen im Rahmen des gesamten Produktionsprogramms notwendig sind einschließlich der Einsatzüberwachung und der laufenden Systemverbesserung.

Die Stufen der systemtechnischen Gesamtplanung sind in der Praxis im Sinne einer Rückkopplung wiederholt zu durchlaufen. In Hinblick darauf spricht man hier auch

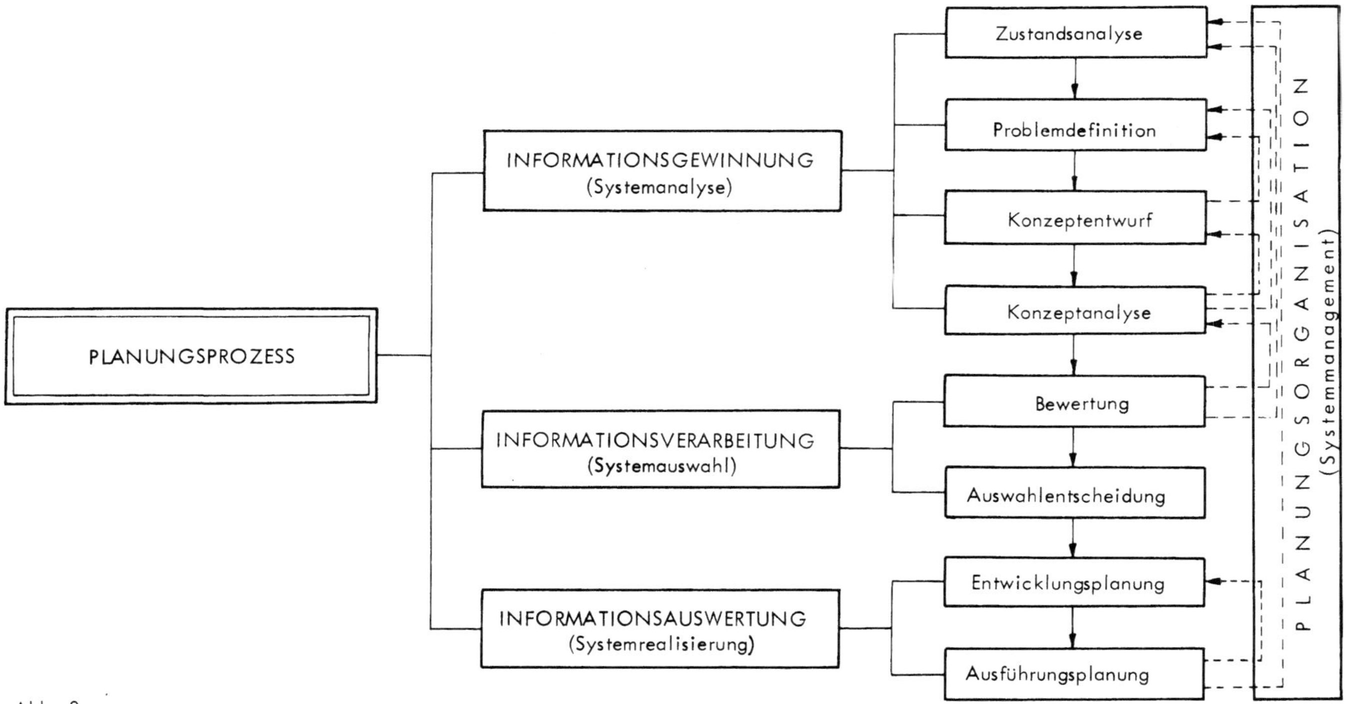

Abb. 8

Der Planungsablauf als Rückkopplungsprozess.

vom "systems-engineering-process" /55/. Dieser Prozeß soll hier entsprechend der gegebenen Definition des Planungsbegriffs allgemein mit Planungsprozeß bezeichnet werden (vgl. Abb. 8). Neben den aufgezählten Stufen dieses Prozesses können übergeordnet drei typische Phasen unterschieden werden, und zwar die Phasen der :

- Informationsgewinnung (Systemanalyse im weiteren Sinne)
- Informationsverarbeitung (Systemauswahl)
- Informationsauswertung (Systemrealisierung).

Wie in Abb. 8 ebenfalls angedeutet ist, muß ein konkreter Planungsprozeß zweckmäßig organisiert werden. Insbesondere betrifft das den iterativen Durchlauf der einzelnen Planungsstufen und deren gegenseitige Abstimmung aufeinander. Die damit verbundenen Tätigkeiten werden häufig unter dem Oberbegriff Systemmanagement oder Projektmanagement zusammengefaßt.

Auf der Grundlage des in Abb. 8 dargestellten Planungsprozesses soll nun im folgenden die Problemstellung der Nutzwertanalyse abgegrenzt und grundsätzliche Lösungsansätze erörtert werden.

2) Das Auswahlproblem und allgemeine Lösungsgrundsätze

Ausgehend von der Stellung der Nutzwertanalyse im Planungsprozeß wird eine Definition des Auswahlproblems gegeben und die Notwendigkeit einer entscheidungslogischen Analyse derartiger Problemstellungen in der Praxis aufgezeigt. Es werden die objektiven und subjektiven entscheidungsbestimmenden Einflußbereiche, denen Problemlösungen notwendig unterliegen, hervorgehoben und grundsätzliche Lösungsansätze unterschieden. Auf dieser Grundlage kann dann die Nutzwertanalyse definiert und die Optimalität diesbezüglicher Problemlösungen erörtert werden.

2.1) Definition der Problemstellung

Wie aus Abb. 8 hervorgeht, stellt sich das Problem der Auswahl von Projektalternativen im Ablauf des Planungsprozesses im Anschluß an die Planungsphase "Informationsgewinnung" (Systemanalyse i.w.S.) auf der ersten Stufe der Phase der Informationsverarbeitung. Diese Stufe - hier allgemein Bewertung von Alternativen genannt - ist möglicherweise wiederholt zu durchlaufen, wenn sich zeigen sollte, daß noch zu wenig Informationen für eine ausreichende Begründung der Auswahlentscheidung vorliegen.

Um eine Auswahlentscheidung treffen zu können, müssen die Alternativen zuvor durch einen jeweils zu ermittelnden "Projektwert" nach ihrer Vorzugswürdigkeit geordnet worden sein. Dazu sind die Projektalternativen aufgrund der Ergebnisse der Systemanalyse in Hinblick auf die relevanten Ziele und die diesbezüglichen Präferenzen des Entscheidungsträgers miteinander zu vergleichen. Entsprechend dieser Aufgabenstellung kann hier das Auswahlproblem allgemen folgendermaßen definiert werden (vgl. dazu auch Abb. 1).

Definition (3)

Die Menge der zur Auswahl stehenden Alternativen ist unter Berücksichtigung vorgegebener Restriktionen in Hinblick auf die relevanten Ziele und die diesbezüglichen Präferenzen des Entscheidungsträgers optimal zu ordnen.

Eine optimale Ordnung der Alternativen soll dadurch gekennzeichnet sein, daß die Realisierung der Alternative mit dem höchsten Wert (zweithöchsten etc.) die bestmögliche (zweitbeste etc.) Ausnutzung der verfügbaren Produktionsmittel im Sinne der Zielsetzungen bewirkt.

In der Definition des Auswahlproblems ist bewußt nur von Alternativen und nicht von Projektalternativen die Rede. Denn auf der Bewertungsstufe eines Planungsprozesses ist es durchaus denkbar, daß nicht nur sich in der Realisierung ausschließende Projekte gegenübergestellt werden, sondern möglicherweise Projektbündel - im folgenden Programmalternativen genannt - zu vergleichen sind.

2.2) Zur Begründung systematischer Analysen von Auswahlproblemen

Das wachsende Interesse an Verfahren zur entscheidungslogischen Analyse von Auswahlproblemen beruht allgemein auf der menschlichen Vernunft und dem daraus resultierenden Bestreben, auch komplexe Problemsachverhalte im Bewußtsein möglicher Konsequenzen von Alternativen zur Entscheidung zu bringen. Die praktischen Voraussetzungen dafür umfassen die Bereitstellung von Informationen zur detaillierten Situationsbeschreibung einerseits sowie die logische Verarbeitung von Informationen zu einer Gesamtaussage andererseits. Obwohl auch die Informationsgewinnung häufig noch mit erheblichen Schwierigkeiten verbunden ist, so liegt heute doch der eigentliche Engpaß bewußt vollzogener Entscheidungsfindung auf dem Gebiet der Informationsverarbeitung. Hier fehlt es oft an Methoden, um die verfügbaren Informationen, so insbesondere auch die Präferenzen des Entscheidungsträgers, geeignet darzustellen und systematisch zusammenzufassen.

Die im Einzelfall bei der Durchdringung eines Auswahlproblems auftretenden Schwierigkeiten können durch die in Abb. 9 aufgeführten typischen Merkmale von Entscheidungssituationen gekennzeichnet werden. Je nach dem, in welcher Kombination diese Merkmale auftreten, ergeben sich unterschiedliche Problemstrukturen und damit auch unterschiedliche Anforderungen an die entscheidungslogische Analyse einer Auswahlsituation. Offenbar ist die Lösung eines Auswahlproblems besonders kompliziert,

- wenn viele Ziele zu berücksichtigen sind,
- wenn unterschiedliche Zielmaße auftreten,
- wenn die Präferenzstruktur stark differenziert ist,
- wenn die Informationen mit Unsicherheiten behaftet sind,
- wenn Zeitabhängigkeiten eine Rolle spielen,
- wenn mehrere Personen bei der Entscheidungsfindung berücksichtigt werden müssen,
- wenn kein eindeutiges Entscheidungskriterium existiert, sondern eine Synthese einer Vielfalt von Werten vorgenommen werden muß.

Angesichts dieser typischen Entscheidungsschwierigkeiten ist es einleuchtend, daß nur durch systematische Analyse eines Problemsachverhaltes Ziele und Zielkonflikte erkannt, Prioritäten gesetzt und die Gesamtwerte von Alternativen zutreffend beurteilt werden können. Die Wahrscheinlichkeit, schnell gute Entscheidungen zu treffen, wird voraussichtlich größer sein, wenn es gelingt, Globalurteile im Rahmen eines systematischen Entscheidungsprozesses durch eine Folge weniger unsicherer Teilurteile und deren logische Verknüpfung zu ersetzen. Die wissenschaftliche Aufgabe besteht dementsprechend darin, Methoden bereitzustellen, die eine wertende Durchdringung konkreter Problemstellungen erleichtert und deren Ergebnisse so abbilden läßt, daß die rein kombinatorische Arbeit zur Ableitung einer Gesamtaussage einem Elektronenrechner übertragen werden kann.

Zweifellos ist das Vernunftsmotiv ein wesentlicher Grund für die systematische

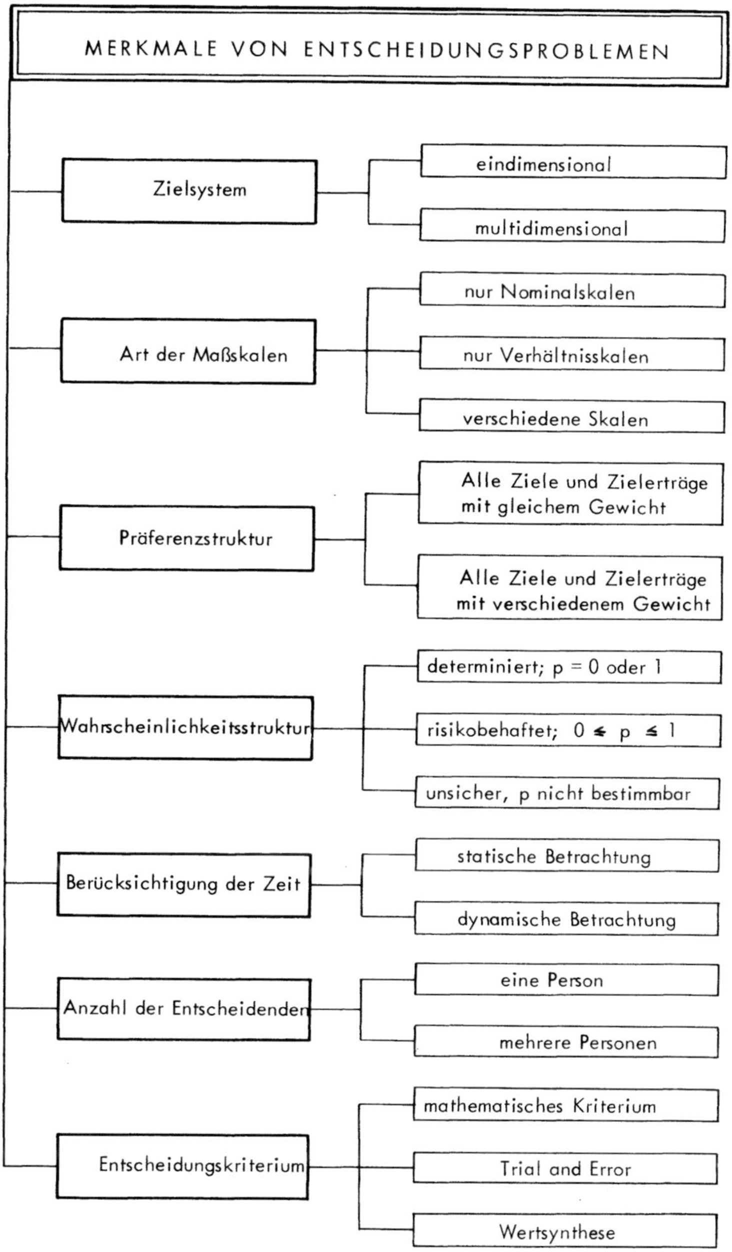
MERKMALE VON ENTSCHEIDUNGSPROBLEMEN
Zielsystem
eindimensional
multidimensional
Art der Maßskalen
nur Nominalskalen
nur Verhältnisskalen
verschiedene Skalen
Präferenzstruktur
Alle Ziele und Zielerträge mit gleichem Gewicht
Alle Ziele und Zielerträge mit verschiedenem Gewicht
Wahrscheinlichkeitsstruktur
determiniert; p = 0 oder 1
risikobehaftet; 0 ≤ p ≤ 1
unsicher, p nicht bestimmbar
Berücksichtigung der Zeit
statische Betrachtung
dynamische Betrachtung
Anzahl der Entscheidenden
eine Person
mehrere Personen
Entscheidungskriterium
mathematisches Kriterium
Trial and Error
Wertsynthese

Abb. 9

Analyse von Auswahlproblemen. Inwieweit jedoch im konkreten Fall solche Analysen durchgeführt werden sollten, ist letztlich natürlich immer eine Frage der Wirtschaftlichkeit. Der Aufwand für die Entscheidungsfindung muß immer in vertretbarer Relation zum Projektaufwand und den Konsequenzen möglicher Fehlentscheidungen stehen.

2.3) Die entscheidungsbestimmenden Einflußbereiche von Auswahlsituationen

Die Entscheidungsfindung kann als Vorgang systematischer Willensbildung verstanden werden. Diese Willensbildung vollzieht sich auf den einzelnen Stufen des Planungsprozesses und ist jeweils durch ein bestimmtes Informationsniveau gekennzeichnet. Dabei ist hier unter Information zweckorientiertes Wissen in Hinblick auf die nachfolgende Planungsstufe zu verstehen.

Wie in Abb. 8 schematisch angedeutet ist, muß die auf einer Planunsstufe vorliegende Informationsmenge entsprechend der zugrunde gelegten Entscheidungslogik so transformiert werden, daß die Schritte der folgenden Planungsstufe vollzogen werden können. Dieser Vorgang ist so oft zu wiederholen, bis der für die eigentliche Auswahlentscheidung zwischen Alternativen notwendige Wissensstand erreicht ist. Dabei stellt jede Transformation eine besondere Art der Informationsverarbeitung dar. Diese ist insbesondere gekennzeichnet durch den entscheidungsbestimmenden Einflußbereich, dem die zugehörige Planungsstufe im Planungsprozeß unterliegt. Je nach dem, ob ein Einflußbereich primär objektive oder subjektive Einflußfaktoren beinhaltet, können entsprechend Abb. 10 das Entscheidungsfeld und die Entscheidungsdeterminanten unterschieden werden (vgl. dazu auch Heinen / 58 ,S.22 /). Wie sich in diesen Einflußbereichen der Planungsprozeß vollzieht, zeigt Abb. 11.

Definition (4)

Das Entscheidungsfeld beinhaltet die Gesamtheit aller objektiv gegebenen Umwelterscheinungen, die den Entscheidungsspielraum zwingend beeinflussen oder begrenzen.

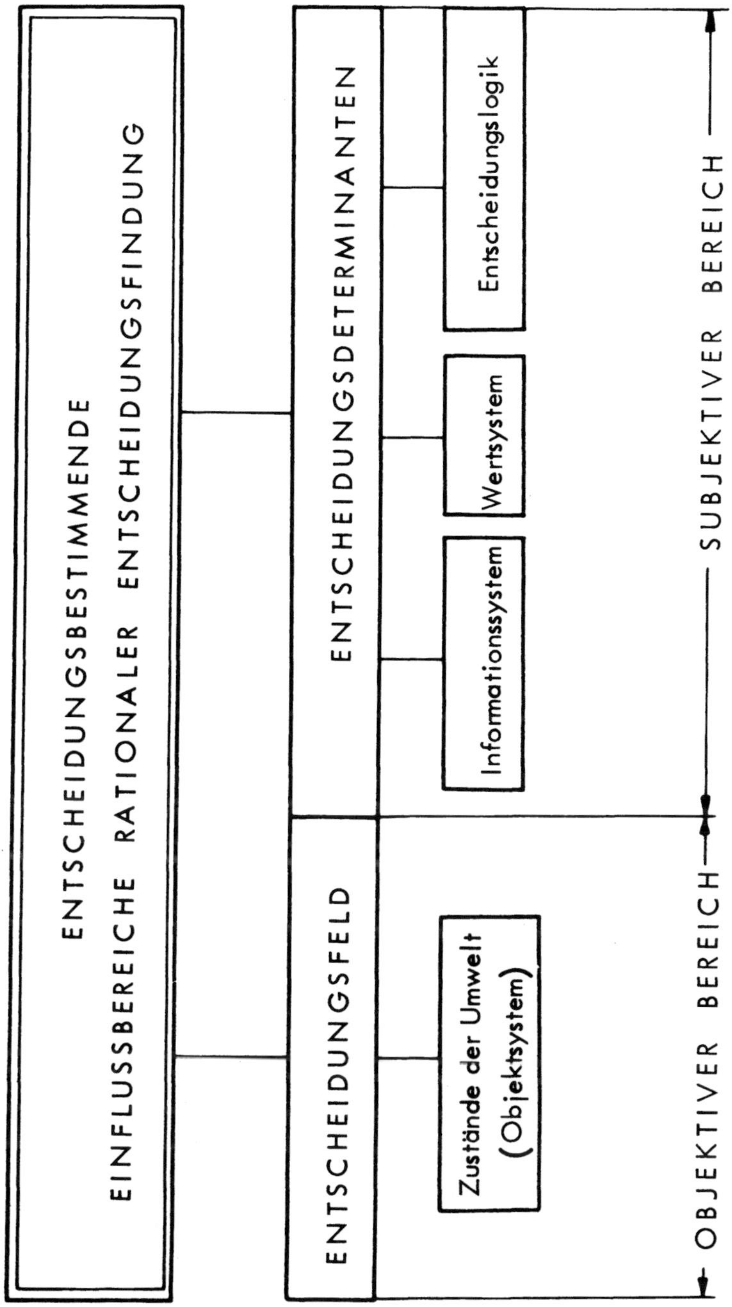
ENTSCHEIDUNGSBESTIMMENDE
EINFLUSSBEREICHE RATIONALER ENTSCHEIDUNGSFINDUNG
ENTSCHEIDUNGSDETERMINANTEN
Informationssystem
Wertsystem
Entscheidungslogik
ENTSCHEIDUNGSFELD
Zustände der Umwelt
(Objektsystem)
OBJEKTIVER BEREICH
SUBJEKTIVER BEREICH

Abb. 10

Alle objektiv erkennbaren entscheidungsrelevanten Gegebenheiten einschließlich der realisierbaren und zur Auswahl stehenden Alternativen sind Elemente des Entscheidungsfeldes. Je nach Umfang einer konkreten Auswahlsituation können diese Elemente in Form von Daten Eingabegrößen für das benutzte Entscheidungsmodell sein. In der Praxis wird das Entscheidungsfeld durch physische, soziale, juristische und politische Umweltgegebenheiten bestimmt. Im einzelnen können das beispielsweise sein: Wirtschaftsfaktoren, Stand der Technik, der Technologie und der Wissenschaften, Konkurrenzlage einer Organisation, allgemeine politische und soziale Verhältnisse sowie die Rechts- und Wirtschaftsordnung eines Staates. Ebenso sind aber auch die Ergebnisse vorangegangener Entscheidungen und die mutmaßlichen Wirkungen einer bevorstehenden Entscheidung zu den Elementen der Entscheidungsfeldes zu rechnen. Da es sich hier allgemein um Gegebenheiten handelt, die gewöhnlich einem zeitlichen Wandel unterliegen, ist es in der Entscheidungstheorie üblich, ein momentanes Entscheidungsfeld durch die möglichen *Zustände der Umwelt* zur Zeit T zu kennzeichnen.

Während die objektiven Einflußfaktoren des Entscheidungsfeldes letztlich den Entscheidungsinhalt zwingend bestimmen, sind die subjektiven Faktoren der Entscheidungsdeterminanten vor allem für die *Güte* der Entscheidungsfindung maßgebend.

> Definition (5)
>
> Die *Entscheidungsdeterminanten* umfassen alle subjektiven Gegebenheiten, durch die die Willensbildung des Entscheidungsträgers maßgeblich beeinflußt wird.

Wie aus Abb. 10 hervorgeht, werden hier zu den Entscheidungsdeterminanten das Informationssystem, das Wertsystem und die einem Entscheidungsmodell zugrunde gelegte Logik gerechnet.

Das *Informationssystem* dient dazu, alle wesentlichen Daten der Entscheidungsumgebung zu erfassen, ihre Interdependenzen zu analysieren und zu entscheidungsrelevanter Information zu verarbeiten. Das Informationssystem beinhaltet entsprechend diesen Funktionen daher alle technischen und methodischen Möglichkeiten,

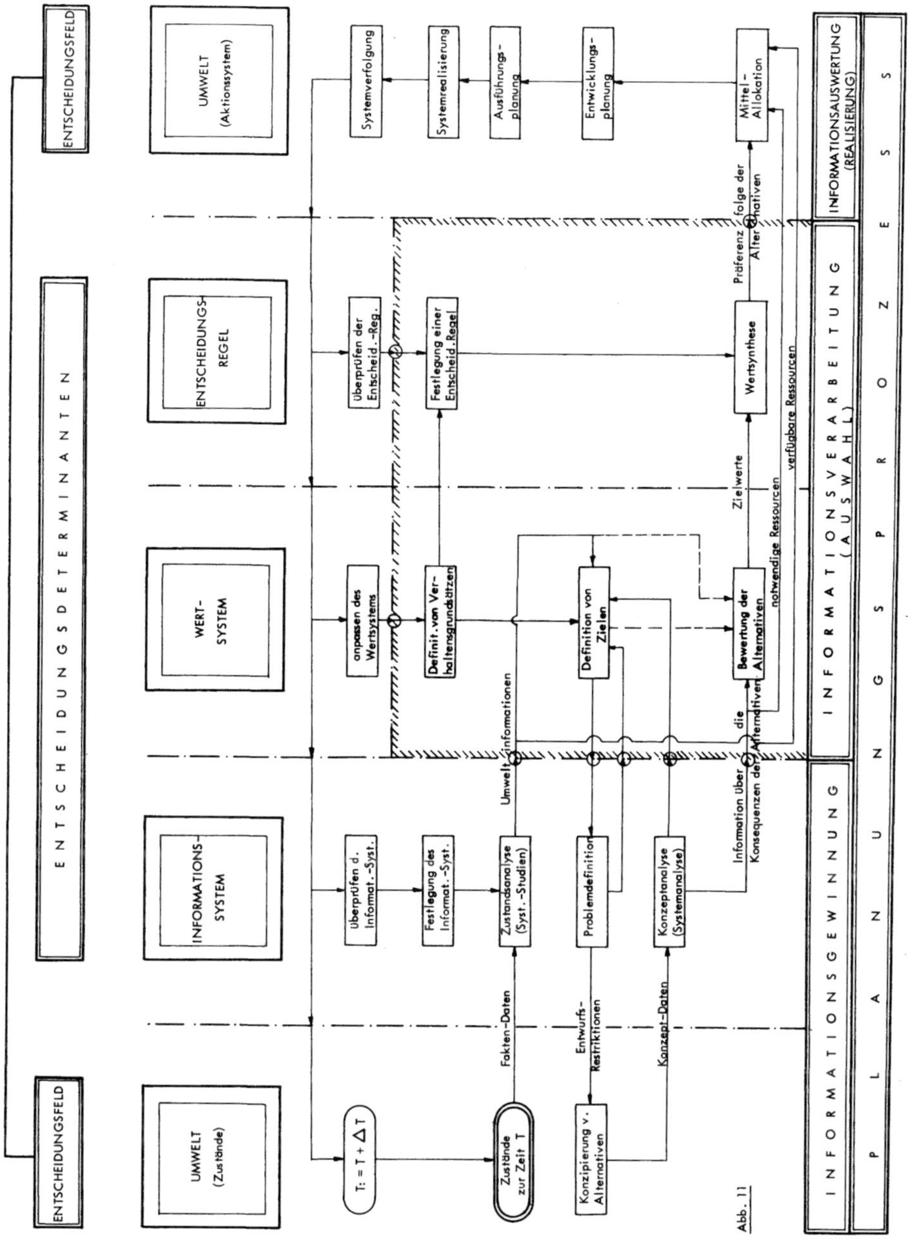
ENTSCHEIDUNGSFELD
ENTSCHEIDUNGSDETERMINANTEN
ENTSCHEIDUNGSFELD
UMWELT (Zustände)
INFORMATIONS-SYSTEM
WERT-SYSTEM
ENTSCHEIDUNGS-REGEL
UMWELT (Aktionssystem)
T: = T + ΔT
Überprüfen d. Informat.-Syst.
anpassen des Wertsystems
Überprüfen der Entscheid.-Reg.
Systemverfolgung
Festlegung des Informat.-Syst.
Definit. von Verhaltensgrundsätzen
Festlegung einer Entscheid.Regel
Systemrealisierung
Ausführungs-planung
Zustände zur Zeit T
Fakten-Daten
Zustandsanalyse (Syst.-Studien)
Umwelt informationen
Definition von Zielen
Entwurfs-Restriktionen
Problemdefinition
Entwicklungs-planung
Konzipierung v. Alternativen
Konzept-Daten
Konzeptanalyse (Systemanalyse)
Information über Konsequenzen der Alternativen
die
Bewertung der Alternativen
notwendige Ressourcen
Zielwerte
Wertsynthese
verfügbare Ressourcen
Präferenzfolge der Alternativen
Mittel-Allokation
INFORMATIONSGEWINNUNG
INFORMATIONSVERARBEITUNG (AUSWAHL)
INFORMATIONSAUSWERTUNG (REALISIERUNG)
PLANUNGSPROZESS

Abb. 11

Umweltdaten systematisch zu ermitteln und geeignet zu transformieren sowie alle bereits empirisch und theoretisch durch Wahrnehmung, Beobachtung, Lernen und systematisches Forschen gewonnenen Erkenntnisse über die gegenwärtigen Umweltzustände und ihre voraussichtliche Entwicklung. Im Zusammenhang mit der Untersuchung komplexer Auswahlprobleme sind infolgedessen insbesondere die Ergebnisse der Systemforschung einschließlich der Zukunftsforschung sowie die Methoden der Systemanalyse als wesentliche Bestandteile eines Informationssystems anzusehen.

Wie wichtig ein problemadäquates Informationssystem für die praktische Auswahl und damit für die Güte einer Auswahlentscheidung ist, zeigt folgende Aufstellung typischer Fehlermöglichkeiten:

- es werden falsche Fakten ermittelt
- es fehlen relevante Fakten,
- die Alternativen sind unvollständig,
- die Konsequenzen der Alternativen werden falsch dargestellt,
- relevante Konsequenzen werden nicht erfaßt.

Das *Wertsystem* des Entscheidungsträgers ist nach Abb. 10 die zweite Entscheidungsdeterminante. Es umfaßt *Wertinhalte* in Form von Verhaltensgrundsätzen und Zielen sowie die formale Ordnung dieser Werte aufgrund der ihnen subjektiv beigemessenen relativen Bedeutung, die sogenannte *Präferenzstruktur*. Auch ein ungenügend formuliertes Wertsystem kann zu Fehlern in der Entscheidungsfindung führen. Das wäre beispielsweise der Fall, wenn

- relevante Ziele übersehen werden, und
- die Abbildung von Präferenzen widerspruchsvoll erfolgt.

Ebenfalls eine charakteristische Entscheidungsdeterminante ist die Logik eines Entscheidungsverfahrens, so insbesondere in Form einer *Entscheidungsregel*. Die Entscheidungsregel gibt an, wie aufgrund der häufig schrittweise vorgenommenen Bewertung von Alternativen, deren Gesamtwerte und damit deren endgültige Ordnung zu bestimmen ist.

Zweifellos sind Wertsystem und Entscheidungsregel die wichtigsten subjektiven Einflußfaktoren in Auswahlsituationen und unmittelbar maßgebend für die Güte der Entscheidungsfindung und damit auch für die Optimalität einer Problemlösung.

2.4) Ansätze zur Lösung des Auswahlproblems

Das Auswahlproblem entsprechend Definition (3) ist auch mathematisch bestimmt und damit grundsätzlich lösbar wenn eine numerische Zielfunktion angegeben werden kann und die funktionale Darstellung der Restriktionen in Form von Gleichungen bzw. Ungleichungen möglich ist. Die Zielfunktion beschreibt dabei den zu optimierenden einen Zielwert in Abhängigkeit von den Problemvariablen. Dieser Vorgehensweise liegt folgender Lösungsansatz zugrunde (vgl. Heinen / 58 ,S.158 /).

Ansatz (I)

Begrenze alle entscheidungsrelevanten Ziele bis auf eines und wähle jene Alternative aus der Menge der dann noch zulässigen Alternativen, die hinsichtlich des unbegrenzten Zieles den höchsten Zielwert aufweist.

Dieser Ansatz liegt den in der Einführung erwähnten rein rechnerischen Ermittlungsmodellen und den Optimierungsmodellen zugrunde.

Der Vorteil dieses Lösungsansatzes liegt in seiner hohen Operationalität. Die Problemstellung kann exakt durchgerechnet werden. Der Nachteil besteht aber offenbar darin, daß umfangreiche Problemstellungen nicht durch Optimierung eines einzigen Zielwertes adäquat gelöst werden können. Es ist vielmehr notwendig, möglichst viele der situartionsrelevanten Ziele und deren relative Bedeutung in die Problemanalyse einzubeziehen. Eine entsprechende funktionale Formulierung der Problemstellung in mehr als einer Zielwertdimension ist jedoch praktisch nicht möglich. Diese funktionale Indeterminiertheit komplexer Auswahlsituationen liegt zweifellos in der Natur der Sache. Denn eine wesentliche Rolle bei der Entscheidungsfindung spielen hier die subjektiven Wertvorstellungen des Entscheidungsträgers und seine persönliche Einschätzung der "intangible factors" einer Situation. Diese Seite des Problems läßt sich aber nicht allgemeingültig programmieren, da die subjektiven Entscheidungsmomente individuell verschieden sind und in der Regel auch einem zeitlichen Wandel unterliegen. Für praktische Entscheidungsverfahren zur Lösung komplexer Auswahlprobleme muß daher von Lösungsansätzen ausgegangen werden, die nicht primär oder ausschließlich entsprechend Ansatz (I) auf dem Konzept technologischer Funktionalität beruhen. Denn auch Verfeinerungen dieses Konzepts treffen nicht den subjektiven Kern des Problems und führen häufig nur zu unlösbaren sekundären mathematischen Problemen.

Erfolgversprechender sind daher solche Verfahren, die methodisch davon ausgehen, daß die optimale Alternative durch direkte Berücksichtigung der Präferenzstruktur des Entscheidungsträgers bestimmt wird. Die Präferenzstruktur ist hierbei zu verstehen als zusammenfassender Ausdruck der relativen Bedeutungen, die der Entscheidungsträger den Zielen und unterschiedlichen Zielerträgen von Alternativen beimißt. Diesem Konzept, das hier als Nutzenkonzept bezeichnet wird, liegt folgender Ansatz zugrunde:

Ansatz (II)

Maximiere den Nutzen, d.h. wähle jene Alternative, bei der die Gesamtheit der gewogenen Zielwerte am größten ist.

Unter einem gewogenen Zielwert soll der Teilnutzen einer Alternative A_i, $i = 1\ (1)\ n$, verstanden werden, den sie bezüglich eines der insgesamt $j = 1\ (1)\ m$ Ziele aufweist. Ansatz (II) ist sehr allgemeingültig und entspricht weitgehend den empirischen Vorgängen praktischer Entscheidungsfindung. Er läßt sich jedoch nur schwer formalisieren. Es wird hier davon ausgegangen, daß der Entscheidungsträger sich optimal entscheidet, wenn er konsequent seine Präferenzen befolgt. Er verhält sich dann rational im entscheidungstheoretischen Sinne.

2.5) Definition der Nutzwertanalyse

Die Methodik zur Ableitung einer optimalen Ordnung von Alternativen auf der Basis des Nutzenkonzepts soll hier Nutzwertanalyse genannt werden. Sie ist streng zu unterscheiden von der sogenannten Wertanalyse (value analysis). Dort handelt es sich um eine Methode systematischer Kostensenkung und Produktgestaltung, wobei vom Kostenwert ausgegangen wird. Die Grundlage der Nutzwertanalyse (benefit-, utility-, worthanalysis) ist dagegen der subjektive Wertbegriff. Entsprechend der in der Wirtschaftswissenschaft gebräuchlichen Definition ist der Nutzwert der subjektive, durch die Tauglichkeit zur Bedürfnisbefriedigung bestimmte Wert eines Gutes (vgl. Gabler /43, S.442 /). Über den Wertinhalt und das Wertmaß sagt diese Definition nichts aus. Sie charakterisiert lediglich die Ziel- und Präferenzbezogenheit des Nutzwertbegriffs. Das Wertmaß muß durch eine geeignete Meßoperation und der Wertinhalt durch ein individuelles Wertsystem von Fall zu Fall festgelegt werden. Die Lösung der damit verbundenen Probleme sind Hauptaufgaben der Nutzwertanalyse, der entsprechend Ansatz (II) folgende Definition zugrunde gelegt werden soll:

> Definition (6)
>
> Nutzwertanalyse ist die Analyse einer Menge komplexer Handlungsalternativen mit dem Zweck, die Elemente dieser Menge entsprechend den Präferenzen des Entscheidungsträgers bezüglich eines multidimensionalen Zielsystems zu ordnen. Die Abbildung dieser Ordnung erfolgt durch die Angabe der Nutzwerte (Gesamtwerte) der Alternativen.

Die gesuchten Nutzwerte stellen jeweils das Ergebnis einer ganzheitlichen Bewertung sämtlicher Zielerträge einer Alternative dar. Ein Nutzwert ist direkt nicht als Ertragsgröße zu verstehen, sondern kann nur in Hinblick auf das relevante Wertsystem, bestehend aus Zielsystem und zugehörigen Präferenzen des Entscheidungsträgers, als solche interpretiert werden. Er ist entsprechend der Definition der Nutzwertanalyse zunächst nur ein dimensionsloser Ordnungsindex, der verbal oder durch

Zahlen ausgedrückt sein kann. Wie später noch ausgeführt wird, sind darüber hinausgehende Eigenschaften eines Nutzwertes gegebenenfalls möglich, jedoch nicht notwendig das Ergebnis jeder Nutzwertanalyse. Um sie zu gewährleisten, müßten im Einzelfall entweder spezielle Annahmen getroffen werden, nach denen die Nutzwertanalyse methodisch auszurichten wäre, oder besondere Situationsgegebenheiten vorliegen. Letzteres wäre beispielsweise denkbar, wenn sämtliche Zielerträge einheitlich durch eine empirische Größe, wie z.B. durch Währungseinheiten, sinnvoll ausgedrückt werden können. In diesem Fall wären die Nutzwerte dimensionsbehaftet, und auch die Nutzwertdifferenzen hätten im Gegensatz zu Differenzen von reinen Ordnungsziffern empirische Bedeutung.

Aus dieser Sicht wird ebenfalls verständlich, daß eine nicht trivale Nutzwertanalyse nur bei Entscheidungssituationen mit $n \geq 2$ Alternativen sowie $m \geq 2$ Zielen möglich ist. Ist $n = 1$, so besteht die zu ordnende Menge nur aus einem Element. Eine Ordnung dieser Menge und damit auch die Angabe eines Nutzwertes ist nicht möglich. Liegt dagegen nur ein Ziel vor - eindimensionale Messung des Zielertrages vorausgesetzt - und ist $n \geq 2$, so sind die Alternativen in der Regel bereits durch ihre Zielerträge eindeutig geordnet (sog. natürliche Ordnung).

Es ist allerdings denkbar, daß man eine Nutzwertanalyse auch bei $n = 1$, d.h. nur bei einem Projekt durchführt. Das kann von praktischer Bedeutung sein, wenn man vor der Entscheidung steht, ob es sich lohnt, eine Alternative zu einem vorliegenden Projektkonzept zu entwickeln oder nicht. In diesem Fall müßte das konkrete Projekt einer hypothetischen Alternative gegenübergestellt werden, indem man beispielsweise optimale Erträge für sämtliche Ziele definiert und diese als Vergleichsbasis benutzt. Ein Nutzwert lediglich mit Ordnungseigenschaften würde hier natürlich nicht genügen, da eine Aussage über die Distanz des realen Projekts zum Idealprojekt notwendig ist. Wie später noch gezeigt wird, erfordert das jedoch k a r d i n a l e Meßbarkeit der Präferenzen.

2.6) Zur Optimalität von Nutzwertanalyseergebnissen

Die auf der Basis des Nutzenkonzepts abgeleiteten Lösungen eines Auswahlproblems sind nicht Optimallösungen im mathematisch funktionalen Sinne. Der Optimalitätsbegriff wird dadurch, daß er auf ein naturgemäß subjektives Wertsystem bezogen ist, relativiert. Wie aus Abb. 10 hervorgeht, müssen jedoch die Grenzen zwischen einer objektiv besten und einer subjektiv besten Lösung eines Entscheidungsproblems grundsätzlich als fließend angesehen werden. Denn auch die in jedem Fall vorzunehmende Auswahl der als relevant erachteten Informationen und die jeweils angewandte Informationsmethodik beinhalten ebenso wie die Logik eines Entscheidungsverfahrens immer subjektive Wertungsakte, die nie a priori als objektiv "richtig" angesehen werden können. Um daher die Optimalität - oder allgemeiner die Güte - einerProblemlösung beurteilen zu können, ist es notwendig, ein geeignetes Kriterium hierfür festzusetzen. Da beim Nutzenkonzept keine technologisch-funktionale Abbildung des Problemsachverhaltes erfolgt, entfällt hier auch das Kriterium eines mathematisch definierten Optimums. In diesem Fall erscheint es daher zweckmäßig, die Optimalität einer Problemlösung allgemeiner und zwar unter dem entscheidungstheoretischen Aspekt der R a t i o n a l i t ä t d e r E n t s c h e i d u n g s f i n d u n g zu beurteilen.

Die wissenschaftliche Verwendung des Ausdrucks rational ist jedoch keineswegs so eindeutig, daß man ihn hier ohne genauere begriffliche Abgrenzung für die Beurteilung von Entscheidungen benutzen könnte (vgl. dazu z.B. Bott / 10 /). Allgemein kann man unter einer rationalen Entscheidung bzw. Handlung ein Verhalten verstehen, daß zufälliges, gewohnheitsmäßiges, widerspruchsvolles, gefühlsmäßiges und unbedachtes Handeln ausschließt (vgl. dazu Abb. 12). Als ein besonderes Merkmal rationaler Entscheidungsfindung muß es angesehen werden, daß man der allgemeinen Unsicherheit sowohl was die Informationsgewinnung als auch was die Informationsverarbeitung angeht, bewußt Rechnung trägt. Diese generelle Unsicherheit bei der Analyse einer Entscheidungssituation besteht insbesondere in der unvollkommenen Kenntnis (vgl. dazu auch Bott / 10,S.11 /)

- der zweckmäßigsten Ziele
- der wahren Ausgangslage (Situationsbild)
- der wahren Zahl und Konsequenzen der Alternativen

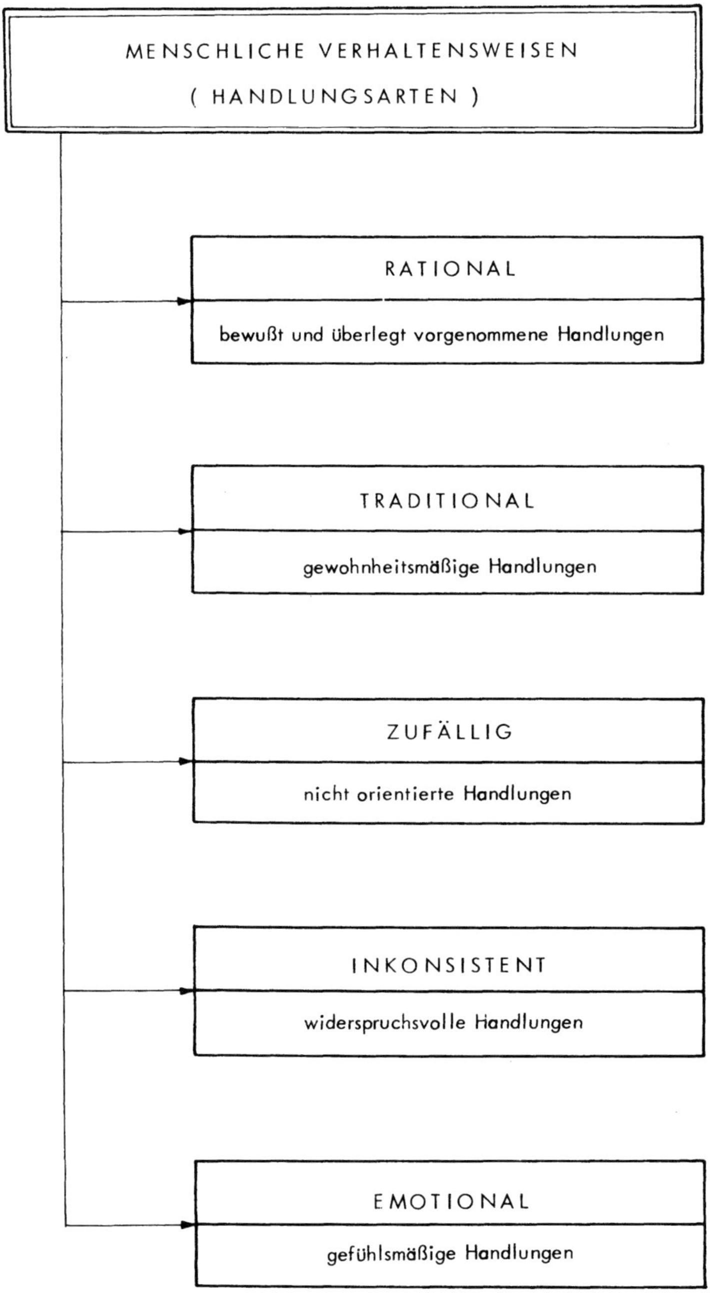
MENSCHLICHE VERHALTENSWEISEN
(HANDLUNGSARTEN)
RATIONAL
bewußt und überlegt vorgenommene Handlungen
TRADITIONAL
gewohnheitsmäßige Handlungen
ZUFÄLLIG
nicht orientierte Handlungen
INKONSISTENT
widerspruchsvolle Handlungen
EMOTIONAL
gefühlsmäßige Handlungen

Abb. 12

- des wahren Gehalts zusätzlicher Informationen
- der wahren Kosten einer möglichen Minderung der Unsicherheit.

Je nach dem, ob man nun den eigentlichen Inhalt oder das formallogische Zustandekommen einer Entscheidung im Auge hat, ist es zweckmäßig, entsprechend Abb. 13 zwischen substantieller und formaler Rationalität zu unterscheiden (siehe z.B. Gäfgen / 44 ,S.18 ff /).

Die substantielle Rationalität bezieht sich auf die einer Entscheidung zugrunde gelegten Werte, d.h. auf die Präferenzstruktur und den Inhalt der Zielsetzungen des Entscheidungsträgers. Substantielle Rationalität ist entscheidungstheoretisch irrelevant, da über sie keine allgemeingültigen Aussagen gemacht werden können. Denn die Suche nach verbindlichen, allgemeingültigen Werten ist nicht Gegenstand der Entscheidungstheorie sondern der Philosophie bzw. im praktischen Leben eine Frage der Politik. Spezielle handlungsbestimmende Wertnormen werden dagegen im Rahmen verschiedener wissenschaftlicher Disziplinen wie beispielsweise in den Wirtschaftswissenschaften, den Sozialwissenschaften und den Ingenieurwissenschaften erarbeitet. Diese können im konkreten Anwendungsfall entscheidungsdeterminierend sein. Bezieht sich daher eine Nutzwertanalyse auf einen speziellen technisch-ökonomischen Sachverhalt, dann ist zu überprüfen, ob sie bzw. das zugrunde gelegte Wertsystem auch den diesbezüglichen eventuell bekannten Wertnormen gerecht wird.

Die formale Rationalität ist dagegen grundsätzlich unabhängig von den einer Entscheidung zugrunde gelegten Wertinhalten. Sie verlangt ein widerspruchsfreies Wertsystem und logisch richtiges Zustandekommen der Entscheidung, d.h. eine Entscheidungsfindung, die

- aufgrund eines bewußt und folgerichtig vollzogenen Entscheidungsprozesses zustande kommt und
- vernünftig in Hinblick auf die verfolgten Zielsetzungen ist.

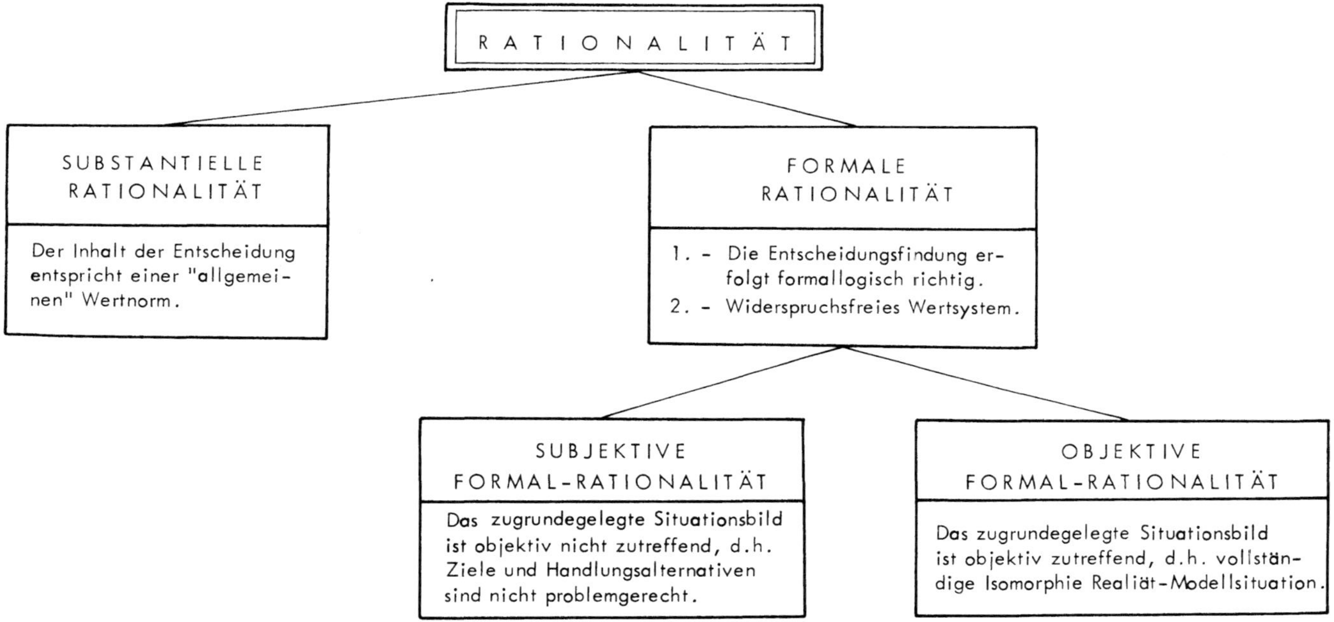
RATIONALITÄT
SUBSTANTIELLE RATIONALITÄT
Der Inhalt der Entscheidung entspricht einer "allgemeinen" Wertnorm.
FORMALE RATIONALITÄT
1. - Die Entscheidungsfindung erfolgt formallogisch richtig.
2. - Widerspruchsfreies Wertsystem.
SUBJEKTIVE FORMAL-RATIONALITÄT
Das zugrundegelegte Situationsbild ist objektiv nicht zutreffend, d.h. Ziele und Handlungsalternativen sind nicht problemgerecht.
OBJEKTIVE FORMAL-RATIONALITÄT
Das zugrundegelegte Situationsbild ist objektiv zutreffend, d.h. vollständige Isomorphie Realiät-Modellsituation.

Abb. 13

Rationalität in diesem Sinne heißt zunächst nur: zweckbewußte und zweckmäßige Entscheidungsfindung. Eine so zustandekommende Entscheidung kann jedoch zu einem praktisch absurden Ergebnis führen. Das wäre beispielsweise der Fall, wenn der Entscheidungsträger von einem irrealen Situationsbild ausgeht und infolgedessen Ziele und Mittel in Wahrheit unzweckmäßig formuliert hat. Aus diesem Grunde muß man hier noch genauer unterscheiden, und zwar zwischen subjektiver und objektiver Formalrationalität (vgl. Abb. 13).

Subjektive Formalrationalität liegt vor, wenn der Entscheidungsträger zwar formallogisch richtig vorgeht, seine Informationen aber über die Entscheidungssituation die Realität nur "subjektiv gefärbt" widergeben. In diesem Fall können Ziele und Handlungsalternativen in Wahrheit unzweckmäßig formuliert worden sein.

Bei objektiver Formalrationalität stimmt dagegen das Situationsbild des Entscheidungsträgers mit der Wirklichkeit überein. In diesem Fall wäre es einem Außenstehenden bei bekannter Präferenzstruktur möglich, den Entscheidungsprozeß nachzuvollziehen bzw. zu prognostizieren.

Diese begriffliche Differenzierung rationaler Entscheidungsfindung zeigt zwar, daß man bei der Überprüfung der Optimalität von Nutzwertanalyseergebnissen verschiedene Aspekte unterscheiden kann, sie liefert jedoch direkt kein Kriterium für eine eindeutige Einstufung. In der Praxis wird es zweifellos nicht möglich sein, im Einzelfall festzustellen, ob eine Problemlösung substantieller Rationalität gerecht wird oder nicht. Auch die formale Rationalität eines Nutzwertmodells kann im konkreten Fall bestenfalls dahingehend überprüft werden, daß der Entscheidungsträger sich die Frage beantwortet, ob ihn die zugrunde gelegte Logik der Nutzwertermittlung befriedigt. Inwieweit ein Ergebnis darüber hinaus objektiver Formalrationalität genügt, ist offenbar immer eine Frage adäquater Informationsgewinnung, was nicht zuletzt auch von den verfügbaren Methoden der Systemanalyse abhängt. Solche Methoden sind jedoch gewöhnlich nicht allgemeingültig, so daß ihre Anwendung selbst bereits auf einem subjektiven Wertungsakt beruht. Hinzu kommt, daß die zukünftige Entwicklung der Wahlumgebung nur mit Unsicherheit prognostiziert werden kann.

Infolgedessen liegt es hier in der Natur der Sache, daß ein objektives Situationsbild im strengen Sinne nie erreicht, sondern immer nur angenähert werden kann.

Aufgrund dieser allgemeinen Problematik ist eine exakte Optimalitätseinstufung von Entscheidungen bzw. Entscheidungsempfehlungen, die auf der Grundlage des Nutzenkonzeptes ermittelt wurden, nicht möglich. Es lassen sich jedoch Entscheidungstypen unterschiedlicher Optimalität definieren, wenn man dazu von allgemeiner Formalrationalität, d.h. von formallogisch richtiger Entscheidungsfindung und einem widerspruchsfreien Wertsystem ausgeht. Als Optimalitätskriterium einer Entscheidung könnte dann die jeweils erzielte Übereinstimmung im zugrunde gelegten Wertsystem und Situationsbild innerhalb eines im Einzelfall festzulegenden Personenkollektivs dienen. Als praktisches Maß für einen solchen Konformitätsgrad und damit für die Optimalität der Entscheidung könnten beispielsweise folgende Kennziffern F bzw. S in Betracht kommen:

(1) Für formale Rationalität :

mit $f :=$ Anzahl derjenigen Personen, die mit dem zugrunde gelegten Situationsbild übereinstimmen.

und $f_o :=$ Anzahl derjenigen Personen, die das Situationsbild entwerfen sollten.

Gl. (1) $$F = \frac{f}{f_o}; \quad 0 < F \leq 1$$

(2) Für substantielle Rationalität:

mit $s :=$ Anzahl derjenigen Personen, die mit dem zugrunde gelegten Wertsystem übereinstimmen.

und $s_o :=$ Anzahl derjenigen Personen, die das Wertsystem bestimmen sollten.

Gl. (2) $$S = \frac{s}{s_o}; \quad 0 < S \leq 1$$

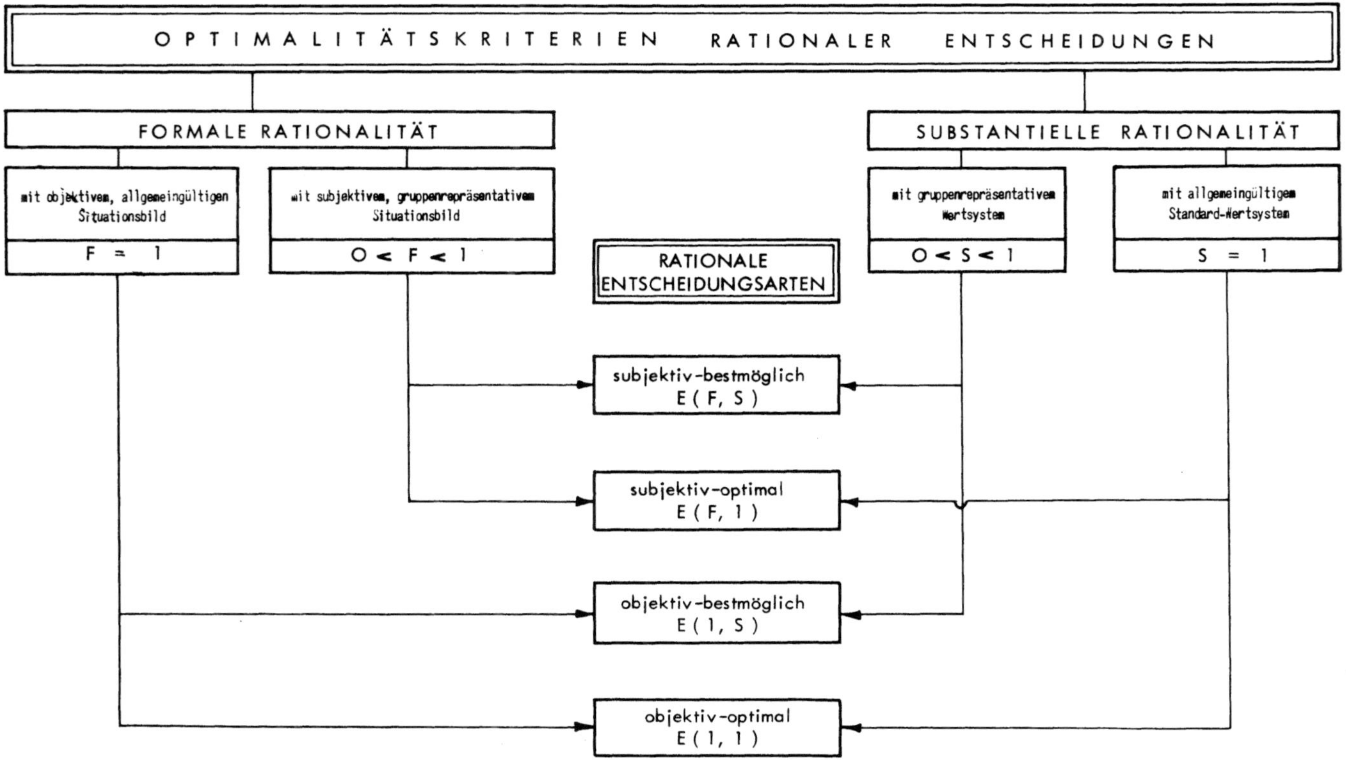
OPTIMALITÄTSKRITERIEN RATIONALER ENTSCHEIDUNGEN
FORMALE RATIONALITÄT
SUBSTANTIELLE RATIONALITÄT
mit objektivem, allgemeingültigen Situationsbild
F = 1
mit subjektivem, gruppenrepräsentativem Situationsbild
O < F < 1
mit gruppenrepräsentativem Wertsystem
O < S < 1
mit allgemeingültigem Standard-Wertsystem
S = 1
RATIONALE ENTSCHEIDUNGSARTEN
subjektiv-bestmöglich E (F, S)
subjektiv-optimal E (F, 1)
objektiv-bestmöglich E (1, S)
objektiv-optimal E (1, 1)

Abb. 14

Vorausgesetzt, ein Nutzwertmodell genügt allgemeiner Formalrationalität, so können mit diesen Festlegungen entsprechend Abb. 14 4 Entscheidungstypen unterschieden werden, und zwar:

(1) Entscheidungen vom Typ E (F,S), (subjektiv bestmögliche Entscheidungen).

(2) Entscheidungen vom Typ E (F,1), (subjektiv optimale Entscheidungen).

(3) Entscheidungen vom Typ E (1,S), (objektiv bestmögliche Entscheidungen).

(4) Entscheidungen vom Typ E (1,1), (objektiv optimale Entscheidungen).

Die Festlegung von f_o bzw. s_o wäre im konkreten Fall eine politische Entscheidung. Lassen sich vernünftige Annahmen über diese Größen machen - z.B. $f_o = s_o$ = Anzahl der Mitglieder der Geschäftsführung eines Unternehmens - so könnte die Optimalität einer Auswahlentscheidung nach diesem Schema eingestuft werden. Diese Optimalität kann jedoch nur für den Bezugsrahmen eines mehr oder weniger willkürlich begrenzten Personenkollektivs von Bedeutung sein.

Da man in der Praxis in der Regel nicht von einem Standardwertsystem ausgehen kann, und das entworfene Situationsbild bei zukunftsbezogenen Entscheidungssachverhalten immer mehr oder weniger subjektiv gefärbt sein wird, werden S bzw. F gewöhnlich kleiner als 1 sein. Infolgedessen können mit Hilfe von Nutzwertmodellen grundsätzlich nur Entscheidungsempfehlungen vom Typ E (F,S), d.h. subjektiv bestmögliche Entscheidungen, abgeleitet werden. Die praktische Aufgabe besteht dementsprechend darin, zu versuchen, unter Beachtung des Wirtschaftlichkeitsprinzips den Entwurf des Wertsystems und die Informationsbeschaffung über das Situationsbild so vollkommen wie möglich vorzunehmen, um damit die Optimalität der Lösung zu steigern. Werden dagegen relevante Werte und Fakten übersehen, so kann auch die beste Nutzwertanalysemethodik natürlich nur unbefriedigende Problemlösungen liefern.

3) Das Grundmodell multidimensionaler Nutzwertanalyse

In diesem Kapitel wird zunächst die Makrologik von Nutzwertmodellen aufgezeigt. Besondere Schwierigkeiten bei der praktischen Befolgung dieser Logik bereitet die Bewertung von Alternativen unter multidimensionalen Gesichtspunkten. Es wird ein empirisch begründeter Ansatz zur Lösung dieses Bewertungsproblems entwickelt und die damit verbundenen entscheidungstheoretisch relevanten Annahmen beschrieben. In Verbindung mit der Makrologik der Nutzwertanalyse beschreibt dieser Ansatz das Grundmodell multidimensionaler Nutzwertanalyse.

3.1) Die Makrologik der Nutzwertanalyse

Die vorausgegangenen Überlegungen haben gezeigt, daß die Rationalität einer Entscheidungsfindung, soweit sie die angestrebten Wertinhalte und das zugrunde gelegte Situationsbild betrifft, nur in Hinblick auf ein konkretes Auswahlproblem betrachtet werden kann. Unabhängig von einer Auswahlsituation kann dagegen die Frage gestellt werden, wonach formale Rationalität im Sinne logisch folgerichtiger Entscheidungsfindung überhaupt auszurichten ist.

Der Tatbestand an sich, eine rationale Auswahl treffen zu wollen, impliziert offenbar noch keine bestimmte Entscheidungslogik. Logisch vorgehen heißt gedanklich folgerichtiges Verhalten. Am Anfang einer gedanklich überprüfbaren Verhaltensfolge muß daher ein Verhaltensprinzip stehen. Logisch vorgehen bedeutet dann Verhalten im Sinne des vorangestellten Prinzips.

Dementsprechend erfordert eine rationale Entscheidungsfindung auch die Voranstellung eines rationalen Verhaltensprinzips. Die umfassendste Formulierung eines sol-Prinzips ist bekanntlich das ökonomische Prinzip (vgl. dazu Gäfgen / 44 ,S.102 /).

MAKROLOGIK RATIONALEN WÄHLENS NACH DEM ÖKONOMISCHEN PRINZIP

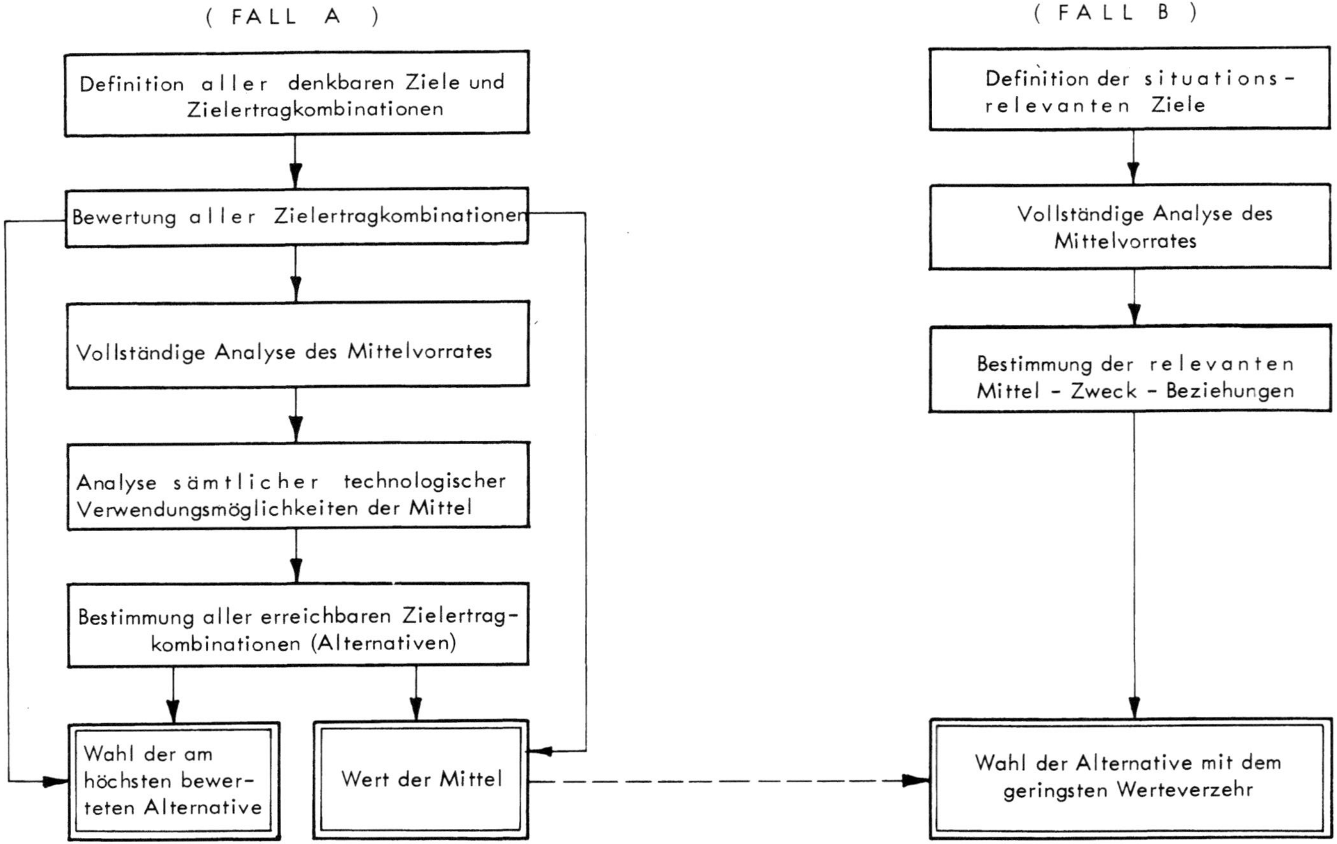

Abb. 15

Abb. 16

Es lautet:

(A) Verwende die vorhandenen Mittel so, daß der am höchsten zu bewertende Ertrag erzielt wird.

bzw.

(B) Eine vorgegebene Zielertragkombination ist mit geringstem Mittelaufwand (Werteverzehr) zu erreichen.

Die Makrologik rationaler Entscheidungsfindung, die sich aus diesem Prinzip entsprechend den Formulierungen (A) und (B) ergibt, ist in Abb. 15 bzw. Abb. 16 dargestellt. Da sie in beiden Fällen eine vollständige gedankliche Analyse möglicher Zweck-Mittel-Beziehungen erfordert, ist diese Logik für die praktische Entscheidungsfindung unbrauchbar. Die notwendigen Informations- und Denkleistungen würden unvermeidlich zu formallogischen Fehlern in der Analyse führen.

In der Praxis geht man daher - ebenso wie in der Entscheidungstheorie - von einem leichter zu handhabenden Rationalprinzip aus, das zweckmäßigerweise auch der Nutzwertanalyse zugrunde gelegt wird. Dieses "Prinzip der direkten Bewertung von Alternativen" kann folgendermaßen formuliert werden:

> Wähle aus der Menge der zur Wahl stehenden Alternativen diejenigen aus, deren Konsequenzen vergleichsweise am höchsten zu bewerten sind.

Die Makrologik rationaler Entscheidungsfindung nach diesem Prinzip ist in Abb. 17 dargestellt. Im Gegensatz zum ökonomischen Prinzip wird hier der bewertende Vergleich von vornherein begrenzt auf die konkret zur Wahl stehenden Alternativen. Es ist hier also nicht notwendig, das gesamte Spektrum theoretisch möglicher Handlungsalternativen in die logische Analyse einzubeziehen. Es wird hier lediglich verlangt, Angaben darüber zu machen, welche Alternativen für eine vorgegebene Zwecksetzung zur Wahl stehen, welche zielrelevanten Konsequenzen diese haben und wie diese Konsequenzen zu bewerten sind. Die gedankliche Durchdringung komplexer Zweck-Mittel-Beziehungen ist nicht erforderlich. Es sind nur Fakten-

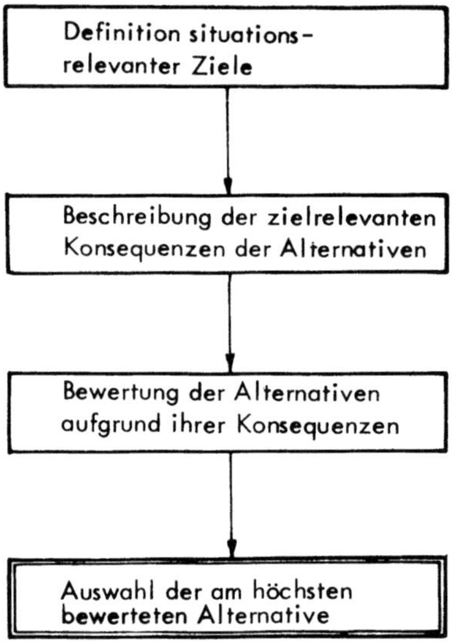

Abb. 17

Makrologik rationaler Entscheidungsfindung nach dem Prinzip der direkten Bewertung von Alternativen.

urteile abzugeben, die zwar objektiv unzutreffend sein können, was in diesem Fall aber keinen Einfluß auf die formallogisch richtige Entscheidungsfindung hat. Eine systematische Befolgung des Prinzips der direkten Bewertung von Alternativen kann infolgedessen auch die Möglichkeit nicht ausschließen, daß lediglich die beste aus an sich schlechten Alternativen gewählt wird, wenn das zugrunde gelegte Situationsbild unrichtig und die Alternativen in Wahrheit unzweckmäßig sind. Generell gilt also auch hier, daß Unkenntnis aufgrund mangelnder oder falscher Informationen nicht durch formallogisch richtige Entscheidungsfindung ausgeglichen werden kann.

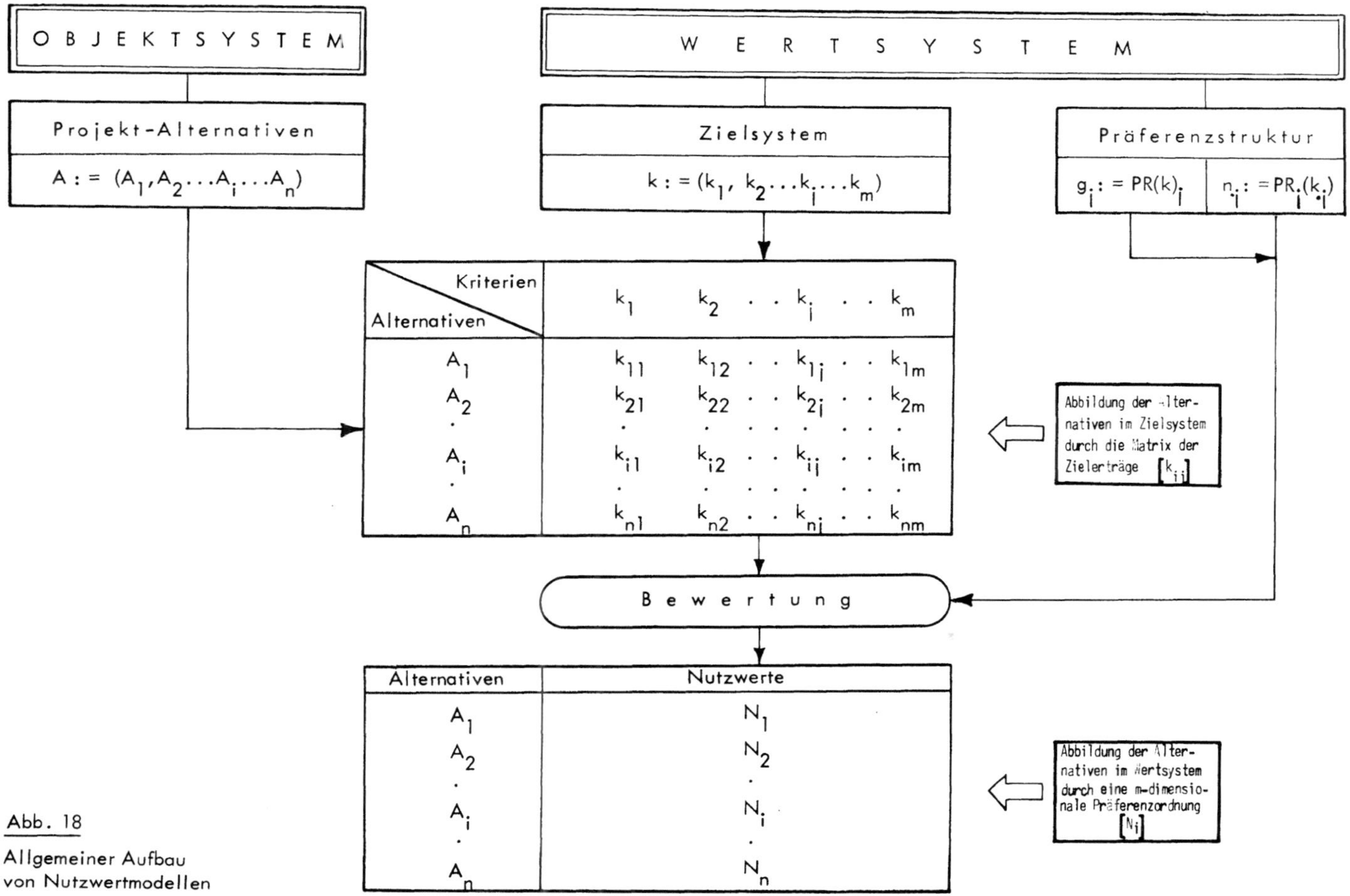

Abb. 18

Allgemeiner Aufbau von Nutzwertmodellen

Geht man nun von der Entscheidungslogik nach dem Prinzip der direkten Bewertung von Alternativen aus, so erfordert eine systematische Nutzwertanalyse entsprechend Definition (6) offenbar folgende Schritte:

(1) Bestimmung der situationsrelevanten Ziele bzw. Zielkriterien $k_{\cdot j}$, $j = 1\ (1)\ m$.

(2) Beschreibung der zielrelevanten Konsequenzen, d.h. der Zielerträge k_{ij}, der Alternativen A_i, $i = 1\ (1)\ n$.

(3) Bewertung - d.h. präferenzgerechte Ordnung - der Alternativen aufgrund ihrer Zielerträge.

In Abb. 18 sind diese Schritte schematisch dargestellt. Das Aufbauprinzip eines Nutzwertmodells besteht dementsprechend grundsätzlich darin, daß ein Objektsystem "Projekt-Alternativen" im Wertsystem "Präferenzstruktur und Zielsystem" zunächst in m Zieldimensionen als empirisches Ordnungsmuster $[k_{ij}]$ darzustellen ist. Dieses ist dann im Sinne rationaler Entscheidungsfindung durch systematische Bewertung auf einen Ordnungsindex "Nutzwert $[N_i]$ der Alternativen" abzubilden. Entsprechend Abb. 18 wird hier zunächst davon ausgegangen, daß die Abbildung der Alternativen im Zielsystem deterministisch erfolgt, d.h. für jedes ij wird lediglich ein Zielertrag im Sinne einer "besten Schätzung" angegeben. Für den Fall, daß Ungewißheiten berücksichtigt werden sollen, kommen die in Kapitel 7 beschriebenen Vorgehensweisen in Betracht.

3.2) Das Bewertungsproblem

Charakteristisch für die multidimensionale Nutzwertanalyse und mit besonderen Schwierigkeiten verbunden ist der Bewertungsschritt. In dem erforderlichen Bewertungsvorgang müssen die jeweils projektspezifischen Zielerträge auf der Basis der zielrelevanten Präferenzen untereinander verglichen und die Gesamtheit der Vergleichsergebnisse durch eine Präferenzordnung $[N_i]$ der Alternativen abgebildet werden. Entsprechend dieser Aufgabenstellung kann das hier zu lösende Bewertungsproblem folgendermaßen definiert werden:

Definition (7)

Das Bewertungsproblem der multidimensionalen Nutzwertanalyse besteht darin, das durch n · m Zielerträge $[k_{ij}]$ beschriebene empirische Ordnungsmuster unter systematischer Berücksichtigung der zielrelevanten Präferenzstruktur des Entscheidungsträgers in eine m-dimensionale Präferenzordnung $[N_i]$ der Alternativen zu transformieren.

Formal liegt dieser Problemstellung folgender Sachverhalt zugrunde. Gegeben sind n Alternativen A_i, die Vektorelemente

Gl. (3) $$A_i = k_{i1}, k_{i2}, \dots k_{ij} \dots, k_{im}$$

des kartesianischen Produktes

Gl. (4) $$K = k_{\cdot 1} \times k_{\cdot 2} \times \dots k_{\cdot j} \dots \times k_{\cdot m}$$

darstellen. Dieses Vektorprodukt beinhaltet die Gesamtheit aller denkbaren Alternativen, deren Anzahl sich aus der Zahl der Kombinationsmöglichkeiten der Kriterienausprägungen $k_{\cdot j}$ ergibt. Ob alle diese Alternativen realisierbar sind, spielt hier zunächst keine Rolle. Gesucht ist nun eine Funktion

Gl. (5) $$N_{\cdot} = PR\ (k_{\cdot 1}, k_{\cdot 2} \dots k_{\cdot j} \dots k_{\cdot m})$$

die über K so definiert ist, daß durch sie jeder Alternative A_h, die einer Alternative A_i vorgezogen wird, eine reelle Zahl N_h zugeordnet wird, für die gilt:

$$N_h > N_i$$

bzw., wenn die Alternativen als gleichwertig betrachtet werden

$$N_h = N_i$$

Eine solche Funktion wird allgemein **Nutzen-** oder **Präferenzfunktion** genannt (vgl. z.B. Krelle /85, S.9/ , Fishburn /37, S.297/ , Gäfgen /44, S.153/). Es handelt sich hierbei um eine Funktion im präzisen mathematischen Sinne, sofern jedem Element der Menge der Alternativen A_i ein und nur ein Element der Menge der Nutzwerte $\{N_i\}$ zugeordnet ist. Die Nutzenfunktion ist praktisch eine Transformationsregel, die dazu dient, ein vollständiges multidimensionales empirisches Ordnungsmuster, das durch die Gesamtheit möglicher Kombinationen der Ausprägungen der Funktionsargumente beschrieben ist, auf eine Präferenzordnung abzubilden. Der jeweilige Funktionstyp, d.h. "der Verlauf der Nutzenfunktion hängt von den subjektiven Präferenzen des Entscheidungsträgers gegenüber den relevanten Zielkriterien ab". (Heinen /58, S.153/).

Die graphische Darstellung einer m-dimensionalen Nutzenfunktion kann anschaulich dadurch erfolgen, daß man die Zielerträge von m - 2 Wertdimensionen festhält und ein konstantes Nutzenniveau N = konst. in Abhängigkeit von zwei Zielerträgen betrachtet (vgl. Abb. 19). Solche Kurven werden **Indifferenzkurven** genannt.

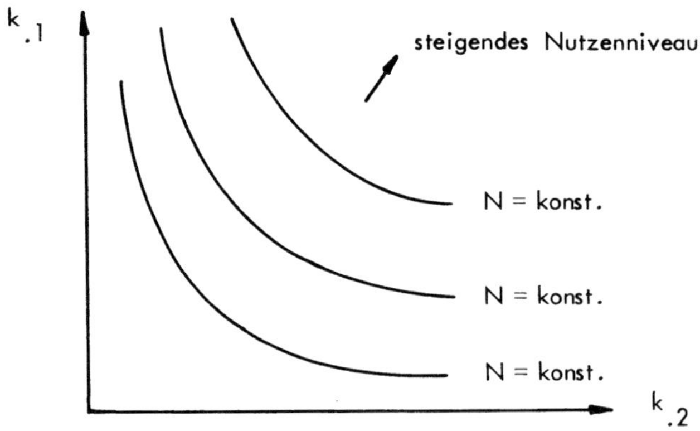

Abb. 19

Darstellung einer Nutzenfunktion durch Indifferenzkurven

Eine entscheidungstheoretisch rationale Lösung eines konkreten Bewertungsproblems ist nur möglich, wenn die Existenz einer Nutzenfunktion angenommen werden kann. Diese Annahme ist nur dann gerechtfertigt, wenn bestimmte Grundforderungen (Axiome) erfüllt werden, die vor allem die Art der Urteilsbildung und -formulierung des Entscheidungsträgers über die relative Wünschbarkeit der Alternativen betreffen. Die dafür maßgebenden Axiome sind folgende (vgl. z.B. Krelle /85, S.7/):

1. Axiom : Vollständigkeit der Ordnung.

Über zwei Alternativen A_1 und A_2 soll eins und nur eins der folgenden Urteile möglich sein:

- A_1 wird A_2 vorgezogen, d.h. $A_1 > A_2$ oder $A_2 < A_1$
- A_2 wird A_1 vorgezogen, d.h. $A_2 > A_1$ oder $A_1 < A_2$
- A_1 und A_2 werden als gleichwertig angesehen, d.h.

$$A_1 \approx A_2 \quad \text{oder} \quad A_2 \approx A_1$$

Grundsätzlich gibt es danach also keine unvergleichbaren Elemente innerhalb der Menge der zur Wahl stehenden Alternativen. Es gilt für alle Alternativen A_x , A_y

$$A_x \lesssim A_y \quad \text{oder} \quad A_x \gtrsim A_y$$

d.h. A_x ist entweder "geringer - oder gleichwertig"
oder aber "höher - oder gleichwertig"
als die Alternative A_y.

2. Axiom: Transitivität.

Dieses Axiom bildet das erste Definitionsmerkmal streng konsistenten, d.h. widerspruchsfreien Urteilsverhaltens. Für drei Alternativen A_x, A_y, A_z muß gelten:

$$\text{falls } A_x \gtrsim A_y \text{ und } A_y \gtrsim A_z \text{ so auch } A_x \gtrsim A_z$$

3. Axiom: Reflexivität

Dieses Axiom ist das zweite Definitionsmerkmal der strengen Konsistenz. Stimmen zwei Alternativen A_x und A_y in allen Zielerträgen überein, d.h. $A_x = A_y$, so folgt daraus:

$$A_x \approx A_y$$

Die Axiome 1 bis 3 definieren sogenannte schwache ordinale Präferenzordnungen. (Zusätzliche Axiome für kardinale Präferenzordnungen sind beispielsweise bei Schneeweiß / 117 / beschrieben). Offenbar stellen sie auch für die praktische Entscheidungsfindung akzeptierbare Grundforderungen rationalen Urteilsverhaltens dar. Eine multidimensionale Bewertung von Projektalternativen durch Abbildung des empirischen Ordnungsmusters der Zielerträge mit Hilfe einer Nutzenfunktion auf eine Präferenzordnung ist daher grundsätzlich möglich. Mit der Vorgabe der zielrelevanten Nutzenfunktion wäre also das Bewertungsproblem in einer konkreten Auswahlsituation im Prinzip gelöst. Die gesuchten Nutzwerte N_i könnten durch Einsetzen der projektspezifischen Zielerträge unmittelbar aus der Nutzenfunktion berechnet werden. Praktisch steht dem jedoch entgegen, daß eine funktionale Darstellung der Präferenzen des Entscheidungsträgers in Abhängigkeit der Zielkriterien erhebliche Schwierigkeiten bereitet. Denn erfahrungsgemäß können multidimensionale Sachverhalte gedanklich weder in der Vielfalt ihrer Aspekte erfaßt noch hinsichtlich ihrer Interdependenzen bewußt und objektiv überprüfbar vollständig abstrahiert werden. Das aber wäre notwendig, um im Sinne rationaler Entscheidungsfindung eine situationsgerechte Nutzenfunktion a priori definieren zu können. Für die praktische Lösung des Bewertungsproblems besteht daher nur die Möglichkeit, die Alternativen direkt in Hinblick auf ihre Zielerträge k_{ij} vergleichend zu beurteilen, und so die projektrelevanten diskreten Werte der zugrunde liegenden, explizit aber nicht darstellbaren Nutzenfunktion zu bestimmen (siehe dazu auch L. Morey, B. Yntema /100, S.356 / und Keeny / 76, S. 10 /).

Nutzenfunktionen spielen infolgedessen für die Lösung multidimensionaler Bewertungsprobleme unmittelbar keine Rolle. Sie sind jedoch als theoretisches Instrument zur Überprüfung der Rationalität konkreter Bewertungsvorgänge von

Bedeutung, da jeder Versuch, ein Bewertungsproblem durch vergleichende Beurteilung projektspezifischer Zielerträge zu lösen, eine bestimmte Struktur der formal zugrundeliegenden Nutzenfunktion impliziert. Eine solche Struktur wird bestimmt durch die Art der Urteilsbildung einerseits, sowie durch die Form der Verknüpfung von Nutzenkomponenten andererseits. Je nach dem, ob die durch eine bestimmte Bewertungsweise implizierte Nutzenstruktur und die daraus resultierenden Annahmen über den Aufbau der Präferenzstruktur des Entscheidungsträgers im konkreten Fall akzeptiert werden können oder nicht, ist die Anwendung der gewählten Bewertungsmethodik im Sinne rationaler Entscheidungsfindung gerechtfertigt oder abzulehnen.

Wie die Bewertung durch direkte Beurteilung im Einzelfall zweckmäßigerweise vorzunehmen ist, hängt natürlich von den besonderen Gegebenheiten der jeweils zugrunde liegenden Auswahlsituation ab. Erfahrungsgemäß ist es jedoch nicht möglich, die Bewertung durch e i n e n einzelnen U r t e i l s a k t zu vollziehen. Denn die bewußte Auflösung eines n · m dimensionalen empirischen Ordnungsmusters und die Verknüpfung solcher Objektinformationen mit subjektiven Präferenzen kann gedanklich nicht befriedigend durch eine globale Bewertung bewältigt werden. Um ein rational begründetes Bewertungsergebnis zu erhalten, bedarf es vielmehr einer Methodik, die es erlaubt, sämtliche Problemaspekte der multidimensionalen Bewertung systematisch bei der Urteilsbildung und -formulierung zu berücksichtigen. Insbesondere sind es folgende Problemkomponenten, die eine Bewertung erschweren:

- die Anzahl der zu berücksichtigenden Wertdimensionen ist groß, d.h. es sind viele Zielkriterien $k_{.j}$, $j = 1 (1) m$, zu beachten.

- Die Zielkriterien sind aufgrund der subjektiven Präferenzen des Entscheidungsträgers nicht von gleicher Wichtigkeit, d.h. die g_j sind unterschiedlich groß, und nicht notwendig konstant für alle k_{ij} , $j = \text{konst}$.

- die empirischen Indizes der Zielerträge sind verschieden und können beispielsweise nicht einheitlich in Währungseinheiten ausgedrückt werden.

- die Zielerträge sind mit Hilfe unterschiedlicher Skalenniveaus beschrieben (z.B. verbal, ordinal oder kardinal).

- die natürliche Ordnung der Alternativen nach der absoluten Höhe ihrer Zielerträge ist nicht isomorph mit der zugehörigen Präferenzordnung (Übersättigung! vgl. Abb. 20).

- es existiert keine eindeutig dominante Alternative. Vielmehr ist die relative Einstufung einer Alternative in den einzelnen Wertdimensionen, d.h. von Kriterium zu Kriterium verschieden.

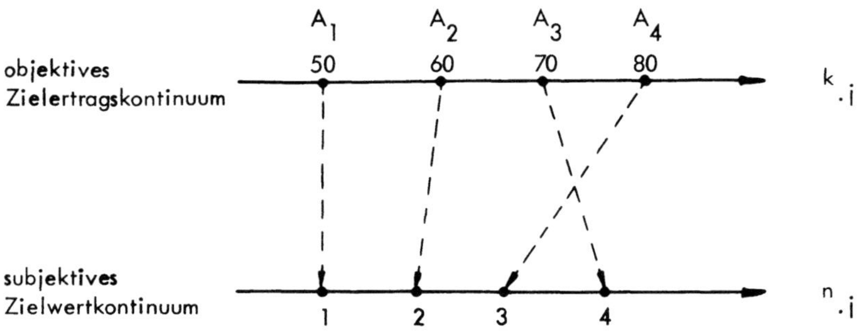

$n_{1i} < n_{2i} < n_{4i} < n_{3i}$

Abb. 20

Darstellung einer möglichen Beziehung zwischen der natürlichen Ordnung und der Präferenzordnung von Alternativen.

Die rein gedankliche Abwägung von Zielerträgen und Fixierung der Präferenzbeziehungen führt angesichts dieser typischen Bewertungsschwierigkeiten schon bei Problemen mit wenigen Wertdimensionen zu mehr oder weniger willkürlichen Präferenzordnungen. Es ist expirimentell nachgewiesen worden, daß es auch geübten Versuchspersonen nicht möglich ist, einen monoton zunehmend definierten Gesamtwert bei zufälliger Variation der Ausprägungen von nur 3 nichtlinearen Wertkomponenten gedanklich zuverlässig zu bestimmen (vgl. dazu Shephard /124, S.265 /, Yntema u. Torgerson / 142 /).

Offenbar werden die Urteilskraft und die gedankliche Übersicht einer Urteilsperson mit zunehmender Dimensionalität der Bewertungsaufgabe insbesondere überfordert in Hinblick auf:

- die simultane gedankliche Erfassung und wertende Gegenüberstellung sämtlicher Zielerträge.
- die gedankliche Fixierung der Ergebnisse von Teilvergleichen und deren systematische, präferenzgerechte Kombination zu einer Gesamtaussage.

In der Praxis sichert man sich gegen diesen Mangel menschlicher Urteilskapazität gewöhnlich bewußt oder unbewußt so ab, daß in die wertende Beurteilung lediglich zwei oder drei der wichtigsten Kriterien einbezogen und alle übrigen Kriterien nur dahingehend überprüft werden, ob die diesbezüglichen Zielerträge einer Alternative in einem zulässigen Bereich liegen oder nicht. Zweifellos ist diese Vorgehensweise nicht optimal und kann nur bei Entscheidungen unter hohem Zeitdruck und / oder geringer Tragweite als rationale Vorgehensweise akzeptiert werden, nicht jedoch im Zusammenhang mit der Auswahl langfristiger und kapitalintensiver Projektvorhaben. Angesichts der schwerwiegenden Konsequenzen, die hier gewöhnlich mit Fehlentscheidungen verbunden sind, und der heutigen Erkenntnisse über das menschliche Urteilsverhalten ist der bisherige Glaube an die Intuition und persönliche Erfahrung als adaequates Mittel zur subjektiven Beurteilung multidimensionaler Sachverhalte nicht mehr gerechtfertigt. Um das Entscheidungsrisiko aufzudecken und systematisch abzubauen, ist es vielmehr notwendig, die erzielten Forschritte der modernen Psychologie bei der Erfassung subjektiver Größen sowie die vergleichsweise unbegrenzten Speicher- und kombinatorischen Operationsmöglichkeiten elektronischer Rechenanlagen für diese Aufgabe nutzbar zu machen. Nur wenn diese wissenschaftlichen und technischen Hilfsmittel in Verbindung mit einer rationalen Bewertungslogik zur Lösung komplexer Bewertungsprobleme angewendet werden, besteht die Aussicht, multidimensionale Bewertungsvorgänge und damit die Entscheidungsfindung transparent und in ihren Ergebnissen reproduzierbar zu machen.

R. Shephard /124, S.266/ schreibt in diesem Zusammenhang:

> "Heute erscheint das Vertrauen, daß man bisher versucht war, in die menschliche Fähigkeit eine Vielzahl von subjektiven Faktoren zu gewichten und miteinander zu kombinieren, in keiner Weise mehr gerechtfertigt. Dieser Sachverhalt ist erst seit kurzem im Zusammenhang mit der Anwendung sehr anspruchsvoller psychologischer Methoden auf die Messung und Kontrolle subjektiver Größen richtig erkannt worden. Der positive Aspekt dieser an sich entmutigenden Entdeckung liegt jedoch darin, daß heute in Hinblick auf die Möglichkeit einer engeren Zusammenarbeit zwischen Mensch und Maschine die begründete Aussicht für die Entwicklung rationaler Entscheidungsverfahren auch für subjektive Problemestellungen besteht."

Zweifellos sind wissenschaftlich fundierte Bewertungsverfahren eine grundlegende Voraussetzung für die praktische Durchführung multidimensionaler Nutzwertanalysen. Um solche Verfahren jedoch im Einzelfall situationsgerecht entwickeln zu können, bedarf es zuvor einer grundlegenden Methodik, die vorschreibt, wie psychometrische Methoden und elektronische Rechenanlagen systematisch bei der Lösung von Bewertungsaufgaben zur Anwendung gelangen können. Insbesondere müssen also die gedanklichen Bewertungsvorgänge soweit abstrahiert werden, daß die rein kombinatorische Seite der Bewertungsaufgabe abgespalten und einer entscheidungstheoretisch begründet programmierten Maschine übertragen werden kann. Darüber hinaus müssen die gedankliche Erfassung multidimensionaler Ordnungsmuster systematisiert und die wertenden Reaktionen des Beurteilers so abgebildet werden, daß diese als Eingabedaten für eine Rechenanlage brauchbar sind.

Ein entsprechender Ansatz zur Lösung des Bewertungsproblems, der eine bewußte Urteilsbildung und operationale Urteilsformulierung erlaubt, gleichzeitig aber nur solche entscheidungstheoretischen Annahmen impliziert, denen auch praktisch weitgehend Rechnung getragen werden kann, soll im folgenden erörtert werden.

3.3) Ein allgemeiner Ansatz zur operationalen Lösung multidimensionaler Bewertungsaufgaben

Der im folgenden entwickelte Ansatz zur Lösung multidimensionaler Bewertungsaufgaben beruht auf einer Formalisierung empirischer Bewertungsvorgänge. Die Komplexität des Bewertungsproblems wird aufgespalten, indem zunächst drei Prinzipien als rational akzeptierbare Vorgehensweisen zur Lösung der Bewertungsaufgabe vorangestellt werden, auf deren Grundlage der Lösungsansatz formuliert wird. Welche entscheidungstheoretisch relevanten Annahmen dadurch impliziert werden, und inwieweit diese für die praktische Nutzwertanalyse von Projektalternativen von Bedeutung sind, soll dann unter Absatz 3.4 erörtert werden.

Lösungsprinzip (I)

> Die Bewertung der Alternativen erfolgt direkt durch vergleichende Beurteilung ihrer Zielerträge k_{ij}

Anstatt a priori die zielrelevanten Präferenzen durch Definition einer über der insgesamt in $K = k_1 \times k_2 \times \ldots k_i \times \ldots k_m$ enthaltenen Menge von Alternativen gültigen Nutzenfunktion abzubilden und die Zielerträge k_{ij} in diese Funktion einzusetzen, um so die Nutzwerte der Alternativen indirekt über die Funktion zu errechnen, werden die Nutzwerte durch direkte Beurteilung der projekteigenen Zielerträge bestimmt. Mit anderen Worten werden die projektrelevanten diskreten Werte der Nutzenfunktion "experimentell" ermittelt.

Lösungsprinzip (II)

> Die Bewertung der Alternativen erfolgt durch eine Folge von Teilbewertungen, wobei jeder Teilbewertung jeweils nur eine der m Wertdimensionen zugrunde gelegt wird.

Die theoretisch an sich simultan vorzunehmende gedankliche Fixierung sämtlicher Zielerträge k_{ij} und deren wertender Vergleich werden aufgespalten. Anstatt die Nutzwerte N_i direkt durch einen globalen Urteilsakt, dem m Wertdimensionen gleichzeitig zugrundegelegt werden, zu bestimmen, werden die Alternativen A_i schrittweise, für jedes der m Zielkriterien $k_{\cdot j}$ gesondert, gegeneinander abgewogen und geordnet. Durch subjektive, eindimensionale Werturteile wird jedem Zielertrag k_{ij} ein Zielwert n_{ij} so zugeordnet, daß dieser Zielwert die relative Stellung der Alternative A_i in der Wertschätzung des Entscheidungsträgers im Vergleich zu den übrigen Alternativen bezüglich des Kriteriums $k_{\cdot j}$ zum Ausdruck bringt. Man erhält so insgesamt m eindimensionale Präferenzordnungen $[n_{\cdot j}]_j$, wobei die Elemente n_{ij} jeweils den ungewogenen Teilnutzen der Alternative A_i bezüglich Kriterium $k_{\cdot j}$ beschreiben.

Diese schrittweise Vorgehensweise bei der Bewertung ist empirisch begründet (vgl. Gäfgen /44,S.149/). Erfahrungsgemäß werden multidimensionale Bewertungsprobleme bewußt oder unbewußt aufgespalten, indem man die an sich simultan vorgegebenen Kriterien nacheinander durchgeht und zunächst die Alternativen für jedes einzelne Kriterium unabhängig von den übrigen m - 1 Wertdimensionen bewertet. Die jeweiligen Teilnutzen einer Alternative werden dann je nach Umfang der Problemstellung mehr oder weniger gedanklich kontrolliert zu einer Gesamtaussage zusammengefaßt (vgl. dazu auch Fishburn /37,S.87/). Für diese Zusammenfassung soll hier folgendes Prinzip maßgebend sein.

Lösungsprinzip (III)

Die Zielwerte n_{ij} einer Alternative A_i werden mit Hilfe einer im Einzelfall vorzugebenden Entscheidungsregel nach Maßgabe der den Zielkriterien $k_{\cdot j}$ subjektiv beigemessenen relativen Bedeutungen g_j zum Nutzwert N_i zusammengefaßt. Dabei seien die Zielwertgewichte g_j konstante Faktoren, die unabhängig sind von der Höhe der Zielwerte $n_{\cdot j}$ bzw. der Zielerträge $k_{\cdot j}$.

Die Zerlegung der m-dimensionalen Bewertungsaufgabe in m eindimensionale Teilbewertungen macht es notwendig, daß die Ergebnisse der Teilbewertungen zu einer "richtigen" Gesamtbewertung zusammengefaßt werden. Diese Wertsynthese besteht in Hinblick auf die einzelnen Alternativen in einer rationalen Verknüpfung deren Teilnutzen n_{ij} zum Gesamtnutzen N_i , bzw. in Hinblick auf das Gesamtproblem in einer systematischen Zusammenfassung von m e i n d i m e n s i o n a l e n Präferenzordnungen $[n_{.j}]_j$ zu e i n e r m- d i m e n s i o n a l e n Präferenzordnung $[N_.]$. Hierbei ist offenbar auch der gewöhnlich vorliegenden Tatsache Rechnung zu tragen, daß die Zielkriterien $k_{.j}$ für den Entscheidungsträger von unterschiedlicher Bedeutung sein können. Dementsprechend müssen die Teilnutzen einer Alternative bezüglich der einzelnen Kriterien mit unterschiedlichem Gewicht in ihren Gesamtnutzen eingehen, bzw. sind die m Präferenzordnungen bei ihrer Verknüpfung unterschiedlich stark zu berücksichtigen. Der Entscheidungsträger muß also auch seine diesbezüglichen Präferenzen formulieren und eine P r ä f e r e n z o r d n u n g d e r K r i t e r i e n vornehmen. Die Abbildung dieser Ordnung erfolgt formal durch die Präferenzfunktion

Gl. (6) $$g_j : = PR\,(k)_j$$

Um also aus den Teilbewertungen die Nutzwerte N_i der Alternativen zu erhalten, müssen insgesamt m + 1 eindimensionale Präferenzordnungen, die grundsätzlich verbal (nominal) oder numerisch (ordinal bzw. kardinal) beschrieben sein können, zusammengefaßt werden. Je nach dem welche dieser Beschreibungsformen im Einzelfall verwendet wird, muß eine entsprechende formale Vorschrift, eine Entscheidungsregel zur Verknüpfung der m + 1 Präferenzordnungen angegeben werden, um die gesuchte m-dimensionale Präferenzordnung ableiten zu können. In der normalen Schreibweise für Präferenzfunktionen kann dieser Lösungsansatz auch folgendermaßen dargestellt werden. Nach Gl. (5) ist der Nutzwert einer Alternative A_i allgemein eine m - dimensionale Funktion der Zielerträge k_{ij}, j = (1) m, d.h.

Gl. (7) $$N_i = PR\,(k_{i1} , k_{i2} , \ldots k_{ij} , \ldots k_{im}).$$

Der Aufspaltung der m - dimensionalen Bewertungsaufgabe in m eindimensionale Teilbewertungen entspricht die Schreibweise

Gl. (8) $N_i = PR\,(PR_1\,(k_{i1}),\ PR_2\,(k_{i2}),\ \ldots\ PR_j\,(k_{ij}),\ \ldots\ PR_m\,(k_{im})\ )$

bzw. mit

Gl. (9) $PR_j\,(k_{ij}) = n_{ij}$

Gl. (10) $N_i = PR\,(n_{i1}\ ,\ n_{i2}\ ,\ \ldots\ n_{ij}\ ,\ \ldots\ n_{im}\ )$

Diese Schreibweise verdeutlicht, daß der Nutzwert N_i einer Alternative A_i eine m- dimensionale Präferenzfunktion von m Zielwerten n_{ij} ist, die selbst wiederum eindimensionale Präferenzfunktionen der Zielerträge k_{ij} darstellen. Werden die Präferenzen, die für die nach einer Entscheidungsregel ER vorzunehmende Wertsynthese maßgebend sind, durch eine Präferenzfunktion über der Menge der Zielkriterien ausgedrückt, so soll hier statt Gl. (8) bzw. Gl. (10) geschrieben werden

Gl. (11) $N_i = ER\ \left\{\ PR\,(k)_{.}\ ;\ PR_{.}\ \ (k_{i.})\ \right\}$

bzw.

Gl. (12) $N_i = \ ER\ \left\{\ g_j\ ;\ n_{ij}\ \right\}$

Die Logik dieses Lösungsansatzes ist noch einmal zusammen mit den vorangehenden Schritten der Nutzwertanalyse in Abb. 21 schematisch dargestellt.

Ausgehend von den Endgliedern der Zielketten des Zielprogramms, durch die die entscheidungsrelevanten Zielkriterien k_j beschrieben sind, werden die Alternativen A_i durch explizite Angabe ihrer Zielerträge k_{ij} in der Zielertragsmatrix dargestellt. Die Elemente k_{ij} der Zielertragsmatrix sind als numerische und / oder verbale Beschreibung von Zielerträgen zu verstehen.

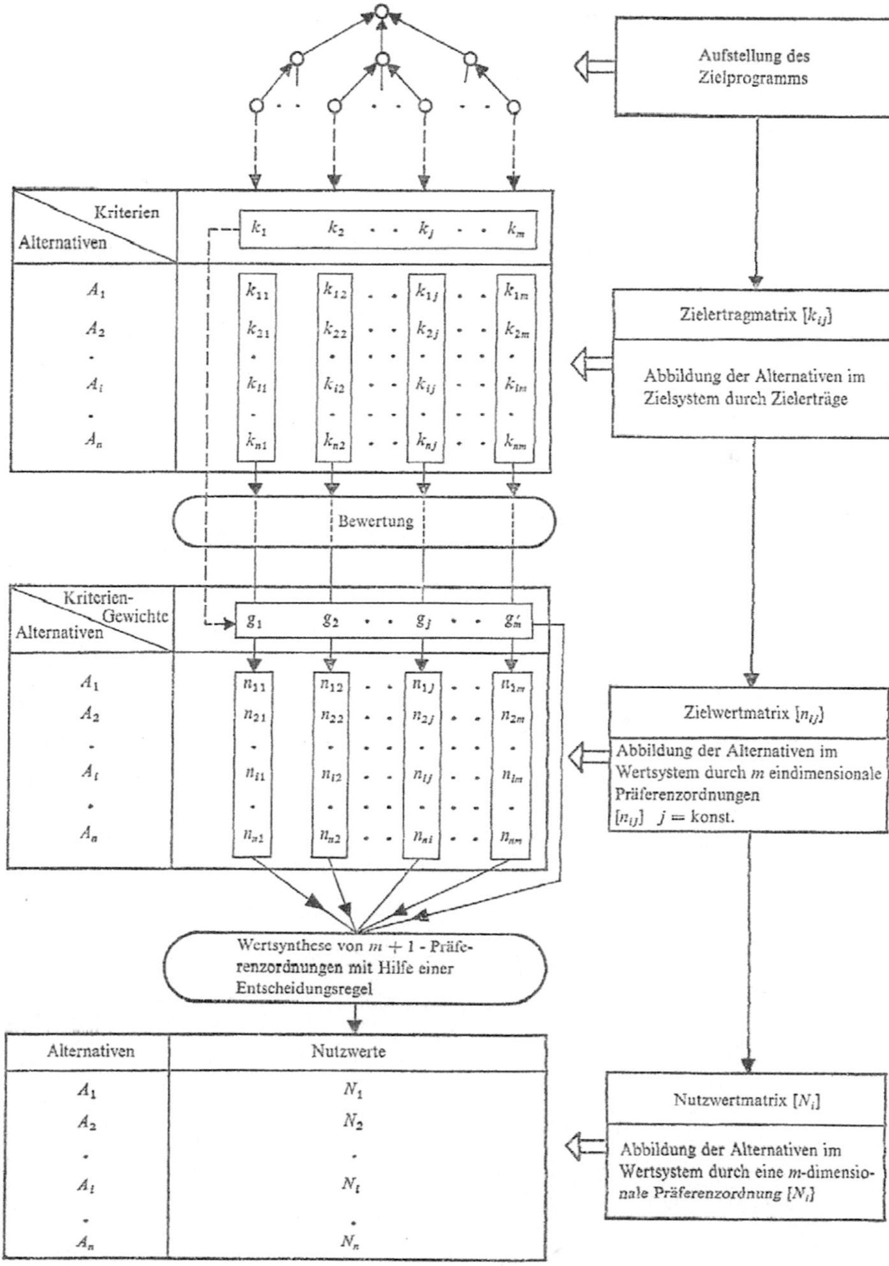

Abb. 21 Grundlogik der Nutzwertanalyse

Jede Spalte j der Zielertragsmatrix ist jeweils einmal sachliche Informationsgrundlage für die m erforderlichen Teilbewertungen, um die Alternativen im Wertsystem durch $n \cdot m$ Zielwerte n_{ij} abzubilden. Bei jeder Teilbewertung j werden die Handlungsalternativen A_i bezüglich ihrer Zielerträge k_{ij} gegeneinander abgewogen und durch explizite Zuordnung von Zielwerten n_{ij} entsprechend den subjektiven Präferenzen des Beurteilers geordnet. Mit anderen Worten werden also die m Spalten der Zielertragsmatrix in m Präferenzordnungen - dargestellt durch die Spalten der Zielwertmatrix $[n_{ij}]_j$ - transformiert. Erfolgt der wertende Vergleich der Zielerträge paarweise, so sind je Teilbewertung $n(n-1)/2$ bzw. insgesamt $m \cdot n(n-1)/2$ Werturteile notwendig. Die Werturteile selbst bzw. die Zielwerte n_{ij} können wiederum verbal oder numerisch formuliert sein.

Um schließlich aus den m eindimensionalen Präferenzordnungen die gesuchte m - dimensionale Präferenzordnung der Alternativen - dargestellt durch die Nutzwerte $[N_i]$ - zu erhalten, werden die Zielwerte der einzelnen Alternativen mit Hilfe einer vorzugebenden Entscheidungsregel und unter Berücksichtigung der für die relative Bedeutung der Kriterien maßgebenden Präferenzen g_j zusammengefaßt.

Das ursprünglich m - dimensionale, nicht operationale Bewertungsproblem wird durch diesen Lösungsansatz in zwei grundsätzlich leichter zu handhabende Teilprobleme aufgespalten und zwar in das

- Problem der eindimensionalen Nutzenmessung, d.h. der Ermittlung von eindimensionalen Präferenzordnungen durch direkte Beurteilung.

- Problem der rationalen Wertsynthese.

Um also rationale Bewertungsverfahren zur multidimensionalen Nutzwertanalyse im konkreten Fall entwickeln zu können, sind entsprechend diesen Problemen notwendig:

(1) - Methoden zur Erfassung und Abbildung eindimensionaler Präferenzordnungen (Bewertungsmethoden im engeren Sinne). (vgl. dazu Abs. 5)

(2) - Rationale Entscheidungsregeln zur Verknüpfung von m 1-dimensionalen Präferenzordnungen zu einer m-dimensionalen Präferenzordnung (vgl. dazu Abs. 6).

3.4) Die entscheidungstheoretisch relevanten Lösungsannahmen und ihre praktische Bedeutung für die Nutzwertanalyse

Dem beschriebenen Ansatz zur Lösung multidimensionaler Bewertungsprobleme liegen entsprechend den vorangestellten Lösungsprinzipien drei entscheidungstheoretisch relevante Annahmen über die Bewertungssituation zugrunde.

Das erste Lösungsprinzip kann nur dann rational angewendet werden, wenn folgende Annahme erfüllt ist:

Annahme (I)

Eine durch direkte Beurteilung der konkret zur Wahl stehenden Alternativen ermittelte Präferenzordnung ist grundsätzlich konsistent mit der Präferenzordnung sämtlicher in

$$K = k_1 \times k_2 \times \ldots \times k_i \times \ldots \times k_m$$

theoretisch enthaltenen Alternativen.

Diese Annahme bedeutet praktisch, daß die Präferenzordnung einer Teilmenge von Alternativen in sich dieselbe bleibt, unabhängig davon, ob diese Teilmenge durch Hinzunahme oder Weglassen von Alternativen erweitert bzw. verkleinert wird (vgl. dazu auch Gäfgen /44, S.244 /, Axiom der Unabhängigkeit von irrelevanten Alternativen).

Hat man eine eindeutige Nutzenfunktion über der vollständigen Menge K der Alternativen a priori definiert, so ist damit sichergestellt, daß jede Präferenzordnung einer zugehörigen Teilmenge von Alternativen konsistent mit der Präferenzordnung sämtlicher Alternativen ist. Existiert eine solche formale Ordnungsvorschrift jedoch nicht, so besteht die Gefahr, daß die Präferenzen bei der Urteilsbildung von Fall zu Fall unterschiedlich stark zum Ausdruck kommen und damit die relative Einstufung einer Alternative mehr oder weniger vom Zufall abhängt. Es muß daher verlangt werden, daß die Urteilsperson

- möglichst eindeutige Präferenzen bezüglich des zu bewertenden Sachverhaltes besitzt,
- ihre Präferenzen nur an den Zielerträgen der Alternativen orientiert,
- ihre Präferenzen in Hinblick auf Urteilswiederholungen (derselbe objektive Informationszustand vorausgesetzt!) konsistent handhaben kann.

Nur wenn diesen Anforderungen Rechnung getragen wird, kann eine multidimensionale Bewertung durch direkte Beurteilung zu rationalen und reproduzierbaren Ergebnissen führen. Andernfalls wäre es denkbar, daß biespielsweise eine für vier Alternativen ermittelte Präferenzordnung

Gl. (13) $N_3 > N_2 > N_1 > N_4$

nicht konsistent mit der in einer zweiten Bewertung ermittelten Präferenzordnung der um eine fünfte Alternative erweiterten ursprünglichen Alternativenmenge ist. Das wäre z.B. der Fall, wenn man statt

Gl. (14) $N_3 > N_5 > N_2 > N_1 > N_4$

die Präferenzordnung

Gl. (15) $N_2 > N_5 > N_3 > N_1 > N_4$

erhielte. Offenbar ist in diesem Beispiel die Präferenzordnung der Gl (13) konsistent mit Gl (14) nicht aber mit Gl (15), da dort die Alternativen A_3 und A_2 die ihnen ursprünglich zugeordneten Plätze getauscht haben.

Für die praktische Nutzwertanalyse bedeutet Annahme (I) also letztlich, daß die Bewertung von Urteilspersonen ausgeführt wird, die sowohl was den zu beurteilenden Sachverhalt als auch was eine eindeutige Urteilsformulierung angeht, erfahren sind. Diese Anforderungen sind jedoch nicht spezifisch für die Nutzwertanalyse sondern müssen generell bei einer begründeten Beurteilung konsequenzreicher Alternativen erfüllt sein. Auch die beste Nutzwertanalysemethodik kann kein Ersatz für mangelnden Sachverstand und fehlenden Weitblick sein. Die Bewertung sollte daher immer von "Experten" vorgenommen werden. Der Vorteil einer differenzierten Bewertungsmethodik liegt eben darin, daß das Bewertungsergebnis transparent wird und durch Urteilswiederholungen auf seine Eindeutigkeit hin überprüft werden kann (vgl. dazu Absatz 5.3).

Während die durch das erste Lösungsprinzip implizierte Annahme besondere Anforderungen an das Urteilsverhalten stellt, betrifft die durch das zweite Lösungsprinzip implizierte entscheidungstheoretische Annahme insbesondere den Aufbau und die Handhabung eines Nutzwertanalysemodells.

> Annahme (II)
>
> Die der Bewertung zugrundegelegten Zielkriterien k_i sind voneinander n u t z e n u n a b h ä n g i g.

Die multidimensionale Bewertung von Alternativen durch eindimensionale Teilurteile ist entscheidungstheoretisch nur zulässig, wenn die Zuordnung eines Teilwertes n_{ij} aufgrund eines Zielertrages k_{ij} unabhängig von den übrigen Zielerträgen der Alternative A_i vorgenommen werden kann. Es muß also gewährleistet sein, daß ein Zielertrag k_{ij} für sich allein und nicht erst in Verbindung mit anderen Zielerträgen einen Beitrag zum Nutzwert der Alternative liefert. (vgl. dazu z.B. Gäfgen / 44 , S.161 /, Fishburn / 37 / und / 39 /).

Nutzenunabhängigkeit ist nicht gleichbedeutend mit kausaler-technologischer oder stochastischer Unabhängigkeit. Bei Modellen der Varianzanalyse ist die Annahme der Unabhängigkeit von Einflußfaktoren beispielsweise gleichbedeutend mit der Hypothese, daß die Interdependenzeffekte zwischen den Faktoren vernachlässigbar im Vergleich zu den Effekten erster Ordnung sind (vgl. dazu Fishburn / 37 ,S.15 / und Yntema, Torgerson /142,S.21/). Analog ist die Nutzenunabhängigkeitsannahme zu interpretieren, d.h. es wird unterstellt, daß der Gesamtnutzen einer Alternative hinreichend genau durch die Glieder erster Ordnung der Nutzenfunktion bestimmt ist. Inwieweit diese Annahme in einer konkreten Entscheidungssituation gerechtfertigt ist, hängt von der relevanten Präferenzstruktur des Entscheidungsträgers ab. Im Einzelfall muß der Entscheidungsträger daher die Nutzenunabhängigkeitsannahme individuell kontrollieren. In erster Näherung kann man dabei so verfahren, daß die Kriterien $k_{\cdot i}$ paarweise daraufhin überprüft werden, ob ein Wertbeitrag bezüglich des einen Kriteriums unabhängig von der Höhe des Zielertrages des anderen angesetzt werden kann oder nicht. Ein solcher Test der Nutzenunabhängigkeit von Kriterien ist grundsätzlich subjektiver Natur (vgl. dazu Fishburn in / 37 ,S.326 /).

In konkreten Auswahlsituationen dürfte die Annahme **vollkommener Nutzenunabhängigkeit** (Nutzenorthogonalität) der Kriterien bei einer multidimensionalen Bewertung von Alternativen allerdings eine **irrationale Hypothese** darstellen. Denn gewöhnlich ist eine Alternative nur dann brauchbar, wenn sie gewisse Mindest-Zielerträge bezüglich aller - oder doch wenigstens der meisten - relevanten Kriterien mit sich bringt. Um also überhaupt einen Nutzwert zu repräsentieren, muß eine Alternative immer eine irgendwie proportionierte Mischung von Zielerträgen darstellen. Insofern liegt es hier in der Natur der Sache, daß bei multidimensionalen Bewertungsproblemen zwischen den relevanten Kriterien eine **allgemeine Nutzenabhängigkeit** besteht. Gewöhnlich besteht diese jedoch nicht über dem gesamten Bereich möglicher Zielerträge $k_{\cdot i}$. Vielmehr ist es in der Regel so, daß Zielerträge innerhalb bestimmter **Sollgrenzen** unabhängig voneinander bewertbar sind. Diese Sollgrenzen können durch mindestens - erforderliche und / oder maximal - erlaubte Zielerträge eines Projektes bestimmt sein. Ihre explizite Angabe in einer konkreten Auswahlsituation begrenzen die rational vergleichbare Teilmenge der insgesamt in $K = k_1 \times k_2 \times \dots k_i \times \dots k_m$ enthaltenen Alternativen. Werden diese Sollgrenzen bei der direkten Bewertung von Alternativen beachtet, so ist die Lösung eines multidimensionalen Bewertungsproblems durch Teilbewertung auch entscheidungstheoretisch gerechtfertigt (vgl. dazu auch Aumann / 4 ,S.228 /). Für die praktische Nutzwertanalyse genügt es daher, statt von der Hypothese der vollkommenen Nutzenunabhängigkeit auszugehen, - die in der Regel irrational wäre -, nur eine b e d i n g t e N u t z e n - u n a b h ä n g i g k e i t vorauszusetzen.

Dieses Konzept der bedingten Nutzenunabhängigkeit rechtfertigt entscheidungstheoretisch eine Teilbewertung jedoch nur in Hinblick auf die problemimmanente, a l l g e m e i n e Nutzenabhängigkeit von Kriterien. Liegt dagegen eine s p e z i f i s c h e Nutzenabhängigkeit zwischen Kriterien in der Weise vor, daß zugehörige Zielerträge über den gesamten Bereich ihrer Ausprägungen jeweils in einem ganz bestimmten Verhältnis zueinander stehen müssen, damit sie vollkommen in den Nutzwert eingehen, so darf eine Alternative bezüglich dieser Kriterien nur unter simultaner Beachtung der zugehörigen Zielerträge bewertet werden. In einem solchen Fall ist es notwendig, die spezifisch nutzenabhängigen Kriterien zu einem übergeordneten Kriterium zusammenzufassen (vgl. z.B. Fishburn /37 ,S.344/). Dieses entspricht in der Hierarchie eines vollständigen Zielprogramms dem nächsten, gemeinsam übergeordneten Knotenziel (vgl. auch unter Absatz 4.3).

Die Problematik einer vollständigen Nutzenunabhängigkeitsannahme sei an folgendem Beispiel verdeutlicht. Der Käufer eines Personenkraftwagens will seiner Kaufentscheidung dreizehn Kriterien zugrunde legen, und zwar:

k'_1 := Anschaffungskosten
k'_2 := Betriebskosten
k'_3 := Reparaturkosten

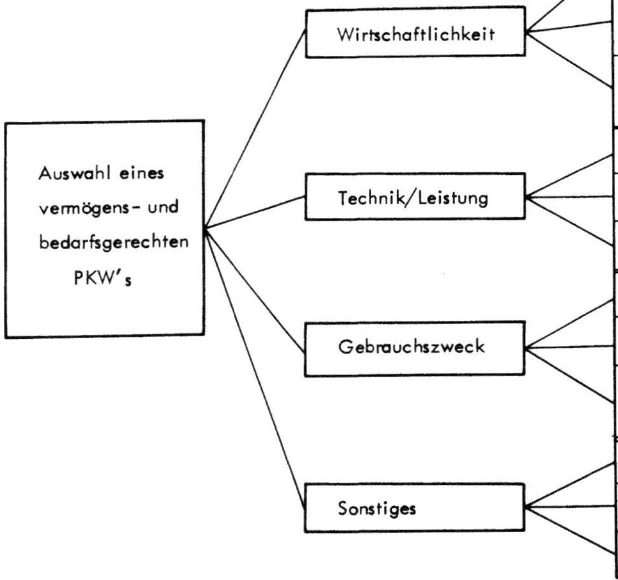

Nr.	Kriterien	Sollgrenzen
k_1	Anschaffungskosten	$k_{.1} < 8500$ [DM]
k_2	Betriebskosten	$k_{.2} < 0{,}43$ [DM/km] 5 x 15000 km/Jahr
k_3	Reparaturkosten	$k_{.3} < 1400$ [DM/DEKRA-Modellunfall]
k_4	Hubraum	$1500 < k_{.4} < 1800$ [ccm]
k_5	Höchstgeschwindigkeit	$k_{.5} \sim 130$ [km/h]
k_6	Leistungsgewicht	$k_{.6} < 16$ [kg/PS]
k_7	Sitzplätze	$4 < k_{.7} \not< 5$
k_8	Kofferraum	$k_{.8} > 300$ [l]
k_9	Repräsentativität	$k_{.9}$: repräsentativer als das Modell von Herrn X
k_{10}	Servicenetz	$k_{.10} > 2$ Werkstätten am Ort
k_{11}	Formschönheit	"europäische Linie"
k_{12}	Farbe	blau oder rot oder weiß

Abb. 22 **Beispiel eines Zielprogrammes mit explizit angegebenen Sollgrenzen von Zielerträgen zur Abgrenzung der bedingt nutzenunabhängig bewertbaren Alternativen .**

k'_4 : = Hubraum
k'_5 : = Höchstgeschwindigkeit
k'_6 : = Leistung
k'_7 : = Leergewicht
k'_8 : = Anzahl der Sitzplätze
k'_9 : = Kofferraum
k'_{10} : = Repräsentativität
k'_{11} : = Servicenetz
k'_{12} : = Formschönheit
k'_{13} : = Farbe.

Von einer vollkommenen Nutzenunabhängigkeit der Kriterien kann hier nicht ausgegangen werden. Offenbar besteht insbesondere eine allgemeine Nutzenabhängigkeit zwischen den Anschaffungskosten k'_1 und den meisten übrigen Kriterien. Ein hoher Kaufpreis wird beispielsweise gewöhnlich auch höher zu bewertende Zielerträge bezüglich der Kriterien k'_2, k'_3, k'_4, k'_5, k'_6, k'_{10} mit sich bringen. Ebenso wird in den meisten Fällen eine allgemeine Nutzenabhängigkeit zwischen den Kriterien k'_8 und k'_9 bestehen. Um also die Bewertung möglicher Alternativen durch Teilbewertungen rational durchführen zu können, müssen die gewünschten Sollgrenzen der Zielerträge beachtet bzw. explizit angegeben werden. Ein entsprechend vervollständigtes Zielprogramm zeigt Abb. 22 . Gegenüber dem ursprünglichen Zielprogramm unterscheidet sich dieses auch dadurch, daß die Kriterien

k'_6: = Leistung [PS]
k'_7: = Leergewicht [kg]

zusammengefaßt wurden zu dem Kriterium

$$k_6 := \text{Leistungsgewicht } [\frac{kg}{PS}] ,$$

da zwischen k'_6 und k'_7 in Hinblick auf die zu bewertende Fahrleistung eine spezifische Nutzenabhängigkeit unterstellt werden kann. Diese wird durch das neue Kriterium k_6 umgangen, so daß jetzt eine Teilbewertung gerechtfertigt ist.

Wie dieses einfache Beispiel bereits zeigt, wäre die Annahme einer vollkommenen Nutzenunabhängigkeit irrational. Bei der praktischen Nutzwertanalyse muß man also dafür sorgen, daß möglichst keine spezifisch nutzenabhängige Kriterien definiert oder der Bewertung isoliert zugrunde gelegt werden und jede Teilbewertung immer nur unter dem Gesichtspunkt einer bedingten Nutzenunabhängigkeit erfolgt.

Formal kann das Konzept der bedingten Nutzenunabhängigkeit folgendermaßen verstanden werden. Der Nutzen $N_{\cdot}^{+}$ einer Alternative setzt sich zusammen aus einem Grundnutzen $\overline{N}$ sowie einem Vergleichsnutzen N, d.h. also

Gl. (16) $$N_{\cdot}^{+} = \overline{N}_{\cdot} + N_{\cdot}$$

Der Grundnutzen $\overline{N}_{\cdot}$ beruht auf der Gesamtheit aller Mindest-Zielerträge $\overline{k}_{\cdot i}$ die von einem Projekt gefordert werden müssen, damit es überhaupt eine vergleichbare, d.h. zulässige, Alternative darstellt. Der Vergleichsnutzen $N_{\cdot}$ beruht dagegen auf den Zielerträgen $\delta k_{\cdot i}$, die über die geforderten Mindest-Zielerträge hinausgehen und als voneinander nutzenunabhängig angesehen werden können. Nach Gl. (5) kann für den Nutzen einer Alternative allgemein geschrieben werden:

Gl. (17) $$N_{\cdot}^{+} = PR\,(k_{\cdot 1} , k_{\cdot 2} , \dots k_{\cdot i} \dots k_{\cdot m})$$

In Verbindung mit Gl. (16) ergibt sich daraus:

Gl. (18) $$\begin{aligned} N_{\cdot}^{+} &= PR\,(\overline{k}_{\cdot 1} , \overline{k}_{\cdot 2} , \dots \overline{k}_{\cdot i} , \dots \overline{k}_{\cdot m}) + \\ &+ PR\,(\delta k_{\cdot 1}, \delta k_{\cdot 2}, \dots \delta k_{\cdot i}, \dots \delta k_{\cdot m}) \\ &= \overline{N}_{\cdot} + N_{\cdot} \end{aligned}$$

wobei gilt:

Gl. (19) $$k_{\cdot i} := \overline{k}_{\cdot i} + \delta k_{\cdot i}$$

mit $$\left| \overline{k}_{\cdot i} \right| \geq o \quad \text{und} \quad \left| \delta k_{\cdot i} \right| \geq o$$

Da Nutzenfunktionen beliebig linear transformierbar sind (vgl. z.B. Krelle /85, S.10 /), und $\overline{N}_{.}$ definitionsgemäß für alle vergleichbaren Alternativen gleich groß ist, wird die gesuchte Präferenzordnung dieser Alternativen auch direkt durch den Vergleichsnutzen $N_{.}$ beschrieben. Unter dem Gesichtspunkt einer nur bedingt annehmbaren Nutzenunabhängigkeit kann daher das gesuchte und durch direkte Teilbewertungen rational auch ableitbare Bewertungsergebnis geschrieben werden in der Form

Gl. (20) $$N_{.} = N_{.}^{+} - \overline{N}_{.} = PR\,(\delta k_{.1}\ ,\ \delta k_{.2}\ ,\ \ldots \delta k_{.i}\ \ldots \delta k_{.m})$$

bzw. analog Gl. (8)

Gl. (21) $$N_{.} = PR\,(PR_{1}(\delta k_{.1}),\ PR_{2}(\delta k_{.2}),\ \ldots\ PR_{i}(\delta k_{.i}) \ldots, PR_{m}(\delta k_{.m})\,)$$

Im folgenden soll die allgemeine Schreibweise der Argumente der Nutzenfunktion mit $k_{.i}$ statt $\delta k_{.i}$ gemäß Gl. (5) beibehalten werden. Bei der praktischen Bewertung ist jedoch immer zu beachten, daß eine unabhängige Teilbewertung von Zielerträgen in der Regel nicht über dem gesamten Bereich ihrer möglichen Ausprägungen rational ist.

Die durch das Lösungsprinzip (II) implizierte Nutzenunabhängigkeitsannahme der Kriterien $k_{.i}$ bedeutet, daß sich der Gesamtnutzen N_{i} einer Alternative A_{i} additiv aus den jeweiligen Teilnutzen bezüglich der einzelnen Kriterien k_{ij} ergibt, da das Auftreten bestimmter Zielertragskombinationen ja nicht gewertet wird (vgl. dazu speziell Fishburn / 37 , S.14 und S. 294 /, Krelle / 85 , S.72 /). Für das totale Differential der Nutzenfunktion

Gl. (22) $$N_{.} = PR\,(k_{.1}\ ,\ k_{.2}\ ,\ \ldots\ k_{.i}\ \ldots\ k_{.m}\,)$$

muß daher gelten:

Gl. (23) $$dN_{.} = f'_{1}\,(k_{.1})\,dk_{.1} + f'_{2}\,(k_{.2})\,dk_{.2} + \ldots\ f'_{i}\,(k_{.i})\,dk_{.i} \ldots + f_{m}\,(k_{.m})\,dk_{.m}$$

d.h., die ersten partiellen Ableitungen der Nutzenfunktion sind nur Funktionen der Variablen $k_{\cdot j}$, nach denen differenziert wurde, und unabhängig von den übrigen Variablen. Die Nutzenfunktion hat hier also die spezielle Form

Gl. (24) $$N_{\cdot} = f_1(k_{\cdot 1}) + f_2(k_{\cdot 2}) + \dots f_j(k_{\cdot j}) + \dots f_m(k_{\cdot m})$$

bzw. wenn man die Präferenzen bezüglich der Verknüpfung der Teilnutzen entsprechend Gl.(8) gesondert betrachtet

Gl. (25) $$N_{\cdot} = PR(PR_1(k_{\cdot 1}) + PR_2(k_{\cdot 2}) + \dots PR_j(k_{\cdot j}) + PR_m(k_{\cdot m}))$$

bzw. analog Gl. (10)

Gl. (26) $$N_{\cdot} = PR\,(n_{\cdot 1} + n_{\cdot 2} + \dots n_{\cdot j} + \dots n_{\cdot m})$$

Die Verknüpfung der Teilnutzen n_{ij} zum Gesamtnutzen N_i einer Alternative A_i soll gemäß dem Lösungsprinzip (III) nach einer im Einzelfall vorzugebenden Entscheidungsregel so erfolgen, daß die Teilnutzen entsprechend der relativen Bedeutung der jeweils zugrunde liegenden Zielkriterien $k_{\cdot j}$ in den Gesamtnutzen eingehen. Da die Nutzenfunktion aufgrund der Unabhängigkeitsannahme eine additive Struktur hat, muß eine rationale Entscheidungsregel zur Wertsynthese bei multidimensionaler Bewertung durch Teilbewertung formal immer eine Summationsregel darstellen. In dem Spezialfall, daß wowohl die Zielwertgewichte g_j als auch die Zielwerte $n_{\cdot j}$ kardinal abgebildet sind (vgl. dazu Absatz 5.2), ist diese Summationsregel eine einfache Addition der gewogenen Zielwerte, d.h.

Gl. (27) $$N_i = \sum_{j=1}^{m} g_j \cdot n_{ij}$$

Zur leichteren Darstellung der durch das Lösungsprinzip (III) implizierten entscheidungstheoretisch relevanten Annahme soll im folgenden von Gl. (27) für den Gesamtnutzen einer Alternative ausgegangen werden. Es wird also kardinale Messung der Präferenzen vorausgesetzt, obwohl der Inhalt der folgenden Aussagen ebenso bei nominaler oder ordinaler Messung gilt.

Entsprechend dem Lösungsprinzip (III) sollen die relativen Bedeutungen g_i der Zielwerte $n_{\cdot i}$ unabhängig von der Höhe des zugrunde liegenden Zielertrages $k_{\cdot i}$ sein. Die Zielwertgewichte g_i stellen damit in der Nutzenfunktion nach Gl. (27) konstante Maßstabfaktoren dar. Für die ersten partiellen Ableitungen der Gl. (27) gilt

Gl. (28)
$$\frac{\partial N_{\cdot}}{\partial n_{\cdot i}} = g_i$$

d.h. der Gesamtnutzenzuwachs je Teilnutzeneinheit ist konstant und gleich der Höhe des entsprechenden Zielwertgewichtes (vgl. Abb. 23).

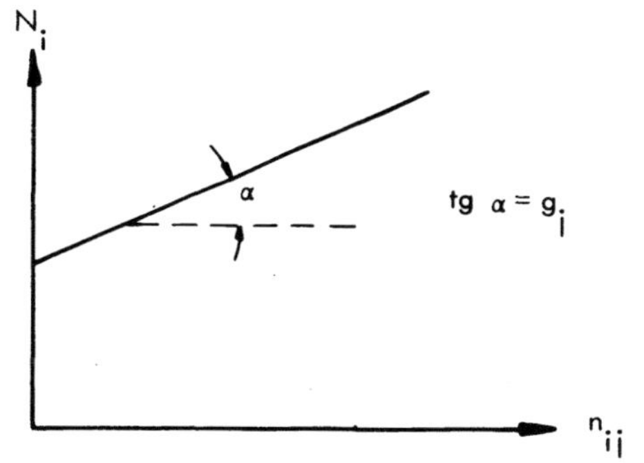

Abb. 23

Lineare Gesamtnutzenfunktion

Mit anderen Worten impliziert das Lösungsprinzip (III) also die Annahme

Annahme (III)

Die Gesamtnutzenfunktion ist eine lineare, monoton zunehmende Funktion der Teilnutzen.

Das Verhältnis zweier Zielwertgewichte wird häufig als Grenzrate der Substitution bezeichnet. Diese ist ein Ausdruck dafür, wieviele Teilnutzeneinheiten $n_{\cdot 1}$ der Entscheidungsträger beispielsweise bereit wäre aufzugeben, um dafür eine Teilnutzeneinheit $n_{\cdot i}$ zu erhalten. Mathematisch ist die Grenzrate der Substitution gleichbedeutend mit dem Ausdruck

$$\text{Gl. (29)} \qquad - \left(\frac{\partial n_{\cdot 1}}{\partial n_{\cdot j}} \right)_{N = \text{konst}} = \frac{g_j}{g_1}$$

Sie beschreibt also die Neigung einer Indifferenzkurve N = konst. (vgl. Abb. 24).

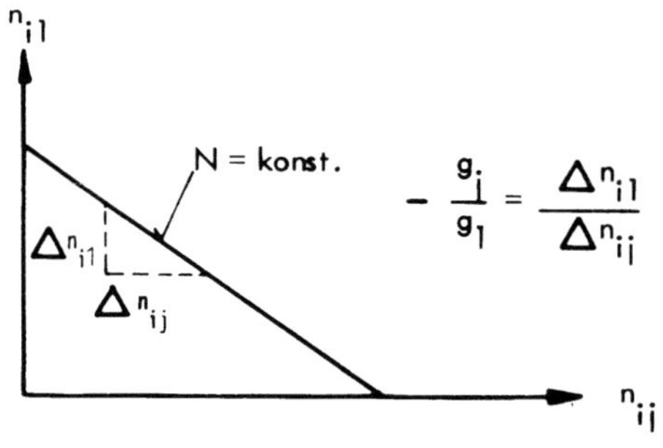

Abb. 24

Lineare Indifferenzkurve $n_{i1} = - \frac{g_j}{g_1} n_{ij} + \text{konst.}$

Wie die Erfahrung zeigt, ist Annahme (III) für die praktische Nutzwertanalyse nicht schwerwiegend. Die Zugrundelegung einer m o n o t o n zunehmenden Gesamtnutzenfunktion bedeutet konkret, daß mit j e d e r Zunahme eines Teilnutzens n_{ij} auch der Gesamtnutzen N_i einer Alternative A_i steigt. Diese Hypothese ist formal zwar nicht beweisbar. Sie ist jedoch plausibel und konnte in Experimenten über die Urteilsbildung bei multidimensionalen Bewertungsvorgängen bestätigt werden (vgl. Shephard /124 ,S.268 /). Ebenfalls nicht gravierend erscheint die Annahme k o n s t a n t e r Gesamtnutzenzuwächse je Teilnutzeneinheit unter dem Gesichtspunkt einer nur bedingten Nutzenunabhängigkeit einerseits, sowie der Möglichkeit andererseits, bei der Bestimmung der Teilnutzen n_{ij} , beliebige nichtlineare Teilnutzenfunktionen $PR_j (k_{ij})$ zugrunde legen zu können.

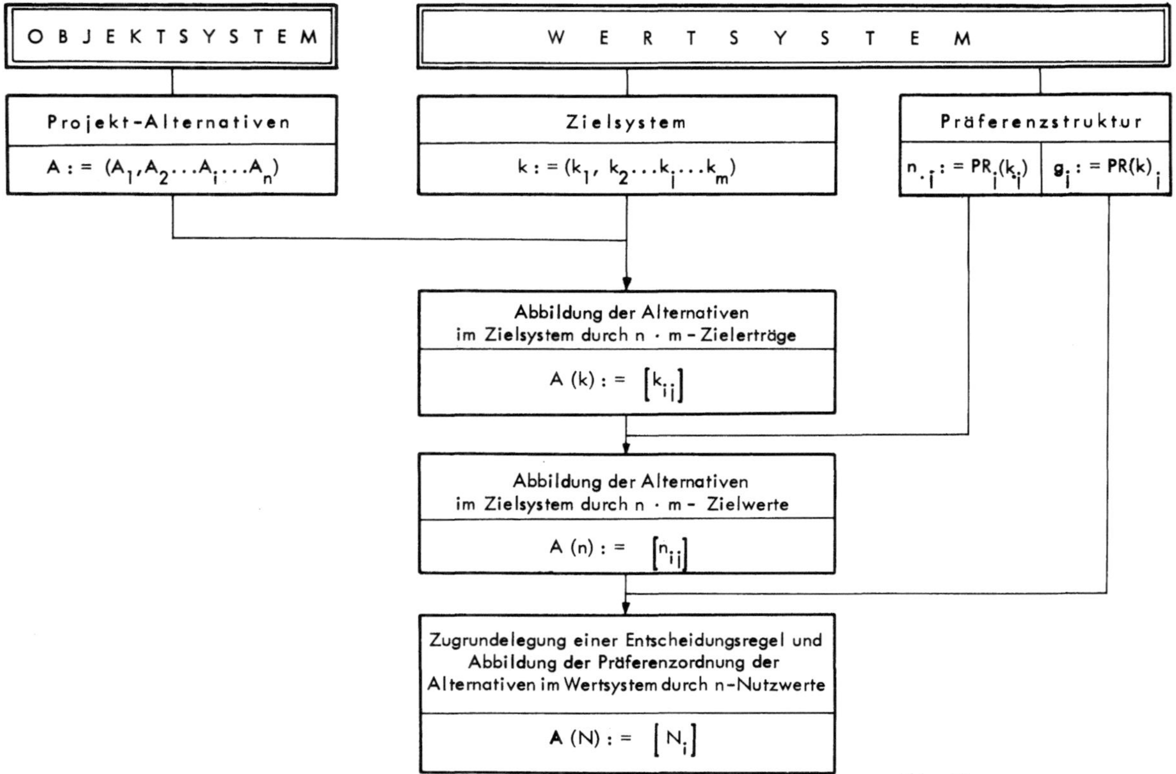

Abb. 25

Aufbau des Grundmodells multidimensionaler Nutzwertanalyse

Eine schematische Gesamtdarstellung des Grundmodells multidimensionaler Nutzwertanalyse auf der Basis der drei beschriebenen Lösungsprinzipien ist in Abb. 25 angegeben. Die Modellstruktur läßt die für Nutzwertmodelle typische Einbeziehung der individuellen entscheidungsrelevanten Präferenzen bei der schrittweisen Abbildung des Objektsystems "Projektalternativen" im Wertsystem des Entscheidungsträgers deutlich erkennen.

Zusammenfassend kann also festgehalten werden, daß die Lösung multidimensionaler Bewertungsprobleme durch Teilbewertungen grundsätzlich auch entscheidungstheoretisch vertretbar ist. Praktisch wird Rationalität durch die Zerlegung des Bewertungsproblems überhaupt erst ermöglicht, da nur so eine Überforderung der psychischen Fähigkeiten des Entscheidungsträgers und die damit notwendig verbundenen Irrationalitäten in der Entscheidungsfindung vermieden werden können (vgl. dazu auch Gäfgen / 44 ,S.209 /). Für die Durchführung konkreter Nutzwertanalysen muß allerdings verlangt werden, daß die durch die zugrunde gelegten Lösungsprinzipien implizierten entscheidungstheoretisch relevanten Annahmen über das formale Urteilsverhalten und den Aufbau des benutzten Nutzwertanalysemodells beachtet und in Hinblick auf die erzielten Ergebnisse wiederholt kritisch überprüft werden.

Neben den theoretischen Voraussetzungen, die berücksichtigt werden müssen, um rationale Präferenzordnungen unter multidimensionalen Gesichtspunkten zu erhalten, sind natürlich auch praktische Erfordernisse zu erfüllen, damit Nutzwertanalysen überhaupt operational durchgeführt werden können. In den folgenden Kapiteln sollen daher entsprechend der Nutzwertanalyselogik nach Abb. 21 methodische Grundsätze und praktische Verfahrensweisen behandelt werden

- zur Aufstellung eines Zielsystems
- zur Abbildung eindimensionaler Präferenzordnungen
- zur rationalen Synthese von eindimensionalen Präferenzordnungen
- zur praktischen Berücksichtigung von Ungewißheiten.

III. ZUR METHODOLOGIE PRAKTISCHER NUTZWERTANALYSE

4) Problematik und Methodik bei der Aufstellung eines Zielsystems

Wie unter Absatz 2.3 bereits ausgeführt worden ist, umfaßt die Gesamtheit der Ziele einer Organisation alle handlungsbestimmenden Wertinhalte. Diese sind neben der Präferenzstruktur Bestandteil des entscheidungsdeterminierenden Wertsystems. Da Ziele gewöhnlich nicht isoliert nebeneinander stehen, sondern einen Komplex miteinander in Beziehung stehender Elemente bilden, kann man hier von einem Zielsystem sprechen.

> Definition (8)
>
> Das Zielsystem einer Organisation besteht aus der geordneten Menge aller handlungsbestimmenden Ziele, die bei der Ableitung einer rationalen Entscheidungsempfelung zu berücksichtigen sind (vgl. auch Definition (9)).

Das Zielsystem ist maßgebend für den gesamten Planungsprozeß einer Organisation und insbesondere in Form von projektrelevanten Zielkriterien $k_{\cdot i}$ Ausgangsbasis der Nutzwertanalyse. Wird das Zielsystem inhaltlich falsch oder unvollständig formuliert, dann sind Fehlentscheidungen auch bei sorgfältigster Bewertung unvermeidbar. Zweifellos gilt hier in Hinblick auf den eigentlichen Zweck der Nutzwertanalyse der Satz (vgl. Hall / 55 ,S.105 /):

> "Wichtiger als die Auswahl des richtigen Systems (Projektes) ist es, zunächst die richtigen Ziele zu bestimmen. Denn wählt man falsche Ziele, dann löst man eine irrelevante Problemstellung; wählt man dagegen ein falsches System (auf der Basis richtiger Ziele) so wählt man letztlich nur ein nicht optimales System."

Es ist infolgedessen eine grundlegende Aufgabe der praktischen Nutzwertanalyse, Ziele aufzufinden und diese systematisch so zu ordnen, daß der Bewertung ein situationsgerechtes und modellgerechtes Zielsystem zugrunde gelegt werden kann. Ein Zielsystem ist situationsgerecht, wenn es vollständig ist, so daß keine wesentlichen Gesichtspunkte bei der Bewertung unberücksichtigt bleiben. Modellgerecht ist ein Zielsystem in diesem Zusammenhang dagegen, wenn die der Bewertung einzeln zugrunde gelegten Ziele so definiert werden, daß die Annahme ihrer bedingten Nutzenunabhängigkeit gerechtfertigt ist (vgl. dazu Abs. 3.3).

Erfahrungsgemäß bereitet in der Praxis sowohl die Zielsuche als auch die modellgerechte Ordnung von Zielen erhebliche Schwierigkeiten. Im folgenden soll daher untersucht werden, wie man in konkreten Entscheidungssituationen zweckmäßigerweise vorgeht, um ein Zielsystem zu entwickeln. Da es hierfür weder eine Theorie noch eine allgemeingültige Methode gibt, ist es notwendig, zunächst näher auf die Bedeutung des Zielsystems für den Entscheidungsprozeß einzugehen und die charakteristischen Beziehungen zwischen den Elementen eines Zielsystems herauszustellen. Mit Hilfe der dabei gewonnenen Ergebnisse können dann einige Grundsätze und Verfahrensweisen für das praktische Vorgehen bei der Aufstellung eines Zielsystems angegeben werden.

4.1) Die Bedeutung des Zielsystems

Die Aufstellung eines relevanten Zielsystems in einer Entscheidungssituation setzt voraus, daß man seine Bedeutung für die Entscheidungsfindung erkennt. Im Rahmen der hier zu behandelnden Fragestellung sind zwei Aspekte zu unterscheiden, die bei der Zielformulierung gleichermaßen Berücksichtigung finden müssen.

(1) Die entscheidungslogische Bedeutung des Zielsystems. Diese ergibt sich aus der formallogischen Funktion des Zielsystems bei der modellanalytischen Behandlung des Auswahlproblems durch die Nutzwertanalyse.

(2) Die praktische (substantielle) Bedeutung des Zielsystems. Diese ergibt sich aus der Funktion der Zielinhalte in Hinblick auf die angestrebten Konsequenzen von Entscheidungen.

4.1.1) Die entscheidungslogische Bedeutung des Zielsystems

Der modellanalytischen Behandlung von Auswahlproblemen auf der Basis des Nutzenkonzeptes liegt eine normative Zwecksetzung zugrunde. Mit Hilfe der verfügbaren Informationen sind auf rationalem Wege Nutzwerte von Alternativen im Sinne von Handlungsempfehlungen zu bestimmen. Das dazu benutzte Entscheidungsmodell stellt formal gesehen einen Komplex von Sätzen dar, aus dem sich diesbezügliche imperativische Aussagen logisch ableiten lassen. Im Gegensatz zu den Indikativaussagen deskriptiver Modelle, die einen empirischen Sachverhalt auf objektiver Basis beschreiben oder voraussagen, können Aussagen normativer Modelle nur gewonnen werden, wenn mindestens eine imperativische Modellprämisse in Form einer subjektiv definierten Wertvorgabe angegeben ist (vgl. dazu Stegmüller /131,S.506/).

"Die erforderlichen imperativischen Prämissen eines normativen Entscheidungsmodells stellen die vom Entscheidungsträger verfolgten Ziele dar" (vgl. Heinen /58 ,S.51 /). Sie sind als generelle Imperative zu verstehen, die dazu dienen, singuläre Imperative in Form konkreter Handlungsempfehlungen auf der Basis einer modelltypischen Entscheidungslogik abzuleiten. Entsprechend Definition (8) stellt dann das Zielsystem die geordnete Menge der erforderlichen imperativischen Prämissen dar.

Wie unter Absatz 4.2.1 noch im einzelnen ausgeführt wird, können Ziele aufgrund empirischer Zweck-Mittel-Beziehungen entsprechend Abb. 31 mit zunehmender Aussagepräzisierung in Form miteinander verzweigter Zielketten systematisch zu einer Zielhierarchie aufgefächert werden. Die Auffächerung von Zielen ist im allgemeinen mit einer zunehmenden Meßbarkeit von Zielerträgen verbunden, wodurch die Bewertung von Alternativen objektiver wird. Die Ziele am Anfang einer Zielkette stellen in der Regel nur verbal formulierte, nicht direkt quantifizierbare Leitsätze dar. Ziele am Ende einer Zielkette sind dagegen häufig leichter zu überprüfende Leitindizes. Stellt ein Ziel als Endpunkt einer Zielkette des Zielsystems in einer Entscheidungssituation die jeweils genaueste Formulierung einer angestrebten Aktivitätswirkung oder Aktivitätsteilwirkung dar, über die Informationen angegeben werden können, so dient es als entscheidungs- und damit handlungsbestimmendes Kriterium im Sinne eines wertgetönten Merkmals für die Bewertung der Alternativen. Zur Bedeutung von Zielen bzw. Kriterien als Bewertungsgrundlage schreibt Gäfgen /44 ,S.111/:

> "Diese Kriterien sind ein indirekter Ausdruck für die Komponenten des Wertsystems des Aktors, stellen also eine Art Wertindizes dar. Vielfach werden sie auch als Ziele bezeichnet, dann aber nicht im Sinne gegebener Endziele (goals), sondern als zu maximierende Zielmaßstäbe (Zielgradienten, objectives). Die Kriterien sollen einerseits objektiv meßbar sein, da sie ja der objektiven Beschreibung der Wahlsituation dienen, andererseits aber möglichst endgültige Werte verkörpern, um als Grundlage der Bewertung zu dienen. Sie müssen alle relevanten Dimensionen des Werturteils des Aktors umfassen."

Entsprechend dieser entscheidungslogischen Bedeutung von Zielen können hier folgende Definitionen getroffen werden:

Definition (9)

Ziele sind notwendige Prämissen eines Entscheidungsmodells in Form von Aussagen imperativischen Charakters, aus denen sich die für die Bewertung von Alternativen relevanten Zielkriterien ergeben.

Definition (10)

Die Gesamtheit der Zielkriterien, die der Bewertung zugrunde gelegt werden, umfaßt die Menge aller derjenigen Ziele, die Endpunkte von Zielketten der Zielhierarchie sind.

In der Literatur werden die Begriffe Ziel und Zielsetzung häufig synonym gebraucht, was auch hier getan werden soll. Allerdings wird dem Ausdruck Ziel (goal) gelegentlich der spezielle Begriffsinhalt eines Zielpunktes auf der Skala des zugrunde gelegten Zielkontinuums zugeordnet, wohingegen mit Zielsetzung (objective) dieses Zielkontinuum selbst gemeint ist. Da diese Unterscheidung leicht zu Verwechslungen führen kann, sollen hier Ziel und Zielsetzung gleich bedeutend im Sinne eines Zielkontinuums benutzt werden. Ein Punkt auf diesem Zielkontinuum soll dagegen mit dem Ausdruck Zielertrag bezeichnet werden.

Definition (11)

Ein Z i e l e r t r a g repräsentiert einen Punkt auf der Skala des zugrunde liegenden Zielkontinuums.

4.1.2) Die praktische Bedeutung des Zielsystems

Die entscheidungslogische Bedeutung des Zielsystems ist rein formaler Natur. Die praktische Bedeutung des Zielsystems betrifft dagegen entsprechend der unter Absatz 2.6 behandelten Forderung nach substantieller Rationalität der Entscheidungsfindung die Inhalte der Elemente eines Zielsystems. Diese müssen einerseits eine möglichst eindeutige und objektive Beschreibung der Konsequenzen von Alternativen erlauben, auf der anderen Seite aber auch alle relevanten Wertdimensionen des Entscheidungsträgers umfassen. Konkret muß das situationsgerechte Zielsystem einer Organisation daher alle wesentlichen Organisationszwecke, Handlungsmotive sowie die relevanten Handlungsrestriktionen des Entscheidungsfeldes beinhalten. In den einzelnen Zielen müssen die bestehenden und gewünschten Grenzen des Handlungsspielraumes eindeutig und vollständig zum Ausdruck kommen, damit die Bewertung der Projektalternativen auf einer zuverlässigen Grundlage erfolgen kann.

Sowohl die entscheidungslogische als auch die praktische Bedeutung des Zielsystems lassen erkennen, daß vernünftige Nutzwertanalyseergebnisse nur auf der Grundlage eines modellgerechten und situationsgerechten Zielsystems ermittelt werden können. Die Zielformulierung muß daher in konkreten Entscheidungssituationen mit größter Sorgfalt vorgenommen werden. Das bedeutet allerdings nicht, daß in jedem Fall ein stark spezifiziertes Zielsystem notwendigerweise auch zu besseren Ergebnissen der Nutzwertanalyse führen. Ins Detail gehende Zielkriterien sind überflüssig, wenn nicht entsprechend genaue Informationen über die voraussichtlichen Projektwirkungen beschafft werden können. Darüber hinaus nützen diesbezügliche Genauigkeiten nichts, wenn auf der anderen Seite wesentliche entscheidungsrelevante Tatbestände übersehen werden. Ein grobes, dafür aber vollständiges Zielsystem ist als Bewertungsgrundlage einem detailliert, aber unvollständig formulierten Zielsystem im Hinblick auf die Gefahr einer möglichen Fehlentscheidung in jedem Fall vorzuziehen.

4.2) Zielbeziehungen und ihre Bedeutung für die Nutzwertanalyse

Das Auffinden relevanter Zielinhalte ist zweifellos ein kreativer Prozeß, der vor allem durch die konkreten Gegebenheiten einer Entscheidungssituation bestimmt wird. Wie unter Absatz 4.4 noch gezeigt wird, lassen sich jedoch einige Grundsätze angeben, die eine systematische Suche und Ordnung von Zielen erleichtern. Voraussetzung dafür ist, daß man sich über die grundsätzlichen Beziehungen zwischen Zielen Klarheit verschafft, und davon ausgehend eine logisch befriedigende Struktur eines Zielsystems entwirft.

> Definition (12)
>
> Die Struktur eines Zielsystems besteht aus der formalen Abbildung der Beziehungen zwischen Elementen und Teilmengen einer in sich geschlossenen Zielmenge.

Entsprechend Abb. 26 soll hier unter einer geschlossenen Zielmenge eine Teilmenge einer Zielgesamtheit verstanden werden. Wenn eine Zielgesamtheit beispielsweise sämtliche Ziele eines Konzerns umfaßt, so könnte eine Teilmenge dieser Zielgesamtheit aus den Zielen eines Unternehmens des Konzerns bestehen.

Wie in Abb. 27 schematisch angedeutet ist, können zwischen den Elementen einer Zielmenge technologische und klassifikatorische Zielbeziehungen bestehen. Während technologische Zielbeziehungen einen empirischen Tatbestand beschreiben, beruhen die klassifikatorischen Zielbeziehungen auf gemeinsamen Ordnungsmerkmalen, die der Systematisierung von Zielen dienen können. Die Beachtung dieser Beziehungen ermöglicht die schrittweise Strukturierung einer ungeordneten Zielmenge zu einem Zielsystem. Dadurch wird die praktische Zielsuche erheblich vereinfacht und so systematisiert, daß die Bewertung je nach verfügbarem Informationsstand auf unter-

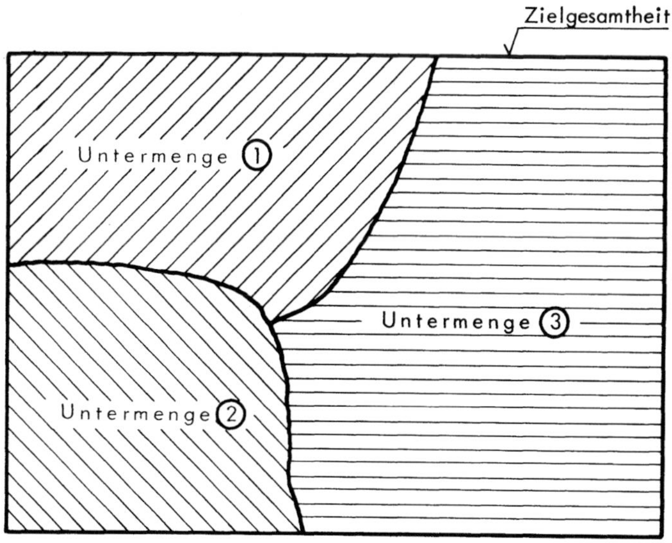

Abb. 26

Schematische Darstellung einer Zielgesamtheit, die aus 3 vollständigen in sich geschlossenen Zielmengen (Untermengen der Zielgesamtheit) besteht.

schiedlichen Ebenen bzw. Stufen einer Zielhierarchie vorgenommen werden kann (vgl. dazu unter Absatz 4.4.1).

4.2.1) Technologische Zielbeziehungen

Die technologischen Zielbeziehungen sollen hier nur in Hinblick auf ihre Bedeutung für die praktische Strukturierung von Zielmengen bei der Nutzwertanalyse betrachtet werden. Eine ausführliche Beschreibung möglicher Beziehungstypen ist beispielsweise bei Gäfgen / 44 , S.119 / gegeben. Hier interessieren nur die Beziehungstypen Zielkonkurrenz, Zielkomplementarität und Zielindifferenz (vgl. dazu speziell Heinen /58, S. 94 /).

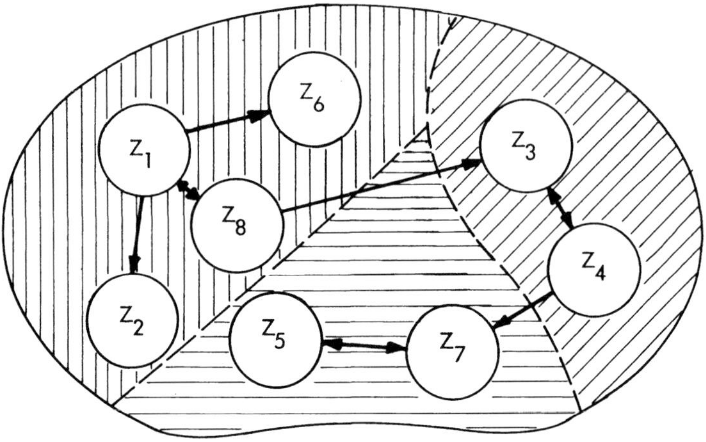

→ asymmetrische } technologische Zielbeziehungen
↔ symmetrische

///// klassifikatorische Zielbeziehungen

Abb. 27

Ordnung einer geschlossenen Zielmenge (= Untermenge einer Zielgesamtheit) nach technologischen und klassifikatorischen Strukturmerkmalen (vgl. dazu auch Heinen / 58, S.91 /).

Zielkonkurrenz:

Zwischen zwei Zielen Z_1 und Z_2 besteht eine Konkurrenzbeziehung, wenn ein Ertragszuwachs bezüglich Z_1 um $+ \Delta Z_1$ automatisch mit einer Ertragsabnahme von Z_2 um $- \Delta Z_2$ verbunden ist. In Abb. 28 sind charakteristische Verläufe dieses Beziehungstyps angegeben. Bei Zielkonkurrenz handelt es sich gewöhnlich um eine symmetrische Beziehung, d.h. es gilt:

$$(\pm) \Delta Z_1 \leftrightarrow (\mp) \Delta Z_2$$

Eine derartige Beziehung könnte beispielsweise direkt vorliegen zwischen den

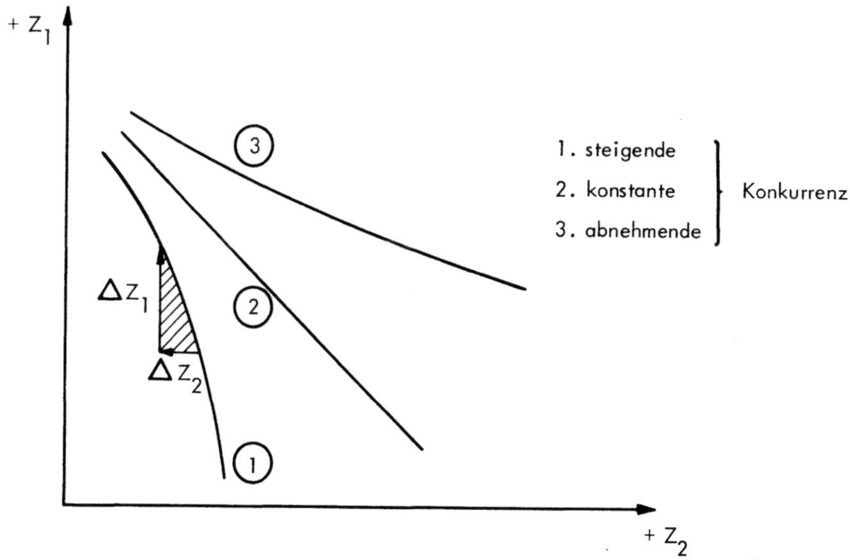

Abb. 28

Typische Verläufe von Zielbeziehungsfunktionen bei Zielkonkurrenz.

Zielen (konstanter Aufwand vorausgesetzt!):

Z_1 : = Verkürzung der Entwicklungszeit eines technischen Systems

Z_2 : = Erhöhung der technischen Zuverlässigkeit der Komponenten bzw. des gesamten Systems

Direkte Zielkonkurrenz ist häufig nicht eindeutig verifizierbar. Das gilt insbesondere in Hinblick auf die Aufwandsrelevanz von Zielen im Rahmen eines begrenzten Handlungsspielraums. Für die Nutzwertanalyse genügt es jedoch, lediglich den Beziehungstyp zwischen Zielen zu erkennen. Denn für die direkte Bewertung der Konsequenzen von Alternativen ist die Kenntnis des genauen mathematischen Verlaufs der zugehörigen Zielbeziehungsfunktionen nicht erforderlich.

Die Bedeutung der Zielkonkurrenz liegt darin, daß sie die eigentliche Ursache von Entscheidungskonflikten ist. Die allgemeine Aufwandsrelevanz von Zielen sowie die konkurrierenden technologischen Komponenten von komplexen Handlungsalternativen bedeuten für die Erfüllung von Zielen mehr von dem einen, oft weniger von dem anderen. Zur Lösung solcher Entscheidungskonflikte ist ein Kompromiß notwendig, der das gewünschte Verhältnis konkurrierender Zielerfüllung festlegt. Die durch das Entscheidungsfeld bestimmte Zielkonkurrenz macht es daher notwendig, zwischen Haupt- und Nebenzielen auf gleichen Stufen einer Zielhierarchie zu unterscheiden. Diese Situation ist insbesondere typisch für partielle Komplementarität von mehreren Unterzielen bezüglich eines gemeinsamen, direkt übergeordneten Oberzieles (vgl. dazu unter "Zielkomplementarität" weiter unten).

Eine quantitative Differenzierung zwischen Haupt- und Nebenzielen kann bei der Nutzwertanalyse grundsätzlich folgendermaßen vorgenommen werden:

(1) Es werden kritische Zielerträge in Form von Sollgrenzen vorgegeben, die von Handlungsalternativen nicht über- bzw. unterschritten werden dürfen.

(2) Der Entscheidungsträger macht Angaben über seine subjektiven Zielpräferenzen in Form der durch Gl. (6) definierten relativen Gewichte g_i. Durch Angabe von relativen Gewichten g_i wird festgelegt, wieviel Zielwerteinheiten $n_{\cdot i}$ beispielsweise von Z_1 wertmäßig Einheiten von Z_2 aequivalent sein sollen. Die relativen Gewichte können dabei grundsätzlich als konstante Äquivalenzziffern oder als Äquivalenzfunktionen ausgedrückt werden.

(3) Dieser Ansatz stellt eine Kombination von Ansatz 1 und 2 dar und wird zweckmäßigerweise der praktischen Nutzwertanalyse zugrunde gelegt. Es muß zunächst die Einhaltung der Sollgrenzen von Zielerträgen gewährleistet sein, bevor zusätzliche Ertragseinheiten von Zielen äquivalent verrechnet werden können.

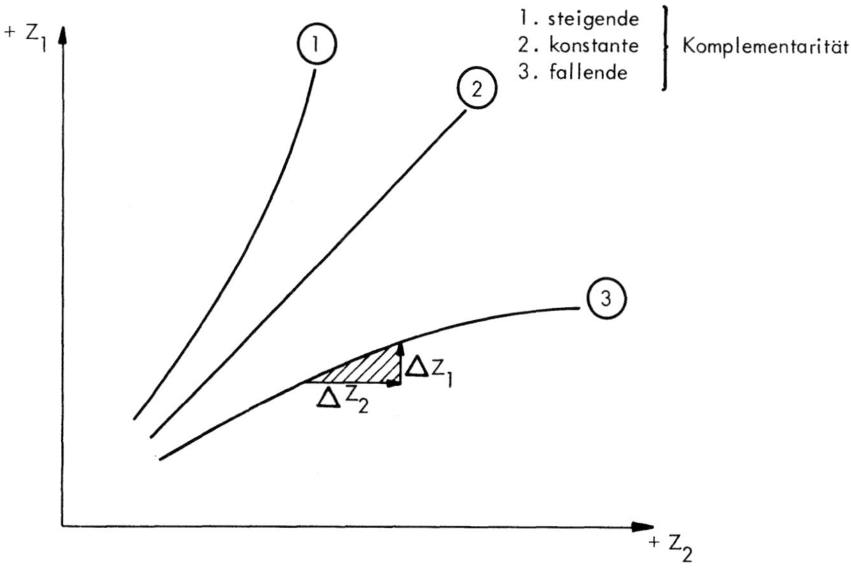

Abb. 29

Typische Verläufe komplementärer Zielbeziehungsfunktionen.

Zielkomplementarität:

Eine komplementäre Zielbeziehung zwischen zwei Zielen Z_1 und Z_2 liegt vor, wenn ein Ertragszuwachs bezüglich Z_1 um + ΔZ_1 gleichzeitig mit einem Ertragszuwachs bezüglich Z_2 um + ΔZ_2 verbunden ist. Der charakteristische Verlauf komplementärer Zielbeziehungsfunktionen ist in Abb. 29 wiedergegeben. In Hinblick auf die praktische Bedeutung der Zielkomplementarität ist es zweckmäßig, noch genauer zwischen symmetrischer und asymmetrischer Komplementarität zu unterscheiden.

Symmetrische Komplementarität liegt vor, wenn gilt:

$$\overset{+}{(-)}\ \Delta Z_1 \leftrightarrow \overset{+}{(-)}\ \Delta Z_2$$

Die Aussage, daß ein Ertragszuwachs bezüglich Z_1 um + ΔZ_1 gleichzeitig mit einem Ertragszuwachs bezüglich Z_2 um + ΔZ_2 mit sich bringt, ist hier umkehrbar. Hat man beispielsweise die Ziele:

Z_1 : = Erhöhung der Leistungsabgabe eines Systems

Z_2 : = Verbesserung des Wirkungsgrades: = Leistungsabgabe / Leistungsaufnahme

so liegt hier offenbar eine symmetrische Zielkomplementarität vor, konstante Leistungsaufnahme vorausgesetzt.

A s y m m e t r i s c h e Komplementarität zwischen zwei Zielen liegt dagegen vor, wenn die Umkehrung der Komplementaritätsaussage nicht gilt, d.h.

$$\overset{+}{(-)} \Delta Z_2 \rightarrow \overset{+}{(-)} \Delta Z_1$$

In einem solchen Fall besteht zwischen Z_1 und Z_2 eine Zweck-Mittel-Beziehung. Das O b e r z i e l Z_1 kann über das Unter- bzw. Zwischenziel Z_2 v o l l s t ä n d i g o d e r t e i l w e i s e e r r e i c h t werden. Hat man beispielsweise das Oberziel

Z_1 : = Minimierung der Produktionskosten

und das Unterziel

Z_2 : = Minimierung der Produktionskosten e i n e s Produktes des Produktionsprogramms,

so wird gewöhnlich die Aussage gelten:

$$+ \Delta Z_2 \rightarrow + \Delta Z_1$$

nicht aber ihre Umkehrung. Dieses Beispiel zeigt auch, daß derartige Zielbeziehungen nicht generell gültig zu sein brauchen. Denn ist ein Zuwachs bezüglich Z_2 nur bei gleichzeitiger Erhöhung der Kosten der übrigen Produkte möglich, so würde gelten:

$$+ \Delta Z_2 \rightarrow - \Delta Z_1$$

Im Einzelfall sind also die besonderen Bedingungen des jeweiligen Entscheidungsfeldes zu beachten, bevor bestimmte Zielbeziehungen zugrunde gelegt werden können. Darüber hinaus zeigt dieses Beispiel auch, daß Z_2 zwar in einer Mittel-Zweck-Beziehung zu Z_1 steht, das Oberziel Z_1 jedoch nicht vollständig durch Z_2 erreicht werden kann. Dazu wäre noch die Erfüllung weiterer entsprechender Unterziele notwendig. Eine derartige partielle Zielkomplementarität tritt in der Praxis häufig auf. Ein Oberziel wird nur nach Erfüllung mehrerer Unterziele, zwischen denen wiederum eine Konkurrenzbeziehung bestehen kann, vollständig erreicht. Die Struktur solcher Unterziel-Oberziel-Beziehungen zeigt Abb. 30. Eine fortlaufende Folge von Ober- und Unterzielen stellt eine Zielkette dar (vgl. Abb. 31).

Komplementaritätsbeziehungen zwischen Zielen können in der Praxis ebenfalls häufig nur unterstellt werden. Beinhalten Ziele gleiche Begriffsmerkmale, z.B. Kosten oder Leistungsgrößen, so ist es oft naheliegend, eine Zweck-Mittel-Beziehung zu vermuten. Die unterschiedlichen Bedingungen konkreter Entscheidungsfelder müssen natürlich jeweils genau beachtet werden. Es ist insbesondere zu berücksichtigen, daß Komplementaritätsbeziehungen früherer Entscheidungssituationen nicht notwendig auch in einer gegenwärtigen Situation gültig zu sein brauchen. So kann beispielsweise der technologische Wandel Zielbeziehungen irrelevant werden lassen.

Die praktische Bedeutung der Zielkomplementarität liegt im folgenden:

(1) Bei symmetrischer Komplementarität wird der Bewertung zweckmäßigerweise nur eins der jeweils komplementären Ziele zugrunde gelegt (Reduzierung des Problemumfangs!). Man begegnet damit auch der Gefahr, daß derselbe Zielaspekt unbewußt mit zu hohem Gewicht in den Nutzwert eingeht.

(2) Bei asymmetrischer Komplementarität ist es aufgrund der Mittel-Zweck- Beziehungen möglich, die Entscheidungsfindung, d.h. genauer die Bewertung, nicht an Oberzielen, sondern an den zugehörigen Unterzielen zu orientieren.

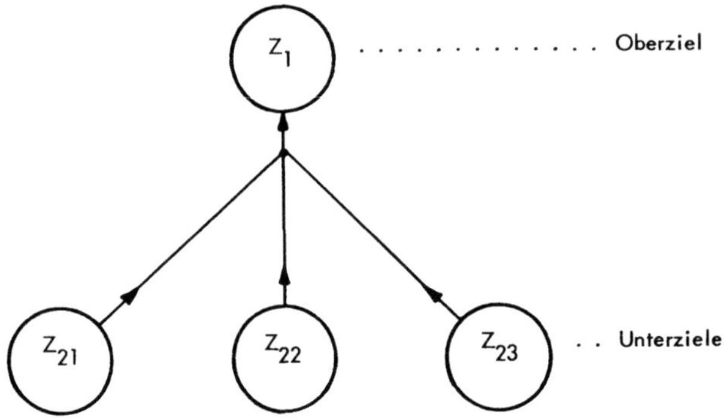

Abb. 30

Typische Struktur zwischen Unterzielen und einem Oberziel aufgrund von Zweck- Mittelbeziehungen (asymmetrische, partielle Komplementarität).

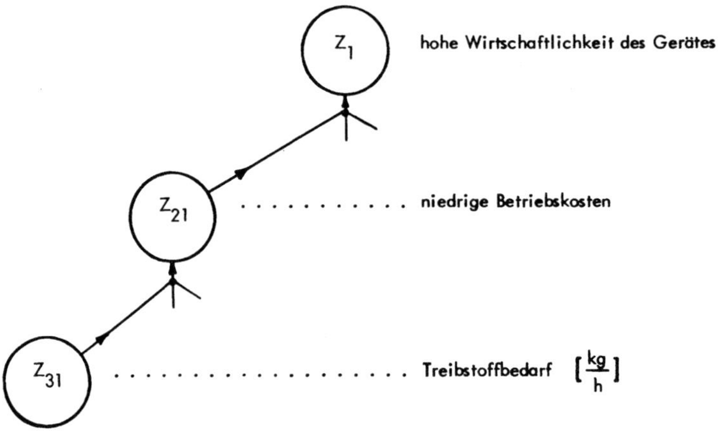

Abb. 31

Eine dreistufige Zielkette aufgrund von Zweck-Mittel-Beziehungen.

Die Relation "Mittel zum Zweck" ist hier gleichbedeutend mit der Relation "ersetzbar durch" (vgl. Heinen / 58 ,S.103 /). Ein Oberziel ist vollständig erreicht, wenn sämtliche direkt untergeordneten Unterziele erreicht wurden. Die Bewertung einer Alternative in Hinblick auf ein Oberziel braucht infolgedessen nur aufgrund der zugehörigen "untersten" Unterziele vorgenommen zu werden. Durch systematische Ordnung einer Zielmenge unter diesem Gesichtspunkt können Zielketten und aus diesen eine vollständige Zielhierarchie konstruiert werden (vgl. Bidlingmaier / 8 ,S.144 /). In Abb. 33 ist eine solche Zielhierarchie für das Oberziel Z_1 entsprechend den Mittel-Zweck-Beziehungen nach Abb. 32 angegeben. Für die Ziele dieses Beispiels, die nach demselben Schema im konkreten Fall weiter spezifiziert werden könnten, gelten beispielsweise folgende Zielinhalte:

Z_1 := nationale Sicherheit
Z_{21} := nationale Sicherheit nach innen
Z_{22} := nationale Sicherheit nach außen
Z_{31} := hohes Abschreckungspotential
Z_{32} := hohes Angriffspotential
Z_{33} := Rechtssicherheit
Z_{34} := soziale Sicherheit

Die hierarchische Entwicklung eines Zielsystems vereinfacht nicht nur die Suche und Ordnung von Zielen. Durch Aufstellung einer Zielhierarchie aus Zielketten aufgrund von Zweck-Mittel-Beziehungen wird auch die Gewichtung der Ziele erleichtert. Anstatt gleichzeitig sämtliche Gewichte g_i der für die Bewertung relevanten Ziele bzw. Zielkriterien $k_{\cdot i}$ direkt zu schätzen, können diese indirekt über die relativen Gewichte der zugehörigen Oberziele (Knotenziele) schrittweise bestimmt werden. Das ist insbesondere bei $m \geq 5$ von Vorteil (vgl. dazu Absatz 5.3.4.1).

Zielindifferenz:

Die Zielindifferenz stellt als Beziehungstyp zwischen Zielen einen Grenzfall dar. Änderungen in der Zielerfüllung von Z_1 haben in Hinblick auf die Zielerfüllung

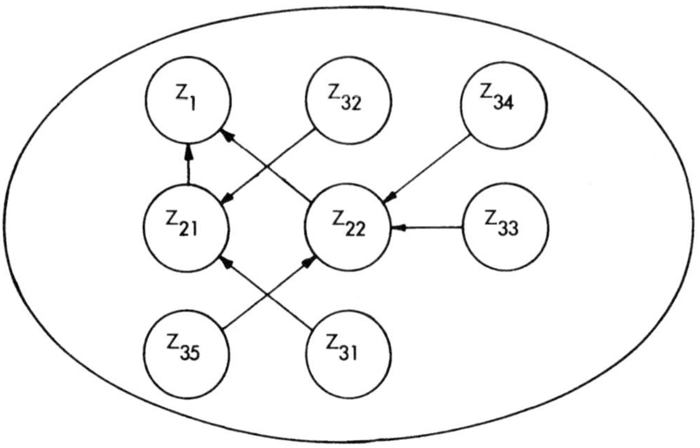

Abb. 32

Schematische Darstellung von Zweck-Mittel-Beziehungen in einer Zielmenge.

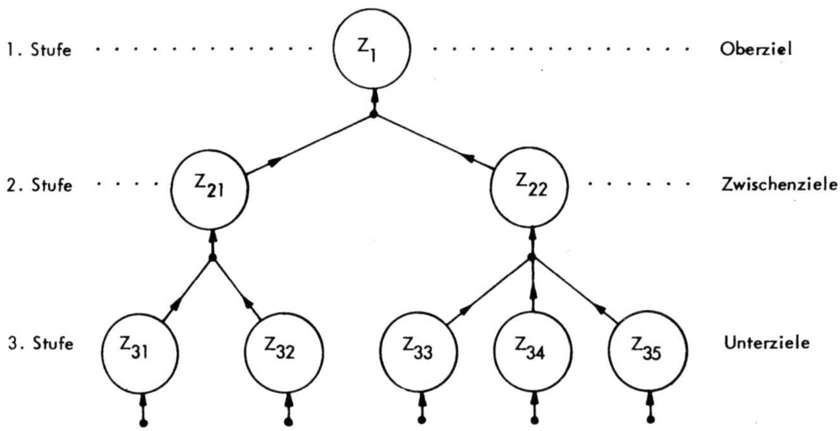

Abb. 33

Hierarchische Struktur einer Zielmenge entsprechend den Zweck - Mittel - Beziehungen nach Abb. 32.

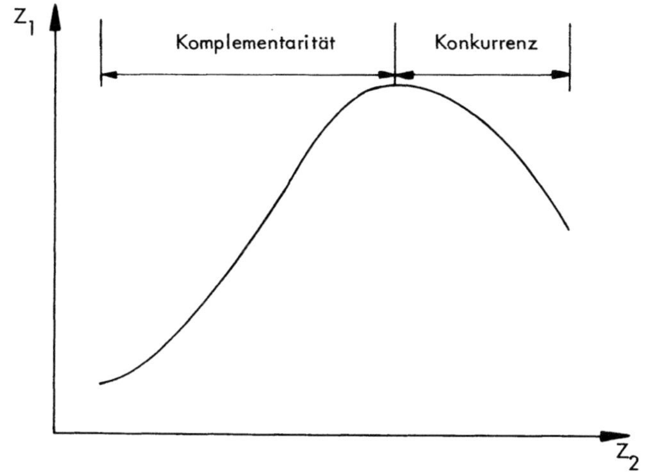

Abb. 34

Schematische Darstellung variabler Zielbeziehung bei Erfüllungsvariabilität.

von Z_2 keine Auswirkungen, d.h. die Ziele Z_1 und Z_2 sind technologisch unabhängig. In Abb. 28 und Abb. 29 würden Indifferenzlinien parallel zu den Koordinatenachsen verlaufen. Bei der praktischen Nutzwertanalyse ist jedoch zu beachten, daß technologisch indifferente Ziele unter dem Aspekt ihrer Aufwandsrelevanz bei beschränkten Mitteln konkurrierender Natur sind. Infolgedessen sind auch in diesem Fall Angaben von Zielpräferenzen in Form von Gewichten notwendig, wenn solche Ziele als Unterziele eines direkt übergeordneten gemeinsamen Oberzieles auf der gleichen Stufe einer Zielhierarchie stehen.

Variable Zielbeziehungen:

In konkreten Entscheidungssituationen sind häufig keine eindeutigen Zielbeziehungen verifizierbar. Das kann folgende Gründe haben:

(1) Es ist grundsätzlich denkbar, daß die Zielbeziehungen von Projekt zu Projekt verschieden sind, wenn die technischen Gesamtkonzeptionen der Projekte stark voneinander abweichen (Konzeptvariabilität).

(2) Zielbeziehungen können durch die technologische Entwicklung und die Anwendung neuer Verfahren Änderungen unterworfen sein. Früher gemachte Erfahrungen über beobachtete Zusammenhänge brauchen nicht mehr gültig zu sein (technologische Variabilität).

(3) Der Beziehungstyp zwischen zwei Zielen kann sich mit der Höhe der Zielerfüllung ändern (Erfüllungsvariabilität).

Die praktische Bedeutung variabler Zielbeziehungen ist vor allem darin zu sehen, daß man bei der Bestimmung komplementärer Unterziele zwecks Messung der Erfüllung von Oberzielen sehr vorsichtig sein muß. Es ist in jedem einzelnen Fall zu überprüfen, ob die vermutete komplementäre Zielbeziehung auch tatsächlich für den gesamten Bereich auftretender Zielerfüllungsgrade gilt. Den Verlauf einer variablen Zielbeziehung zwischen zwei Zielen zeigt Abb. 34 (vgl. Heinen / 58, S.100 /).

4.2.2) Klassifikatorische Zielbeziehungen

Den klassifikatorischen Zielbeziehungen liegen gemeinsame Ordnungsmerkmale der Elemente einer Zielmenge zugrunde. Die Ordnungsmerkmale können definitionslogischer Natur sein oder auch empirische Sachverhalte wie die behandelten technologischen Beziehungstypen zwischen Zielen verkörpern. Die Strukturierung einer Zielmenge unter derartigen Aspekten dient dazu, über eine systematische Bildung von Teilmengen potentieller Ziele eine möglichst vollständige und eindeutige Bewertungsbasis bei operationaler Zielsuche zu erarbeiten.

Im folgenden werden nur solche Ordnungsmerkmale erörtert, die für die praktische

Nutzwertanalyse von Bedeutung sind. Eine Übersicht dieser Orndungsmerkmale zeigt Abb. 35. Danach wird grundsätzlich zwischen Merkmalen unterschieden, die entweder zu einer vertikalen oder zu einer horizontalen Zielordnung führen.

Merkmale zur vertikalen Zielordnung:

Eine vertikale Ordnung von Zielen im Sinne von Ober- und Unterzielen kann grundsätzlich unter folgenden Aspekten vorgenommen werden:

(1) - aufgrund von Zweck-Mittel-Beziehungen

(2) - entsprechend den Ebenen der Entscheidungshierarchie einer Organisation.

Vertikale Zielordnungen aufgrund von Zweck-Mittel-Beziehungen zwischen Zielen in Form von Zielketten wurden bereits erwähnt. Als Ordnungskriterium dient hier eine objektiv nachweisbare oder subjektiv unterstellte asymmetrische Komplementarität zwischen Zielen. Eine Zielkette besteht aus einer fortlaufenden Reihe von Ober- und Unterzielen, die mehr oder weniger verzweigt sein kann. Die Ziele am Anfang einer Zielkette stellen in der Regel nur verbal formulierte, nicht direkt quantifizierbare Leitsätze dar. Ziele am Ende einer mehrstufigen Zielkette sind dagegen häufig leichter zu überprüfende Leitzahlen bzw. Leitindizes. Diese sind als Bewertungsgrundlage von Alternativen objektiv geeigneter. Das in Abb. 31 dargestellte Beispiel einer Zielkette verdeutlicht dieses Ordnungsprinzip.

Außer den vertikalen Zielordnungen aufgrund von Zweck-Mittel-Beziehungen sind vertikale Zielordnungen aufgrund hierarchischer Organisationsstrukturen von praktischer Bedeutung für die Nutzwertanalyse. Maßgebendes Ordnungskriterium ist hier die Höhe der Entscheidungsebene innerhalb einer Organisationshierarchie. Beispielsweise könnten im Rahmen eines Staates folgende Zielebenen unterschieden werden:

- Nationale Ziele
- Regionale Ziele

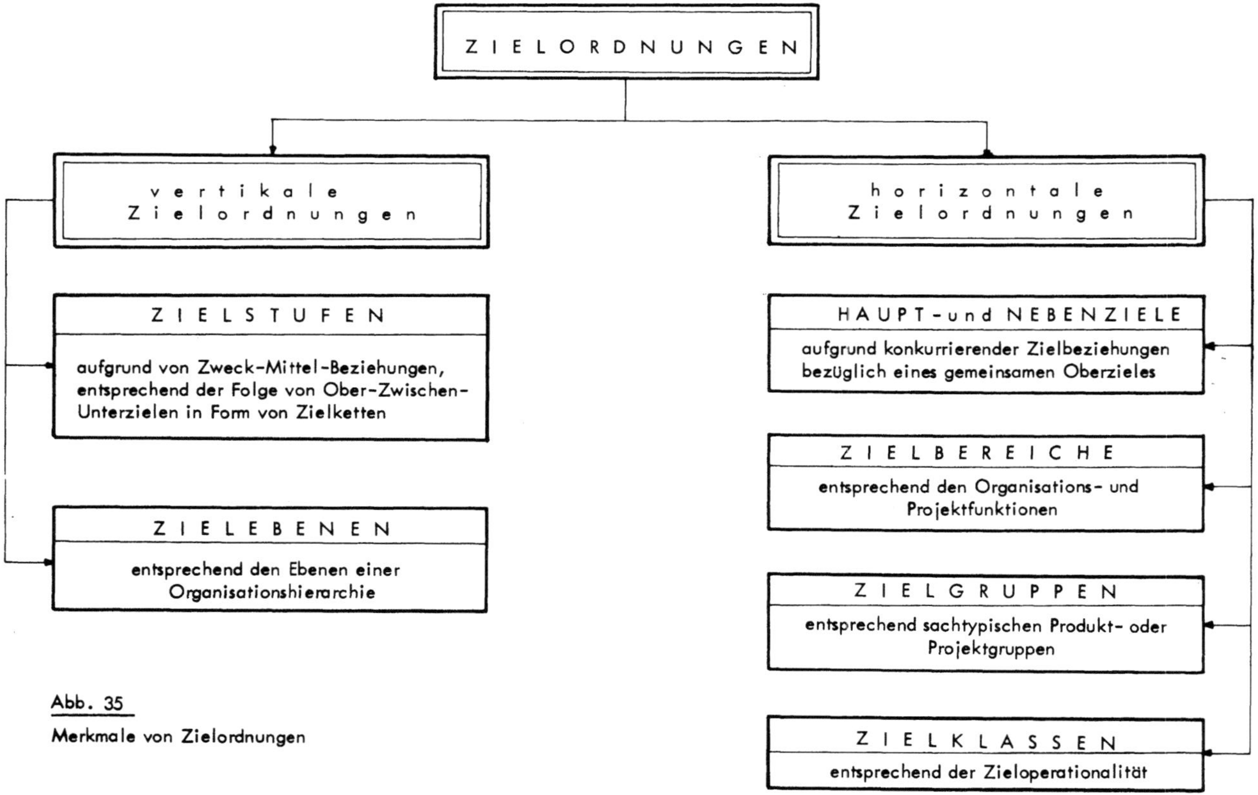

Abb. 35

Merkmale von Zielordnungen

- Unternehmensziele
- Betriebsziele
- Abteilungsziele
- Arbeitsgruppenziele
- Individuelle Tätigkeitsziele

Die angeführte Aufteilung in sieben Zielebenen soll hier wiederum nur das Ordnungsprinzip verdeutlichen. Auf jeder Zielebene sind natürlich horizontale Auffächerungen denkbar (s.u.), so daß sich insgesamt eine pyramidenförmige Zielhierarchie ergeben würde.

Die praktische Bedeutung dieses Ordnungsmerkmals ist darin zu sehen, daß man mit Hilfe einer der Organisationspyramide entsprechenden Zielpyramide, auch wenn sie nur verhältnismäßig global formulierte Zielinhalte enthält, die Konsistenz eines zur Bewertung von Projektalternativen benutzten Zielsystems mit den Zielen übergeordneter Zielebenen überprüfen kann. So kann es beispielsweise für die wirtschaftspolitischen Zielsetzungen eines Unternehmens zweckmäßig sein, wenn sie nach den wirtschaftspolitischen Zielen der Regierung ausgerichtet werden. Ebenso wird man sich bei der Fixierung betrieblicher Zielsetzungen an den Unternehmenszielen orientieren müssen.

Merkmale zur horizontalen Zielordnung:

Für die horizontale Ordnung einer Zielmenge sind folgende Ordnungsmerkmale von Bedeutung:

(1) - ein gemeinsames, direkt übergeordnetes Oberziel
(2) - der funktionale Zielinhalt
(3) - der sachliche Zielbezug
(4) - die Operationalität der Ziele

Ordnung nach gemeinsamem, direkt übergeordnetem Oberziel:

Eine Ordnung der Ziele unter diesem Aspekte empfiehlt sich wie bereits unter 4.2.1

erwähnt wurde, zur schrittweisen Bestimmung der relativen Gewichte von Zielen im Sinne von Haupt- und Nebenzielen. Darüber hinaus ermöglicht sie eine systematische Überprüfung auf Vollständigkeit der jeweiligen Unterziele, um das angestrebte Oberziel zu erreichen, sowie eine Kontrolle darüber, daß Unterziele derselben Zwecksetzung nicht mehrmals in das Zielsystem einbezogen werden.

Ordnung nach funktionalen Aspekten:

Die horizontale Ordnung von Zielen nach funktionalen Zielinhalten ist ein wichtiges Hilfsmittel bei der Zielsuche. Ausgehend von den charakteristischen Funktionen der Organisation und den gewünschten Funktionen des zu bewertenden Projektes könnten beispielsweise folgende Zielbereiche und Zielarten unterschieden werden:

- ökonomisch relevante Ziele:
  Marktziele
  Wettbewerbsziele
  Kostenziele
  Gewinnziele
  Liquiditätsziele etc.
- sozial relevante Ziele:
  Beschäftigungsziele
  Versorgungsziele etc.
- technisch relevante Ziele:
  Qualitätsziele
  Leistungsziele
  Zuverlässigkeitsziele
  Verfügbarkeitsziele
  Kompatibilitätsziele etc.

Je nach Umfang und Art einer konkreten Auswahlsituation kann eine solche Aufstellung weiter differenziert werden. Die Zielarten innerhalb dieser Bereiche würden dann als Oberziele bzw. Ausgangsbasis für die Formulierung von projektbezogenen Zielen bzw. Zielkriterien dienen.

Die Ordnung eines potentiellen Zielspektrums unter diesem Aspekt ist ein praktikabler Weg, systematisch alle entscheidungsrelevanten Ziele zu erfassen. In Verbindung mit den Möglichkeiten vertikaler Zielordnung hat man damit ein logisches Gerüst zur Formulierung einer vollständigen und differenzierten Bewertungsgrundlage.

Ordnung nach sachlichem Zielbezug:

Beabsichtigt man eine Nutzwertanalyse von Projektalternativen, die in ihren Auswirkungen nicht sämtliche Aktivitätsbereiche einer Organisation direkt oder indirekt berühren, so wäre es unzweckmäßig, das gesamte Spektrum potentieller Ziele der Organisation zu erfassen und der Bewertung zugrunde zu legen. Es empfiehlt sich dann zunächst eine grobe Ordnung der Zielmenge nach sachlichem Zielbezug und anschließend eine verfeinerte Differenzierung nur für die projektrelevante Teilmenge der Ziele vorzunehmen. Ein Beispiel für die Unterteilung einer Zielmenge unter diesem Gesichtspunkt in Zielgruppen wäre die Ordnung der Ziele eines Produktionsprogramms nach Produktgruppen oder einzelnen Produkten.

Ordnung nach der Operationalität der Ziele:

"Ein Ziel ist operational, wenn es in eindeutig verständlichen Größen ausgedrückt werden kann" (vgl. Heinen / 58 ,S.115 /). Die Operationalität eines Zieles ist durch die Meßvorschrift bestimmt, mit deren Hilfe Zielerträge von Alternativen überprüft werden. Entsprechend den unterschiedlichen Arten des Messens gibt es daher auch verschiedene Grade der Zieloperationalität, nach denen die für die Bewertung maßgebenden Ziele bzw. Zielkriterien in typische Zielklassen geordnet werden können.

Auf die unterschiedliche Operationalität von Skalen wird im Zusammenhang mit der Messung von Präferenzen, d.h. der Bewertung, unter Absatz 5 noch genauer eingegangen werden. An dieser Stelle sei nur darauf hingewiesen, daß die Objektivität einer Bewertungsgrundlage von der Messungsart der Zielerträge abhängt.
Je höher das Skalenniveau der einzelnen Meßvorschriften, desto allgemeinverbindlicher ist zwar die Meßaussage, desto höher ist aber in der Regel auch der erforderliche Informationsaufwand über die möglichen Projektwirkungen. Die Ordnung von

Zielen unter dem Gesichtspunkt ihrer Operationalität in Zielklassen ist daher zweckmäßig, um festzustellen, inwieweit es im Einzelfall insbesondere in Hinblick auf das relative Gewicht der Ziele überhaupt lohnend ist, der Messung von Zielerträgen ein hohes Skalenniveau zugrunde zu legen, und dafür genauere d.h. in der Regel auch aufwendigere Informationen zu beschaffen.

Sonstige Ordnungsmerkmale:

Selbstverständlich können in konkreten Auswahlsituationen auch andere als die hier aufgezeigten Ordnungsmerkmale für die Nutzwertanalyse von Bedeutung sein. So kann die Ordnung einer Zielmenge nach zeitlichen Gesichtspunkten gegebenenfalls zweckmäßig sein. Üblicherweise wird dabei zwischen lang-, mittel- und kurzfristigen Zielen unterschieden, denen je nach Entscheidungssituation unterschiedliche Bedeutung beigemessen wird, was bei der Bewertung der Projektwirkungen zu berücksichtigen wäre. Die hier im vorangehenden besonders hervorgehobenen Merkmale genügen jedoch zur Beschreibung der Makrostruktur von Zielgesamtheiten, welche als Bezugsrahmen zur inhaltlichen Fixierung von Zielen in konkreten Entscheidungssituationen dienen kann. Diese Makrostruktur soll nun im folgenden umrissen werden.

4.3) Die Makrostruktur einer Zielgesamtheit

Entsprechend den im vorangehenden beschriebenen Beziehungen zwischen Zielen liegt einer Zielmenge immer eine hierarchische Struktur zugrunde. Die Makrostruktur einer Zielgesamtheit zeitg Abb. 36.

Der vertikale Aufbau dieses Strukturschemas ist einerseits durch Zielebenen bestimmt, die den Ebenen einer Organisationshierarchie entsprechen können, sowie andererseits durch Zielstufen aufgrund von Zweck-Mittel-Beziehungen innerhalb der Zielpyramiden auf den einzelnen Zielebenen. Die Endpunkte der angedeuteten Zielketten repräsentieren in dieser Darstellung die auf der jeweiligen Zielebene für eine Bewertung von Alternativen maßgebenden Zielkriterien $k_{\cdot i}$. Der horizontale Aufbau dieser Makrostruktur ist durch

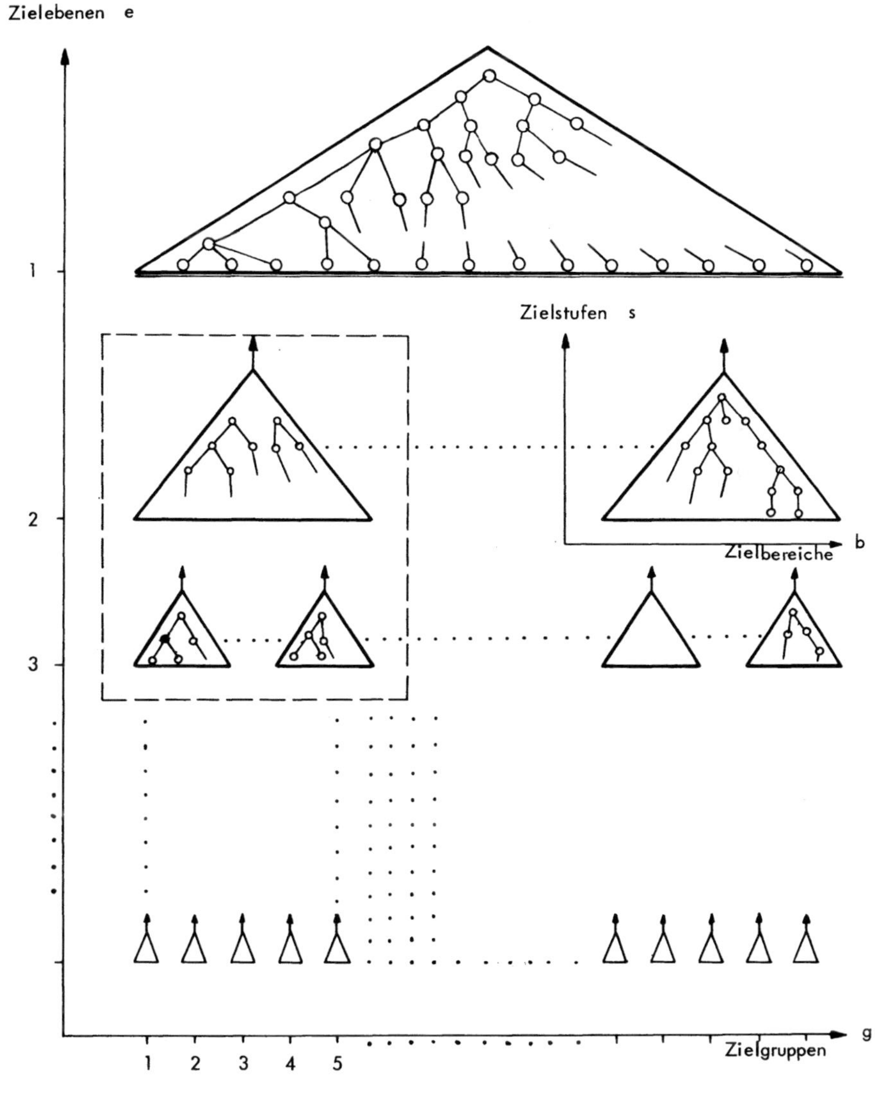

Abb. 36

Makrostruktur einer Zielgesamtheit. Der abgegrenzte Bereich entspricht der Struktur eines Zielsystems (vgl. Abb. 37).

Folgen von Zielpyramiden auf den einzelnen Zielebenen gekennzeichnet, die unterschiedliche Zielgruppen - beispielsweise projektbezogene Gruppen - darstellen. Innerhalb einer Zielpyramide entspricht die horizontale Auffächerung von Zielen funktionalen Zielbereichen. Die vertikalen Pfeile in Abb. 36 sollen andeuten, daß die Zielinhalte einer Zielpyramide grundsätzlich auf die Ziele der direkt übergeordneten Zielebene auszurichten sind.

Im folgenden sollen nun einige Grundsätze und Verfahrensweisen zur Aufstellung und inhaltlichen Fixierung eines Zielsystems auf der Basis dieses Strukturschemas einer Zielgesamtheit erörtert werden.

4.4) Grundsätze und Verfahrensweisen zur Aufstellung eines Zielsystems

Für die Aufstellung eines situationsrelevanten Zielsystems ist die Kenntnis und Beachtung der grundlegenden Strukturelemente von Zielgesamtheiten zweifellos von wesentlicher Bedeutung. Dennoch ist sie keineswegs allein maßgebend für eine erfolgreiche Zielsuche, da die eigentliche Zielfindung ein kreativer Prozeß ist, dessen Ergebnisse vor allem durch Ideenreichtum und Vorstellungskraft des Entscheidungsträgers bestimmt werden. Die Ermittlung situationsrelevanter Zielinhalte kann darüber hinaus natürlich nur im Hinblick auf ganz konkrete Entscheidungssituationen vorgenommen werden. Im folgenden geht es daher nicht darum, ein inhaltlich allgemeingültiges Zielsystem zu entwerfen. Ausgehend von den behandelten Zielbeziehungen und einiger insbesondere im technisch-ökonomischen Bereich generell relevanten Komponenten des Entscheidungsfeldes sollen vielmehr verschiedene Grundsätze und Verfahrensweisen angegeben werden, die eine systematische Zielsuche in konkreten Entscheidungssituationen erleichtern.

4.4.1) Bestimmung der Struktur des Zielsystems

Um die praktische Zielsuche zu vereinfachen und die Konsistenz von Zielsetzungen leichter überprüfen zu können, ist es zweckmäßig, die inhaltliche Bestimmung von

Zielen auf der Basis einer organisationsgerechten Struktur des Zielsystems vorzunehmen. Es wird hier daher von einem Strukturmodell ausgegangen, das sowohl der typischen Makrostruktur von Zielgesamtheiten entspricht, als auch der praktisch begründeten Forderung nach einer übersichtlichen Unterteilung der Gesamtaktivität einer Organisation Rechnung trägt. Diesem Modell liegen folgende Definitionen zugrunde:

Definition (13)

Das Gesamtprogramm einer Organisation umfaßt alle Programme, die der Verfolgung des Organisationszwecks dienen. Der Organisationszweck wird einschließlich der zu seiner Erfüllung maßgebenden politischen Verhaltensgrundsätze im Zielsystem durch den Zielrahmen beschrieben.

Definition (14)

Ein Programm ist ein Komplex von Tätigkeitsvorhaben (Projekten) einer Organisation zur Erreichung eines bestimmten Programmzwecks. Der Programmzweck wird innerhalb des Zielsystems durch das zugehörige Zielprogramm beschrieben.

Definition (15)

Ein Projekt ist ein begrenztes Tätigkeitsvorhaben innerhalb eines Programms zur Erreichung eines bestimmten Projektzwecks. Der Projektzweck ist im zugehörigen Zielprogramm durch projektorientierte spezielle Programmziele beschrieben.

Diesen Definitionen folgend soll hier das Zielsystem einer Organisation entsprechend Abb. 37 grundsätzlich aus folgenden typischen Untersystemen bestehen können:

(1) - aus einem Untersystem "Zielrahmen". Der Zielrahmen enthält alle allgemein auf die Organisationsfunktionen bezogenen strategischen Ziele.

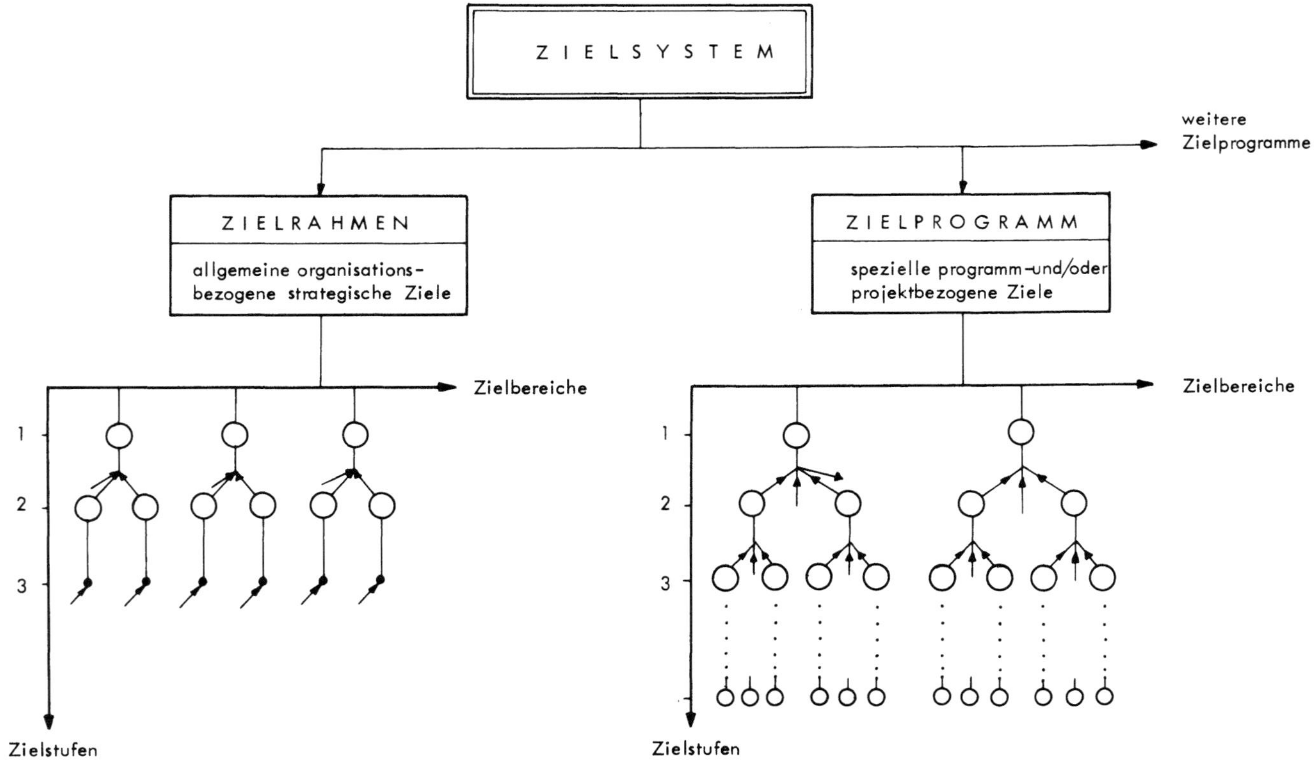

Abb. 37

Strukturmodell des Zielsystems einer Organisation.

(2) - aus einem oder mehreren Untersystemen "Zielprogramm" entsprechend der Anzahl der von der Organisation verfolgten Programme. Ein Zielprogramm enthält einerseits Ziele, die die mit der Realisierung von Projekten angestrebte Erfüllung von Organisationsfunktionen betreffen, sowie andererseits Ziele, die sich auf die von einem realisierten Projekt gewünschten Eigenschaften und Spezifikationen beziehen.

Die Untersysteme Zielrahmen und Zielprogramm des Zielsystems bilden geordnete Teilmengen einer Zielgesamtheit. Entsprechend dem abgegrenzten Bereich in Abb. 36 stellen sie Zielpyramiden auf benachbarten Zielebenen e bzw. (e - 1) dar. Die Zielprogramme sind in der Zielhierarchie dem Zielrahmen untergeordnet und müssen daher inhaltlich auf diesen ausgerichtet sein. Im Hinblick auf die vertikale Auffächerung der Ziele innerhalb dieser Zielpyramiden soll im folgenden zur Unterscheidung entsprechend Abb. 36 wiederum von Zielstufen bzw. Zielen 1, 2, ... k-ter Ordnung die Rede sein. Die horizontalen Auffächerungen stellen wie vorher unterschiedliche Zielbereiche dar.

Wie sowohl in Abb. 36 als auch in Abb. 37 angedeutet ist, brauchen die Endpunkte von Zielketten - die ja entsprechend Definition (10) die relevanten Kriterien für die Bewertung repräsentieren - nicht alle auf derselben Stufe einer Zielhierarchie zu liegen. Diese sind vielmehr beliebig festsetzbar. Denn gewöhnlich lassen sich nicht alle entscheidungsrelevanten Ziele gleichermaßen durch mehrstufige Zweck-Mittel-Beziehungen spezifizieren. Davon abgesehen kann eine zu große Auffächerung einer Zielhierarchie auch unnötig sein, wenn nicht genügend Informationen zur detaillierten Beschreibung der Projektalternativen vorhanden sind. Die Bewertung erfolgt in diesem Fall zweckmäßigerweise auf einer der oberen Stufen der Zielhierarchie

Geht man von dem in Abb. 37 beschriebenen hierarchischen Strukturmodell eines Zielsystems aus, so sind innerhalb einer Organisation Nutzwertanalysen auf unterschiedlichen Zielebenen bzw. Zielstufen denkbar. Der Zielrahmen selbst dient direkt als Bewertungsbasis, wenn Programmalternativen oder Projekte unterschiedlicher Programmzugehörigkeit zu vergleichen sind. Werden dagegen Projektalternativen gleicher Programmzugehörigkeit einer Nutzwertanalyse unterzogen, so ist dafür das entsprechende Zielprogramm maßgebend. Welche Stufe der Zielhierarchie eines Zielprogramms dabei der Bewertung zugrunde gelegt wird, hängt von dem jeweiligen Projektzweck der Alternativen ab. Dienen die Projektalternativen demselben Projektzweck, so muß die Bewertung unter Einbeziehung auch derjenigen Ziele erfolgen, die die gewünschten Spezifikationen und speziellen Funktionen der Projekte betreffen. Bei unterschiedlichem Projektzweck sind Alternativen dagegen bezüglich dieser Ziele unvergleichbar. Die Bewertung muß daher in einem solchen Fall insgesamt auf einer höheren Stufe der Hierarchie des zugehörigen Zielprogramms vorgenommen werden.

4.4.2) Definition des Zielrahmens

Der Zielrahmen ist die Basis des gesamten Zielsystems und inhaltlich allgemein auf die Organisation, also nicht auf ein bestimmtes Programm oder Projekt bezogen. Er umfaßt in Form strategischer Ziele die *politischen* Richtlinien einer Organisation und fällt damit in den Zuständigkeitsbereich der Geschäftsführung. Durch sie sind generelle Handlungsprämissen festzulegen, die maßgebend für den gesamten Planungs- und Entscheidungsprozeß sind und daher alle wesentlichen gegenwärtigen und potentiellen Tätigkeits- und Wirkungsbereiche der Organisation umfassen müssen. Ausgangspunkt und Informationsgrundlage für die inhaltliche Formulierung der strategischen Ziele sind entsprechend der Makrologik systematischer Zielsuche nach Abb. 38:

(1) - die organisationsrelevanten Umweltbedingungen

(2) - der Organisationszweck

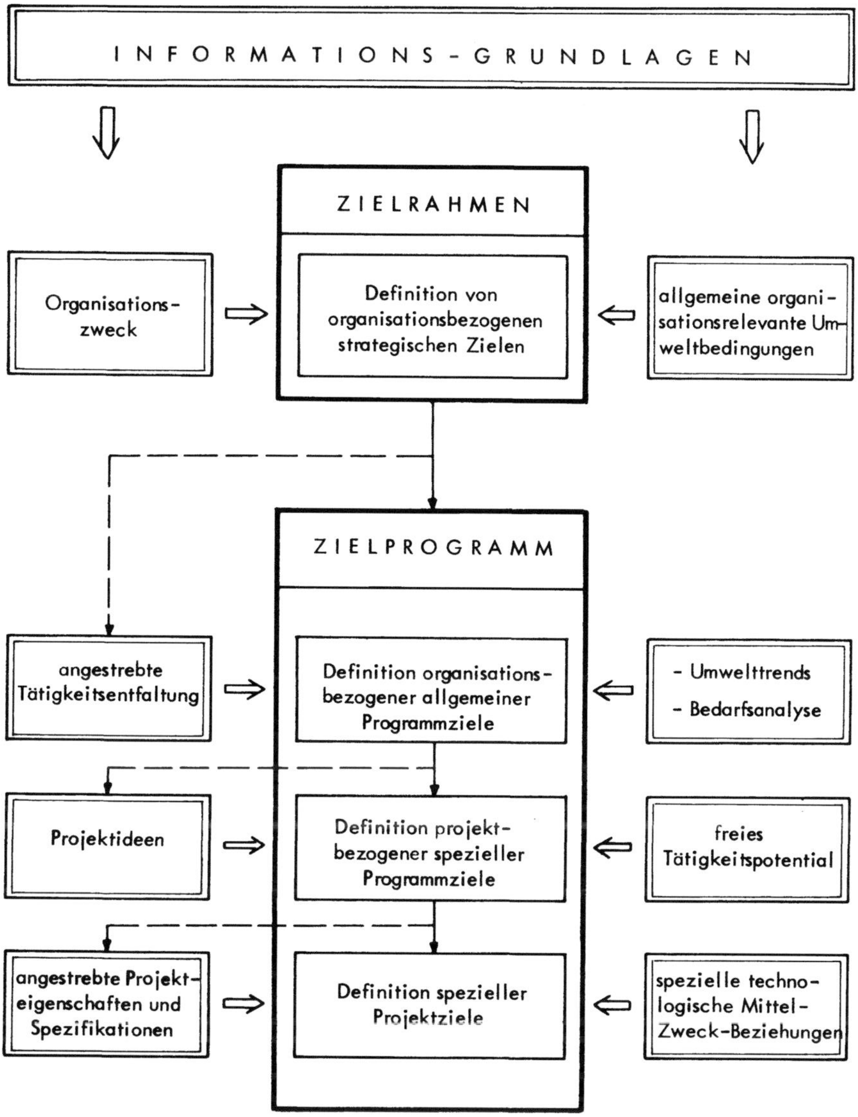

Abb. 38

Makrologik zur Aufstellung eines Zielsystems.

Die organisationsrelevanten Umweltbedingungen sind maßgebend für den Handlungsspielraum einer Organisation. Ihr potentielles Tätigkeitsfeld wird von außen her einerseits durch allgemeinverbindliche rechtliche, ökonomische und soziale Normen gesetzlicher Art sowie durch den zeitlich bedingten momentanen Stand von Wissenschaft und Technik begrenzt. Andererseits sind zu diesen äußeren Begrenzungen auch die durch die staatliche Wirtschaftspolitik vorgegebenen Orientierungshilfen zu rechnen. Dazu gehören die mehrjährigen Investitionshaushalte sowie Technologie- Förderungsprogramme der öffentlichen Hand. Ein Beispiel hierfür ist die mittelfristige Finanzplanung der BRD, die wiederum Bestandteil der mittelfristigen Projektionen der EWG ist. Die inneren Begrenzungen des Tätigkeitsfeldes werden dagegen durch das organisationseigene Tätigkeitspotential bestimmt, das insbesondere auch bei der Definition der speziellen Programmziele (s.u.) zu beachten ist.

Der Organisationszweck liefert den sachlichen Bezug für die inhaltliche Formulierung des Zielrahmens. In technisch-wirtschaftlich orientierten Organisationen besteht der Organisationszweck primär in einer angestrebten Bedarfsdeckung. Beispielsweise streben Unternehmen der Automobilindustrie nach der Deckung des volkswirtschaftlichen Fahrzeugbedarfs unter Berücksichtigung von Gewinnzielen. Der Organisationszweck des Verteidigungsministeriums wäre dagegen darin zu sehen, das äußere Sicherheitsbedürfnis eines Landes durch Bereitstellung und Koordination geeigneter Waffensysteme zu decken. Beispiele für die inhaltliche Auffächerung der obersten Stufen eines Zielrahmens sind in Abb. 39 und Abb. 40 gegeben.

Obwohl je nach Organisationszweck und speziellen Umweltbedingungen die sachliche Ausrichtung von Zielinhalten eines Zielrahmens sehr unterschiedlich sein kann, werden in einem Zielrahmen jedoch gewöhnlich typische Bereiche menschlichen Strebens in mehr oder weniger spezifizierter Form angesprochen.

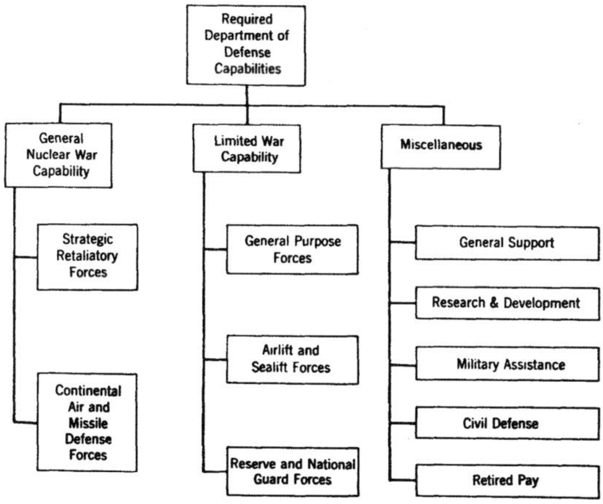

Abb. 39
Zielrahmen des US. Department of Defense (aus Rudwick /114, S.30/).

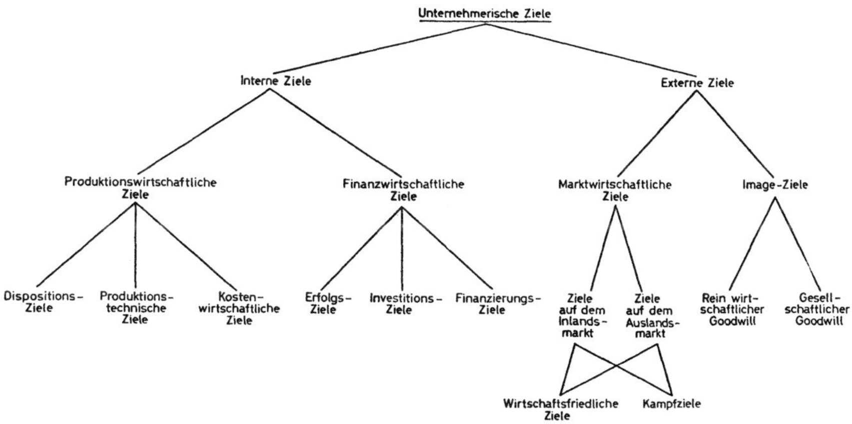

Abb. 40
Zielrahmen einer Unternehmung (aus Schmidt-Sudhoff /116, S.100 /).

J. Jones / 72 ,S.11 / gibt im Zusammenhang mit der Erörterung sogenannter "Endziele" diesbezügliche Bereiche an; im einzelnen rechnet er dazu das Streben nach:

- Wohlstand
- Prestige und Status
- einem Leben mit möglichst wenig Mühe und Ärger
- Freiheit
- Sicherheit

Diese Kategorien lassen sich natürlich noch ergänzen. Sie verkörpern jedoch die wichtigsten Bereiche eines allgemeinen Existenzstrebens. Überträgt man sie auf die Tätigkeitsbelange eines Industrieunternehmens, so ergibt sich etwa folgendes Bild:

- Gewinn und Wirtschaftlichkeitsstreben
- good will
- gute Beziehungen zu Behörden, Gewerkschaften und Geschäftspartnern, zufriedene Mitarbeiter
- hoher Marktanteil
- technisch-wirtschaftliche Fortschrittlichkeit und Flexibilität

Eine ähnliche Aufstellung wird beispielsweise bei der Firma General Electric Company zur Zielplanung benutzt (vgl. dazu Karger / 73 ,S.26 /). In Tabelle 1 sind entsprechende Unternehmerziele und ihre Wichtigkeit angegeben, wie sie beispielsweise in Süddeutschland bei einer Befragung des Instituts für Industrieforschung und betriebliches Rechnungswesen der Universität München ermittelt wurden (vgl. dazu Heinen /58 ,S. 39 /).

Zielrang / Zielinhalt	mittlerer Rang	häufigster Rang
Gewinn	2,44	1
Sicherheit	3,24	2
Soziale Verantwortung gegenüber Belegschaft	4,51	3
Marktanteil	5,20	4
Unabhängigkeit	4,46	5
Kundenpflege	4,50	5
wirtschaftliches Wachstum	4,87	6
Prestige	6,47	7

Tabelle: 1

Ranghäufigkeiten von Unternehmenszielen (nach Heinen / 58 , S. 39 /).

Auch in den übergeordneten Zielen des amerikanischen Raumfahrtprogramms kommen diese Strebensbereiche zum Ausdruck. Bei Novick / 103 , S.133 / sind beispielsweise folgende Zielkategorien angeführt:

- wirtschaftlicher Nutzen
- Erhöhung des nationalen Ansehens
- Fortschritt in Wissenschaft und Technik
- Beitrag zur nationalen Sicherheit
- Befriedigung der menschlichen Neugierde und des Forschungsdrangs

Generell können diese oder ähnliche Aufstellungen als strategische Ziele erster Ordnung innerhalb eines Zielrahmens betrachtet werden, die dann im einzelnen zu spezifizieren wären. Beispielsweise müßte das Ziel "Gewinnstreben" auf der nächsten Stufe der Zielhierarchie sowohl zeitlich als auch der Höhe nach genauer gefaßt werden, wovon dann bei der Definition der Programmziele auszugehen wäre. Innerhalb des Zielrahmens sollte man jedoch bei der Zielformulierung noch nicht ins Detail gehen und nur wenig Zielstufen unterscheiden. Denn je genauer unter allgemeinen Gesichtspunkten seitens der Geschäftsführung strategische Ziele bereits fixiert werden, desto weniger Spielraum bleibt für die Ausrichtung und Formulierung der programm- und projektbezogenen Ziele bestehen. Das kann sich für die Überprüfung und mögliche Durchsetzung technologisch besonders fortschrittlicher Projektideen negativ auswirken. Es besteht hier nämlich die Gefahr, daß der Nutzwertanalyse ein Wertsystem zugrundegelegt wird, das objektiv nicht situationsgerecht ist. Offenbar wäre das der Fall, wenn durch die Spezifizierung des Zielrahmens die Einbeziehung von Wert-Informationen in Form neuer fachlicher Erkenntnisse von vornherein erschwert oder sogar unmöglich gemacht wird. Die strategischen Ziele des Zielrahmens sollen zwar als Orientierungshilfe für die Aufstellung der Zielprogramme dienen, sie dürfen diese aber nicht über ihre organisationspolitische Relevanz hinaus festlegen. Die aktionsorientierte Konkretisierung von Zielen soll nach der hier vorgeschlagenen Struktur des Zielsystems ausschließlich in den Untersystemen der Zielprogramme erfolgen. Diese Aufgabe fällt primär in den Zuständigkeitsbereich des mittleren Management sowie der jeweiligen Experten in den einzelnen funktionalen Bereichen der Organisation. In <u>Tabelle 2</u>

Zuständigkeitsgrade:
1 : = hauptverantwortlich
2 : = leistet wesentlichen Beitrag
3 : = kann Beitrag leisten
4 : = ist zu informieren

	Zielart \ Abteilung	Geschäfts-führung	Marketing	F + E	Produktion	Finanzen
ZIEL-RAHMEN	allg. strategische Ziele	1	3	3	3	3
ZIEL-PRO-GRAMM	allg. Programmziele	2	1	2	4	4
	spezielle Programmziele	3	3	1	2	2
	Projektziele	3	2	1	3	4

Tabelle 2

Zuständigkeitsgrade der wichtigsten Abteilungen einer Organisation bei der Zieldefinition.

ist die Verteilung der Zuständigkeitsgrade sowohl was den Zielrahmen als auch die Zielprogramme angeht, angedeutet (vgl. dazu auch Karger / 73 ,S.20 /). Bei der Abschätzung dieser Zuständigkeitsgrade wurde von einem Industrieunternehmen ausgegangen. Handelt es sich bei der betrachteten Organisation dagegen beispielsweise um ein Forschungsinstitut oder eine Behörde, dann wären Zuständigkeitsgrade natürlich dem speziellen Organisationszweck anzupassen.

4.4.3) Definition des Zielprogramms

Ist der Zielrahmen einer Organisation im wesentlichen bestimmt, so hat man damit die strategische Handlungsgrundlage, auf der die Ziele einzelner Zielprogramme durch systematische Beschaffung und Auswertung von zusätzlichen Informationen schrittweise formuliert werden können. Wie bereits bei der Darstellung des gesamten Planungsprozesses in Abb. 11 gezeigt wurde, handelt es sich hierbei um einen "feed back" Prozeß. Die Phasen dieses Prozesses, die in der Praxis keineswegs immer exakt abgrenzbar sind, müssen wiederholt durchlaufen werden, bevor in konkreten Entscheidungssituationen das für die Nutzwertanalyse maßgebende Zielsystem fixiert ist.

Entsprechend der in Abb. 38 angegebenen Makrologik zur Aufstellung eines Zielsystems sollen hier drei Phasen bei der Definition eines Zielprogramms unterschieden werden, und zwar:

(1) - Definition allgemeiner Programmziele. Diese beziehen sich auf eine durch einen Bedarf hervorgerufene und erstrebenswerte Tätigkeitsentfaltung der Organisation, um dem Organisationszweck ganz oder teilweise nachzukommen.

(2) - Definition spezieller Programmziele. Diese beschreiben die anzustrebenden Projektwirkungen sowohl was die Projektrealisierungen selbst als auch was die gewünschte Bedarfsdeckung angeht.

(3) - Definition von Projektzielen. Diese beziehen sich auf die von einem Projekt speziell gewünschten Eigenschaften und Spezifikationen.

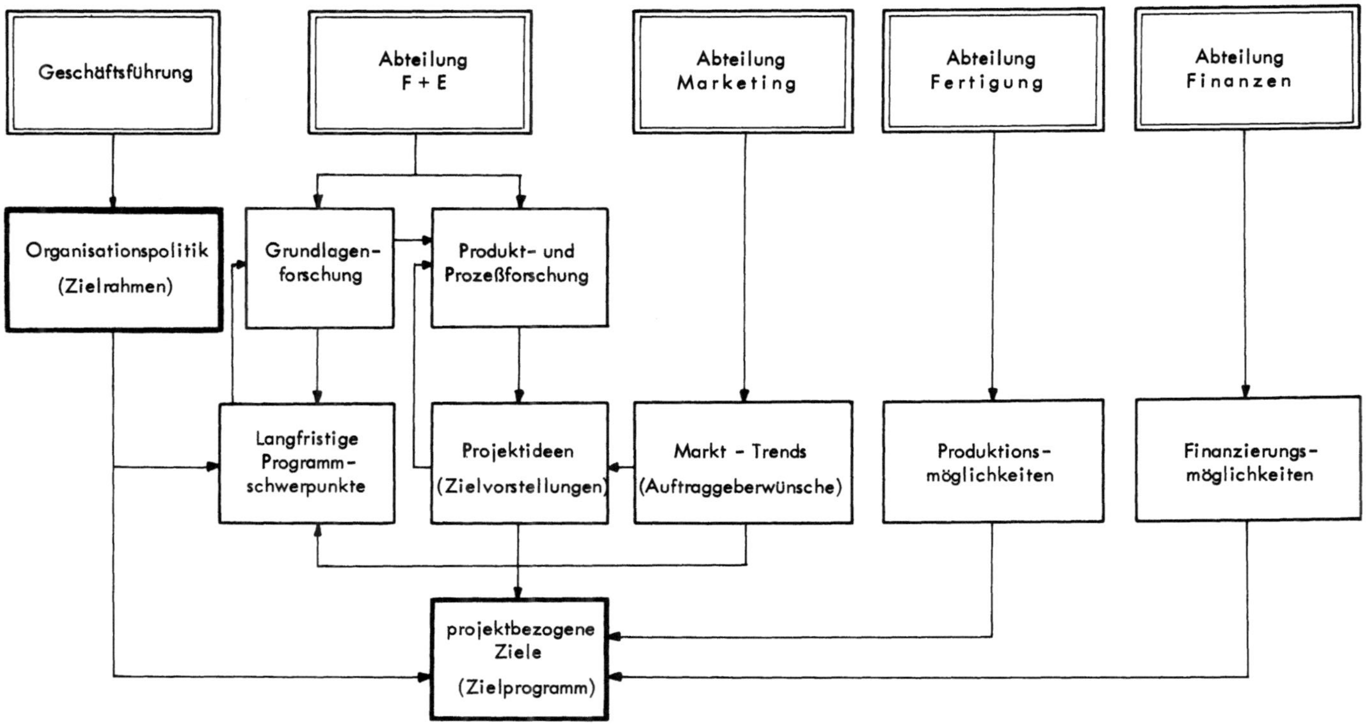

Abb. 41

Informationsfluß innerhalb einer Organisation zur Bestimmung von Zielen.

Diese Definitionsphasen sind als charakteristische Zustandsfolgen eines Prozesses der simultanen und kooperativen Informationssuche und -verarbeitung zu verstehen. Zuständig für diese Tätigkeit sind primär die Experten der einzelnen Funktionalbereiche einer Organisation, gegebenenfalls auch in Zusammenarbeit mit externen Beratern. Die Bereiche des Marketing sowie der Forschungs- und Entwicklungsplanung spielen hierbei eine besondere Rolle, was auch aus der Darstellung des Informationsflusses innerhalb einer Organisation während dieses Suchprozesses in Abb. 41 hervorgeht. Im folgenden sollen nun diese Definitionsphasen,insbesondere was die jeweils erforderlichen Informationsgrundlagen angeht, betrachtet werden.

Definition der allgemeinen Programmziele:

Entsprechend Abb. 38 müssen die allgemeinen Programmziele auf der Grundlage folgender Informationen entwickelt werden:

(1)- auf der Basis der sich abzeichnenden Entwicklung der organisationsrelevanten Umweltbedingungen und den Ergebnissen einer darauf aufbauenden Bedarfsanalyse .

(2)- auf der Basis der von der Organisationsführung im Hinblick auf den Zielrahmen grundsätzlich gewünschten Tätigkeitsentfaltung zur Deckung eines vorhandenen oder potentiellen Bedarfs.

Zunächst ist also zu untersuchen, ob sich organisationsrelevante Trends,insbesondere was die Marktverhältnisse und den gegenwärtigen Stand von Wissenschaft und Technik angeht, abzeichnen. Im Hinblick auf die dabei gefundenen Ergebnisse ist dann zu fragen,

- ob ein neuartiger Bedarf auftreten wird,
- ob mit Hilfe neuer Technologien ein Bedarf zur Erfüllung neuer Funktionen geweckt werden kann,

- ob Reaktionen auf mutmaßliche Vorhaben der Konkurrenz notwendig werden.

Diesbezügliche Fragen können natürlich nur befriedigend beantwortet werden, wenn die dazu erforderlichen Prognoseinformationen sorgfältig erarbeitet wurden. Die methodische Voraussage zukünftiger Entwicklungen spielt daher in diesem Zusammenhang eine wichtige Rolle. Sie ist zur Erarbeitung von Zielen unbedingt notwendig. Zur wissenschaftlich fundierten Erarbeitung von Projektionen oder Extrapolationen von Trends kommen vor allem drei Prognosemethoden in Betracht, und zwar die Methode der mathematischen Trendextrapolation, des Szenarienentwurfs und die sogenannte Delphi-Methode (vgl. z.B. E. Jantsch / 69 /). Bei der Trendextrapolation kann die Tendenz einer diskontinuierlichen Entwicklung vorausgesagt werden. Beim Szenarienentwurf handelt es sich dagegen nicht um eine Voraussage im strengen Sinne, sondern um die gedankliche Konstruktion eines Zukunftsbildes durch schrittweise Verfolgung der Konsequenzen alternativer Annahmen. Das kann prospektiv oder retrograd erfolgen. Bei der Delphi-Methode handelt es sich schließlich um eine iterative Befragung, die dazu dient, die Übereinstimmung von Expertenmeinungen schrittweise zu verbessern. Die Bedeutung dieser Methode liegt darin, daß eine direkte Diskussion der persönlichen Meinungen mit den dabei häufig verbundenen Nachteilen vermieden wird. Der gegenseitige Meinungs- bzw. Informationsaustausch erfolgt hier durch eine systematische Folge von Fragebogen, wobei jeweils die Ergebnisse des vorangegangenen Schrittes mitgeteilt werden.

Es ist selbstverständlich - und dessen sollte man sich bei der Aufstellung eines Zielsystems immer bewußt sein -, daß die Qualität der Prognose und damit auch die Situationsrelevanz der abgeleiteten Ziele von den Grenzen der Prognoseverfahren abhängen. Es handelt sich regelmäßig nur um Informationen, die mit Unsicherheiten behaftet sind. Diese sind umso größer, je langfristiger die Voraussage und je komplexer der vorauszusagende Sachverhalt ist. Denn die möglichen Verflechtungen interdependenter Effekte und Nebeneffekte können bei der Voraussage grundsätzlich nicht exakt erfasst werden.

Die prognostizierte Entwicklung der organisationsrelevanten Umweltbedingungen bedeutet automatisch auch eine Veränderung der sozioökonomischen Gesamtsituation der Organisation. Die Organisationsführung muß daher in Anbetracht ihrer strategischen Ziele beurteilen, ob diesen voraussichtlichen Veränderungen im Sinne einer Anpassung oder gestaltenden Beeinflussung durch entsprechende allgemeine Programmziele Rechnung getragen werden soll oder nicht. Zu diesem Programmzielen muß daher die grundsätzlich gewünschte Tätigkeitsentfaltung zum Ausdruck kommen. Im Zusammenhang mit diesbezüglichen Überlegungen kann beispielsweise die Beantwortung folgender Fragen die Erarbeitung von Zielen erleichtern:

- Können die zur Zeit verfolgten Produktlinien ausgeweitet werden?
- Bestehen Möglichkeiten , in neuen verwandten und/oder unverwandten Produktgebieten Fuß zu fassen?
- Bestehen Möglichkeiten, auf Gebieten der zur Zeit anspruchsvollsten Techniken tätig zu werden?

Konkret geht man bei der Beantwortung solcher Fragen zweckmässigerweise so vor, daß hinsichtlich der einzelnen Fragenkomplexe Formulare entworfen werden, die dann nach einem vorzugebenden Antwortschema von den zuständigen Experten auszufüllen sind. Nach einem am Stanford Research Institute (vgl. Schuller - Götzburg /119 ,S.149 /) vorgeschlagenen formalen Planungssystem sind in dieser Planungsphase folgende Beurteilungsschritte vorzunehmen (vgl. dazu auch <u>Tabelle 3</u>). Es ist zunächst zu beurteilen, ob die Zustände, Situationen und Entwicklungen in den momentanen oder potentiellen Tätigkeitsbereichen der Organisation

		zu beurteilende Situation	
		gegenwärtiger Zustand	Zukunfts-Aussichten
Beur-teilung	gut	Befriedigendes ist zu sichern	Chancen sind auszuschöpfen
	schlecht	Fehlerhaftes ist zu verbessern	Bedrohungen sind abzuwenden
		Grundsätze zur Zielformulierung	

<u>Tabelle 3</u>

Grundsätze zur Zielformulierung entsprechend der jeweiligen Situationseinschätzung.

- zufriedenstellend oder fehlerhaft
- aussichtsreich oder bedrohlich

sind. Im ersten Fall sind kurzfristige, im zweiten Fall langfristige Programmziele notwendig, die dann im nächsten Schritt nach dem Grundsatz zu formulieren sind, daß

- Zufriedenstellendes zu sichern,
- Fehlerhaftes zu verbessern,
- Aussichtsreiches zu verfolgen
- und Bedrohliches abzuwenden ist.

Ist diese Phase des Zielsetzungsprozesses weit genug fortgeschritten, dann kann aufgrund der bis dahin gewonnenen Erkenntnisse die grundsätzlich gewünschte Tätigkeitsentfaltung im Rahmen der allgemeinen Programmziele spezifiziert werden, indem festgelegt wird:

- wo Schwerpunkte liegen sollen, d.h. auf welchen Tätigkeitsgebieten die Organisation besondere Aktivität entfalten muß,
- welche technologischen Bereiche mit einem Minimalaufwand zu halten sind oder durch besondere Anstrengungen eine Führungsrolle einnehmen sollen,
- welche wirtschaftlichen Wachstumsraten in Anbetracht der ökonomischen Begrenzungen in den aktiven Entwicklungsbereichen angestrebt werden können.

Damit ist die erste Phase der Definition des Zielprogramms abgeschlossen. In dem daran anschließenden Schritt sind dann entsprechend Abb. 38 projektorientierte spzielle Programmziele, im folgenden auch a l l g e m e i n e P r o j e k t z i e l e genannt, zu formulieren.

Definition allgemeiner Projektziele:

Durch die Definition allgemeiner Projektziele wird das Zielprogramm weiter spezifiziert. In diesem Zielen muß die angestrebte und in den allgemeinen Programmzielen formulierte Bedarfserfüllung im Hinblick auf technisch realisierbare Projektkonzeptionen zum Ausdruck gebracht werden. Die allgemeinen Projektziele stehen in einem direkten Mittel-Zweck-Verhältnis zu den übergeordneten Programmzielen. Außer diesen sind zu ihrer Definition insbesondere noch folgende Informationsgrundlagen notwendig:

(1) - grundsätzlich realisierbar erscheinende Projektideen,

(2) - genaue Kenntnissse über das freie Tätigkeitspotential der Organisation in Abhängigkeit von der Zeit.

Ausgehend von den allgemeinen Programmzielen sind zunächst Projektideen zu entwickeln, die im Hinblick auf das verfügbare Tätigkeitspotential der Organisation einer systematischen Realisierbarkeitsüberprüfung zu unterziehen sind. Die dabei gewonnenen Erkenntnisse über den grundsätzlich erfüllbar erscheinenden Bedarf müssen dann in der Formulierung allgemeiner Projektziele ihren Ausdruck finden. Zweifellos handelt es sich hierbei, insbesondere was die Entwicklung geeigneter Projektideen anbelangt, um einen kreativen Prozess. Die rein logische Auswertung der allgemeinen Programmziele und der organisationsrelevanten Begrenzungen wird gewöhnlich nicht ausreichen, um zu brauchbaren oder sogar vielversprechenden Projektkonzeptionen zu gelangen. Erfahrung und Intuition des Einzelnen sind hierbei ebenso unerläßlich wie die reibungslose Zusammenarbeit im Team und ein guter Informationsaustausch zwischen den einzelnen Funktionalbereichen der Organisation. Insbesondere gilt das für den Forschungs- und Entwicklungsbereich und den Marketingbereich, wie auch aus Abb. 41 hervorgeht.

Eine Projektidee ist natürlich nur dann für die Zielfindung brauchbar, wenn sie nicht nur denkbar, sondern auch genügend genau beschreibbar ist. Das ist notwendig, um eine Projektidee in ihren kritischen Aspekten einer systematischen Realisierbarkeitsüberprüfung unterziehen zu können. Dazu müssen beispielsweise zunächst Aussagen darüber gemacht werden,

- welchem Zweck das Projekt dienen soll, d.h. welche allgemeinen Programmziele durch ein Projekt vollständig oder partiell erfüllt werden können,
- welcher Zeit- und Kostenaufwand etwa notwendig sein wird,
- mit welcher Erfolgswahrscheinlichkeit bei dem Projekt voraussichtlich zu rechnen ist.

Erscheint es unter diesen Gesichtspunkten grundsätzlich vernünftig, bestimmte Projektkonzepte zu verfolgen, dann können die allgemeinen Programmziele unter besonderer Berücksichtigung des freien Tätigkeitspotentials projektbezogen spezifiziert werden. Dazu wären beispielsweise folgende Fragen zu prüfen:

- Bestehen bei der Realisierung des Projektkonzeptes im Sinne der allgemeinen Programmziele prinzipielle Schwierigkeiten aufgrund des verfügbaren Tätigkeitspotentials?
- Wodurch werden diesen Schwierigkeiten reduziert und aufrechterhalten?
- Welche grundsätzlichen Lösungsmöglichkeiten bestehen?
- Welche der Lösungsmöglichkeiten ist in Hinblick auf den Zielrahmen anzustreben?

Alle wesentlichen Aspekte möglicher Begrenzungen sind entsprechend dieser Fragenfolge zu überprüfen. Insbesondere sind die mit der Durchführung eines Projektes verbundenen Erfordernisse auf folgenden Gebieten zu untersuchen:

- Rechtliche Erfordernisse
- finanzielle Erfordernisse
- technologische Erfordernisse
- Produktions-Erfordernisse
- Material-Erfordernisse
- Forschungs- und Entwicklungs-Erfordernisse
- systems-management-Erfordernisse
- Zeitplanungs-Erfordernisse

Die diesbezüglich grundsätzlich anzustrebenden Projektwirkungen und Lösungsmöglichkeiten zur Einhaltung der gegebenen Begrenzungen sind dann in den allgemeinen Projektzielen zu formulieren. Damit ist dann auch die B ezugsbasis für die Definition spezieller Projektziele auf der folgenden Stufe der Zielhierarchie festgelegt.

Definition spezieller Projektziele:

Um Projektalternativen mit demselben Projektzweck auch in Hinblick auf ihre spezielle Eigenschaften in einer Nutzwertanalyse vergleichen zu können, müssen die allgemeinen Projektziele diesbezüglich spezifiziert werden. Entsprechend Abb. 38 sind hierzu vor allem folgende Informationsgrundlagen notwendig:

(1)- die vom Markt (Auftraggeber oder potentieller Kunde) gewünschten Projekteigenschaften und die daraus resultierenden Projektspezifikationen,

2.- die technologischen Mittel-Zweck-Beziehungen, die geeignet sind, diese Spezifikationen direkt oder indirekt zu realisieren.

Die wichtigsten Projekteigenschaften müssen in das Zielprogramm durch Angabe der angestrebten funktionalen und konstruktiven Spezifikationen eingehen. Handelt es sich bei den zu vergleichenden Projekten um Input-Output-Systeme, so gehören dazu beispielsweise auch die für den Betrieb charakteristischen Input-Output-Daten bzw. von diesen funktional abhängige Kenngrößen. Inwieweit ein Projektkonzept gewünschte Spezifikationen erfüllt, kann häufig nur danach beurteilt werden, ob bestimmte technische Merkmale gemeinsam auftreten oder nicht.
Die Formulierung spezieller Projektziele auf der untersten Ebene der Zielhierarchie verlangt daher die Kenntnis spezieller technologischer Mittel-Zweck-Beziehungen. Diese Aufgabe muß infolgedessen in der Praxis von Fachleuten der jeweiligen Gebiete, auf die sich verlangte Projekteigenschaften beziehen, wahrgenommen werden.

4.4.4) Allgemeine Verfahrensgrundsätze

Abschließend werden noch einmal die wichtigsten Grundsätze, die bei der Aufstellung eines Zielsystems zu beachten sind, zusammengefaßt und, soweit sie in der vorangegangenen Systematik nicht eingeordnet werden konnten, ergänzt (vgl. dazu auch Hall / 55 ,S.326 /).

(1) Alle funktionalen Bereiche einer Organisation müssen in Teamarbeit an der Aufstellung des Zielsystems beteiligt sein (vgl. Abb. 41). Eventuell sind auch externe Berater hinzuzuziehen.

(2) Die Zielfindung ist ein k r e a t i v e r P r o z e s s . Es sollten zunächst alle Ideen und Zielvorstellungen geäußert werden können.

(3) Zielvorstellungen sind zu diskutieren und kritisch auf ihre R e a l i s i e r b a r k e i t hin zu überprüfen. Die organisationsrelevanten technischen, ökonomischen, rechtlichen und sozialen Begrenzungen sind dabei besonders zu beachten.

(4) Ziele sollten s c h r i f t l i c h niedergelegt werden und eindeutig formuliert sein. Emotionsbehaftete Ausdrücke sind zu vermeiden. Die Beschreibung der Zielinhalte sollte keine individuellen Interpretationsmöglichkeiten offen lassen.

(5) Die Zielsuche wird erleichtert, wenn man zunächst nur einen ungeordneten Zielkatalog aufstellt und diesen dann entsprechend der grundsätzlich h i e r a r c h i s c h e n S t r u k t u r von Zielsystemen systematisch ordnet und ergänzt.

(6) Die Konkretisierung von Zielen wird durch gedankliche Verfolgung von Z i e l k e t t e n aufgrund von Zweck-Mittel-Beziehungen vereinfacht.

(7) Die widerspruchsfreie Bewertung von Alternativen setzt die Zugrundelegung eines k o n s i s t e n t e n Zielsystems voraus. Diese Konsistenzforderung ist im allgemeinen erfüllt, wenn zwischen jedem Zielpaar Unterziel und direkt übergeordnetem Oberziel eine Mittel-Zweck-Beziehung besteht oder angenommen werden kann. Zur Vermeidung von Inkonsistenzen ist es daher zweckmäßig, das Zielsystem in Form einer vollständigen Zielhierarchie aufzustellen. Nur dann ist eine lückenlose Überprüfung der Konsistenz zwischen den den Bewertungen zugrundegelegten Kriterien und den Zielen an der Spitze der Zielhierarchie möglich (vgl. dazu auch J. Hitch, R.N. McKean / 65 , S. 163 /).

(8) Die der Bewertung als Kriterien direkt zugrunde gelegten Ziele sollten operational überprüfbar sein. Je schwächer die Form ihrer Skalierung, desto globaler wird die darauf aufbauende Entscheidungsfindung sein.

(9) Die Bewertung von Projektalternativen aufgrund einer Vielfalt von Zielkriterien kann nicht simultan vorgenommen werden, sondern muß durch Teilurteile erfolgen (vgl.dazu Absatz 3.3). Theoretisch würde das vollkommene Nutzenunabhängigkeit der Kriterien erfordern. Praktisch wird die Forderung nur selten exakt zu erfüllen sein. Ihr muß jedoch näherungsweise Rechnung getragen werden, um nicht formallogisch irrationale Ergebnisse mit einer Nutzwertanalyse zu erhalten. Grundsätzlich muß daher bei der Aufstellung eines Zielsystems für die Nutzwertanalyse darauf geachtet werden, daß insbesondere zwischen den Zielen auf den obersten Stufen der Zielhierarchie keine spezielle Nutzenabhängigkeit besteht. Lassen sich mit zunehmender Auffächerung der Ziele auf den untersten Stufen des Zielsystems spezielle Nutzenabhängigkeiten nicht vermeiden, so dürfen diesbezügliche Ziele bei der Bewertung jedoch nicht isoliert, sondern nur simultan, d.h. im Hinblick auf das nächste gemeinsame Oberziel im Werturteil berücksichtigt werden (vgl. dazu auch Fishburn / 37, S.333 ff. /).

(10) Bei einem umfangreichen Zielsystem sind Zielkonflikte unvermeidlich. Sich gegenseitig ausschließende Ziele müssen eliminiert werden. Partiellen Zielkonflikten wird durch Gewichtung der Ziele auf den jeweils für die Bewertung maßgebenden Stufen der Zielhierarchie Rechnung getragen.

(11) Die Aufstellung eines Zielsystems muß als feed-back-Prozess verstanden werden. Jede Phase dieses Prozesses wird in der Praxis mehrmals zu durchlaufen sein, ehe das Zielsystem vollständig definiert ist.

(12) Die Situationsrelevanz von Zielen muß wiederholt überprüft werden. Aufgrund sich ändernder Umweltbedingungen können früher zweckmäßige Ziele irrelevant sein. Dieser Sachverhalt erfordert eine laufende Anpassung des Zielsystems, wobei eine grundsätzlich flexibel gehaltene Gesamtplanung vorteilhaft ist.

(13) Ein situationsrelevantes Zielsystem erfordert neben der Zweckmäßigkeit der Ziele auch Vollständigkeit der anzustrebenden Zielinhalte. In

jeder Phase des Zielsetzungsprozesses ist daher die Vollständigkeit der Ziele erneut zu überprüfen. Die wichtigsten Gesichtspunkte, die in der Regel inhaltlich in einem Zielsystem in irgendeiner Form zu berücksichtigen sind, gehen aus folgender Aufstellung organisationspezifischer und projektspezifischer Faktoren hervor. Die Liste der unter A. aufgeführten organisationsspezifischen Faktoren entspricht im wesentlichen einer von V. Hirsch in / 64, S.291 / angegebenen Aufstellung von Bewertungsfaktoren.

A. Organisationsspezifische Faktoren:

Absatzbereich:

1. Marktabhängige Faktoren:

- erreichbare Verkaufsmengen
- voraussichtliche Preise und Gewinnspanne
- Exportmöglichkeiten
- Einkaufsmacht des Kunden
- Substitutionsrisiko
- Konjunkturabhängigkeit
- Gegenmaßnahmen der Konkurrenz
- Werbeaufwand
- Erfolgsrisiko

2. Unternehmensabhängige Faktoren:

- Nutzung der vorhandenen Absatzorganisation
- Nutzung des Goodwill bisheriger Produkte
- Beitrag zum Verkauf der übrigen Produkte

Produktionsbereich:

1. Personelle Faktoren:

- Nutzung von Kapazitätsreserven an Arbeitskräften
- Arbeitsbedingungen am Arbeitsplatz (Lärm, Staub, Unfallgefahr etc.)
- Umstellungsschwierigkeiten und Dauer des Lernprozesses

2. Maschinelle Faktoren:

- Ausnutzung vorhandener Maschinen und Anlagensysteme
- Umstellungsschwierigkeiten
- Risiko technischen Veraltens von neu einzurichtenden Produktionsanlagen

3. Material-Faktoren:

- Erfahrung mit den erforderlichen Werkstoffen
- Substituierbarkeit von Werkstoffen
- Beschaffungsmöglichkeiten von Material
- Lageraufwand für Material

4. Allgemeine Faktoren:

- Beitrag zum Ausgleich von Beschäftigungsschwankungen
- Nutzung spezieller Verfahrenskenntnisse
- Kenntnisgewinn für die Durchführung anderer Projekte

Forschungs- und Entwicklungsbereich:

- F + E Aufwand
- vorhandenes know-how und Patente
- Erzielung neuer Patente
- Beitrag zur Entwicklung anderer Projekte
- Vorsprung vor der Konkurrenz

Beschaffungsbereich:

- Zahl der leistungsfähigen Lieferanten bzw. Unterauftragnehmer
- Möglichkeiten für Gegenseitigkeitsgeschäfte
- Liefermöglichkeiten in Krisenzeiten
- Erfahrungen auf dem Beschaffungsmarkt
- Preisniveau und -stabilität am Beschaffungsmarkt

Verwaltungsbereich:

1. Management-Faktoren:

- vorhandenes Potential an erfahrenen Führungskräften und Sachbearbeitern

- Anpassungsfähigkeit der Organisation
- Umfang notwendiger Reorganisationsmaßnahmen

2. Finanzierungs-Faktoren:
   - erforderliches zusätzliches Eigenkapital
   - erforderliches zusätzliches Fremdkapital
   - Kapitalbeschaffungsmöglichkeiten

B. Projektspezifische Faktoren

1. Öknomische Faktoren:
   - Gesamtkosten der Herstellung
   - Betriebskosten
   - Wirtschaftlichkeit

2. Leistungs-Faktoren:
   - Gesamtleistung
   - Komponentenleistungen
   - Spezifikationsmerkmale
   - Wirkungsgrade
   - Qualität-Standards

3. System-Faktoren:
   - Lebensdauer
   - Verfügbarkeit
   - Zuverlässigkeit und Betriebssicherheit
   - Kompatibilität
   - Adaptibilität, Flexibilität
   - Einfachheit
   - Rechtzeitigkeit

Diese Aufstellung organisations- und projektspezifischer Faktoren kann als Prüfliste bei der praktischen Erarbeitung eines Zielsystems benutzt werden. Je nach Organisation und zu beurteilenden Projekten sind diese Faktoren den jeweiligen Gegebenheiten anzupassen und zu ergänzen.

5) Eindimensionale Bewertungsmethoden

Entsprechend der in Abb. 21 dargestellten Logik der Nutzwertanalyse ist die Menge der Handlungsalternativen im Zielsystem abgebildet, wenn die situationsrelevanten Zielkriterien $k_{\cdot j}$ festgelegt und die diesbezüglichen projektspezifischen Zielerträge k_{ij} explizit angegeben worden sind. Die Elemente k_{ij} der Zielertragmatrix können sowohl numerisch als auch verbal formuliert sein, je nachdem, ob ein quantitativer Zielindex existiert und der Höhe nach angegeben werden kann oder nicht. Die Bestimmung von Zielerträgen ist eine systemanalytische Aufgabe und fällt damit entsprechend Abb. 8 in die Planungsphase Informationsgewinnung, auf die hier nicht eingegangen werden kann (vgl. dazu z.B. Jantsch / 69 /, Rudwick / 114 /, Quade und Boucher / 109 /).

Die Gesamtheit der Zielerträge stellt ein aus n · m Elementen bestehendes empirisches Ordnungsmuster dar, das dem Entscheidungsträger als detaillierte Informationsgrundlage zu wertenden Einstufung der Alternativen dient. Um diese Bewertungsaufgabe systematisch durchführen zu können, wurde das Bewertungsproblem entsprechend dem unter Absatz 3.3 beschriebenen Lösungsansatz so aufgespalten, daß zunächst lediglich eindimensionale Präferenzordnungen zu ermitteln waren.
Im folgenden werden nun diesbezügliche Bewertungsmethoden beschrieben, wobei die hier zugrunde gelegte Systematik auf den unterschiedlichen Typen möglicher Bewertungsskalen beruht.

5.1) Die Grundlagen der messenden Bewertung

Entsprechend der unter Absatz 3.3 beschriebenen Aufspaltung des multidimensionalen Bewertungsproblems besteht die reduzierte Bewertungsaufgabe zunächst darin, eindimensionale Präferenzordnungen operational abzubilden. Sowohl die Zielkriterien $k_{.i}$ untereinander als auch die Zielerträge k_{ij} der Alternativen bezüglich der einzelnen Zielkriterien müssen gegeneinander abgewogen und präferenzgerecht geordnet werden. Formal besteht die Bewertungsaufgabe also darin, jeweils eine Menge von Elementen unter einheitlichen Gesichtspunkten miteinander zu vergleichen. "Eine vergleichende Einstufung solcher Elemente aber ist nichts anderes als die Vornahme einer Messung". "Das Bewertungsproblem kann daher mit den Mitteln der modernen Messungstheorie behandelt werden" (vgl. dazu Gäfgen / 44 ,S. 140 /).

Definition (16)

Messen besteht im Zuordnen von Zahlen zu Objekten nach einer Regel, so daß bestimmte Relationen zwischen den Zahlen analoge Relationen zwischen den Objekten reflektieren (vgl. Campbell / 14 ,S.126 /).

Dementsprechend besteht Bewertung also darin, die durch eine subjektive Präferenzstruktur bestimmten Objektrelationen durch Nennung isomorpher Zahlenrelationen abzubilden. Messung in diesem Sinne ist nicht als mechanische sondern primär als eine logische Operation zu verstehen.

Um die zu bewertenden Elemente skalieren, d.h. ihnen adäquate Zahlen zuordnen zu können, muß eine Skala aufgestellt und eine Operation (Urteil, Kalkulation etc.) für eine systematische, d.h. nicht zufällige Zuordnung von Skalenwerten angegeben werden. Mit einer solchen Festlegung ist dann in Verbindung mit dem substantiellen Inhalt des Meßgegenstandes, d.h. der zu bewertenden Zielkriterien und Ausprägungen von Zielerträgen auch das Nutzenmaß begrifflich bestimmt. Hieraus wird deutlich, "daß die Regeln für die Bewertung von Handlungsalternativen in der Entscheidungstheorie also nicht behaupten, daß sie eine mit Sicherheit als vorhanden anzusehende

Entität 'subjektiver Wert von Alternativen' messen, sondern einfach jeweils einen Begriff 'Wertskala' definieren" (Gäfgen / 44 ,S.141 /). Entsprechend der normativen (empfehlenden) Zwecksetzung eines Nutzwertanalysemodells wird dann aufgrund der gedanklich kontrolliert abgeleiteten Bewertungsergebnisse unterstellt, daß es in Hinblick auf die verfolgten Zielsetzungen vernünftig ist, sich nach diesen Ergebnissen zu verhalten.

Infolge der Möglichkeit, in ein und derselben Bewertungssituation unterschiedliche Messungsoperationen und / oder Skalen festsetzen zu können, sind dementsprechend auch unterschiedliche Nutzen, d.h. Bewertungsmaße definierbar. Da diese als Grundlage von Handlungsempfehlungen und nicht zur Erklärung von Verhaltensweisen dienen sollen, stellt sich im Zusammenhang mit Nutzwertanalysen grundsätzlich nicht das Problem der empirischen Gültigkeit von Nutzenmaßen. Es wird aber immer die Frage zu stellen sein, ob die einem Nutzenmaß zugrunde liegende Skalierungsmethode dem allgemeinen Messungszweck, nämlich die Entscheidungsfindung zu verbessern, im Einzelfall gerecht werden kann (vgl. dazu speziell Churchman in / 22 , S. 83-97 /). Insbesondere wird in einer konkreten Situation zu überlegen sein, ob die durch die Zielerträge nur mehr oder weniger eindeutig beschriebenen Objektinformationen durch die gewählte Skalierungsmethode in ihrer subjektiven Relevanz auch systematisch abgebildet werden können. Nur wenn der Informationsgrad über den zu bewertenden Sachverhalt und die unterstellte individuelle Urteilsfähigkeit der benutzten Skalierungsmethode entsprechen, können die erzielten Bewertungsergebnisse in Form der Gewichte g_i und Zielwerte n_{ij} als Grundlage für eine fundierte, rationale Entscheidungsfindung verwendet werden.

5.1.1) Das Modell der messenden Bewertung

Die relationstreue Abbildung von Präferenzen durch numerische Nutzengrößen kann als psychometrische Aufgabe verstanden werden. Die in der Psychologie entwickelten Skalierungsmethoden zur Abbildung subjektiver Empfindungsgrößen sowie die Modellvorstellungen über den Abbildungsvorgang selbst sind infolgedessen für die angewandte Entscheidungstheorie im Zusammenhang mit der Lösung von Bewertungsaufgaben von großer Bedeutung (vgl. dazu speziell Churchman and Ratoosh / 22 /, Fishburn / 37 / und / 39 /, Shelly / 123 /).

	Allgemeine Terminologie der Skalierung	Nutzwertanalyse Terminologie der Bewertung	
Meßgegenstand	Objekt	Alternative A_i	Ziel $k_{.j}$
meßbare Eigenschaft	Merkmal	Zielwirkung	relative Bedeutung
Wahrnehmung der Eigenschaftsausprägung als :	Reiz	Zielertrag k_{ij}	Stellung im Zielprogramm $k_{.j}$
Subjektive Einschätzung der zu messenden Eigenschaftsausprägung als :	Reaktion	Zielwert n_{ij}	Gewicht g_j

Tabelle 4

Zur Verdeutlichung des eigentlichen Bewertungsvorganges soll daher von der in der Psychometrie üblichen Modellvorstellung über die Messung subjektiver Größen ausgegangen werden. Danach muß unterschieden werden zwischen

- dem Meßgegenstand,
- der meßbaren Eigenschaft des Meßgegenstandes,
- der speziellen Ausprägung der Eigenschaft, die gemessen werden soll,
- der subjektiven Einschätzung der zu messenden Eigenschaftsausprägung.

Eine Gegenüberstellung der in der allgemeinen Terminologie der Skalierung üblichen Kurzbezeichnungen dieser Modellkomponenten und deren Entsprechungen im Nutzwertanalysemodell gibt Tabelle 4 . Im folgenden werden gelegentlich auch die in der ersten Spalte angeführten allgemeinen Kurzbezeichnungen verwendet, da die in diesem Kapitel behandelten Skalierungsmethoden allgemein für die Abbildung eindimensionaler Präferenzordnungen geeignet sind und sowohl für die Ermittlung von Zielwerten n_{ij} als auch für die Bestimmung von relativen Gewichten g_i benutzt werden können.

Den individuellen Bewertungsvorgang selbst kann man sich nun so vorstellen, daß beispielsweise der Zielertrag k_{ij} einer Alternative A_i als Reiz wirkt, der in Verbindung mit einem Vergleichsreiz k_{hj} - der einer angestrebten Norm oder dem Zielertrag einer Vergleichsalternative A_h entsprechen kann - eine Reaktion im Sinne einer Wertempfindung in der Urteilsperson auslöst. Diese Reaktion kann verstanden werden als gedankliche Fixierung eines Punktes auf einem latenten, linearen Reaktionskontinuum (Präferenzkontinuum). Da die eigentliche Reaktion der unmittelbaren Beobachtung nicht zugänglich ist, kann die Lage der Reaktion auf dem Reaktionskontinuum nur indirekt erschlossen werden. Das geschieht dadurch, daß die Urteilperson in Form einer verbalen oder anderen beobachtbaren Äußerung mitteilt, welcher Punkt oder Bereich einer vorgegebenen Skala (sogenanntes Urteils- oder Reaktionsschema) ihrer Reaktion entspricht. "Man kann sich dasso vorstellen, daß die Urteilsperson das Urteilsschema an ihr Reaktionskontinuum 'anlegt' und den Namen der Klasse nennt, in welche ihre Reaktion fällt." (Sixtl / 127, S.29 /).

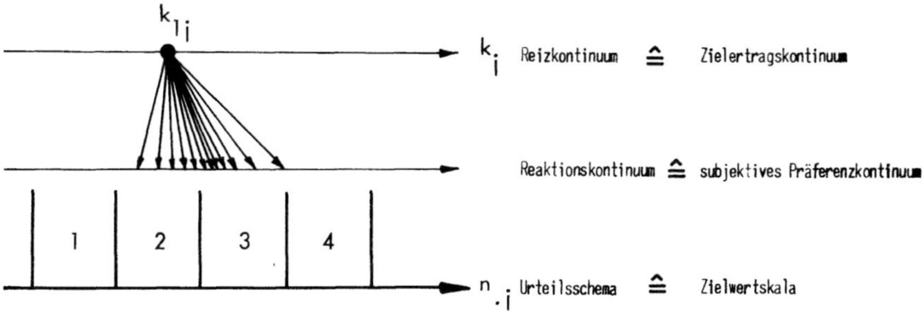

Abb. 42

Der formale Zusammenhang zwischen einem Reiz, der Reaktionen auf den Reiz, und der Abbildung der Reaktionen auf ein Urteilsschema (nach Sixtl / 127 /).

In Abb. 42 sind diese Zusammenhänge noch einmal schematisch dargestellt. Wie die Erfahrung zeigt, führt ein und derselbe Reiz nicht unbedingt auch immer zur gleichen Reaktion. Vielmehr können sich Reaktionen über einen mehr oder weniger großen Bereich verteilen. Konkret würde sich das bei der Bewertung von Alternativen beispielsweise darin äußern, daß eine Alternative A_i bezüglich ihres Zielertrages k_{ij} bei Urteilswiederholungen mit unterschiedlichen n_{ij} bewertet würde. In Abb. 42 ist diese Erscheinung dadurch angedeutet, daß die Reaktion auf den Reiz k_{1j} sowohl in die Kategorie 2 als auch in die Kategorie 3 der 4 klassigen vorgegebenen Bewertungsskala fällt. Läßt man in einem konkreten Fall Urteilswiederholungen durch dieselbe Person zu (Einperson - Sukzessiv - Methode), oder wird derselbe Sachverhalt durch verschiedene Urteilspersonen bewertet (Vielpersonen - Simultan - Methode), so muß der Verteilung der Reaktionen in der Skalierungsmethodik durch ein geeignetes Mitteilungsverfahren Rechnung getragen werden, damit die wahren Werte n_{ij} aus den möglicherweise unterschiedlichen Ergebnissen der einzelnen Urteilsfolgen bestimmt werden können. Unter einer Urteilsfolge ist dabei allgemein die Gesamtheit der Urteile zu verstehen, die notwendig sind, um beispielsweise alle Alternativen bezüglich eines Kriteriums einmal zu bewerten.

Zur systematischen Abbildung eindimensionaler Präferenzordnungen müssen diesem Modell der messenden Bewertung entsprechend im einzelnen also vorgegeben sein:

(1) - eine Skala (z.B. 1,2,3,4,5) sowie eine Vereinbarung darüber, welche Relationen zwischen den Zahlen der Skala (ihre Folge, Differenz etc.) für die Abbildung der Reaktionen relevant sein sollen.

(2) - eine Vorschrift darüber, in welcher Form die Urteilsperson ihre Reaktion mitteilen soll.

Unterstellt man in einer konkreten Bewertungssituation, daß die Urteilsperson wie ein Meßinstrument "funktioniert" und in der Lage ist, quantitative Urteile abzugeben, so sind die gesuchten Skalenwerte direkt durch das formulierte Werturteil bestimmt oder können - falls eine gewisse Urteilsvariabilität infolge Bewertungswiederholungen vorliegt - mit Hilfe eines adäquaten Mittelungsverfahrens unmittelbar errechnet werden. Stellt man jedoch nur schwächere Anforderungen an die Urteilsfähigkeit und läßt das Ausmaß einer Reaktion lediglich durch Antwortkategorien wie "ja - nein" oder "größer - kleiner" indizieren, so muß außer (1) und (2) weiter vorgegeben sein:

(3) - ein theoretisches Meßmodell, das vorschreibt, wie den qualitativen Antwortkategorien beispielsweise aufgrund der Häufigkeit ihrer Angabe systematisch numerische Werte zugeordnet werden können (vgl. Abs. 5.2.3.2).

Zusammenfassend kann also festgehalten werden, daß die für eine messende Bewertung durch direkte Beurteilung von Objekten geeigneten Skalierungsmethoden generell darin bestehen, daß die Urteilsperson ihre Reaktion selbst klassifiziert. Es wird dabei vorausgesetzt, daß die Urteilsperson die mit dem vorgegebenen Urteilsschema zugrunde gelegten Zahlenrelationen (Identitätsrelation, Ordinalrelation etc.) konsistent handhabt und in der Lage ist, ihre Reaktion im Urteilsschema isomorph abzubilden. Es wird mit anderen Worten unterstellt, daß die abgegebenen Urteile und die der Beobachtung nicht direkt zugänglichen Reaktionen hoch korrelieren (vgl. dazu Sixtl / 127, S. 267 /).

Bevor nun auf Skalierungsmethoden für die praktische Nutzwertanalyse eingegangen wird, sollen kurz die wichtigsten Skalentypen beschrieben werden, die der Abbildung von Reaktionen zugrunde gelegt werden bzw. durch Skalierungsmethoden impliziert sein können.

5.1.2) Die Skalentypen der messenden Bewertung

Eine rationale Bewertung ist nur möglich, wenn man vorher festgelegt hat, welche Eigenschaften der benutzten Zahlen einer Skala für die Abbildung der subjektiven Präferenzrelationen relevant sein sollen. Nur dann können Operationen mit den Meßwerten stellvertretend für die empirischen Präferenzreaktionen auch logisch gerechtfertigt durchgeführt werden.

Für die messende Bewertung sind die Eigenschaften Identität, Rangordnung und Additivität maßgebend. Die axiomatische Grundlegung dieser Zahleneigenschaften geht aus Tabelle 5 hervor (nach Campbell / 14 /).
Je nach dem, welcher dieser Eigenschaften in einer konkreten Bewertungssituation auch empirische Bedeutung zukommt, können folgende Skalentypen (Skalenniveaus) unterschieden werden (vgl. z.B. Hall / 55 , S.244 /).

(1) Nominalskalen
(2) Ordinalskalen
(3) Intervallskalen } Kardinalskalen
(4) Verhältnis- oder Rationalskalen }

Die unter (3) und (4) genannten Skalentypen werden häufig unter dem Oberbegriff Kardinalskalen zusammengefaßt.

Nominalskalen:
Wird für die Abbildung der Präferenzen nur die Identitätseigenschaft

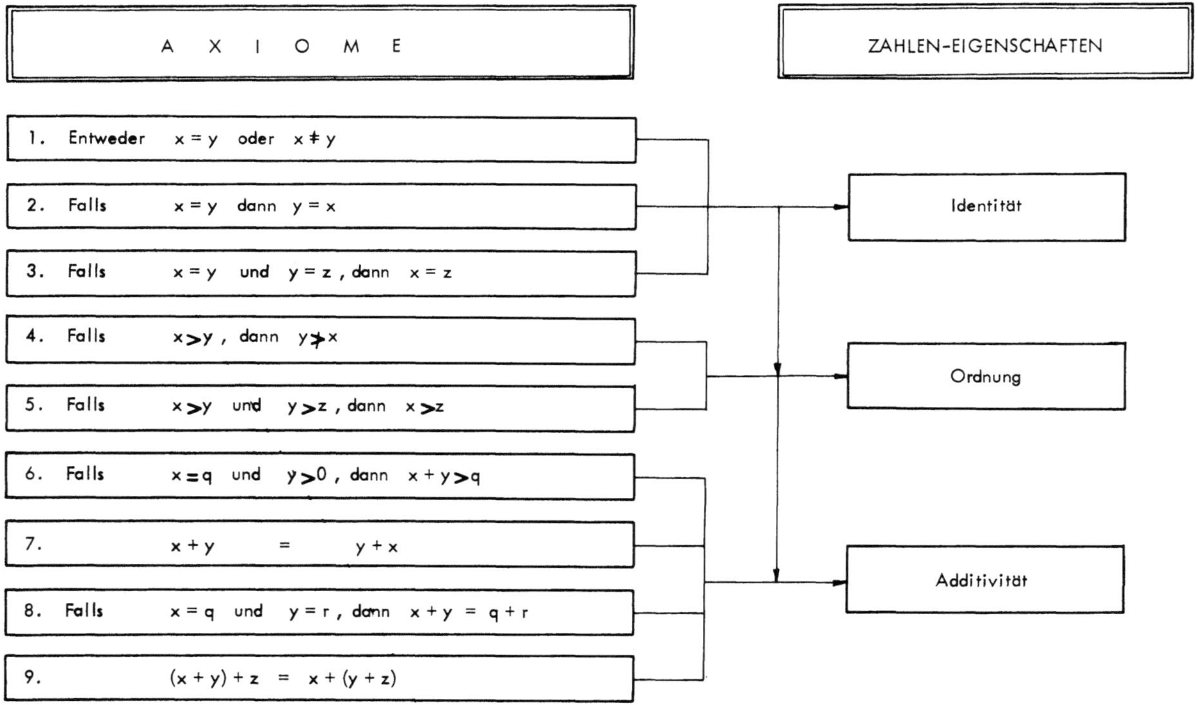
A X I O M E
1. Entweder x = y oder x ≠ y
2. Falls x = y dann y = x
3. Falls x = y und y = z , dann x = z
4. Falls x > y , dann y ≯ x
5. Falls x > y und y > z , dann x > z
6. Falls x = q und y > 0 , dann x + y > q
7. x + y = y + x
8. Falls x = q und y = r , dann x + y = q + r
9. (x + y) + z = x + (y + z)
ZAHLEN-EIGENSCHAFTEN
Identität
Ordnung
Additivität

Tabelle 5

von Zahlen entsprechend den Axiomen 1, 2 und 3 der Tabelle 5 benutzt, so liegt nominale Messung vor. Jede Zahl der Skala dient hier lediglich als Namen einer Klasse nutzenäquivalenter Elemente. Die übrigen Eigenschaften der Zahlen wie beispielsweise ihre Ordnung spielen in diesem Fall keine Rolle.

Zur Klassenbezeichnung können außer Zahlen natürlich ebenso gut verbale Ausdrücke wie "befriedigend", "unbefriedigend" etc. verwendet werden. Offenbar sind sinnvolle Rechenoperationen mit den Zahlen der Klassenbezeichnungen selbst nicht möglich. Numerische Aussagen können hier nur bezüglich der Häufigkeit, mit der Elemente in einzelne Klassen eingeordnet wurden, gemacht werden. Da die empirischen Präferenzen durch eine Veränderung der Klassenbezeichnung nicht verzerrt abgebildet werden können, sind Nominalskalen grundsätzlich beliebig transformierbar. Zur Bezeichnung einer Klasse ist hier eine Zahl so gut wie eine andere.

Ordinalskalen:

Unterscheidet man bei der Abbildung der Präferenzen nicht nur zwischen Nutzengleichheit und -verschiedenheit, sondern machtauch eine Aussage über die Richtung von Nutzenunterschieden, so kann das mit Hilfe der Ordnungseigenschaft der Zahlen entsprechend den Axiomen 4 und 5 der Tabelle 5 erfolgen. Unter Ausnutzung der Größenbeziehungen von Zahlen können Präferenzrelationen der Form abgebildet werden: Alternative A_1 ist bezüglich Kriterium $k_{.i}$ von größerem, gleichem oder geringerem Nutzen als Alternative A_2. Man spricht in diesem Fall von einer Ordinalskala. Aufgrund der Identitäts- und der Ordnungseigenschaft von Zahlen ist es möglich, die zu bewertenden Elemente in eine Rangordnung zu bringen.

Eine sogenannte starke Ordnung liegt vor, wenn die Elemente in Form einer Kette vollständig geordnet werden können. Jede Ordnungsklasse ist dann nur einmal besetzt. Unterscheidet man nicht zwischen sämtlichen Elementen und läßt zu, daß Ordnungsklassen mehrfach belegt werden, so spricht man von schwachen Ordnungen. Rangordnungen mit gleichrangigen Elementen würden beispielsweise auftreten, wenn man bei der Bewertung bestimmten Intervallen von Zielerträgen $k_{\cdot j}$ denselben Rang zuordnet, also beispielsweise folgendes Urteilsschema der Tabelle 6 vereinbart.

Urteilsschema: Zielwert n_{ij} := Rangplatz	Zielertragskontinuum: Zielertrag k_{ij}
1	$61 \leq k_{ij} \leq 100$
2	$51 \leq k_{ij} \leq 60$
3	$31 \leq k_{ij} \leq 50$
4	$21 \leq k_{ij} \leq 30$
5	$0 \leq k_{ij} \leq 20$

Tabelle 6

Für schwache Ordnungen müssen die Axiome 4 bzw. 5 der Tabelle 5 lauten:

(4^+) entweder $x \geq y$ oder $x \leq y$

(5^+) wenn $x \geq y$ und $y \geq z$, dann $x \geq z$

Bei der Anwendung von Ordinalskalen kommt den numerischen Intervallen zwischen den Ordnungszahlen definitionsgemäß keine empirische Bedeutung zu. Dementsprechend kann eine ordinale Nutzenskala beliebig streng monoton steigend transformiert werden, ohne daß die abgebildete Präferenzordnung dadurch verändert würde. So kann beispielsweise jeder Rang entsprechend multipliziert oder logarithmiert etc. werden.

Intervallskalen:

Unterstellt man, daß die numerischen Differenzen der zur Abbildung der Präferenzen verwendeten Zahlen von empirischer Bedeutung sind, also Nutzenunterschiede wiedergeben, so liegt dem Urteilsschema eine Intervallskala zugrunde. Ebenso wie jede ganze Zahl als Summe von Einsen gedeutet werden kann, so ist hier der Meßwert als ein Vielfaches einer willkürlich festsetzbaren Nutzeneinheit zu verstehen. Bei der Intervallskalierung geht man also davon aus, daß nicht nur die Nutzengrößen selbst - wie bei der Ordinalskalierung -, sondern auch die Nutzenintervalle ordnungsfähig sind.

Der Nullpunkt und die Nutzeneinheit, die einer Zahleneinheit entsprechen soll, sind bei einer Intervallskala grundsätzlich willkürlich. Ordnet man jedoch zwei Alternativen A_1 und A_2 bzw. deren Zielerträgen k_{1j} und k_{2j} einmal numerische Zielwerte n_{1j} und n_{2j} zu, so hat man damit eine Nutzeinheit sowie die Nutzendistanz dieser Alternativen bezüglich $k_{\cdot j}$ und ebenfalls die Nutzendistanz äquivalenter Präferenzunterschiede anderer Alternativen bezüglich $k_{\cdot j}$ numerisch fixiert.

Da der Nullpunkt von Intervallskalen für die isomorphe Abbildung von Präferenzdistanzen empirisch bedeutungslos ist, kann er beliebig festgesetzt werden. Ein bekanntes Beispiel für diese Eigenschaft von Intervallskalen ist die Temperaturmessung in Grad Fahrenheit bzw. Celsius. Jeder Meßwert kann mit einer Konstanten multipliziert und / oder durch Addition verändert werden, d.h. Intervallskalen sind beliebig linear transformierbar. Infolgedessen sind auch bei der Intervallskalierung von Zielwerten nur Verhältnisse von Zielwertdifferenzen ($n_{ij} - n_{hj}$) nicht aber von Zielwerten selbst vergleichbar. Denn letztere sind nicht Nullpunkt invariant, wie folgendes Beispiel zeigt:

$$\frac{n_{1j}}{n_{2j}} = \frac{20}{40} = 0,5 \neq \frac{20+5}{40+5} = 0,555$$

Man kann hier also nicht sagen, daß n_{2j} doppelt so groß ist wie n_{1j}. Dagegen ist eine solche Aussage für das Verhältnis von Nutzendistanzen unabhängig von der Lage des Nullpunktes erlaubt:

$$\frac{n_{1j} - n_{3j}}{n_{2j} - n_{3j}} = \frac{20 - 10}{40 - 20} = \frac{(20 + 5) - (10 + 5)}{(40 + 5) - (20 + 5)} = 0,5$$

Verhältnisskalen :

Die Abbildung von Präferenzen mit Hilfe einer Verhältnisskala stellt die vergleichsweise stärkste Form der Skalierung dar. Eine Verhältnisskala besitzt alle Eigenschaften der vorher genannten Skalen und darüber hinaus die durch die Axiome 6 bis 9 definierte Eigenschaft der Addierbarkeit von Meßwerten. Die empirische Gültigkeit dieser Axiome setzt voraus, daß der Nullpunkt der Skala eindeutig festgelegt ist. Es ist dann nur noch eine multiplikative Skalentransformation erlaubt, durch die eine Meßeinheit beliebig festgesetzt werden kann; das Verhältnis von Meßwerten bleibt dabei unverändert. Gewichts- und Längenmessung sind bekannte Beispiele für die Verhältnisskalierung. Für die Abbildung von Präferenzen ist sie geeignet, wenn ein "natürlicher" Nullpunkt vereinbart werden kann.

Eine zusammenfassende Übersicht über die einzelnen Skalentypen und deren wichtigste Eigenschaften gibt Tabelle 7 (nach Stevens / 132, S.27 / und Sixtl / 127, S.12 /). Für die angeführten zulässigen statistischen Operationen bei den einzelnen Skalentypen gilt grundsätzlich, daß mit zunehmender Eindeutigkeit der Abbildung auch die Zahl der auf die Meßwerte anwendbaren statistischen Maße steigt. Meßwerte, die auf der Grundlage einer Intervallskala ermittelt wurden, können beispielsweise außer den für diese Skala angegebenen statistischen Operationen auch den für nominale und ordinale Skalen (nicht aber den für Verhältnisskalen) zulässigen Operationen unterzogen werden (vgl. hierzu speziell Senders /122/).

	Eigenschaften und Operationalität der wichtigsten Skalentypen der messenden Bewertung			
Skalentyp	NOMINAL	**ORDINAL**	INTERVALL	VERHÄLTNIS
sinnvolle Aussage	Gleichheit Verschiedenheit	größer, kleiner	Gleich- und Verschiedenheit von Intervallen	Gleich- und Verschiedenheit von Summen, Vielfachen und Quotienten
bekanntes Beispiel	Farbskala	Härteskala	Temperaturmessung	Längen- und Gewichtmessung
zulässige Transformation der Meßwerte x	$x' = c$ c := jedes beliebige Unterscheidungsmerkmal	$x' = f(x)$ f (x) := monoton wachsende Funktion	$x' = ax + b$ mit $a > 0$ (lineare Transformation)	$x' = ax$ mit $a > 0$ (multiplikative Transformation)
sinnvolle statistische Operationen	Frequenzstatistik χ^2 - Test	- Median - Quartil - Rangkorrelation	- arithm. Mittel - Streuung - Korrelation - F-Test	- geometr. Mittel - Variabilitäts-Koeffizient

Tabelle 7

5.2) Skalierungsmethoden

Zur Abbildung eindimensionaler Präferenzordnungen kommen zahlreiche Vorgehensweisen in Betracht, die je nach konkreter Bewertungssituation von mehr oder weniger praktischer Bedeutung sind (vgl. insbesondere Fishburn /39/ und Torgerson /139/).

Bei den im folgenden behandelten Skalierungsmethoden wird aus Gründen der Anwendbarkeit dieser Methoden grundsätzlich davon ausgegangen, daß zunächst nur die Zielerträge und nicht gleichzeitig auch die Wahrscheinlichkeit ihres möglichen Auftretens gewertet werden (vgl. aber zur Berücksichtigung der Ungewißheit Kapitel 7). Infolgedessen wird hier die Methode der Intervallskalierung des Nutzens nach v.Neumann und Morgenstern nicht behandelt, obwohl sie aus entscheidungstheoretischer Sicht von großer Bedeutung ist. Beim Neumann-Morgensternschen Nutzen "ist Güternutzen + irgendein individuelles Risikoverhalten untrennbar gemischt" (vgl. Krelle /85, S.83/). Die praktischen Schwierigkeiten, die sich aus dieser Nutzenauffassung ergeben, sind beispielsweise bei Fishburn /37, S.9./, Hall /55, S.291/ und Churchman /21, S.221/ beschrieben.

Da bei multidimensionalen Nutzwertanalysen das jeweils verwendete Skalenniveau für die rationale Wertsynthese von größter Bedeutung ist, sollen die hier behandelten Skalierungsmethoden unter diesem Gesichtspunkt betrachtet werden. Welche Skalierungsmethode im Einzelfall zweckmäßigerweise anzuwenden ist, kann nicht generell angegeben werden. Grundsätzlich bringt eine Skalierungsmethode mit höherem Skalenniveau auch eine größere Operationalität der Bewertungsergebnisse mit sich. Gleichzeitig erfordert ein hohes Skalenniveau aber auch einen hohen Informationsgrad sowie große Urteilskraft und Erfahrung der Urteilsperson. Diese Anforderungen müssen im wesentlichen ungeprüft unterstellt werden. Es empfiehlt sich daher, nach folgendem Grundsatz zu verfahren: sind die Urteilsergebnisse mehrerer Urteilsfolgen näherungsweise wiederholungsstabil, so kann die Anwendung der benutzten Skalierungsmethode als gerechtfertigt angesehen werden. Treten dagegen starke Inkonsistenzen auf, dann ist der zu bewertende Sachverhalt zu komplex und/oder die Urteilsperson ist sachlich inkompetent. In einem solchen Fall empfiehlt sich die Anwendung einer Skalierungsmethode mit niedrigerem Skalenniveau, gegebenenfalls aber auch eine vollständige Neuformulierung der Bewertungsaufgabe.

5.2.1) Nominale Skalierung

Die Bewertung von Alternativen auf der Grundlage einer nominalen Skala ist naturgemäß sehr grob und stellt außer einer Festlegung der zu verwendenden Klassenbezeichnungen keine besonderen Anforderungen an die Bewertungstechnik. Von der Urteilsperson werden nur kategoriale Urteile verlangt, die darin bestehen, daß sie angibt, in welche der im Urteilsschema vorgegebenen Wertkategorien sie die jeweils betrachtete Alternative in Hinblick auf ein bestimmtes Kriterium $k_{\cdot i}$ einstufen würde.

Gleiche Klassenzugehörigkeit von Alternativen bezüglich eines Kriteriums $k_{\cdot i}$ bedeutet nicht notwendig auch Nutzengleichheit. "Wie gleich" die in dieselbe Klasse eingeordneten Alternativen sind, hängt von der Feinheit der vorgenommenen Differenzierung, d.h. von der Anzahl der verwendeten Klassen ab. In der Praxis wird häufig nur eine Zweiteilung der Alternatvien vorgenommen und danach unterschieden, ob eine Alternative bezüglich des betrachteten Kriteriums "befriedigend" oder "unbefriedigend" ist. Wird eine solche Bewertung von mehreren Personen vorgenommen, so ist es notwendig, vorher das jeweils angestrebte Zielertragsniveau $k_{\cdot i}$ anzugeben, das einer Einstufung befriedigend entsprechen soll. Wird das nicht getan, so sind die von verschiedenen Urteilspersonen abgegebenen Werturteile rational nicht vergleichbar.

Der Vorteil der nominalen Bewertung liegt zweifellos darin, daß man ohne größeren Informationsaufwand, der bei jeder feineren Skalierung notwendig wäre, relativ schnell zu einer Einstufung der Alternativen "in erster Näherung" kommen kann. Die nominale Skalierung ist daher dort zu empfehlen, wo die Bewertung unter Zeitdruck und / oder nur zum Zweck einer Vorauswahl vorgenommen werden soll. "Nominalskalen finden sich (infolgedessen) überall da, wo der Aktor wegen zu großer Informationsschwierigkeiten (zunächst) nur eine ´befriedigende´ und nicht eine ´optimale´ Lösung anstrebt " (Gäfgen / 44 , S.145 /). Die mit Hilfe einer nominalen Bewertung vorgenommene Unterteilung der Vergleichsmenge in befriedigende und unbefriedigende Alternativen ist natürlich noch keine rationale Basis für eine eindeutige Entscheidung, wenn mehrere befriedigende Alternativen vorhanden sind. Um auch diese Teilmenge ordnen zu können, müßten die befriedigenden Alternativen einer weiteren Nutzwertanalyse auf der Grundlage einer verfeinerten Skalierung und / oder differenzierteren Zielprogramms unterzogen werden.

5.2.2) Ordinale Skalierung

Die eindimensionale Präferenzordnung von Alternativen auf der Grundlage einer Ordinalskala stellt die vergleichsweisen schwächsten Urteilsanforderungen. Ordinalurteile setzen nur voraus, daß die Urteilsperson in der Lage ist, zu unterscheiden, ob der Zielwert einer Alternative bezüglich des betrachteten Kriteriums $k_{\cdot i}$ größer, kleiner oder ebenso groß ist wie der einer Vergleichsalternative. Im Gegensatz zur nominalen Skalierung ist hier das einzelne Bewertungsergebnis unabhängig von dem jeweils individuell angestrebten Zielertragsniveau. Insofern stellen Ordinalurteile geringere Anforderungen an das Urteilsvermögen und sind auch in Hinblick auf ihre interindividuelle Vergleichbarkeit befriedigender.

Auch was die eigentliche Bewertungstechnik angeht, bietet die ordinale Skalierung keine besonderen Schwierigkeiten. Um n zu vergleichende Alternativen in eine sogenannte Rangreihe n-ter Ordnung zu bringen, sind zwei Verfahrensweisen üblich, das Rangordnungsverfahren und das Verfahren des vollständigen ordinalen Paarvergleichs.

Rangordnungsverfahren:

Beim Rangordnungsverfahren werden sämtliche Alternativen *gleichzeitig* zur Bewertung vorgegeben. Die Bewertungsaufgabe für den Beurteiler besteht darin, die n Alternativen entsprechend seinen Präferenzen bezüglich des jeweils betrachteten Kriteriums $k_{\cdot i}$ vollständig in das vorgegebene Urteilsschema einzuordnen. Dieses Urteilsschema besteht gewöhnlich aus der Zahlenfolge 1 bis n, wobei der Rang 1 der Alternative mit dem höchsten Zielwert zugeordnet wird.

In der Praxis wird häufig der Fall auftreten, daß die zu bewertenden Alternativen mehreren Personen zur Beurteilung vorgegeben werden. Unterscheiden sich dann die Rangordnungen bezüglich ein und desselben Kriteriums $k_{\cdot i}$ der einzelnen Beurteiler voneinander, so fragt es sich natürlich, welche "mittlere" Rangordnung als die "wahre" Präferenzordnung $PR_i(k_{\cdot i})$ der Alternativen für die Wertsynthese maßgebend sein soll. Besteht die begründete Annahme, daß die Rangordnungen nicht rein zufällig zustandegekommen sind, d.h. es liegt eine gewisse Übereinstimmung in den Bewertungsergebnissen der einzelnen Beurteiler vor (vgl. dazu die unter Abs. 5.3.1.3 angegebene Testmethode), so könnte man folgendermaßen vorgehen (vgl. Kendall / 77, S.100 /).
Angenommen, es sind acht Alternativen A_i von drei Experten E_u entsprechend Tabelle 8 in Rangreihe gebracht worden.

Beurteiler / Alternativen	E_1	E_2	E_3		mittlere Rangfolge a.	b.	c.
A_1	4	7	7	18	6	7	6
A_2	2	2	4	8	3	2	2
A_3	1	1	2	4	1	1	1
A_4	7	6	6	19	7	6	7
A_5	6	4	5	15	5	5	5
A_6	3	5	3	11	4	4	4
A_7	5	3	1	9	2	3	3
A_8	8	8	8	24	8	8	8

Tabelle 8

Um die "mittlere" Rangfolge zu bestimmen, sind drei Vorgehensweisen naheliegend:

(a) Die Alternativen werden nach der Anzahl der ihnen zugeordneten ersten Plätze, zweiten Plätze etc. geordnet.

(b) Die Alternativen werden nach der Anzahl der ihnen zugeordneten n-ten Plätze , (n - 1) -ten Plätze etc. geordnet.

(c) Die Alternativen werden nach den Summen der ihnen jeweils zugeordneten Ränge geordnet, wobei der Alternative mit der niedrigsten Rangsumme der mittlere Rang 1 etc. zugeordnet wird.

Wie aus Tabelle 8 hervorgeht, unterscheiden sich die nach diesen Vorgehensweisen erzielten mittleren Rangreihen. Obwohl die Vorgehensweise (b) in der Logik identisch ist mit (a) - nur daß bei (b) mit dem Rang n anstatt mit dem Rang 1 begonnen wird -, führen sie zu unterschiedlichen Ergebnissen. Die zugrundeliegende Logik ist also nicht konsistent und insofern unbefriedigend. In dieser Hinsicht eindeutig ist dagegen die einfache Vorgehensweise nach (c), die wie Kendall in / 77 ,S. 101 / gezeigt hat, auch nach der Methode der kleinsten Quadrate eine Optimallösung darstellt (vgl. dazu auch unter Abs. 6.3).

Vollständiger Paarvergleich:

Rangreihen n-ter Ordnung lassen sich grundsätzlich auf $\binom{n}{2}$ Rangreihen 2-ter Ordnung zurückführen. Anstatt sämtliche Alternativen gleichzeitig vorzugeben und vollständig in Rangreihe bringen zu lassen, kann die gesuchte Rangreihe n-ter Ordnung auch indirekt über einen vollständigen, ordinalen Paarvergleich der Alternativen bestimmt werden. Entsprechend der Anzahl der Paare, die man aus n Objekten bilden kann, müßten bei dieser Vorgehensweise insgesamt $\binom{n}{2} = n(n-1)/2$ binäre Ordinalurteile abgegeben werden.

Zweckmäßigerweise verfährt man bei dieser Bewertungstechnik folgendermaßen. Das vorzugebende Urteilsschema besteht aus zwei Klassen mit den Zahlen 0 und 1, wobei folgende Zuordnungsregel vereinbart wird: (vgl. z.B. Sixtl /127, S.156 /)

Es gelte für $i \neq h$

Gl. (30) - falls $A_h > A_i$, dann $e_{ih} = 1$

- falls $A_h < A_i$, dann $e_{ih} = 0$

wobei $i = 1\,(1)\,n$; $h = 1\,(1)\,n$

Die Bewertungsergebnisse e_{ih} werden in die sogenannte Dominanzmatrix $[e_{ih}]$ eingetragen, aus der sich dann die gesuchte Rangreihe n-ter Ordnung ableiten läßt nach der Regel:

Gl. (31) $$R_h = n - \sum_{i=1}^{n} e_{ih}$$

Die Alternative, die am häufigsten dominiert, erhält also den Rang R = 1 etc. Ein Beispiel für die Ermittlung der Rangreihe von vier Alternativen $A_3 > A_1 > A_2 > A_4$ nach der Methode des vollständigen Paarvergleichs ist in Tabelle 9 angegeben.

$i \downarrow$ / $h \rightarrow$	A_1	A_2	A_3	A_4
A_1	-	0	1	0
A_2	1	-	1	0
A_3	0	0	-	0
A_4	1	1	1	-
$\sum e_{ih}$	2	1	3	0
Rang R_h	2	3	1	4

Tabelle 9

Dominanzmatrix $[e_{ih}]$ einer Rangreihe $A_3 > A_1 > A_2 > A_4$ von vier Alternativen bezüglich eines Zielkriteriums $k_{\cdot i}$.

Offenbar lassen sich Rangreihen n-ter Ordnung schneller nach dem Rangordnungsverfahren als mit Hilfe eines vollständigen Paarvergleichs der zu bewertenden Alternativen ermitteln. Beim Paarvergleich besteht jedoch die Möglichkeit, widersprüchliches Urteilsverhalten aufzudecken, was beim Rangordnungsverfahren nicht geht. Denn dort wird die Urteilsperson durch das vorgegebene Urteilsschema gezwungen, eine eindeutige, vollständige Rangreihe anzugeben. Das Urteilsschema beim Paarvergleich läßt dagegen intransitive Urteilsverkettungen zu. Die Urteilsperson könnte beispielsweise bei einem Vergleich von drei Alternativen urteilen.

$$A_3 > A_1, \quad A_1 > A_2, \quad A_2 > A_3$$

In diesem Fall läßt sich natürlich keine eindeutige Rangreihe aus den binären Ordinalurteilen ableiten. Es liegt eine sogenannte zirkuläre Triade vor. Man kann jedoch aufgrund eines Vergleichs der Anzahl der auftretenden zirkulären Triaden mit der Anzahl der theoretisch möglichen zirkulären Triaden den Konsistenzgrad eines vollständigen Paarvergleichs nach Kendall / 77 / quantitativ bestimmen und daraus gegebenenfalls auf die Urteilsfähigkeit bzw. die sachliche Kompetenz des Beurteilers schließen (vgl. dazu unter Abs. 5.3.1.1).

Die Bewertungstechnik des ordinalen Paarvergleichs ist aufgrund der leicht auftretenden Intransivitäten für die Aufstellung von Rangreihen wenig geeignet. Von großer praktischer Bedeutung ist sie jedoch im Zusammenhang mit den Methoden der indirekten Intervallskalierung (vgl. Abs. 5.2.3.2). Bei diesen Skalierungsmethoden wird die Widersprüchlichkeit im Urteilsverhalten logisch auf eine geringe Wertdistanz zwischen den Vergleichsobjekten zurückgeführt und aus der relativen Häufigkeit, mit der Objekte bei Urteilswiederholungen vorgezogen wurden, auf die numerische Wertdifferenz geschlossen.

5.2.3) Intervallskalierung

Die Bewertung auf der Grundlage einer Intervallskala entspricht den allgemeinen Vorstellungen einer quantitativen Messung im engeren Sinne. Hier wird davon ausgegangen, daß auch die Differenzen zwischen den numerischen Skalenwerten von empirischer Bedeutung sind. Für die Abbildung eindimensionaler Präferenzordnungen auf Intervallskalen sind zwei methodische Ansätze von praktischer Bedeutung und zwar die sogenannte direkte und die indirekte Intervallskalierung. Bei der direkten Intervallskalierung geht man davon aus, daß die Urteilsperson wie ein "Meßinstrument funktioniert" und die gesuchten Skalenwerte n_{ij} entsprechend dem Zahlenintervall des vorgegebenen Urteilsschemas direkt angeben kann. Bei der indirekten Intervallskalierung wird dagegen angenommen, daß eine Urteilsperson ihre Präferenzreaktionen grundsätzlich nur auf einem ordinalen Urteilsschema lokalisieren kann, die ordinalen Skalenwerte sich jedoch mit Hilfe mathematischer Meßmodelle in empirisch relevante Werte einer Intervallskala transformieren lassen.

5.2.3.1) Die Methode der direkten Intervallskalierung

Verfahren zur quantitativen Abbildung subjektiver Größen, die auf der Methode der direkten Intervallskalierung beruhen, sind in der Praxis weit verbreitet. Je nach Anwendungsbereich sind jedoch häufig unterschiedliche Bezeichnungsweisen gewählt worden, so daß diese methodische Gemeinsamkeit leicht übersehen wird (vgl. Torgerson / 139 , S. 61 /). Das theoretische Grundkonzept dieser Skalierungsmethode beruht auf folgenden Annahmen:

(1) Die Urteilsperson kann das jeweilige Ausmaß ihrer Reaktion auf die verschiedenen Ausprägungen einer eindimensionalen Größe direkt durch quantitative Urteile so abbilden, daß jedem Urteil derselbe, jedoch willkürliche Skalenursprung und dieselbe Skaleneinheit zugrunde liegt. Die numerischen Differenzen zwischen Skalenwerten reflektieren dann subjektive Distanzen. Ist der Skalenursprung darüber hinaus im Sinne eines "natürlichen" Nullpunktes fixiert, dann wird formal das Niveau einer Verhältnisskala unterstellt (vgl. dazu Abs. 5.2.4).

(2) Tritt bei Urteilswiederholungen eine Variabilität der Urteile auf, so wird das als normaler Meßfehler interpretiert und der

"wahre" Skalenwert als Mittelwert der Einzelurteile verstanden.

Das Urteilsschema der direkten Intervallskalierung besteht gewöhnlich aus einer diskreten Zahlenfolge 1, 2, ..., die äquidistante Punkte oder Kategorien einer Skala kennzeichnen. Die Urteilsaufgabe besteht dann darin, den zu vergleichenden Objekten Skalenwerte so zuzuordnen, daß die numerischen Differenzen zwischen den zugeordneten Zahlen den subjektiven Distanzen zwischen den Objekten entsprechen.

Im Zusammenhang mit der Auswahl von Projektalternativen ist für die Wertzuordnung nach dieser Skalierungsmethodik die Bezeichnung "rating" üblich geworden. Rating ist nichts anderes als Vergeben von Zensuren wie bei der Benotung von Schulleistungen. Diese Bewertungstechnik ist leicht durchführbar und führt unmittelbar zu den gesuchten Skalenwerten. Da die Bewertungsergebnisse darüber hinaus auch anschaulicher zusammengefaßt werden können, als beispielsweise die einer Alternative für verschiedene Zielerträge $k_{.j}$ zugeordneten Rangplätze, ist das Rating in der Praxis insbesondere im Zusammenhang mit den sogenannten S c o r i n g m o d e l l e n sehr verbreitet. Bei den Scoringmodellen werden die Zielwerte n_{ij} einer Alternative A_i in der Regel im Ratingverfahren bestimmt und additiv zu einer "Punktsumme" N_i (project-score) zusammengefaßt. Außer der Nutzenunabhängigkeit der Kriterien $k_{.j}$ (vgl. Abs. 3.4), die diese Verfahrensweise impliziert, sind es die theoretischen Voraussetzungen der Intervallskalierung, die im konkreten Einzelfall häufig nicht explizit berücksichtigt werden und daher leicht zu Trugschlüssen führen können.

Wie folgendes Beispiel zeigt, können bei der Intervallskalierung die individuellen Bewertungsergebnisse verschiedener Urteilspersonen (oder allgemein: mehrerer Urteilsfolgen) grundsätzlich nicht direkt miteinander verglichen werden. Allein die Vorgabe eines äquidistanten Urteilsschemas und die Vereinbarung, daß die numerischen Differenzen zwischen Skalenwerten empirischen Zielwert-

$\overset{u \rightarrow}{}$ Beurteiler / $i \downarrow$ Alternativen	E_1	E_2	E_3	$\frac{1}{3}\sum_{u=1}^{3} n_{ij}^{u}$
A_1	1	2	2	5/3
A_2	2	3	4	9/3
A_3	3	4	6	13/3
A_4	5	6	10	21/3

Tabelle 10

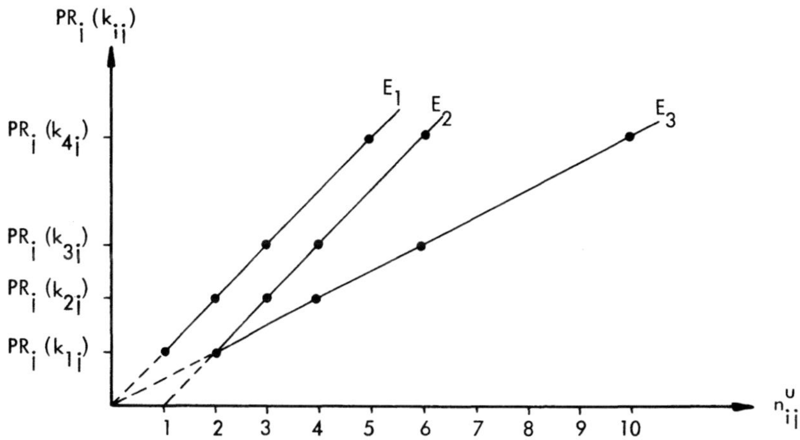

Abb. 43

Graphische Darstellung der Bewertungsergebnisse n_{ij}^{u} des Beurteilers E_u als Funktion der "wahren" Zielwerte der Alternativen A_i .

distanzen entsprechen sollen, reichen dazu nicht aus. Es müßten zusätzlich ein allgemein verbindlicher Nullpunkt und eine gemeinsame Bewertungseinheit festgesetzt worden sein, wie folgendes Beispiel zeigt.

In Tabelle 10 und Abb. 43 sind die Ergebnisse einer eindimensionalen Bewertung von vier Alternativen durch drei Experten dargestellt, wobei eine Skala von 1 bis 10 zugrunde gelegt wurde. Nach einem oberflächlichen Vergleich der Bewertungsergebnisse könnte man meinen, daß die einzelnen Experten die Alternativen unterschiedlich eingestuft haben. Da bei Intervallskalen aber grundsätzlich zwei Punkte, d.h. Ursprung und Einheit, willkürlich festgelegt werden können, sind die Bewertungsergebnisse verschiedener Beurteiler nur dann direkt vergleichbar, wenn durch vorherige Instruktion diese Punkte allgemein verbindlich definiert wurden. Hat man das aber nicht getan, dann dürfen nur die Quotienten von zugeordneten Wertdifferenzen miteinander verglichen werden. Wie eine entsprechende Überprüfung der Bewertungsergebnisse in Tabelle 10 zeigt, sind die Alternativen danach von den drei Beurteilern jedoch gleichermaßen eingestuft worden, denn es ist offenbar

Gl. (32)
$$\frac{{}^{1}n_{2i} - {}^{1}n_{1i}}{{}^{1}n_{4i} - {}^{1}n_{3i}} = \frac{{}^{2}n_{2i} - {}^{2}n_{1i}}{{}^{2}n_{4i} - {}^{2}n_{3i}} = \frac{{}^{3}n_{2i} - {}^{3}n_{1i}}{{}^{3}n_{4i} - {}^{3}n_{3i}} = \frac{1}{2}$$

Die individuell benutzten Skalen sind linear ineinander überführbar. Die einzelnen Beurteiler haben das vorgegebene Urteilsschema an das "wahre" Zielwertspektrum nur unterschiedlich angepaßt. Man spricht in diesem Zusammenhang auch von einer unterschiedlichen V e r a n k e r u n g der Urteile. In diesem Fall haben

E_1 und E_2 dieselbe Einheit, aber einen unterschiedlichen Ursprung,

E_1 und E_3 denselben Ursprung, aber eine unterschiedliche Einheit, und

E_2 und E_3 weder dieselbe Einheit, noch denselben Ursprung verwendet.

Dieser Sachverhalt geht auch aus Abb. 43 und <u>Abb. 44</u> hervor.

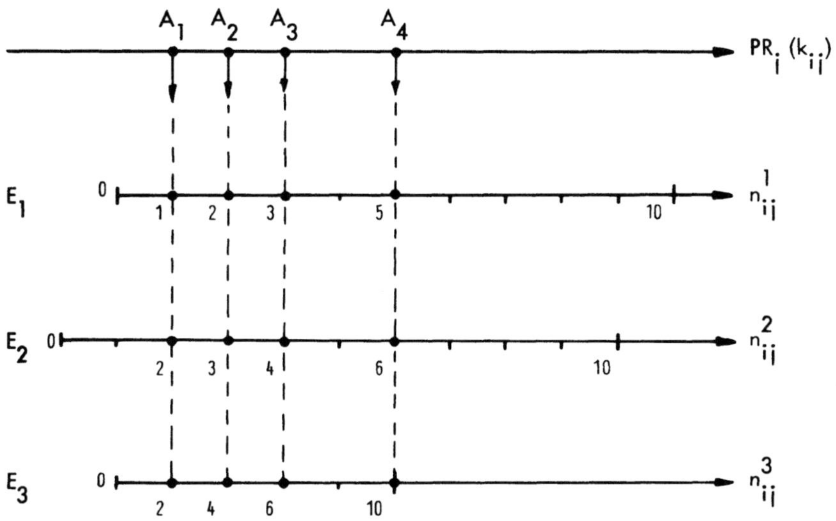

<u>Abb. 44</u>

Zusammenhang zwischen einem "wahren" Zielwertspektrum und der individuellen Anpassung einer bis auf Einheit und Ursprung vorgegebenen Intervallskala durch drei Urteilspersonen.

Da das arithmetische Mittel der Quotienten aus den individuellen Zielwertdifferenzen bis auf den Faktor 1/r mit dem Quotienten aus den arithmetisch gemittelten Zielwertdifferenzen übereinstimmt, ist es bei der Intervallskalierung vernünftig, als jeweils m i t t l e r e n zugeordneten Z i e l w e r t n_{ij}, das arithmetische Mittel entsprechend Gl. (33) zu benutzen.

Gl. (33) $$n_{ij} = \frac{1}{r} \sum_{u=1}^{r} n_{ij}^{u}$$

Würden Alternativen wie in dem obigen Beispiel nur nach e i n e m einzigen Kriterium bewertet, so wäre die unterschiedliche Verankerung der individuellen Urteile ohne weitere Bedeutung, wenn man beachtet, daß die Bewertungsergebnisse verschiedener Personen und / oder verschiedener Urteilsfolgen nicht direkt vergleichbar sind. Werden der Nutzwertanalyse jedoch m Kriterien zugrunde gelegt und dementsprechend m unabhängige Teilbewertungen der Alternativen vorgenommen, so setzt das voraus, daß alle m Zielwerte n_{ij}, $j = 1\ (1)\ m$, in derselben Einheit gemessen werden. Nur dann ist es möglich, unter vollständiger Ausnutzung der Meßinformationen, die Wertsynthese so vorzunehmen, daß die Nutzwerte N_i der Alternativen A_i ebenfalls auf einer Intervallskala abgebildet werden. Die entscheidungslogische Forderung nach einer konstanten Bewertungseinheit für alle m Kriterien $k_{\cdot j}$ bedeutet praktisch, daß mit der Festlegung zweier Punkte der Bewertungsskala eines Kriteriums auch die Bewertungseinheit aller (m - 1) übrigen Kriterien bestimmt ist. Die Nullpunkte der (m - 1) Bewertungsskalen sind damit natürlich noch nicht fixiert. Diese können für jedes Kriterium $k_{\cdot j}$ entsprechend der jeweils vorliegenden Breite des zu bewertenden Zielertragsspektrums der Alternativen beliebig festgelegt werden. Denn auf die numerischen Nutzwertdifferenzen, die bei der Intervallskalierung allein Aussagekraft besitzen, wirken sich unterschiedliche Nullpunktfixierungen nicht aus. Bei der praktischen Bewertung hat man daher die Freiheit, beispielsweise zu vereinbaren, daß jeweils dem am niedrigsten einzustufenden Zielertrag k_{ij} der zu vergleichenden Alternativen als Zielwert n_{ij} der niedrigste Skalenwert des Urteilsschemas zugeordnet wird. Auf diese Weise lassen sich dann die Ergebnisse verschiedener Bewertungsfolgen leichter auf ihre Wiederholungsstabilität hin überprüfen.

Es fragt sich nun natürlich, ob bei den Ratingverfahren bzw. bei den auf dieser Bewertungstechnik aufbauenden Scoringmodellen im konkreten Fall die Anwendung ein und derselben Bewertungseinheit Grundsätzlich nur unterstellt werden kann oder ob die Bewertungsergebnisse auch daraufhin überprüfbar sind.

Wird keine Urteilsverankerung durch vorherige Instruktion vorgenommen, so können bestimmte Situationsgegebenheiten, die sogenannten Ankereffekte, eine automatische Verankerung der Urteile bewirken (vgl. dazu speziell Torgerson / 139, S. 78 /). Diesbezügliche Experimente haben gezeigt, daß die quantitative Abbildung von subjektiven Größen auf ein Urteilsschema mit

Intervallniveau zunächst entweder zufällig oder aufgrund von Erfahrungen der Urteilsperson mit dem zu beurteilenden Sachverhalt erfolgen. Dementsprechend werden Skalenursprung und Bewertungseinheit zunächst mehr oder weniger willkürlich an das Reaktionskontinuum angelegt. Werden der Urteilsperson die zu bewertenden Objekte jedoch in mehreren v o l l s t ä n d i g e n Urteilsfolgen wiederholt zur Beurteilung vorgegeben, so wird die Skala unbewußt allmählich an die Breite des vorgelegten Reizspektrums angepaßt. Das äußert sich in wiederholungsstabilen Urteilen, d.h. die Bewertungsergebnisse verschiedener Urteilsfolgen werden zunehmend konsistent.

Dieses Phänomen scheint durchaus plausibel zu sein. Hat man beispielsweise eine Reihe von Lichtquellen entsprechend deren unterschiedlichen Helligkeitsgrade auf einer äquidistanten Intervallskala einzustufen, so wird das erst nach einigen Versuchen und aufgrund der damit verbundenen Übung befriedigend gelingen. Analog kann man sich vorstellen, daß eine Urteilsperson in der Lage ist, Handlungsalternativen nach einer Reihe von Kriterien mit einer konstanten Werteinheit zu beurteilen, wenn dazu genügend Urteilsfolgen vollständig durchgeführt werden und darüber hinaus durch den persönlichen Sachverstand des Beurteilers eine ausreichend differenzierte Präferenzstruktur bezüglich aller Kriterien determiniert ist.

Die vielfach geübte Praxis, Alternativen ohne explizite Fixierung einer Einheit bewerten zu lassen, kann daher unter diesem Aspekt auch theoretisch nicht grundsätzlich als ungerechtfertigt angesehen werden. Im konkreten Fall müßten jedoch, um eine konstante Bewertungseinheit gewährleisten zu können, folgende Bedingungen erfüllt werden:

(1) Die Urteilsperson oder das sich jeweils in e i n e m Urteil äußernde Bewertungskollektiv bewertet die zu vergleichenden Alternativen bezüglich a l l e r m Kriterien $k_{.j}$, $j = 1(1)m$.

(2) Es werden solange vollständige Urteilsfolgen durchgeführt, bis sich ein w i e d e r h o l u n g s s t a b i l e s Urteilsverhalten einstellt (vgl. dazu Abs. 5.3).

Bei umfangreichen Nutzwertanalysen ist es natürlich denkbar, daß die Sachkenntnis einer einzelnen Person nicht ausreicht, um die Alternativen bezüglich aller relevanten Kriterien beurteilen zu können. Muß die Bewertung infolgedessen von verschiedenen Experten vorgenommen werden, so ist es unumgänglich, daß eine allgemein verbindliche Bewertungseinheit vorgegeben wird. Das ist zweifellos problematisch, da dazu ein geeignetes Standardzielkriterium $k_{\cdot i}$ vorhanden sein muß, an dem die Standardwerteinheit verständlich demonstriert werden kann. Darüber hinaus wird es natürlich immer fraglich bleiben, ob subjektive Distanzen überhaupt interindividuell gleichbedeutend mitgeteilt werden können. In solchen Situationen dürfte es daher zweckmäßiger sein, die jeweils zuzuordnenden Zielwerte n_{ij} im Bewertungskollektiv durch Diskussion sachlich zu begründen, um so zu einem gemeinsamen Urteil zu gelangen. Erfolgt die Bewertung jedoch ohne Kommunikation zwischen den Experten - wie zum Beispiel in Form einer schriftlichen Befragung - und wird auch keine Standardwerteinheit festgelegt, so dürfen die auf dieser Basis erzielten Bewertungsergebnisse nur einer Wertsynthese auf o r d i n a l e m Skalenniveau unterzogen werden.

Aufgrund der Eigenschaften von Intervallskalen, der entscheidungslogischen Forderung nach gemeinsamer Bewertungseinheit für alle Kriterien und des diesbezüglichen beobachteten menschlichen Urteilsverhaltens können zusammenfassend drei typische Bewertungssituationen unterschieden werden, die eine Intervallskalierung in Form des Ratings entscheidungslogisch gerechtfertigt erscheinen lassen:

<u>1. Fall:</u>

Die zu vergleichenden Alternativen werden von e i n e r Urteilsperson (oder von einem sich jeweils in einem Urteil äußernden Bewertungskollektiv) sukzessive bezüglich sämtlicher m Kriterien k_{ij} solange in mehreren Urteilsfolgen bewertet, bis sich ein stabiles Urteilsverhalten einstellt.

2. Fall:

Die zu vergleichenden Alternativen werden wie im Fall 1 von verschiedenen Personen bewertet, wobei die "wahren" Zielwerte n_{ij} durch arithmetische Mittelung der individuellen Zielwerte n^u_{ij} einer wiederholungsstabilen Urteilsfolge bestimmt werden.

3. Fall:

Die zu vergleichenden Alternativen werden mit einer allgemein verbindlich vorgegebenen Standardwerteinheit von verschiedenen Experten, die jeweils nur für eine Teilmenge der relevanten Kriterien sachverständig sind und lediglich diesbezüglich Urteile abgeben, bewertet (vgl. dazu Seite 275).

Ein numerisches Verfahren von Horst / 66 , S. 21 / zur Überprüfung der Wiederholungsstabilität verschiedener Bewertungsfolgen wird unter Absatz 5.3.1.4 beschrieben.

5.2.3.2) Die Methode der indirekten Intervallskalierung

Bei der indirekten Intervallskalierung geht man davon aus, daß die individuellen Präferenzreaktionen nur auf einem ordinalen Urteilsschema wiedergegeben werden können, die so ermittelten Skalenwerte jedoch mit Hilfe einer Transformationsfunktion (sog. Meßmodell) in empirisch relevante Werte einer Intervallskala umformbar sind. Für Bewertungsergebnisse, die nach dieser Methode ermittelt werden, gelten natürlich dieselben Einschränkungen wie bei der direkten Intervallskalierung. Sie sind linear transformierbar, so daß Ursprung und Einheit beliebig fixiert werden können und die Skalenwerte infolgedessen auch nicht direkt sondern nur in Form von Differenzenquotienten vergleichbar sind.

Entsprechend den unter Absatz 5.2.2 beschriebenen Verfahrensweisen, ordinale Urteile bezüglich n zu vergleichender Objekte entweder in Form einer vollständigen Rangreihe n-ter Ordnung oder in Form von binären Ordinalurteilen darzustellen, beruhen die Verfahren der indirekten Intervallskalierung auf zwei grundsätzlich verschiedenen Ansätzen. Entweder werden vollständige Rangreihen oder binäre Vorzugshäufigkeiten transformiert.

Die Transformation einer Rangreihe n-ter Ordnung in eine Intervallskala ist nur unter Annahme einer bestimmten Verteilung der n Vergleichsobjekte (hier also beispielsweise der Zielwerte n_{ij}) auf der Intervallskala möglich. Entsprechende Vorgehensweisen sind zwar sehr operational, theoretisch sind sie jedoch unbefriedigend, da willkürlich jede Verteilung unterstellt werden kann. Erfordert das zugrunde gelegte ordinale Urteilsschema jedoch keine vollständige Rangordnung der Vergleichsobjekte, sondern jeweils nur binäre Ordinalurteile, so kann man unter Ausnutzung der eventuell auftretenden Inkonsistenzen in verschiedenen Urteilsfolgen bei relativ schwachen Modellannahmen durch Transformation von Vorzugshäufigkeiten eine Intervallskalierung der Objekte erhalten. Diesbezügliche Verfahren machen zwar einen vergleichsweisen großen Urteilsaufwand notwendig, indem dieselben binären Relationen sehr oft beurteilt werden müssen, sie sind aber theoretisch befriedigender, da die empirische Relevanz der Modellannahmen überprüfbar ist.

5.2.3.2.1) Transformation von Rangreihen n-ter Ordnung

Die einfachste Möglichkeit, eine Rangreihe in eine Intervallskala zu transformieren, besteht darin, anzunehmen, daß die zu vergleichenden n Objekte auf dem subjektiven Präferenzkontinuum äquidistant verteilt sind. Da das einer Rangreihe zugrunde liegende Urteilsschema im Gegensatz zum Urteilsschema einer Intervallskala gewöhnlich mit niedrigen Zahlen hohe Zielwerte bezeichnet, ist es zweckmäßig, aus den ursprünglichen Rängen R die sogenannten invertierten Ränge R^+ durch Umkehrung der Zahlenfolge der Rangreihe zu bestimmen. Aufgrund der Beziehung

Gl. (34) $$R^+ = n + 1 - R$$

erhält man so unmittelbar die Skalenwerte der Intervallskala. Wurden beispielsweise n Alternativen von $u = 1\,(1)\,r$ Urteilspersonen, d.h. also r-mal, bezüglich eines Kriteriums $k_{\cdot i}$ in Rangreihe gebracht, so ergibt sich der mittlere Zielwert n_{ij} aus

Gl. (35) $$n_{ij} = \frac{1}{r} \sum_{R=1}^{n} f_{iR} \, (n + 1 - R)$$

wobei gilt $f_{iR} :=$ Häufigkeit mit der einer Alternative A_i bezüglich Kriterium $k_{\cdot i}$ der Rang R zugeordnet wurde.

Die willkürliche Unterstellung gleicher Nutzendistanzen zwischen benachbarten Rängen dürfte in der Praxis nur selten befriedigen. In einem bei Eckenrode / 31 ,S. 181 / beschriebenen Experiment wurden jedoch nach dieser sehr rudimentären Verfahrensweise relative Gewichte g_i von Kriterien $k_{\cdot i}$ bestimmt, die sich nicht wesentlich von den Bewertungsergebnissen unterschieden, die mit Hilfe theoretisch anspruchsvollerer und zeitaufwändigerer Skalierungsmethoden gewonnen wurden. Diese Beobachtung läßt sich aber nicht dahingehend verallgemeinern, daß Rangordnungsverfahren anderen Methoden grundsätzlich überlegen sind. Zweifellos gilt das nur dann, wenn die individuelle Präferenzstruktur eines Beurteilers aufgrund mangelnder Erfahrung oder der Komplexität des zu bewertenden Sachverhaltes so wenig differenziert ist, daß auch bei Vorgabe eines Urteilsschemas mit höherem als ordinalen Skalenniveau in Wahrheit nur ordinale Präferenzen abgebildet werden.

In manchen Bewertungssituationen kann es realistischer sein anzunehmen, daß die zu skalierenden Objekte nicht gleichverteilt sondern n o r m a l v e r t e i l t auf einer Intervallskala sind (vgl. Torgerson / 139, S.56 /). Entsprechend Abb. 45 wird in diesem Fall unterstellt, daß die subjektiven Distanzen zwischen benachbarten Rängen zur Mitte der Rangreihe hin zunehmend kleiner werden. Da die Normalverteilung tabelliert ist, kann die Transformation der

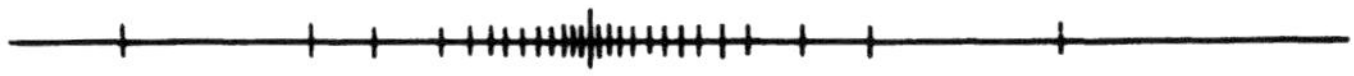

Abb. 45

Schematische Darstellung normalverteilter Objekte auf einer Intervallskala

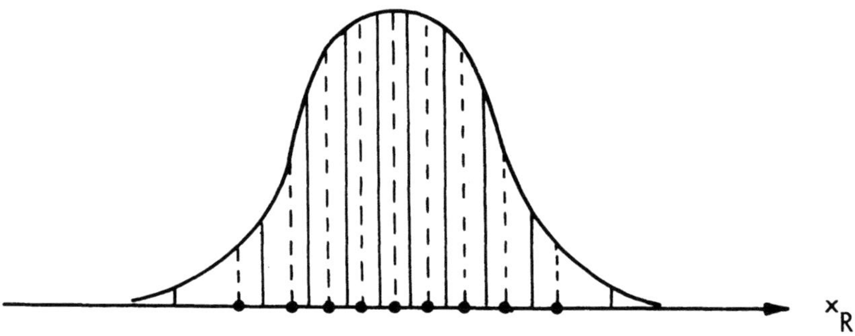

Abb. 46

Transformation einer Rangreihe n-ter Ordnung in Intervallskalenwerte. Die ausgezogenen Linien kennzeichnen die Grenzen gleichgroßer n Flächenanteile der Normalverteilung. Die Basispunkte der strichpunktierten Flächenhalbierenden repräsentieren die gesuchten Skalenwerte x_R.

ordinalen Skalenwerte einer Rangreihe leicht vorgenommen werden. Anschaulich kann man sich diese Transformation so vorstellen, daß jedem Rangplatz (1 / n) - tel der Fläche unter der Normalverteilung zugeordnet wird, wobei dann die Basispunkte der jeweiligen Flächenhalbierenden die gesuchten Skalenwerte bestimmen. Dieser Sachverhalt ist in Abb. 46 dargestellt. (vgl. Sixtl / 127 , S. 171 /).

Für die Berechnung der prozentualen Flächenanteile der Normalverteilung bis zur Mitte des R-ten Intervalls gilt die Beziehung:

Gl. (36) $$P_R = \frac{(R^+ - 0,5) \cdot 100}{n}$$

wobei R^+ entsprechend Gl. (34) der invertierte Rang von R ist. Die gesuchten Skalenwerte können dann mit Hilfe der tabellierten Normalverteilung aus Tafel A des Anhanges ermittelt werden, indem man die zu den P_R gehörenden Abzissenwerte X_R der Normalverteilung, die sogenannten normalisierten Rangwerte, aufsucht. Ein Beispiel für die Ermittlung der normalisierten Ränge einer Rangreihe 10-ter Ordnung ist in Tabelle 11 angegeben. Da die Standardnormalverteilung für $P < 50$ % negative x - Werte liefert, ist es zweckmäßig, eine Nullpunkttransformation vorzunehmen, so daß alle Skalenwerte im positiven Bereich liegen. Diese Transformation ist hier erlaubt, da es sich um eine Intervallskala handelt. Sind die zu vergleichenden Objekte r - mal in Rangordnung gebracht worden, so berechnet sich der mittlere Skalenwert analog Gl. (35) aus

Gl. (37) $$n_{ij} = \frac{1}{r} \sum_{R=1}^{n} f_{iR} \cdot x_R^+$$

wobei gilt

Gl. (38) $$x_R^+ = x_R + \text{konst.}$$

5.2.3.2.2) Transformation von Vorzugshäufigkeiten

Die bisher behandelten Verfahren der Intervallskalierung waren dadurch gekennzeichnet, daß die I n t e r v a l l e i g e n s c h a f t der abgeleiteten Bewertungsergebnisse nicht überprüfbar unterstellt werden mußte. Unter normativen Gesichtspunkten ist eine Überprüfung der empirischen Relevanz der erzielten Bewertungsergebnisse grundsätzlich auch nicht notwendig. Es genügt hier, wenn der Entscheidungsträger im Bewußtsein der jeweils bei der Bewertung getroffenen Annahmen die erzielten Ergebnisse als Grundlage rationaler Entscheidungsfindung akzeptiert.

In konkreten Bewertungssituationen können der Entscheidungsträger bzw. die mit der Bewertung beauftragten Urteilspersonen jedoch aufgrund der Komplexität des zu beurteilenden Sachverhaltes und / oder mangelnder Unterscheidungsfähigkeit unsicher sein, ob sie ihre Wertreaktionen bezüglich der zu vergleichenden Objekte auf dem vorgegebenen Urteilsschema adäquat, d.h. entsprechend dem unterstellten Skalenniveau abgebildet haben. Eine solche Urteilsunsicherheit kann insbesondere durch geringe Wertunterschiede der zu vergleichenden Objekte hervorgerufen werden. Bei den im folgenden behandelten Bewertungsverfahren wird dieser Möglichkeit bereits im Ansatz Rechnung getragen, indem davon ausgegangen wird, daß die subjektiv empfundene Distanz zwischen zwei Vergleichsobjekten um so geringer ist, je öfter ihre binäre Rangordnung bei Urteilswiederholungen durcheinander gebracht wird (Konfusionsmethode). Entsprechend wird umgekehrt geschlossen, daß die subjektive Distanz zwischen zwei Objekten um so größer ist, je öfter eines dem anderen vorgezogen wird. Ausgehend von dieser Grundüberlegung ist in der Psychophysik von Thurstone /138 / ein Skalierungsmodell entwickelt worden, das Bewertungsverfahren erlaubt, bei denen die empirische Relevanz der Intervalleigenschaft der Bewertungsergebnisse überprüft werden kann (vgl. dazu Torgerson / 139,S.57 /).

Aufgrund dieser vorteilhaften Modelleigenschaft ist es denkbar, daß Bewertungsverfahren, die auf der Thurstone'schen Skalierungsmethodik beruhen, in Zukunft auch für die Lösung konkreter Entscheidungsprobleme von erhöhter praktischer Bedeutung sein werden, sobald die Methodik in diesem Anwendungsbereich bekannter geworden ist und im kritischen Vergleich mit anderen Methoden am konkreten Fall erprobt werden konnte. Voraussetzung für ihre Anwendung ist jedoch immer, daß ein gewisser Grad inkonsistenten Urteilsverhaltens vorliegt. Die hier notwendige Inkonsistenz muß sich beispielsweise darin äußern, daß eine Alternative A_i bei r - maliger Bewertung nur in weniger als r- Fällen in dieselbe Kategorie eines Urteilsschemas eingeordnet wird oder z.B. beim Paarvergleich mit einer Alternative A_h nicht r - mal überlegen ist. Liegt im konkreten Fall eine entsprechende Urteilsvariabilität nicht vor, so ergeben die im folgenden beschriebenen Bewertungsverfahren nur Skalenwerte von ordinalem nicht aber von intervall Niveau.

In dem allgemeinen Modell der messenden Bewertung, das unter Absatz 5.1.1 beschrieben und in Abb. 42 schematisch dargestellt worden ist, wurden keine Annahmen über die Verteilung möglicher Präferenzreaktionen auf ein und denselben Reiz getroffen. Bisher wurde die Urteilsvariabilität als gewöhnlicher Meßfehler interpretiert, der grundsätzlich durch eine adäquate Mittelung eliminiert werden kann. In dem von Thurstone entwickelten Reaktionsmodell wird dagegen davon ausgegangen, daß die Reaktionen auf dem Präferenzkontinuum entsprechend Abb. 47 normalverteilt sind. Insbesondere werden hier folgende Annahmen getroffen: (vgl. Torgerson / 139, S.159 /)

(1) Jedem Vergleichsobjekt wird durch einen Einschätzungsvorgang ein Wert auf dem Präferenzkontinuum zugeordnet.

(2) Dieser Wert ist nicht eindeutig, sondern schwankt bei wiederholter Vorgabe des Objekts infolge innerer und äußerer Gegebenheiten.

(3) Die empirische Häufigkeitsverteilung dieser Werte bildet näherungsweise eine statistische Normalverteilung um den "wahren" gesuchten Skalenwert.

R	R^+	P_R	x_R	x_R^+
10	1	5	- 1,65	1,00
9	2	15	- 1,04	1,61
8	3	25	- 0,67	1,98
7	4	35	- 0,38	2,27
6	5	45	- 0,13	2,52
5	6	55	0,13	2,78
4	7	65	0,38	3,03
3	8	75	0,67	3,32
2	9	85	1,04	3,69
1	10	95	1,65	4,30

Tabelle 11

Da eine Urteilsperson nicht direkt angeben kann, wie sich ihre Reaktionen verteilen, sind besondere Urteilstechniken notwendig, mit deren Hilfe indirekt auf die gesuchten Verteilungen bzw. deren Mittelwerte geschlossen werden kann. Je nach dem, ob die Objekte paarweise miteinander verglichen werden oder in Bezug auf ihre relative Lage zu den Kategoriengrenzen eines Urteilsschemas ordinal eingeschätzt werden, können unterschiedliche Gleichungssysteme aufgestellt werden, die eine Berechnung der gesuchten Skalenwerte zulassen. Diese Gleichungssysteme sind unter der Bezeichnung "Gesetz vom komparativen Urteil" (Law of Comparative Judgement) und "Gesetz vom kategorialen Urteil" (Law of Categorical Judgement) bekannt geworden.

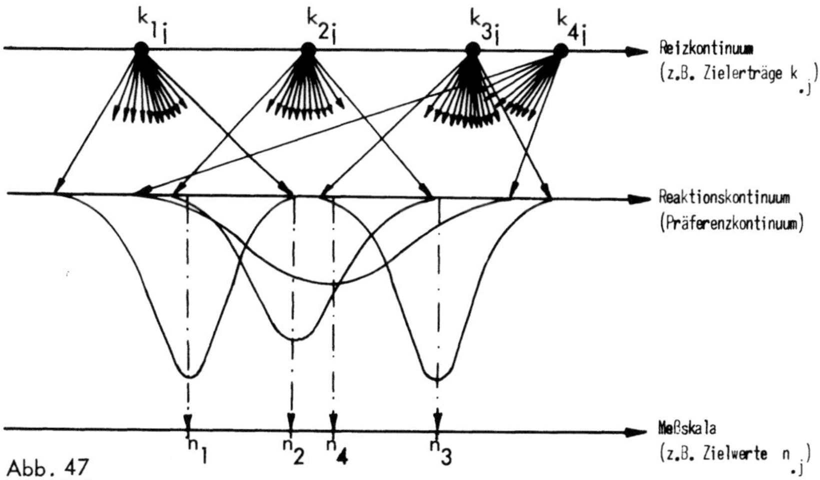

Abb. 47

Normalverteilte Reaktionen $n_i^u \; (n_i | \sigma_i)$ entsprechend dem Thurstone'schen Reaktionsmodell .

5.2.3.2.2.1) Das Gesetz vom komparativen Urteil

Werden zwei Alternativen A_h und A_i bezüglich ihrer Zielerträge k_{hj} bzw. k_{ij} r - mal bewertet, und wird ihnen in der u - ten Urteilsfolge, u = 1 (1) r, die Zielwerte $n_{.j}$ zugeordnet, für die gilt (der Index j wird im folgenden wiederum fortgelassen)

Gl. (39) $$n_h^u > n_i^u$$

so ist das gleichbedeutend mit der Aussage

Gl. (40) $$d_{ih}^u := (n_h^u - n_i^u) > 0$$

Nimmt man nun an, daß die Reaktionsverteilungen von $\overset{\cup}{n}_h$ und $\overset{\cup}{n}_i$ in den r - Urteilsfolgen entsprechend Abb. 48 normalverteilt sind mit $(n_h \mid \sigma_h)$ bzw. $(n_i \mid \sigma_i)$, dann ist auch ihre Differenz $\overset{\cup}{d}_{hi}$ normalverteilt, und zwar mit dem Mittelwert

Gl. (41) $$d_{ih} = n_h - n_i$$

und der Streuung

Gl. (42) $$\sigma_{ih} = (\sigma_h^2 + \sigma_i^2 - 2\varrho_{ih}\,\sigma_h\,\sigma_i)^{0,5}$$

Dabei ist ϱ_{ih} der Korrelationskoeffizient der Zufallsgrößen $\overset{\cup}{n}_h$ und $\overset{\cup}{n}_i$. Wird nun in $r = r_h + r_i$ Bewertungsfolgen r_h - mal geurteilt

$$\overset{\cup}{n}_h > \overset{\cup}{n}_i$$

und r_i - mal geurteilt

$$\overset{\cup}{n}_i > \overset{\cup}{n}_h$$

so ist $d_{hi} > 0$ mit der relativen Vorzugshäufigkeit $r_h / r = p_{ih}$

und $d_{hi} < 0$ mit der relativen Vorzugshäufigkeit $(1 - p_{ih}) = p_{hi}$

Dieser Sachverhalt geht auch aus Abb. 49 hervor. Aufgrund der bekannten Vorzugshäufigkeit p_{hi} können nun mit Hilfe der tabellierten Standardnormalverteilung der Mittelwert d_{hi} der Verteilung von $\overset{\cup}{d}_{hi}$ und damit entsprechend Gl. (41) auch die Skalenwerte n_h und n_i bestimmt werden. Zwischen den Standardeinheiten x der $(0 \mid 1)$ Verteilung und einer $(\bar{y} \mid \sigma)$ normalverteilten Zufallsgröße y gilt allgemein die Beziehung

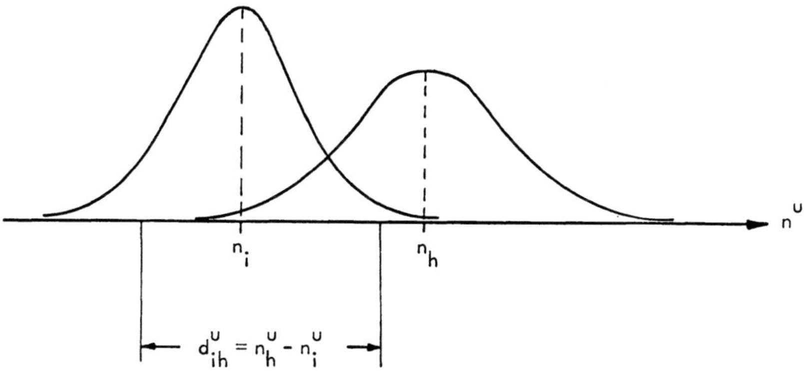

Abb. 48

Normalverteilte Reaktionen n_i^u und n_h^u .

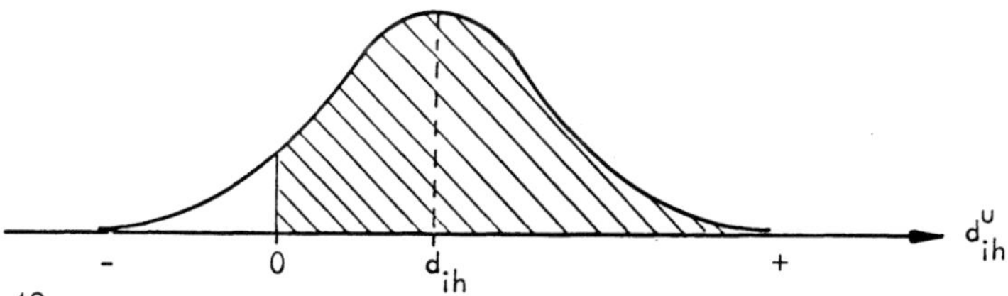

Abb. 49

Normalverteilte Reaktionsdistanzen d_{ih}^u . Die schraffierte Fläche entspricht der relativen Vorzugshäufigkeit p_{ih} , mit der $n_h^u > n_i^u$, d.h. $d_{ih}^u > 0$ geurteilt wurde.

Gl. (43) $x = (y - \bar{y}) / \sigma$

Dementsprechend ergibt sich hier für die Distanzen d^{u}_{ih}

Gl. (44) $\dot{x}_{ih} = (d^{u}_{ih} - d_{ih}) / \sigma_{ih}$

und daraus mit $d^{u}_{ih} = 0$ an der Stelle p_{ih} und $x_{ih_{(1-p_{ih})}} = -x_{ih_{(p_{ih})}}$

Gl. (45) $d_{ih} = x_{ih} \sigma_{ih}$

In Verbindung mit Gl. (41) und Gl. (42) folgt daraus das vollständige Gleichungssystem des "Law of Comparative Judgement" (vgl. z.B. Torgerson / 139, S.160 /).

Gl. (46) $d_{ih} = n_h - n_i = x_{ih} \left(\sigma^2_h + \sigma^2_i + 2\rho_{ih} \cdot \sigma_h \sigma_i \right)^{1/2}$

$i = 1\,(1)\,n, \; h = 1\,(1)\,n$

$i \neq h$

dabei sind:

d_{ih} := Die subjektive Distanz zwischen den Zielwerten n_h und n_i der Vergleichsalternativen A_h und A_i.

x_{ih} := Derjenige Wert der Standardnormalverteilung, der der relativen Häufigkeit p_{ih}, mit der $n_h > n_i$ geurteilt wurde, entspricht, d.h.

$$p_{ih} = \left(1/\sqrt{2\pi} \right) \int_{-\infty}^{x_p} e^{-z^2/2} \, dz$$

σ_h, σ_i : = Die Streuungen der Reaktionsverteilungen von n_i^u bzw. von n_h^u.

ϱ_{ih} : = Korrelation zwischen den Zufallsgrößen n_h^u und n_i^u .

Dieses Gleichungssystem ist nicht exakt lösbar. Bei $i = 1 (1) n$ Vergleichsobjekten sind unbekannt:

n	Skalenwerte n_i
n	Streuungen σ_i
$n(n-1)/2$	Korrelationen ϱ_{ih}

Insgesamt ergibt das $2n + n(n-1)/2$ Unbekannte. Diesen stehen aber nur $n(n-1)/2$ Vergleichsurteile sowie die Freiheit, den Skalenursprung und die Werteinheit beliebig festsetzen zu können, gegenüber, so daß $2(n-1)$ Unbekannte mehr als Lösungsgleichungen vorhanden sind. Infolgedessen können Skalenwerte n_i nur unter vereinfachenden Annahmen ermittelt werden. Eine vollständige Übersicht über die bekannten Lösungsansätze und die darauf aufbauenden Rechenverfahren ist bei Torgerson / 139 ,S.163 / gegeben. Je nach Zusammensetzung der Urteilsergebnisse sind diese Verfahren zur praktischen Berechnung der Skalenwerte n_i unterschiedlich geeignet.

Darstellung der Urteilsdaten :

Grundsätzlich müssen die zu bewertenden n Objekte zunächst entsprechend dem zugrunde liegenden Modellansatz möglichst oft nach der bereits unter Absatz 5.2.2 beschriebenen Methode des vollständigen Paarvergleichs in Form binärer Ordinalurteile miteinander verglichen werden. (vgl. Absatz 5.2.3.2.2.3). Die Ergebnisse der r Urteilsfolgen werden dann zweckmäßigerweise in Matrixform dargestellt.

Jeder vollständige Paarvergleich ergibt eine Dominanzmatrix $[e'_{ih}]$ (vgl. Tabelle 12). Die Elemente dieser Matrix sind entweder 0 oder 1 entsprechend der Zuordnungsregel

Gl. (47)
$$e'_{ih} = 1 \quad \text{bei } A_h > A_i$$
$$e'_{ih} = 0 \quad \text{bei } A_h < A_i$$

Die hier und im folgenden mit einem ′ versehenen Größen deuten an, daß es sich um empirische Urteilsdaten bzw. aus diesen abgeleitete Werte handelt, die das Gleichungssystem Gl. (46) nicht notwendig exakt erfüllen.

Sind insgesamt r vollständige Paarvergleiche vorgenommen worden, also $r \cdot n\ (n-1)/2$ binäre Ordinalurteile abgegeben worden, so können die r Dominanzmatrizen zu einer Matrix der Vorzugshäufigkeiten $[f'_{ih}]$ zusammengefaßt werden. Die Elemente dieser Matrix berechnen sich aus der Beziehung

Gl. (48)
$$f'_{ih} = \sum_{u=1}^{r} e'_{ih}$$

wobei gelten muß:

Gl. (49)
$$f'_{ih} + f'_{hi} = r$$

Aus den Vorzugshäufigkeiten ergeben sich dann durch Division der Elemente f'_{ih} mit r die Matrix $[p'_{ih}]$ der relativen Vorzugshäufigkeiten (sog. Prozentmatrix) die angeben, in wieviel Prozent der r Urteilsfolgen die Alternative A_h die Alternative A_i dominierte. Es gilt also

Gl. (50)
$$p'_{ih} = f'_{ih} / r$$

und

Gl. (51)
$$p_{ih} + p_{hi} = 1{,}0$$

i \ h	A_1	A_2	.	.	.	A_h	.	.	A_h
A_1	-	e'_{12}	.	.	.	e'_{1h}	.	.	e'_{1n}
A_2	e'_{21}	-	.	.	.	e'_{2h}	.	.	e'_{2n}
.	.	.	-	.	.	.	.	.	.
.	.	.	.	-	.	.	.	.	.
A_i	e'_{i1}	e'_{i2}	.	.	-	e'_{ih}	.	.	e'_{in}
.	.	.	.	.	.	-	.	.	.
.	.	.	.	.	.	.	-	.	.
.	.	.	.	.	.	.	.	-	.
A_n	e'_{n1}	e'_{n2}	.	.	.	e'_{nh}	.	.	-

Tabelle 12

Dominanzmatrix $[e'_{ih}]$

i \ h	A_1	A_2	.	.	.	A_h	.	.	A_n
A_1	-	f'_{12}	.	.	.	f'_{1h}	.	.	f'_{1n}
A_2	f'_{21}	-	.	.	.	f'_{2h}	.	.	f'_{2n}
.	.	.	-	.	.	.	.	.	.
.	.	.	.	-	.	.	.	.	.
A_i	f'_{i1}	f'_{i2}	.	.	-	f'_{ih}	.	.	f'_{in}
.	.	.	.	.	.	-	.	.	.
.	.	.	.	.	.	.	-	.	.
.	.	.	.	.	.	.	.	-	.
A_n	f'_{n1}	f'_{n2}	.	.	.	f'_{nh}	.	.	-

Tabelle 13

Matrix der Vorzugshäufigkeiten $[f'_{ih}]$

i \ h	A_1	A_2	.	.	.	A_h	.	.	A_n
A_1	-	p'_{12}	.	.	.	p'_{1h}	.	.	p'_{1n}
A_2	p'_{21}	-	.	.	.	p'_{2h}	.	.	p'_{2n}
.	.	.	-	.	.	.	.	.	.
.	.	.	.	-	.	.	.	.	.
A_i	p'_{i1}	p'_{i2}	.	.	-	p'_{ih}	.	.	p'_{in}
.	.	.	.	.	.	-	.	.	.
.	.	.	.	.	.	.	-	.	.
.	.	.	.	.	.	.	.	-	.
A_n	p'_{n1}	p'_{n2}	.	.	.	p'_{nh}	.	.	-

Tabelle 14

Matrix der relativen Vorzugshäufigkeiten $[p'_{ih}]$ (Prozentmatrix)

i \ n	A_1	A_2	.	.	.	A_h	.	.	A_n
A_1	-	x'_{12}	.	.	.	x'_{1h}	.	.	x'_{1n}
A_2	x'_{21}	-	.	.	.	x'_{2h}	.	.	x'_{2n}
.	.	.	-	.	.	.	.	.	.
.	.	.	.	-	.	.	.	.	.
A_i	x'_{i1}	x'_{i2}	.	.	-	x'_{ih}	.	.	x'_{in}
.	.	.	.	.	.	-	.	.	.
.	.	.	.	.	.	.	-	.	.
.	.	.	.	.	.	.	.	-	.
A_n	x'_{n1}	x'_{n2}	.	.	.	x'_{nh}	.	.	-

Tabelle 15

Standardwertmatrix $[x'_{ih}]$

Mit Hilfe der tabellierten Normalverteilung erhält man dann aus Tafel A des Anhanges die den p'_{ih} entsprechenden Standardwerte x'_{ih} .
Für diese gilt allgemein:

$$x'_{ih} > 0 \quad \text{für} \quad p_{ih} > 0,5$$
$$x'_{ih} = 0 \quad \text{für} \quad p_{ih} = 0,5$$
$$x'_{ih} < 0 \quad \text{für} \quad p_{ih} < 0,5$$

Wenn p'_{ih} gleich 1 oder 0 ist, läßt man die entsprechenden Zellen der Matrix $[x'_{ih}]$ leer, da die zugehörigen x'_{ih} dann unendlich groß wären. In diesem Fall spricht man von einer Matrix mit vakanten Zellen oder unvollständigen Datenmatrix.

Zur Berechnung von Skalenwerten:

Ein sehr operationaler und für die Praxis meistens ausreichender Ansatz zur Lösung des Gleichungssystems Gl. (46) beruht auf der
Annahme:

Gl. (52) $$\sigma_{ih} = \text{konst.}$$

Sind die Streuungen der Distanzverteilungen sämtlicher Vergleichspaare gleich groß, so erhält man aus Gl. (46) die einfache Beziehung

Gl. (53) $$d_{ih} = n_h - n_i = x_{hi} \cdot \text{konst}$$

Da man die Skaleneinheit bei Intervallskalen beliebig festsetzen darf, kann man sie hier so wählen, daß die Konstante gleich eins wird, d.h. Gl. (53) ergibt dann

Gl. (54) $$d_{ih} = n_h - n_i = x_{ih}$$

Die empirischen Bewertungsdaten werden in der Regel die im Reaktionsmodell zugrunde gelegten Annahmen über die Normalverteilung der n_i^u sowie die zusätzlichen Lösungsannahmen wie z.B. nach Gl. (52) nicht vollständig erfüllen. Bei Urteilsdaten, die in diesem Sinne f e h l e r b e h a f t e t sind, wird infolgedessen die für Intervallskalen notwendige Beziehung zwischen den Distanzen von drei Skalenpunkten n_i , n_h und n_f

Gl. (55) $$d_{hi} - d_{fi} = d_{hf}$$

nicht exakt erfüllt sein, wenn die Urteilsdaten zu Standarddistanzen führen, für die gilt

Gl. (56) $$x'_{hi} - x'_{fi} \neq x'_{hf}$$

Die Aufgabe bei der Berechnung von Skalenwerten n_i besteht daher darin, diese so zu bestimmen, daß die Abweichungen zwischen den aus den Urteilsdaten gewonnenen Standarddistanzen x'_{ih} und den umgekehrt mit Hilfe der ermittelten Skalenwerte n'_i nach Gl. (54)

Gl. (57) $$n'_h - n'_i = x''_{hi}$$

reproduzierbaren Standardwerte x''_{hi} möglichst klein sind.

Wie bei Torgerson / 139, S. 170 / im einzelnen ausgeführt ist, ergeben sich die gesuchten Skalenwerte n_h des Gleichungssystems Gl. (54) bei vollständiger Datenmatrix aus dem arithmetischen Mittel, der Spaltensummen der Matrix $[x'_{ih}]$, d.h.

Gl. (58) $$n'_h = \frac{1}{n} \sum_{i=1}^{n} x'_{ih}$$

mit $$i = 1\,(1)\,n$$ $$h = 1\,(1)\,n$$ $$i \neq h$$

Die Gl. (58) ist eine Optimallösung nach der Methode der kleinsten Quadrate. Bei ihr ist die Gesamtheit der Fehlerabweichung ein Minimum, d.h. es gilt

Gl. (59) $$\sum_{i=1}^{n} \sum_{h=1}^{n} (x'_{ih} - x''_{ih})^2 \overset{!}{=} \text{Min.}$$

In Tabelle 16 ist ein Beispiel für die Berechnung von Skalenwerten n'_h nach Gl. (58), die nur für vollständige Datenmatrizen gilt, angegeben.

Bei der praktischen Bewertung wird es jedoch häufig vorkommen, daß einzelne Vergleichsobjekte in sämtlichen r - Urteilsfolgen dominieren. In diesem Fall überlappen sich nicht alle Reaktionsverteilungen wie zum Beispiel in Abb. 47 n_3^u und n_1^u so daß

$$p'_{31} = 0 \quad \text{bzw.} \quad p'_{13} = 1$$

sind. Die entsprechenden Zellen der Matrix $[x'_{ih}]$ müssen dann unbesetzt bleiben. Liegt eine unvollständige Datenmatrix vor, so können die Skalenwerte nach folgendem, für die Praxis häufig ausreichendem Näherungsverfahren bestimmt werden (vgl. dieses und auch diesbezügliche Optimalverfahren bei Torgerson / 139 ,S.173 /). Ausgegangen wird wiederum von Gl. (54). Danach ist

Gl. (60) $$n_h - n_i = x_{ih}$$

Aufgrund dieser Beziehung muß für ein Vergleichsobjekt A_{h+a} mit $a = 1\ (1)\ n-h$ gelten

Gl. (61) $$n_{h+a} - n_i = x_{i,(h+a)}$$

Durch Subtraktion der Gl. (60) von Gl. (61) folgt daraus

Gl. (62) $$n_{h+a} - n_h = x_{i,(h+a)} - x_{ih}$$

Beispiel zur Berechnung von Skalenwerten n'_h bei **v o l l s t ä n d i g e r** Datenmatrix nach Gl. (58)

MATRIX	i \ h	1	2	3	4	5	Prüfsummen
$[p'_{ih}]$	1	-	0,552	0,742	0,839	0,896	
	2	0,448	-	0,698	0,805	0,869	
	3	0,258	0,302	-	0,633	0,729	
	4	0,161	0,195	0,367	-	0,606	
	5	0,104	0,131	0,271	0,394	-	
	$\sum p'_{ih}$	0,971	1,180	2,078	2,671	3,100	10,000
	i \ h	1	2	3	4	5	
$[x'_{ih}]$	1	-	0,129	0,649	0,989	1,255	
	2	-0,129	-	0,518	0,858	1,224	
	3	-0,649	-0,518	-	0,340	0,606	
	4	-0,989	-0,858	-0,340	-	0,266	
	5	-1,255	-1,224	-0,606	0,266	-	
	$\sum x'_{ih}$	-3,022	-2,471	0,221	1,921	3,351	0,000
$n'_h = \frac{1}{n} \sum x'_{ih}$		-0,604	-0,494	-0,044	0,384	0,670	0,000

setzt man : $n'_1 = 1,000$

so ergibt sich : $n'_2 = 1,110$

$n'_3 = 1,648$

$n'_4 = 1,988$

$n'_5 = 2,274$

Tabelle 16

Die Distanz zwischen zwei Vergleichsobjekten A_{h+a} und A_h kann also aus der jeweiligen Distanz dieser Objekte mit einem dritten Objekt A_i berechnet werden. Dazu wird wiederum entsprechend Gl. (58) das arithmetische Mittel über der Anzahl b der besetzten Spaltenzellen der Matrix $[x'_{ih}]$ genommen, d.h.

Gl. (63)
$$n'_{h+a} - n'_h = \frac{1}{b} \sum_{i=1}^{b} d_{ih,\, h+a}$$

dabei sei
$$d_{ih,h+a} := x'_{i,h+a} - x'_{ih}$$

Ein Beispiel für dieses Berechnungsverfahren ist in Tabelle 17 angegeben (aus Torgerson /139 ,S.175 /). In diesem Fall ist es zweckmäßig, die Spalten der Matrix $[x'_{ih}]$ in aufsteigender Reihenfolge der Spaltensumme von $[p'_{ih}]$ zu ordnen. Auf diese Weise wird erreicht, daß die Vergleichsobjekte entsprechend ihrer Rangfolge auf dem Präferenzkontinuum nebeneinander stehen, so daß man mehr Distanzdifferenzen erhält als bei einem Vergleich weit auseinander liegender Objekte.

Hat man die Distanzdifferenzen $d_{ih,\, h+a}$ entsprechend Tabelle 17 bestimmt und setzt beispielsweise $n'_1 = 1$, so errechnen sich die übrigen Skalenwerte n'_h unmittelbar aus

$$\begin{aligned}
n'_1 &= 1 \\
n'_2 &= n'_1 + d'_{12} \\
n'_3 &= n'_2 + d'_{23} \\
&\;\vdots \\
n'_n &= n'_{n-1} + d'_{n-1,n}
\end{aligned}$$

Beispiel zur Berechnung von Skalenwerten n_h bei unvollständiger Datenmatrix nach Gl. (63)

MATRIX	i \ h	1	2	3	4	5	Prüfsummen
$[p'_{ih}]$	1	-	1,000	0,935	1,000	0,975	
	2	0,000	-	0,000	0,160	0,025	
	3	0,065	1,000	-	0,935	0,690	
	4	0,000	0,840	0,065	-	0,160	
	5	0,025	0,975	0,310	0,840	-	
	$\sum p'_{ih}$	0,090	3,815	1,310	2,935	1,850	10,000

MATRIX	i \ h	1	3	5	4	2	Prüfsummen
$[x'_{ih}]$	1	0,0	1,5	2,0	-	-	
	2	-	-	-2,0	-1,0	0,0	
	3	-1,5	0,0	0,5	1,5	-	
	4	-	-1,5	-1,0	0,0	1,0	
	5	-2,0	-0,5	0,0	1,0	2,0	
	$\sum x'_{ih}$	-3,5	-0,5	-0,5	1,5	3,0	0,0

MATRIX	i \ h	d'_{13}	d'_{35}	d'_{54}	d'_{42}
$[x'_{ih} - x'_{i,h+a}]$	1	1,5	0,5	-	-
	2	-	-	1,0	1,0
	3	1,5	0,5	1,0	-
	4	-	0,5	1,0	1,0
	5	1,5	0,5	1,0	1,0
	$\sum d'_{ih,h+a}$	4,5	2,0	4,0	3,0
	b_h	3	4	4	3
	$\frac{1}{b_h}\sum d'_{ih,h+a}$	1,5	0,5	1,0	1,0

setzt man : $n'_1 = 1,0$

so ergibt sich nach Gl. (63):

$n'_2 = 2,5$

$n'_3 = 3,0$

$n'_4 = 4$

$n'_5 = 5$

Tabelle 17

Zur Überprüfung der Angemessenheit der Modellannahmen

Die Annahme normal verteilter Reaktionen n_i^u sowie die im Einzelfall zusätzlich getroffenen Annahmen zur Lösung des Gleichungssystems Gl. (42) sind nur gerechtfertigt, wenn die Lösungsergebnisse mit den Befragungsdaten genügend genau übereinstimmen. Eine hundertprozentige Übereinstimmung wäre dann gegeben, wenn die empirischen Vorzugshäufigkeiten p'_{ih} mit den aus den berechneten Skalenwerten n'_i reproduzierten, theoretischen Vorzugshäufigkeiten p''_{ih} identisch sind. In der Regel wird jedoch keine vollkommene Übereinstimmung vorliegen, da

- die p'_{ih} infolge $r < \infty$ mit einem Stichprobenfehler behaftet sind, der sich um so stärker auswirkt, je kleiner die Anzahl der Urteilsfolgen r ist.

- die theoretischen Annahmen des Meßmodells bzw. des jeweiligen Lösungsansatzes nicht vollständig erfüllt sind.

Zur Überprüfung der Datenkonsistenz berechnet man folgenden Ausdruck: (vgl. Torgerson / 139, S.186 /).

Gl. (64)
$$\overline{\Delta p_{ih}} = \frac{1}{n(n-1)} \sum_{i>h} \left| p''_{ih} - p'_{ih} \right|$$

Ist die durchschnittliche Abweichung der empirischen von den reproduzierten Vorzugshäufigkeiten "klein", so sind die Modellannahmen gerechtfertigt. Zur praktischen Berechnung von Gl. (64) brauchen wegen der Symmetriebeziehung

Gl. (65)
$$x''_{ih} = (n'_h - n'_i) = -(n'_i - n'_h) = -x''_{hi}$$

nur die x''_{ih} - bzw. aus diesen mit Hilfe der tabellierten Normalverteilung nur die p''_{ih} - unterhalb der Hauptdiagonalen der Matrix $[p''_{ih}]$ d.h. also für $i > h$ bestimmt zu werden.

Auch eine graphische Darstellung der empirischen und theoretischen Vorzugshäufigkeiten vermittelt einen guten Eindruck von der Datenkonsistenz. Im Idealfall müßten alle Punkte der Abbildung auf der 45° Geraden liegen (vgl. Abb. 50).

Verfahren zur zufallskritischen Überprüfung der auftretenden Diskrepanzen zwischen den empirischen und reproduzierten relativen Vorzugshäufigkeiten sind bei Sixtl / 127, S.212 / und Torgerson / 139, S.186 / beschrieben.

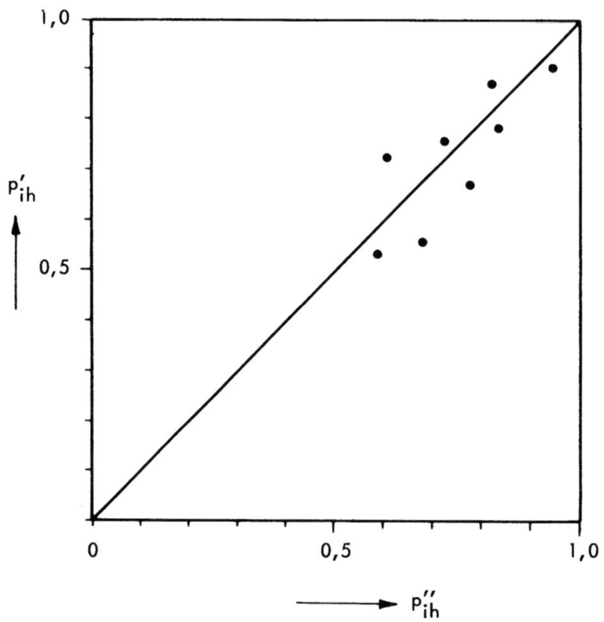

Abb. 50

Zusammenhang zwischen empirischen und reproduzierten relativen Vorzugshäufigkeiten.

5.2.3.2.2.2) Das Gesetz vom kategorialen Urteil

Dem Gesetz vom kategorialen Urteil liegen dieselben Modellannahmen zugrunde wie dem Gesetz vom komparativen Urteil. Infolgedessen sind auch die Verfahren zur Berechnung der Skalenwerte den im vorigen Absatz beschriebenen sehr ähnlich.

Die Urteilsaufgabe besteht hier jedoch nicht darin, in r Urteilsfolgen $r \cdot n\,(n-1)/2$ Paarvergleiche durchzuführen, sondern die Vergleichsobjekte wie beim rating in $g = 1\,(1)\,q + 1$ Kategorien einzuordnen. Es werden hier also sehr viel weniger, d.h. nur $r \cdot n$ Urteile benötigt, was die praktische Anwendung dieser Methodik begünstigt. Darüber hinaus können die Urteilsdaten wie beim Rangordnungsverfahren oder rating ausgewertet werden bzw. umgekehrt, zeigen nach dem Rangordnungs- oder Ratingverfahren gewonnene Urteilsdaten Inkonsistenzen, so kann das Gesetz vom kategorialen Urteil auf dasselbe Befragungsmaterial angewendet werden.

Das Urteilsschema besteht in diesem Fall einfach aus einer Zahlenfolge $g = 1$, $2 \ldots\ldots q + 1$, wobei jedoch weder wie beim rating unterstellt wird, daß die subjektiven Distanzen zwischen den Kategorien gleich groß sind, noch die Forderung wie beim Rangordnungsverfahren erhoben wird, daß Anzahl $(q + 1)$ der Kategorien gleich ist der Anzahl der n Vergleichsobjekte. Es wird hier vielmehr angenommen, daß die Grenzen zwischen den Kategorien nicht feststehend sind, sondern ebenso wie die Reaktionen auf ein und denselben Reiz sowohl innerhalb einer Urteilsfolge als auch in verschiedenen Urteilsfolgen oszillieren können. Diese Modellvorstellung ist natürlich viel praxisnäher als die sehr starke Annahme fester Grenzen und konstanter Intervalle zwischen den Grenzen.

Beim Gesetz vom kategorialen Urteil wird nun die spezielle Annahme getroffen, daß sowohl die Reaktionen auf einen Reiz als auch die Positionen der Kategoriengrenzen auf dem Präferenzkontinuum normalverteilt sind und zwar mit $(n_i \mid \sigma_i)$ bzw. $(t_g \mid \sigma_g)$. Hat man beispielsweise $q + 1 = 5$ Kategorien, zwischen denen

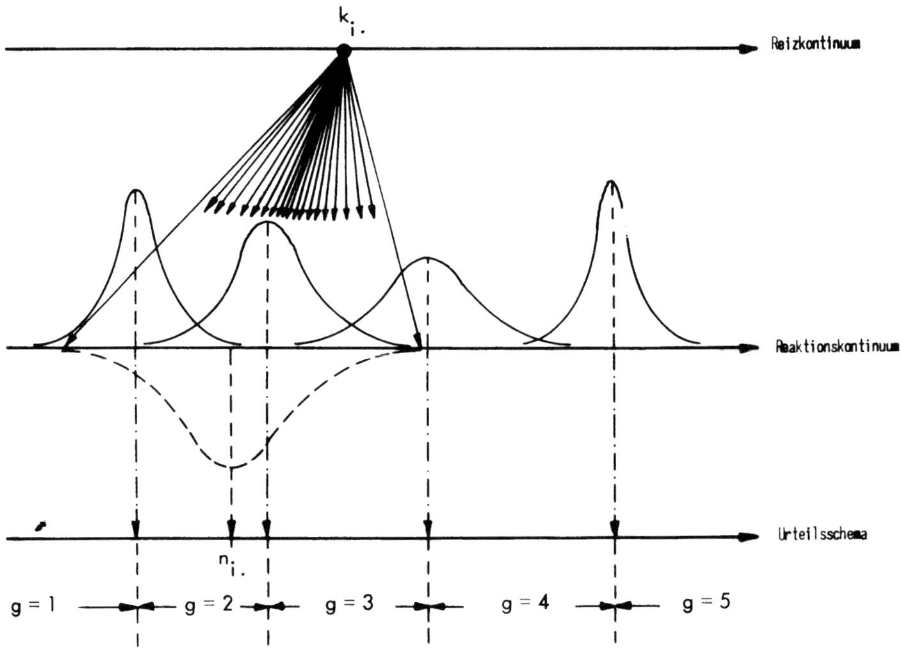

Abb. 51

Normalverteilte Reaktion $n_{i.}^{u}$ (gestrichelt) und normalverteilte Kategoriengrenzen t_{g}^{u} (ausgezogen) entsprechend dem "Gesetz vom kategorialen Urteil".

es q = 4 Grenzen gibt, und ordnet die Urteilsperson ein Vergleichsobjekt in die zweite Kategorie ein, so wird das entsprechend Abb. 51 als eine Folge von 4 binären Ordinalurteilen interpretiert, und zwar als

$$n_i > t_1 \; ; \; n_i < t_2$$

$$n_i < t_3 \; ; \; n_i < t_4$$

Interpretiert man bei diesem Einschätzvorgang die Kategoriengrenzen analog der Vorgehensweise beim Gesetz vom komperativen Urteil als Vergleichsobjekte, so wird verständlich, daß sich für die Distanz d_{ig} zwischen dem Skalenwert n_i des Vergleichsobjektes A_i und der Kategoriengrenze t_g entsprechend dem "Law of Comparative Judgement" folgende Beziehung für das "Law of Categorical Judgement" ergeben muß:

Gl. (66) $$d_{ig} = t_g - n_i = x_{ig} \left(\sigma_i^2 + \sigma_g^2 - 2 \varrho_{ig} \sigma_i \sigma_g \right)^{1/2}$$

Im einzelnen sind:

d_{ig} := Die subjektive Distanz zwischen der Kategoriengrenze t_g und dem Zielwert n_i der Vergleichsalternative A_i.

x_{ig} := Der Abstand zwischen t_g und n_i in Standardeinheiten der Normalverteilung. Der Wert von x_{ig} entspricht der relativen Häufigkeit, mit der $n_i < t_g$ geurteilt wurde, d.h.

$$p_{ig} = \left(1/\sqrt{2\pi} \right) \int_{-\infty}^{x_p} e^{-(z^2/2)} \, dz$$

σ_i, σ_g := Die Streuung der Reaktionsverteilung von n_i^u und der Positionsverteilung von t_g^u.

n_i := Der Mittelwert der Reaktionsverteilung von n_i^u.

t_g := Der Mittelwert der Positionsverteilung von t_g^u

ϱ_{ig} := Korrelation zwischen den Zufallsgrößen n_i^u und t_g^u

Auch das Gleichungssystem des "Law of Comparative Judgement" ist theoretisch unlösbar, da die Zahl der Unbekannten größer ist als die Zahl der Lösungsgleichungen. Es sind daher auch hier verschiedene Lösungsansätze und darauf aufbauende Verfahren zur Berechnung der gesuchten Skalenwerte entwickelt worden. Ausgegangen wird jeweils von den aus den Urteilsdaten gewonnenen Standarddistanzen $[x'_{ig}]$. Um diese zu erhalten, werden die Urteilsdaten und die aus diesen abgeleiteten Größen zweckmäßigerweise entsprechend den Tabellen 18 bis 21 in Matrixform dargestellt. Sind die zu vergleichenden Objekte A_i , $i = 1\ (1)\ n$, insgesamt r - mal in ein aus (q + 1) Kategorien bestehendes Urteilsschema eingeordnet worden, so faßt man diese Urteilsergebnisse in einer Häufigkeitsmatrix $[f'_{ig}]$ zusammen. Das Element f'_{ig} gibt an, wie oft das Objekt A_i in die Kategorie g eingeordnet wurde. Für die Zeilensummen dieser Häufigkeitsmatrix muß dann gelten:

$$\text{Gl. (67)} \qquad \sum_{g=1}^{q+1} f'_{ig} = r$$

Um aus der Häufigkeitsmatrix $[f'_{ig}]$ die relativen Häufigkeiten p'_{ig} berechnen zu können, mit der A_i unterhalb der Kategoriengrenze t_g eingeordnet wurde, bildet man zunächst die kumulierte Häufigkeitsmatrix $[\bar{f}'_{ig}]$.
Zur Berechnung der Matrixelemente gilt

$$\text{Gl. (68)} \qquad \bar{f}'_{ig} = \sum_{g=1}^{g} f'_{ig} \ ; \quad g = 1\ (1)\ q+1$$

Die Matrix $[p'_{ig}]$ der relativen Häufigkeiten (Prozentmatrix) erhält man dann dadurch, daß die kumulierten Häufigkeiten jeweils durch die Gesamtzahl der Urteilsfolgen geteilt werden, d.h. also

$$\text{Gl. (69)} \qquad p'_{ig} = \bar{f}'_{ig} / r$$

Da die Elemente der Spalte q + 1 der Prozentmatrix alle den Wert 1,0 annehmen, läßt man diese Spalte fort. Mit Hilfe der tabellierten Standardnormalverteilung

i \ g	1	2	3	4
1	75	71	3	1
2	46	58	42	4
3	3	72	74	1
4	3	21	80	46

Tabelle 18
Beispiel einer Häufigkeitsmatrix $[f'_{ig}]$ bei r = 150 Urteilsfolgen.

i \ g	1	2	3	4
1	75	146	149	150
2	46	104	146	150
3	3	75	149	150
4	3	24	104	150

Tabelle 19
Kumulierte Häufigkeitsmatrix $[\bar{f}'_{ig}]$. i=1 (1)n, g=1 (1)q + 1

i \ g	1	2	3	4
1	0,500	0,977	0,999	1,000
2	0,309	0,692	0,977	1,000
3	0,028	0,500	0,999	1,000
4	0,028	0,159	0,692	1,000

Tabelle 20
Matrix der relativen Häufigkeiten $[p'_{ig}]$.

i \ g	1	2	3
1	0,0	2,0	5,0
2	-0,5	0,5	2,0
3	-2,0	0,0	3,0
4	-2,0	-1,0	0,5

Tabelle 21
Matrix $[x'_{ig}]$ der Standarddistanzen. i = 1(1)n ; g = 1(1)q .

erhält man schließlich aus $[p'_{ig}]$ die Matrix der Standarddistanzen $[x'_{ig}]$. Wurde ein Vergleichsobjekt A_i in r Urteilsfolgen immer oberhalb einer Kategoriengrenze t_g eingeordnet, so ist $p'_{ig} = 0$. In diesem Fall bleibt die entsprechende Zelle der Matrix $[x'_{ig}]$ unbesetzt (sog. unvollständige Datenmatrix).

Hat man die Urteilsdaten in Form der Matrix $[x'_{ig}]$ dargestellt, so können die gesuchten Skalenwerte n'_i sowie die Werte der Kategoriengrenzen t'_g nach verschiedenen, bei Torgerson / 139 / ausführlich dargestellten, Verfahren berechnet werden. Als Beispiel soll hier nur ein häufig benutzter, sehr operationaler Ansatz beschrieben werden, der sowohl für vollständige als auch für unvollständige Datenmatrizen geeignet ist. Er beruht auf folgenden Annahmen:

Gl. (70)
$$\sigma_i = \text{konst.}$$
$$\sigma_g = \text{konst.}$$
$$\rho_{ig} = \text{konst.}$$

Aufgrund dieser Annahmen erhält man aus dem vollständigen Gleichungssystem des Law of Comparative Judgement nach Gl. (66) die einfache Beziehung

Gl. (71)
$$d_{ig} = t_g - n_i = x_{ig} \cdot \text{konst.}$$

wobei die Konstante für die praktische Berechnung der Skalenwerte wieder unberücksichtigt bleiben kann, da sie nur die bei Intervallskalen beliebig festsetzbare Werteinheit verändert. Für zwei auf dem Präferenzkontinuum nebeneinander liegende Vergleichsobjekte A_i und A_{i+a} kann man nach Gl. (71) schreiben

Gl. (72)
$$t_g - n_i = x_{ig}$$

Gl. (73)
$$t_g - n_{i+a} = x_{i+a,g}$$

Subtrahiert man diese beiden Gleichungen voneinander, so erhält man allgemein

Gl. (74) $$n_{i+a} - n_i = x_{ig} - x_{i+a,g}$$

bzw. bei fehlerbehafteten Urteilsdaten, für die dieses Gleichungssystem nicht exakt für i = konst über alle g erfüllt ist:

Gl. (75) $$n'_{i+a} - n'_i = x'_{ig} - x'_{i+a,\,g}$$

Da für die Differenz $(n'_{i+a} - n'_i)$ ebenso viele Schätzwerte existieren wie paarweise besetzte Zellen in der g-ten und (i+a)-ten Zeile der Matrix $[x'_{ig}]$ vorhanden sind, berechnet man hier wieder das arithmetische Mittel als approximierte "wahre Distanz" zwischen den Skalenwerten, d.h. also

Gl. (76) $$n'_{i+a} - n'_i = \frac{1}{b} \sum_{g=1}^{q} (x'_{ig} - x'_{i+a,g})$$

mit $i = 1(1)\,n-1$

und $b := $ Anzahl der Summanden

Damit der Mittelungsfehler klein bleibt, ordnet man die Zeilen der Matrix $[x'_{ig}]$ zweckmäßigerweise nach der Größe der n'_i , so daß b möglichst groß wird. Dazu summiert man zunächst die Zeilenelemente der Matrix $[p'_{ig}]$ und ordnet die zeilen der Matrix $[x'_{ig}]$ entsprechend der Größe dieser Summen. Setzt man dann beispielsweise $n'_1 = 1$, so lassen sich alle übrigen Skalenwerte nach Gl. (76) berechnen. Ein Beispiel für diese Verfahrensweise ist in Tabelle 22 angegeben. Will man auch die Skalenwerte der Kategoriengrenzen bestimmen, so ist das mit Hilfe der berechneten Skalenwerte aufgrund folgender Beziehung möglich

Gl. (77) $$t'_g = \frac{1}{b} \sum_{i=1}^{n} (x'_{ig} + n'_i)$$

mit $g = 1\,(1)\,q$

Beispiel zur Berechnung von Skalenwerten n_i' nach Gl.(76)

MATRIX	i \ g	1	2	3	4	$\sum_g p_{ig}'$	Rang
$[p_{ig}']$	1	0,691	0,933	0,977	-	2,601	2
	2	0,309	0,691	0,841	0,964	2,805	1
	3	0,097	0,382	0,579	0,841	1,899	3
	4	0,023	0,179	0,309	0,618	1,129	4
	5	-	0,045	0,115	0,345	0,505	5
$[x_{ig}']$	2	- 0,5	0,5	1,0	1,8		
	1	0,5	1,5	2,0	-		
	3	- 1,3	- 0,3	0,2	1,0		
	4	- 2,0	- 1,0	- 0,5	0,3		
	5	-	- 1,7	- 1,2	- 0,4		

	i	i+a					$\sum$	$\frac{1}{b}\sum = n_{i+a}' - n_i'$
$[x_{ig}' - x_{i+a,g}']$	2	1	- 1,0	- 1,0	- 1,0	-	- 3,0	- 1,0
	1	3	1,8	1,8	1,8	-	5,4	1,8
	3	4	0,7	0,7	0,7	0,7	2,8	0,7
	4	5	-	0,7	0,7	0,7	2,1	0,7

setzt man :

$$n_1' = 1,0$$

so ergibt sich nach Gl.(76) :

$$n_2' = 2,0$$

$$n_3' = 2,8$$

$$n_4' = 3,5$$

$$n_5' = 4,2$$

Tabelle 22

Zur Überprüfung der Angemessenheit der Modellannahmen:

Analog der Vorgehensweise beim Gesetz vom komparativen Urteil kann auch beim Gesetz vom kategorialen Urteil die Angemessenheit der Modellannahmen durch Berechnung der mittleren Diskrepanz zwischen den empirischen und theoretischen relativen Vorzugshäufigkeiten abgeschätzt werden. Man berechnet dazu folgenden Ausdruck (vgl. Torgerson / 139 , S.241 /)

Gl. (78) $$\overline{\Delta p_{ig}} = \frac{1}{q \cdot n} \sum_{i=1}^{n} \sum_{g=1}^{q} \left| p''_{ig} - p'_{ig} \right|$$

Die reproduzierten Vorzugshäufigkeiten p''_{ig} erhält man aus der Beziehung

Gl. (79) $$x''_{ig} = t'_{g} - n'_{i}$$

und der tabellierten Normalverteilung.

5.2.3.2.2.3) Besonderheiten bei der Intervallskalierung mit Hilfe von Vorzugshäufigkeiten

Gemeinsame Verankerung von m Zielwertskalen:

Die Transformation von Vorzugshäufigkeiten auf der Basis des Thurstone'schen Reaktionsmodells führt ebenso wie die direkte Intervallskalierung zu Skalenwerten, die grundsätzlich beliebig linear transformierbar sind. Werden daher bei einer multidimensionalen Nutzwertanalyse Zielwerte n_{ij} bezüglich der Zielerträge k_{ij} von $j = 1\ (1)\ m$ Zielkriterien bestimmt, so sind diese untereinander erst dann vergleichbar, wenn eine gemeinsame Zielwerteinheit definiert und die einzelnen Bewertungsergebnisse entsprechend transformiert worden sind.

Bei der direkten Intervallskalierung wurde vorausgesetzt, daß sämtliche m Zielerträge k_{ij} mit einer konstanten Werteinheit eingeschätzt werden. Aufgrund der Beobachtung der Wiederholungsstabilität der Bewertungsergebnisse konnte dann überprüft werden, ob diese Voraussetzung wenigstens näherungsweise erfüllt wird oder nicht. Bei der indirekten Intervallskalierung durch Vorzugshäufigkeiten geht man jedoch von Ordinalurteilen aus, die auch bei Beobachtung der Ergebnisse von Urteilswiederholungen keinen Schluß auf die Verwendung einer einheitlichen Bewertungseinheit zulassen. In diesem Fall ist daher eine zusätzliche gemeinsame Verankerung der m Zielwertskalen notwendig, damit deren Zielwerte bzw. deren Zielwertdistanzen verglichen und unter Ausschöpfung der Intervallinformationen in der Wertsynthese rational zusammengefaßt werden können (siehe dazu Abs. 6.4).

Der Urteilsaufwand:

Aufgrund des methodischen Ansatzes erfordert die Ableitung einer Intervallskale mit Hilfe von Vorzugshäufigkeiten einen weitaus größeren Urteilsaufwand als die direkte Intervallskalierung. Für die notwendige Anzahl der Urteilsfolgen gilt als Faustregel

Gl. (80) $$r \cdot p_{ih} \geq 5$$

Ist Gl. (80) nicht erfüllt, so sind die Annahmen des Thurstoneschen Reaktionsmodells nicht gerechtfertigt.

Beim Gesetz vom komparativen Urteil sind in einer Urteilsfolge je Kriterium k_i bei n Vergleichsalternativen n (n-1) / 2, beim Gesetz vom kategorialen Urteil dagegen nur n Urteile notwendig. In Abb. 52 ist der jeweilige Urteilsaufwand dieser beiden Skalierungsverfahren aufgetragen. Wie diese Gegenüberstellung zeigt, ist das Gesetz vom Paarvergleich vergleichsweise wenig operational. Um den beim Paarvergleich erforderlichen Urteilsaufwand zu reduzieren, sind daher verschiedene Techniken vorgeschlagen worden, die bei Torgerson / 139 , S.191 / im einzelnen beschrieben sind. Grundsätzlich laufen diese darauf hinaus, daß kein vollständiger Paarvergleich vorgenommen wird, sondern die Dominanzmatrix $[e'_{ih}]$ entsprechend einer der in Abb. 53 dargestellten Formen nur teilweise ausgefüllt wird.

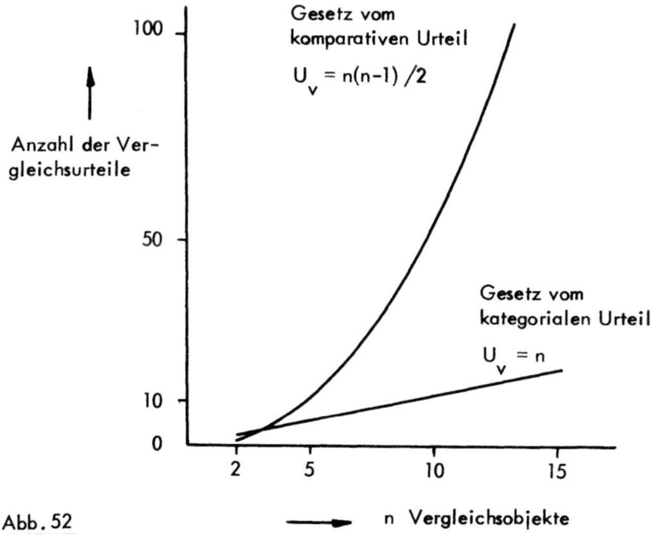

Abb. 52

Urteilsaufwand U_v je Kriterium und Urteilsfolge bei n zu vergleichenden Alternativen .

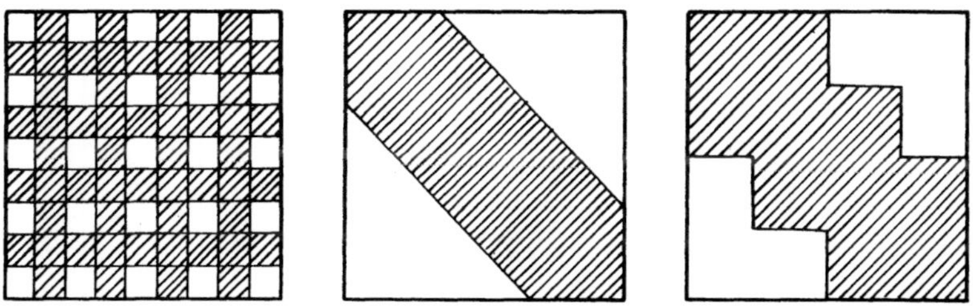

Abb. 53

Schematische Darstellung der Möglichkeiten zur praktischen Reduzierung des Urteilsaufwandes beim "Gesetz vom komparativen Urteil" durch unvollständigen Paarvergleich (nach Torgerson /139, S. 192/) .

Vergleichsmerkmal	Direkte Intervallskalierung (Rating)	Indirekte Intervallskalierung	
		Transformation von Vorzugshäufigkeiten	Transformation von Rangordnungen
(1) Urteilshäufigkeit r	beliebig (vgl. aber (5))	$r \cdot p_{ih} \geq 5$	beliebig
(2) Urteilsanforderungen	hoch (Intervallurteile !)	niedrig (Ordinalurteile)	niedrig (Ordinalurteile !)
(3) besondere Anwendungs-einschränkungen	keine	notwendig ist Inkonsistenz in r Urteilsfolgen, so daß $p_{ih} \neq 1$ bzw. 0 .	keine
(4) Überprüfbarkeit der empirischen Relevanz der Intervalle zwischen den erzielten Skalenwerten	nicht möglich	möglich Gl.(64)bzw. Gl.(78)	nicht möglich
(5) Erzielung einer Standardeinheit bei Aufstellung von m-Zielwertskalen	ist indirekt durch Beobachtung der Wiederholungsstabilität der Urteile möglich	erfordert zusätzlichen Bewertungsvorgang	nicht möglich
(6) Rangfolge bezüglich des erforderlichen Aufwandes bei der Datenverarbeitung	①	③	②
(7) Rangfolge bezüglich der Durchschaubarkeit der Methodik für Urteilspersonen	①	③	②

Tabelle 23 Vergleichende Gegenüberstellung der Methoden der Intervallskalierung

Vergleich der verschiedenen Methoden der Intervallskalierung:

Tabelle 23 gibt abschließend eine vergleichende Gegenüberstellung der Methoden der Intervallskalierung. Wie diese Übersicht noch einmal zeigt, kann nur bei der Transformation von Vorzugshäufigkeiten auf der Basis des Thurstone'schen Reaktionsmodells die empirische Relevanz der Intervalle zwischen den abgeleiteten Skalenwerten überprüft werden. Bei den übrigen Methoden bleibt es im Einzelfall grundsätzlich fraglich, ob die Bewertungsergebnisse mehr als eine Rangordnung wiedergeben. Ist daher die Anwendung der Verfahren zur Transformation von Vorzugshäufigkeiten entsprechend Merkmal (3) der Tabelle 23 in einer konkreten Situation möglich, so sind diese für die Intervallskalierung zu bevorzugen. Dem kann jedoch aus praktischen Gründen gegebenenfalls die erforderliche Urteilshäufigkeit entsprechend Merkmal (1) entgegenstehen. Dagegen dürfte der höhere Aufwand bei der Datenauswertung in der Regel nicht ins Gewicht fallen, da die Auswertungsverfahren durchweg numerisch formulierbar sind und teilweise auch bereits als Rechenprogramme vorliegen (siehe z.B. Sixtl / 127 /).

5.2.4) Verhältnisskalierung

Bei der Bewertung auf der Grundlage einer Verhältnisskala wird unterstellt, daß die Urteilsperson in der Lage ist, Quotienten zwischen subjektiven Größen wahrzunehmen und so durch Zahlen abbilden kann, daß ihre Urteile reale metrische Eigenschaften der Reaktionen reflektieren. Das setzt voraus, daß sämtliche Urteile auf denselben, "natürlichen" Skalenursprung bezogen werden. Das Problem, bei jedem Urteil dieselbe Skaleneinheit verwenden zu müssen, ergibt sich hier nicht, wenn die Verhältnisse von Skalenwerten geschätzt werden, da Quotienten von Skalenwerten bei festem Nullpunkt unabhängig von der gewählten Einheit sind. Insofern kann die Verhältnisskalierung einfacher sein als die direkte Intervallskalierung, die ja verlangt, daß zwei Punkte - durch die die Bewertungseinheit festgelegt ist - während sämtlicher Urteile fixiert bleiben (vgl. dazu Torgerson / 139 , S.56 /).

Die Verhältnisskalierung liefert Bewertungsergebnisse, die bis auf eine multiplikative Transformation der Werteinheit entsprechend

Gl. (81) $$\overset{+}{n}_{ij} = n_{ij} \cdot \text{konst.}$$

bestimmt sind. Mit der willkürlichen Festlegung eines Skalenpunktes sind die Werteinheit und damit auch die Skalenwerte aller übrigen n_{ij}, j = konst, fixiert. Das Problem, diesen Skalenpunkt bei m Zielwertskalen so zu wählen, daß die Zielwerte bezüglich sämtlicher Zielkriterien $k_{\cdot j}$ mit derselben Werteinheit gemessen werden, existiert hier natürlich auch und ist bei der Wertsynthese besonders zu berücksichtigen (vgl. Abs. 6.4).

Um eine eindimensionale Präferenzordnung auf eine Verhältnisskala abzubilden, könnte man natürlich analog der unter Absatz 5.2.3 für die direkte Intervallskalierung beschriebenen Verfahrensweise vorgehen. Man müßte dann davon ausgehen, daß die im Ratingverfahren abgegebenen quantitativen Urteile auf einen "natürlichen" Nullpunkt bezogen sind, so daß nicht nur den Differenzen der gewonnenen Skalenwerte empirische Bedeutung zukommt, sondern auch den Skalenwerten selbst bzw. den Quotienten aus diesen. Bei der praktischen Bewertung von Handlungsalternativen wird diese Annahme bei der Interpretation der erzielten Ergebnisse bewußt oder unbewußt häufig unterstellt. In der Regel dürfte sie jedoch nicht gerechtfertigt sein. Man kann das leicht dadurch feststellen, daß man die Zahlen des verwendeten Urteilsschemas austauscht und die Bewertung mit dem neuen Urteilsschema wiederholen läßt. Die Verhältnisse zwischen den neuen Skalenwerten und den entsprechenden ursprünglichen Werten werden meistens nicht übereinstimmen. Die Verhältnisskalierung durch direkte Zuordnung von Skalenwerten ist aus diesem Grunde unbefriedigend. Sie kann jedoch verbessert werden, indem man während der Bewertung die bei Verhältnisskalen definitionsgemäß vorhandene Addierbarkeit von Skalenwerten beachtet. Dazu vergleicht man sukzessive Teilsummen von zugeordneten Skalenwerten und korrigiert gegebenenfalls die ursprünglichen Schätzwerte. Diese Verfahrensweise wurde von Churchman und Ackoff / 23 / vorgeschlagen. Sie ist in der

Praxis insbesondere im Zusammenhang mit der Ermittlung von Kriteriengewichten g_i unter der Bezeichnung "Methode der sukzessiven Vergleiche" bekannt geworden.

Angemessener als die direkte Zuordnung von Skalenwerten scheinen den menschlichen Urteilseigenschaften jedoch solche Methoden der Verhältnisskalierung zu sein, die auf der Schätzung von Größenverhältnissen selbst beruhen. Im Bereich der Psychophysik konnte wiederholt gezeigt werden, daß Urteilspersonen in der Lage sind, konsistente Verhältnisschätzungen abzugeben (vgl. beispielsweise Sixtl / 127 ,S.72 /). Für die Nutzwertanalyse sind hier insbesondere die Methode der Verhältnisherstellung und die Methode der Verhältnisschätzung von praktischer Bedeutung.

Skalierungsverfahren, die auf der Methode der V e r h ä l t n i s h e r s t e l l u n g beruhen, kommen dann in Frage, wenn über dem entscheidungsrelevanten Bereich des Zielertragkontinuums allgemein der Zielwertverlauf im Sinne einer Wertfunktion ermittelt werden soll. Die Verfahren der V e r h ä l t n i s s c h ä t z u n g sind dagegen bei der direkten Beurteilung von Projektalternativen von Bedeutung. In diesem Fall werden lediglich diskrete Punkte des Zielertragkontinuums betrachtet, die die speziellen, projektrelevanten Zielerträge k_{ij} repräsentieren. Für diese sind die Verhältnisse ihrer Zielwerte n_{ij} zu schätzen.

Im folgenden sollen nun die praktischen Verfahrensweisen bei der Bewertung nach der Methode der sukzessiven Vergleiche, der Methode der Verhältnisherstellung und der Methode der Verhältnisschätzung behandelt werden.

5.2.4.1) Die Methode der sukzessiven Vergleiche

Die Bewertung nach der von Churchman und Ackoff vorgeschlagenen Methode der sukzessiven Vergleiche ist eine der zahlreichen Möglichkeiten, Gleichheits- und Ungleichheitsbeziehungen zwischen Schätzwerten und Teilsummen von Schätzwerten zu betrachten (vgl. Fishburn / 37 ,S.445 /).

Dieser Bewertungsansatz impliziert entsprechend den Axiomen 6 bis 9 der Tabelle 5 immer eine Verhältnisskala, da er Addierbarkeit der zugeordneten Skalenwerte verlangt. Darüber hinaus erfordert die praktische Durchführung dieser Methode, daß die Summe von relativen Werten, die den zu vergleichenden Objekten einzeln zugeordnet wird, gleich dem subjektiven Wert ist der beim kombinierten Auftreten dieser Objekte empfunden wird. Formal würde das beispielsweise bei der Ermittlung von Zielwerten n_{ij} aufgrund von Zielerträgen k_{ij}, j = konst., bedeuten:

falls gilt:

$$k_{1j} \mathrel{\hat{=}} n_{1j}$$
$$k_{2j} \mathrel{\hat{=}} n_{2j}$$
$$k_{3j} \mathrel{\hat{=}} n_{3j}$$

dann muß auch gelten:

$$k_{1j} + k_{2j} + k_{3j} \mathrel{\hat{=}} n_{1j} + n_{2j} + n_{3j}$$

Offenbar kann diese Forderung bei der Ermittlung von Zielwerten in der Regel nicht erfüllt werden. Denn sie ist gleichbedeutend mit einer linearen Zielwertfunktion einerseits (vgl. dazu auch Tabelle 26) und der Voraussetzung andererseits, daß jeweils eine hypothetische Alternative denkbar ist, bei der die einzelnen Zielerträge der konkret zu vergleichenden Alternativen kombiniert auftreten können. Infolgedessen wird die Methode der sukzessiven Vergleiche für die Ermittlung von Zielwerten praktisch nur selten infrage kommen.

Mit Erfolg kann diese Methode dagegen zur Bestimmung von Kriteriengewichten angewandt werden. Wie unter Absatz 3.4 gezeigt wurde, kann ein Kriteriengewicht g_j als konstanter Maßstabsfaktor des Kriteriums $k_{\cdot j}$ verstanden werden. Dieser gibt an, mit welchem Gewicht die zugehörige Zielwerteinheit - die für alle $j = 1\,(1)\,m$ Kriterien gleich groß ist - in den Gesamtnutzen eingehen soll. Da der Gesamtnutzen N bei nutzenunabhängigen Zielkriterien entsprechend Gl. (27) eine lineare Funktion ist, und das kombinierte Auftreten von Zielwerten mehrerer bzw. aller Zielkriterien bei konsistentem Zielsystem grundsätzlich möglich ist, kann die Methode der sukzessiven Vergleiche hier in jedem Fall angewandt werden.

Wie in / 23 / ausführlich beschrieben ist, erfordert diese Methode folgende Bewertungsschritte (siehe dazu auch das Beispiel in Tabelle 24):

Beispiel zur Bestimmung der Gewichte g_i von 4 Zielkriterien $k_{\cdot i}$ nach der **Methode der sukzessiven Vergleiche**	
1. Schritt: Bestimmung der Präferenzordnung. Es sei d.h.	 $PR(k)_2 > PR(k)_1 > PR(k)_4 > PR(k)_3$ $g_2 > g_1 > g_4 > g_3$
2. Schritt: Zuordnung von provisorischen Gewichten	$1{,}0 > 0{,}8 > 0{,}5 > 0{,}3$
3. Schritt: Sukzessive Korrektur der Schätzwerte 3.1) Es sei da erfolgt Korrektur	 $g_2 > g_1 + g_4 + g_3$ $1{,}0 \ngtr 0{,}8 + 0{,}5 + 0{,}3$ $\textcircled{2{,}0} > 0{,}8 + 0{,}5 + 0{,}3$
3.2) Es sei da erfolgt Korrektur	$g_1 < g_4 + g_3$ $0{,}8 \nless 0{,}5 + 0{,}3$ $\textcircled{0{,}7} < 0{,}5 + 0{,}3$
3.3) Es sei da erfolgt keine Korrektur	$g_4 > g_3$ $\textcircled{0{,}5} > \textcircled{0{,}3}$
4. Schritt: Normierung der geschätzten Gewichte	$g_1 = 0{,}7$ $g_1' = g_1 / 3{,}5 = 0{,}20$ $g_2 = 2{,}0$ $g_2' = g_2 / 3{,}5$ " 0,57 $g_3 = 0{,}3$ $g_3' = g_3 / 3{,}5 = 0{,}09$ $g_4 = 0{,}5$ $g_4' = g_4 / 3{,}5 = 0{,}14$ Summe = 3,5 Summe = 1,00

Tabelle 24

1. Schritt :

Die Zielkriterien k_i werden in eine ordinale Präferenzordnung gebracht, so daß man beispielsweise für die Gewichte $g_i = PR(k)_i$ folgende Aussage erhält:

Gl. (82) $$g_1 > g_2 > \cdot \cdot \cdot \quad g_i > \cdot \cdot \cdot > g_m$$

2. Schritt :

Das am höchsten eingestufte Zielkriterium erhält provisorisch den Wert 1,0. Den übrigen Zielkriterien werden dann enstprechende Werte zugeordnet, so daß die Präferenzordnung nach Gl. (82) erfüllt ist.

3. Schritt :

Es werden sukzessive die numerisch zugeordneten Gewichte g_i, $i = 1\ (1)\ m$, einzeln jeweils mit der Summe der restlichen (m-i) Gewichte verglichen. Dabei kann g_i größer, kleiner oder gleich dieser Summe eingeschätzt werden. Falls das ursprünglich zugeordnete Gewicht dieser Einschätzung nicht entspricht, dann müssen entweder g_i selbst oder die (m-i) Gewichte der betrachteten Teilsumme korrigiert werden.

4. Schritt :

Sind sämtliche Gewichte entsprechend Schritt 3 überprüft und gegebenenfalls korrigiert worden, so können sie aufgrund der für Verhältnisskalen zulässigen multiplikativen Transformation gemäß Gl. (81) so normiert werden, daß ihre Summe eins ergibt, d.h.

Gl. (83) $$g_i' = g_i \left(1 / \sum_{i=1}^{m} g_i \right) .$$

Ist die Anzahl der zu vergleichenden Kriterien $m \geq 7$, dann ist das beschriebene Verfahren langwierig und vor allem unübersichtlich. In einem solchen Fall geht man daher zweckmäßigerweise folgendermaßen vor (Churchman / 23 ,S.178 /) :

(a) Es wird wie unter Schritt 1 beschrieben eine Präferenzordnung der m Kriterien vorgenommen.

(b) Das Gewicht eines beliebigen Kriteriums wird als Vergleichsstandard gewählt und gleich eins gesetzt, d.h. $g_s = 1,0$.

(c) Die übrigen (m-1) Kriterien werden beliebig zu Teilmengen mit jeweils etwa 5 Elementen zusammengefaßt. Jeder dieser Teilmengen wird das Standardvergleichskriterium zugeordnet.

(d) Die Gewichte jeder Teilmenge werden jeweils gemäß den Schritten 2 und 3 sukzessive so bestimmt, daß das Standardgewicht g_s den Wert 1,0 behält.

(e) Die abschließende Normierung erfolgt wieder entsprechend Gl. (83), indem jedes der m Gewichte durch die Summe sämtlicher Gruppengewichte dividiert wird.

Benutzt man die Methode der sukzessiven Vergleiche zur Ermittlung von Kriteriengewichten g_i , so empfiehlt es sich, das Zielprogramm wie unter Absatz 4 beschrieben, in Form einer Zielhierarchie zu entwickeln. Es brauchen dann jeweils nur die auf einer Stufe des Zielprogramms stehenden Ziele mit gemeinsamen, direkt übergeordneten Knotenziel gegeneinander abgewogen zu werden. Die Anzahl der zu vergleichenden Elemente ist daher von vornherein klein, so daß die Bewertung nach der oben beschriebenen Verfahrensweise einfach und übersichtlich bleibt. Darüber hinaus machen Änderungen im Zielprogramm bei Vorhandensein einer Zielhierarchie keine vollständige Neubewertung erforderlich. Zweifellos kann das insbesondere im Zusammenhang mit Empfindlichkeitsuntersuchungen von Nutzwertanalyseergebnissen eine sehr vorteilhafte Modelleigenschaft sein.

Praktisch geht man dabei so vor, daß zunächst jeweils nur die zu einem Oberziel (Zielknoten) direkt gehörenden Unterziele gewichtet werden. Diese Gewichte werden hier Knotengewichte GK (s, j) genannt, wobei s die Stufe der Zielhierarchie und j die laufende Nummer des gewichteten Zieles auf der Stufe s bezeichnet. Die für die Nutzwertanalyse maßgebenden Stufengewichte GS (s, j) eines Zieles ergeben sich dann durch Multiplikation sämtlicher übergeordneten Knotengewichte der zugehörigen Zielkette. Die Menge der Stufengewichte GS (s, j), die zu den Endgliedern sämtlicher Zielketten gehören, ist dann identisch mit der Menge der Kriteriengewichte g_i . In Abb. 54 ist die Logik dieser Vorgehensweise beschrieben. Ein diesbezügliches Rechenbeispiel ist in Abb. 55 angegeben.

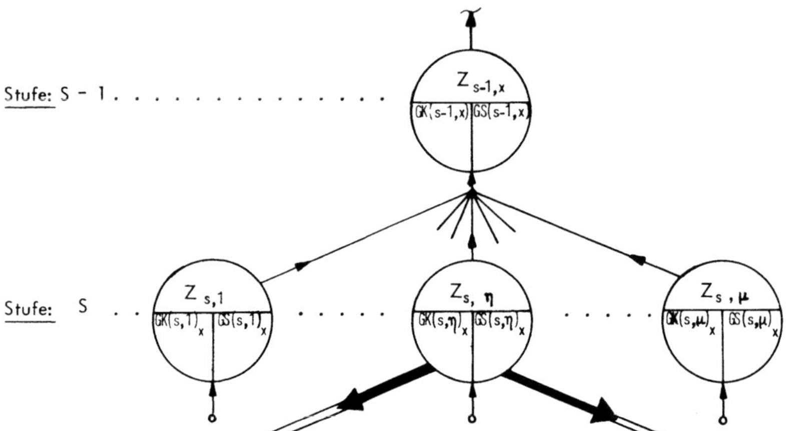

K N O T E N - G E W I C H T

$GK(s,\eta)_x$: = relatives Gewicht des Unterzieles $Z_{s,\eta}$ innerhalb der Menge sämtlicher Unterziele auf der Stufe S mit dem gemeinsamen, direkt übergeordneten Oberziel $Z_{.x}$ auf der Stufe (S-1). Das Oberziel $Z_{.x}$ stellt einen Knotenpunkt in der Zielhierarchie dar. Die Knotengewichte werden in einem Bewertungsvorgang geschätzt.

Es gilt:

$$\sum_{\eta=1}^{\mu} GK(s,\eta)_x = 1$$

$$x = \text{konst}$$

$$\eta = 1\,(1)\,\mu$$

S T U F E N - G E W I C H T

$GS(s,\eta)_x = GS(s-1,x) \cdot GK(s,\eta)_x$ = relatives Gewicht eines Zieles $Z_{s,\eta}$ innerhalb derjenigen Zielmenge, die sämtliche Ziele auf derselben Stufe S sowie außerdem die Ziele der Endpunkte von Zielketten auf übergeordneten Stufen der Zielhierarchie umfaßt. Die Stufengewichte können aus den geschätzten Knotengewichten berechnet werden.

Es gilt:

$$\sum_{\eta=1}^{\mu} GS(s,\eta)_x = GS(s-1,x)$$

$$x = \text{konst}$$

$$\eta = 1\,(1)\,\mu$$

Allgemein gilt für:

- Anfangspunkte von Zielketten auf der obersten Stufe einer Zielhierarchie:

$$GK(1,x) = GS(1,x)\ ; \quad \sum_x GS(1,x) = 1$$

- Endpunkte von Zielketten auf einer beliebigen Stufe der Zielhierarchie

$$GS(s,\eta) = g_j \ ; \quad \sum g_j = 1$$

wobei $[g_j]$ die relativen Gewichte der Kriterien sind, die der Bewertung der Alternativen direkt zugrunde gelegt werden.

Abb. 54 Logik - Schema zur stufenweisen Bestimmung der relativen Gewichte von Zielen bzw. Zielkriterien in einer Zielhierarchie.

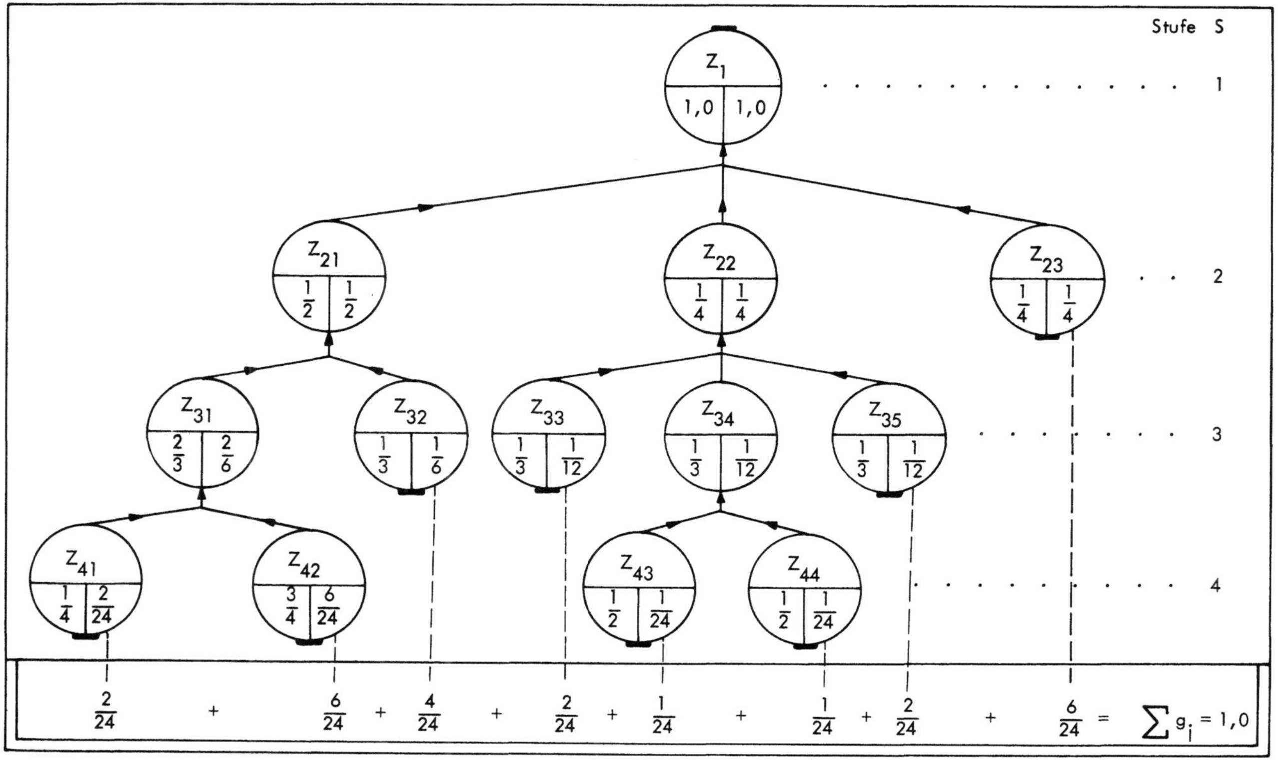

Abb. 55 Beispiel zur stufenweisen Bestimmung der relativen Gewichte von Zielen bzw. Zielkriterien einer Zielhierarchie: Die Endpunkte der Zielketten repräsentieren die bei der Bewertung der Alternativen zugrunde zu legenden Zielkriterien $[k_{.i}]$.

5.2.4.2) Verhältnisskalierung durch Verhältnisherstellung

Soll eine Wertfunktion über dem entscheidungsrelevanten Bereich eines Zielertragkontinuums, dem Zielertragspektum, ermittelt werden, so setzt das voraus, daß die Zielerträge durch einen empirischen Index wie zum Beispiel [kg] , [PS] etc. quantitativ beschreibbar sind. Ist das der Fall, dann kann der gesuchte Zielwertverlauf geschätzt werden. Dazu müssen solche Punkte k_{vj} auf dem Zielertragkontinuum angegeben werden, deren Zielwerte n_{vj} in einem vorgegebenen Verhältnis zu dem Zielwert n_{sj} eines Standardvergleichspunktes k_{sj} stehen. Grundsätzlich kann man hierbei nach zwei Ansätzen vorgehen:

(1) Empirische Approximation einer Wertfunktion durch systematische Verhältnisherstellung über dem gesamten Bereich des Zielertragspektrums (psychometrischer Ansatz).

(2) Zugrundelegung einer mathematisch exakt definierten Funktion (z.B. e-Funktion) und Verhältnisherstellung für zwei Punkte des Zielertragspektrums, so daß die Parameter und damit der spezielle Verlauf der Funktion eindeutig bestimmt sind (normativer Ansatz).

Psychometrischer Ansatz zur Ermittlung einer Wertfunktion:

Nach diesem Ansatz wird der gesuchte Zielwertverlauf punktweise ermittelt. Zweckmäßigerweise verfährt man dabei folgendermaßen (vgl. z.B. Torgerson /139,S.97/): Zunächst muß der relevante Bereich des Zielertragkontinuums, das Zielertragspektrum, definiert werden. Dazu werden die minimalen und / oder maximalen Zielerträge $k_{\cdot j}$ angegeben, die denjenigen Bereich des Zielertragkontinuums abgrenzen, der als bedingt nutzenunabhängig angesehen werden kann. Die Urteilsperson wird dann aufgefordert, jeweils solche Punkte k_{vj} zu bestimmen, für deren Zielwerte im Vergleich zu einem Standardbezugspunkt k_{sj} gilt

Gl. (84) $$n_{vj} = \frac{1}{a} \cdot n_{sj}$$

Dabei ist 1/a ein als Urteilschema vorgegebenes Nutzenverhältnis. Die Bewertungsfolge kann bei konstantem a für verschiedene Standardbezugspunkte oder mit variablen a und festem Bezugpunkt durchgeführt werden. Erfahrungsgemäß ist es jedoch für Urteilspersonen leichter mit einem konstanten a zu schätzen, wobei die Werte a = 2, a = 3 oder a = 4 zu besonders konsistenten Urteilsergebnissen führen. Die Standardbezugspunkte müssen in diesem Fall über das gesamte Zielertragspektrum verteilt werden. Wird die Bewertung in r Urteilsfolgen wiederholt, so kann zur Bestimmung des gesuchten Zielwertverlaufs jeweils das arithmetische Mittel der r Schätzwerte k^u_{vj}, u = 1 (1) r, genommen werden.

In Tabelle 25 und Abb. 56 bzw. Abb. 57 ist ein Beispiel für die Ermittlung einer Wertfunktion nach dieser Verfahrensweise angegeben. Als Schätzverhältnis wurde hier 1/2 gewählt. Die Schätzwerte k_{vj}, deren Zielwerte n_{vj} entsprechend Gl. (84) jeweils 50 % der Zielwerte n_{sj} der Standardbezugspunkte k_{sj} betragen, werden zunächst wie in Abb. 56 über k_{sj} aufgetragen und näherungsweise durch eine Kurve miteinander verbunden. Man hat damit für sämtliche Punkte des Zielertragspektrums Schätzwerte für die k_{vj}. Die Wertfunktion erhält man dann dadurch, daß man wie in Abb. 57 dem am niedrigsten eingestuften Zielertrag k_{vj} (hier k_{vj} = 35) den Zielwert n_{vj} = 1 zuordnet. Man sucht dann in Abb. 56 den Zielertrag auf, dessen Zielwert doppelt so hoch eingeschätzt wurde (hier k_{sj} = 40) und fährt analog fort, bis genügend Punkte festliegen, um den Kurvenverlauf eintragen zu können. Da die Einheiten von Verhältnisskalen multiplikativ transformierbar sind, können die Zielwerte entsprechend Gl. (81) normiert werden, d.h.

Gl. (85) $$n^+_{\cdot j} = n_{\cdot j} / (n_{\cdot j})_{Max}$$

so daß der oberen Grenze $(k_{\cdot j})_{Max}$ des Zielertragspektrums der Zielwert $n_{\cdot j}$ = 1 zugeordnet ist.

k_{sj}	30	40	50	60	70	80	90
k_{vj}	-	35	40	47	55	60	68

Tabelle 25

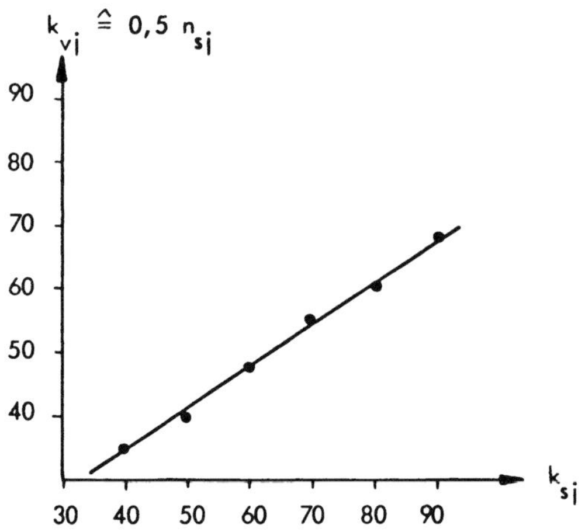

Abb. 56

Schätzfunktion der k_{vj} entsprechend der Beziehung $PR_i(k_{vj}) = 0,5\ PR_i(k_{sj})$.

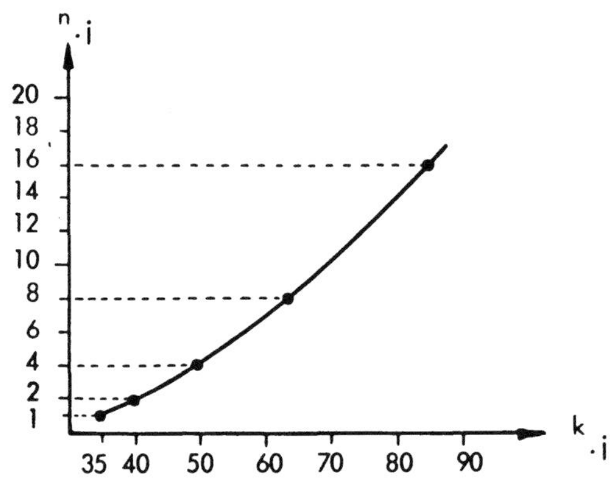

Abb. 57

Zielwertfunktion $n_{\cdot j} = PR_j(k_{\cdot j})$ entsprechend der Schätzfunktion nach Abb. 56 . Dem Zielwert $PR_j(k_{\cdot j} = 35)$ ist hier willkürlich der Skalenwert 1 zugeordnet worden .

Normativer Ansatz zur Ermittlung einer Wertfunktion:

Die psychometrische Bestimmung einer Wertfunktion ist wenig operational, wenn Wertfunktionen für mehrere Kriterien aufgestellt werden müssen. Die Nachteile dieser Vorgehensweise liegen insbesondere in der Anzahl der notwendigen Schätzungen und der umständlichen graphischen Darstellung des Funktionsverlaufs. Bei multidimensionalen Nutzwertanalysemodellen empfiehlt es sich daher, zu versuchen, von mathematisch exakt definierten Funktionsverläufen auszugehen. Diese können ohne Schwierigkeiten programmiert werden und erfordern zur situationsrelevanten Festlegung der Funktionsparameter einen vergleichsweise geringen Schätzaufwand.

Da man bei normativen Entscheidungsmodellen nicht notwendig von einer empirisch nachweisbaren Funktionalbeziehung zwischen dem Objektkontinuum und dem subjektiven Präferenzkontinuum ausgehen muß, genügt es hier, eine Wertfunktion zugrunde zu legen, deren Charakteristik als rationale Entscheidungsgrundlage akzeptiert werden kann. Der situationsrelevante Verlauf einer solchen Funktion muß dann jeweils durch geeignete Bestimmung der Funktionsparameter festgelegt werden. Dazu genügt es, entsprechend Gl. (84) einen Punkt k_{vj} zu schätzen und die Kurve durch (n_{vj} , k_{vj}) und (n_{sj} , k_{sj}) zu legen. Selbstverständlich wird es in konkreten Fällen immer zweckmäßig sein, auch einige der mit dieser einen Schätzung und dem gewählten Funktionstyp ebenfalls festgelegten Zielwertverhältnisse der übrigen Punkte des Zielertragspektrums auf ihre Situationsrelevanz hin zu überprüfen.

In Tabelle 26 sind einige typische Wertfunktionen angegeben, wie sie beispielsweise in einem multidimensionalen Nutzwertanalysemodell, in dem sämtliche Zielerträge k_{ij} quantitativ definiert waren, benutzt wurden (vgl. Koelle / 81 ,S.11 /).

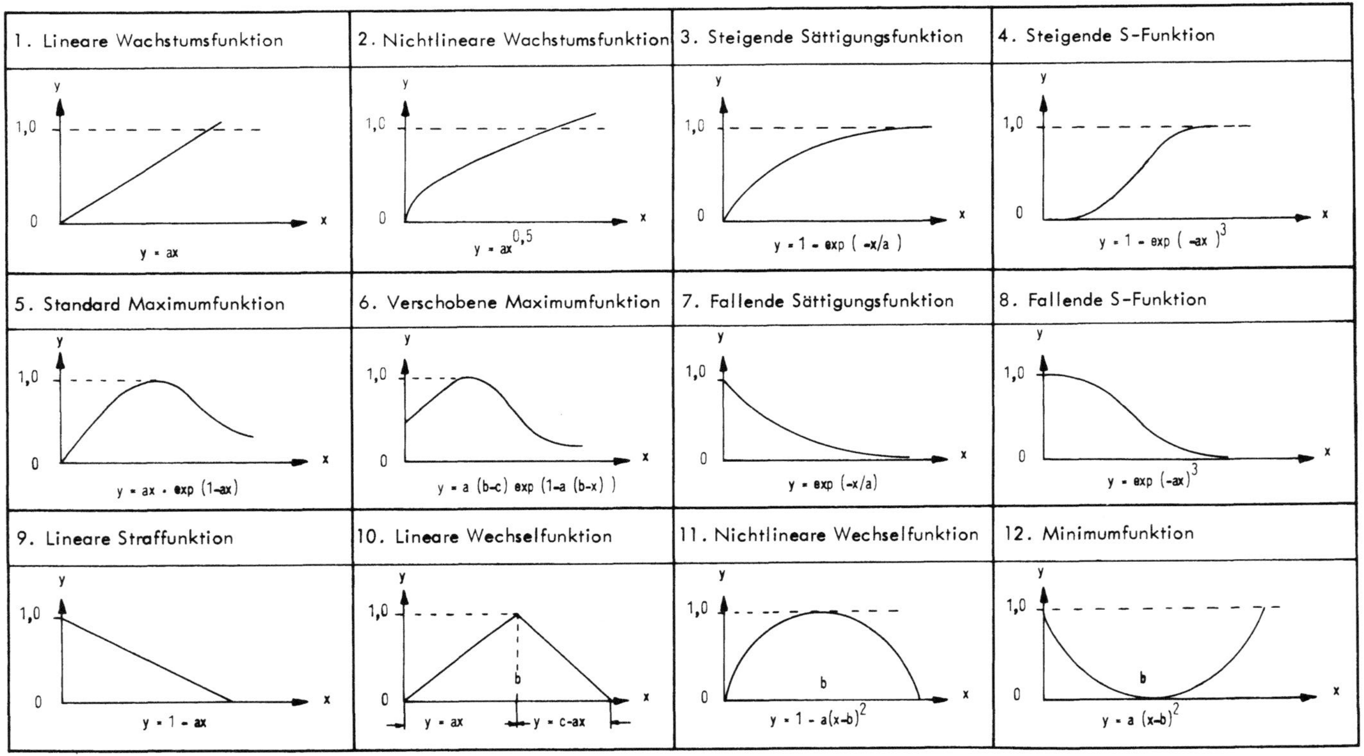

<u>Tabelle 26</u> Typische Zielwertfunktionen $n_{\cdot i} = PR_j(k_{\cdot i})$; Es gilt $n_{\cdot i} = y$, $k_{\cdot i} = x$ und a, b, c = konst. > 0 .

5.2.4.3) Verhältnisskalierung durch direkte Verhältnisschätzung

Werden Projektalternativen nicht über eine a priori aufgestellte Wertfunktion miteinander verglichen, sondern soll die Bewertung direkt auf der Grundlage eines Urteilschemas mit Verhältnisniveau erfolgen, so kommen dazu die Skalierungsverfahren der direkten Verhältnisschätzung in Frage. Die Urteilsaufgabe besteht in diesem Fall beispielsweise darin, die Zielerträge k_{ij} der zur Wahl stehenden Alternativen A_i bezüglich des Kriteriums $k_{\cdot j}$ paarweise miteinander zu vergleichen und das Verhältnis ihrer Zielwerte n_{1j} / n_{2j} direkt zu schätzen. Hat man sämtliche Zielwertverhältnisse ermittelt, dann können die Zielwerte selbst unmittelbar aus den Schätzwerten berechnet werden. Dazu muß einem Zielwert irgendeine Zahl zugeordnet werden, wodurch die willkürlich festsetzbare Skaleneinheit bestimmt ist.

Die in diesem Zusammenhang bekannten Skalierungsverfahren wurden ebenfalls in der Psychometrie entwickelt. Sie bestehen generell aus Vorschriften zur operationalen Schätzung von Größenverhältnissen und mathematischen Verfahrensweisen zur Reduzierung von Schätzfehlern aufgrund von Inkonsistenzen. Solche Inkonsistenzen können sowohl während ein und derselben Urteilsfolge - wie beispielsweise beim vollständigen Paarvergleich - als auch zwischen den einzelnen Urteilsfolgen bei r Urteilswiederholungen auftreten. Außer einem bei Sixtl /127, S 73/ beschriebenen Verfahren von Ekman ist insbesondere das von Metfessel und Comrey entwickelte "Verfahren der konstanten Summen" für die praktische Bewertung bei Nutzwertanalysen geeignet. Dieses Verfahren kann sowohl bei der Ermittlung von Gewichte g_j als auch für die Ermittlung von Zielwerten n_{ij} angewandt werden. Es soll daher im folgenden kurz beschrieben werden. Eine ausführliche Darstellung findet sich bei Torgerson /139, S.104/.

Das Verfahren der konstanten Summen:

Die Bezeichnung dieses Verfahrens beruht auf dem speziellen Urteilsschema, das zur Schätzung der Verhältnisse von Skalenwerten verwendet wird. Die Alternativen A_i werden paarweise bezüglich ihrer Zielerträge k_{ij} miteinander verglichen. Dabei sind von der Urteilsperson jeweils eine konstante Anzahl von 100 Punkten entsprechend dem subjektiv beigemessenen Zielwertverhältnis $n_{ij} : n_{hj}$ zu verteilen. Wird beispielsweise das Urteil 80 : 20 abgegeben, so heißt das, daß der Zielwert n_{ij} viermal so hoch wie n_{hj} eingestuft wird. Werden n Alternativen verglichen, so erhält man je Urteilsfolge u, u = 1 (1) r, insgesamt n (n - 1)/2 Schätzwerte v_{ih}^{u}. Dabei gibt v_{ih}^{u} jeweils die Punktzahl an, die Alternative A_h in der u-ten Urteilsfolge aufgrund ihres Zielertrages k_{hj} im Vergleich mit dem Zielertrag k_{ij} der Alternative A_i zugeordnet wurde. Die mittlere in r-Urteilsfolgen zugeordnete Punktzahl berechnet sich als arithmetisches Mittel aus

Gl. (86)
$$v_{ih} = \frac{1}{r} \sum_{u=1}^{r} v_{ih}^{u}$$

mit
$$i = 1\,(1)\,n\,;\; h = 1\,(1)\,n$$
$$i \neq h$$
$$u = 1\,(1)\,r$$

Die durchschnittlich zugeordneten Punktzahlen schreibt man zweckmäßigerweise als Matrix $[v_{ih}]$ entsprechend Tabelle 27 auf.

Aus der Matrix $[v_{ih}]$ kann man nun Schätzwerte für die Zielwertverhältnisse berechnen, indem die Quotienten symmetrischer Matrixelemente entsprechend

Gl. (87)
$$\frac{v_{ih}}{v_{hi}} = \frac{n_h}{n_i} = w_{ih}$$

gebildet werden. Die geschätzten Zielwertverhältnisse w_{ih} ordnet man ebenfalls wie in Tabelle 28 in Matrixform an.

Zur Bestimmung der n gesuchten Zielwerte stehen insgesamt n (n-1)/2 geschätzte Zielwertverhältnisse in der Matrix $[w_{ih}]$ zur Verfügung. Benötigt werden jedoch nur (n-1) Schätzwerte, so daß sich zur endgültigen Berechnung der Ziel-

i \ h	A_1	A_2	.	.	.	A_h	.	.	A_n
A_1	-	v_{12}	.	.	.	v_{1h}	.	.	v_{1n}
A_2	v_{21}	-	.	.	.	v_{2h}	.	.	v_{2n}
.	.	.	-	.	.	.	.	.	.
.	.	.	.	-	.	.	.	.	.
A_i	v_{i1}	v_{i2}	.	.	-	v_{ih}	.	.	v_{in}
.	.	.	.	.	.	-	.	.	.
.	.	.	.	.	.	.	-	.	.
.	.	.	.	.	.	.	.	-	.
A_n	v_{n1}	v_{n2}	.	.	.	v_{nh}	.	.	-

Tabelle 27

Matrix $[v_{ih}]$ der durchschnittlich von 100 Punkten der Alternative A_h im Vergleich mit A_i zugeordneten Punktzahl.

i \ h	A_1	A_2	.	.	.	A_h	.	.	A_n
A_1	-	w_{12}	.	.	.	w_{1h}	.	.	w_{1n}
A_2	w_{21}	-	.	.	.	w_{2h}	.	.	w_{2n}
.	.	.	-	.	.	.	.	.	.
.	.	.	.	-	.	.	.	.	.
A_i	w_{i1}	w_{i2}	.	.	-	w_{ih}	.	.	w_{in}
.	.	.	.	.	.	-	.	.	.
.	.	.	.	.	.	.	-	.	.
.	.	.	.	.	.	.	.	-	.
A_n	w_{n1}	w_{n2}	.	.	.	w_{nh}	.	.	-

Tabelle 28

Matrix $[w_{ih}]$ der geschätzten Zielwertverhältnisse v_{ih}/v_{hi}.

werte ein Mittelungsverfahen empfiehlt, damit die gesamte in der Matrix $[w_{ih}]$ enthaltene Information ausgenutzt werden kann. Denn beispielsweise läßt sich das Zielwertverhältnis n_1 / n_2 außer direkt aus den geschätzten Punktzahlen nach Gl. (87) auch indirekt berechnen aus

Gl. (88) $$\frac{w_{i1}}{w_{i2}} = \frac{n_1}{n_2} = w_{21}$$

mit $$i = 3\,(1)\,n$$

Aufgrund inkonsistenten Urteilsverhaltens werden die jeweils (n-1) bestimmbaren w_{ih} nicht exakt übereinstimmen. Analog der Vorgehensweise zur Berechnung von Skalenwerten beim Gesetz vom komparativen Urteil ist es daher auch hier vernünftig zu versuchen, die Zielwerte so zu berechnen, daß die Gesamtabweichung zwischen den beobachteten fehlerbehafteten Zielwertverhältnissen w'_{ih} und den aus den berechneten Skalenwerten reproduzierten Zielwertverhältnissen w''_{ih} ein Minimum wird.

Ausgehend von der logarithmierten Form der Gl. (87)

Gl. (89) $$\log v_{ih} - \log v_{hi} = \log w_{ih}$$

bzw.

Gl. (90) $$\log n_h - \log n_i = \log w_{ih}$$

hat Torgerson / 139 , S. 109 / gezeigt, daß sich die gesuchten Zielwerte n'_h unter Zugrundelegung der Optimalitätsbedingung

Gl. (91) $$\sum_{i=1}^{n} \sum_{h=1}^{n} (\log w''_{ih} - \log w'_{ih})^2 \stackrel{!}{=} \text{Min.}$$

aus der einfachen Beziehung berechnen lassen:

Gl. (92) $$\log n'_h = \frac{1}{n} \sum_{i=1}^{n} \log w'_{ih}$$

Beispiel zur Berechnung von Skalenwerten n'_h nach der "Methode der konstanten Summen" entsprechend Gl. (93)

MATRIX	i \ h	1	2	3	4	5	$\sum_{h=1}^{n} \log v'_{ih} = B_i$
$[v'_{ih}]$	1	-	44,91	36,09	28,79	11,00	
	2	55,09	-	41,04	35,51	12,79	
	3	63,91	58,96	-	41,34	16,00	
	4	71,26	65,49	58,66	-	21,06	
	5	89,00	87,21	84,00	78,94	-	
$[\log v'_{ih}]$	1	-	1,65234	1,55739	1,45849	1,04139	5,70961
	2	1,74107	-	1,61321	1,53794	1,10687	5,99901
	3	1,80557	1,77056	-	1,61637	1,20412	6,39662
	4	1,85285	1,81617	1,76834	-	1,32346	6,76082
	5	1,94939	1,94057	1,92428	1,89730	-	7,71154
$\sum_{i=1}^{n} \log v'_{ih} = A_h$		7,34888	7,17964	6,86322	6,51010	4,67584	
$A_h - B_i = C$		1,63927	1,18055	0,46660	-0,25072	-3,03570	
$\log n'_h = C/n$		0,327854	0,236110	0,093320	-0,050144	-0,607140	
n'_h		2,127	1,722	1,240	0,891	0,247	

Tabelle 29

In Verbindung mit Gl. (89) kann man dafür auch schreiben:

Gl. (93) $$\log n_h' = \frac{1}{n} \left(\sum_{i=1}^{n} \log v_{ih}' - \sum_{h=1}^{n} \log v_{hi}' \right)$$

Ein Zahlenbeispiel zur Berechnung von Skalenwerten nach dem Verfahren der konstanten Summen aufgrund Gl. (93) ist in Tabelle 29 angegeben. Die Schätzdaten v_{ih} stammen aus einem Experiment von Comrey (zitiert nach Sixtl / 127 , S.78 /).

Zur Überprüfung der Angemessenheit des Skalierungsverfahrens :

Analog der im Zusammenhang mit dem Gesetz vom komparativen Urteil beschriebenen Verfahrensweise kann hier im Gegensatz zur Methode der sukzessiven Vergleiche die Angemessenheit der berechneten Bewertungsergebnisse überprüft werden. Diese Überprüfung ist jedoch wiederum nur nach "Augenschein" möglich. Dazu müssen die aus den berechneten Skalenwerten n_h' gemäß Gl. (90) reproduzierbaren Zielwertverhältnisse w_{ih}'' mit den eigentlichen Schätzwerten der Matrix $[w_{ih}']$ verglichen werden. Die mittlere Abweichung würde sich dabei aus der Beziehung berechnen

Gl. (94) $$\overline{\Delta w_{ih}} = \frac{2}{n(n-1)} \sum_{i=1}^{n} \sum_{h=1}^{n} \left| w_{ih}'' - w_{ih}' \right|$$

Theoretisch wäre es auch möglich, die Bewertungsergebnisse einer zufallskritischen Prüfung zu unterziehen. Ein entsprechender statistischer Test ist jedoch noch nicht entwickelt worden (vgl. dazu Torgerson / 139, S.116 /).

5.3) Besondere Probleme der messenden Bewertung

In diesem Abschnitt soll auf einige Probleme in Hinblick auf die Frage eingegangen werden, inwieweit man in einer konkreten Bewertungssituation überhaupt davon ausgehen kann, daß die Urteilsergebnisse einen realen Sachverhalt wiedergeben. Diese Frage stellt sich insbesondere angesichts der gewöhnlich innerhalb und zwischen $r > 1$ Urteilsfolgen zu beobachtenden Urteilsvariabilität. Aber auch die grundsätzlich nicht auszuschließende Gefahr, daß konstante Urteilsfehler die Ergebnisse verfälschen, verlangen im Einzelfall eine kritische Überprüfung der benutzten Bewertungstechnik und der mit der Urteilsaufgabe betrauten Experten.

5.3.1) Notwendigkeit und Möglichkeiten zur Überprüfung der Urteilsübereinstimmung

Bevor die $m + 1$ gesuchten eindimensionalen Präferenzordnungen endgültig festgelegt werden können, ist zu überprüfen, ob die mit Hilfe einer der beschriebenen Skalierungsmethoden ermittelten Urteilsergebnisse überhaupt ein geordnetes Wertmuster darstellen. Dazu muß im Einzelfall festgestellt werden, ob es in Anbetracht der eventuell vorliegenden Urteilsvariabilitäten vernünftig ist, die "wahren Werte" in den einzelnen Wertdimensionen durch Mittelung der Ergebnisse zu bestimmen.

Im Idealfall müßten r Urteilsfolgen, die bezüglich ein und desselben Beurteilungsmerkmals vorgenommen werden, zu identischen Urteilsergebnissen führen. Das würde voraussetzen, daß die Bewertungsbasis in sämtlichen Urteilsfolgen dieselbe ist. Die dazu erforderliche Bewertungsisomorphie müßte folgende Komponenten umfassen:

(1) Isomorphie der Information.
Jeder Urteilsfolge liegen dieselben Objektinformationen zugrunde.

(2) I s o m o r p h i e d e r P r ä f e r e n z s t r u k t u r .
Jeder Urteilsfolge liegen dieselben Präferenzen zugrunde.

(3) I s o m o r p h i e d e s E r k e n n u n g s p r o z e s s e s
Die Wahrnehmung der Objektinformationen und Präferenzen sowie die gedankliche Verarbeitung dieser Informationen ist in allen Urteilsfolgen dieselbe.

(4) I s o m o r p h i e d e s K a t e g o r i s i e r u n g s p r o z e s s e s .
Das vorgegebene Urteilsschema wird in allen Urteilsfolgen in derselben Weise gehandhabt.

In der Praxis wird die Bewertungsisomorphie in ihren einzelnen Komponenten mehr oder weniger stark gestört sein. Die wesentlichsten Ursachen dafür sind die Zeitunterschiede zwischen den Urteilsfolgen und die dadurch notwendig bedingten Situationsänderungen sowie die Individualitäten verschiedener Urteilspersonen. Infolgedessen werden auch die Ergebnisse verschiedener Urteilsfolgen bei schwierigen Bewertungssachverhalten nur selten übereinstimmen. Im Einzelfall muß man sich daher fragen, wie eine beobachtete mangelhafte Übereinstimmung zu interpretieren ist und welche Konsequenzen sich daraus eventuell für die Verwendung der Urteilsergebnisse im Nutzwertanalysenmodell ergeben. Man kann hier drei typische Situationen unterscheiden (vgl. dazu auch Gulliksen / 123 ,S.73 / und Tucker / 123 ,S.86 /).

(1) Jeder Urteilsfolge liegt dieselbe Bewertungsbasis zugrunde. Die Urteile der einzelnen Urteilsfolgen sind jedoch mit verschiedenen, z u f a l l s b e d i n g t e n Fehlern behaftet. In diesem Fall führt die Berechnung eines Mittelwertes zur optimalen Näherung an den gesuchten "wahren Wert".

(2) Jeder Urteilsfolge liegt eine Bewertungsbasis zugrunde, die sich s y s t e m a t i s c h von den übrigen unterscheidet. Die Berechnung eines Mittelwertes würde in diesem Fall zu einem irrationalen Ergebnis führen.

(3) Die Gesamtheit der r Urteilsfolgen setzt sich aus r_1 Urteilsfolgen zusammen, deren Bewertungsbasen zufallsbedingt voneinander abweichen sowie aus r_2 Urteilsfolgen, deren Bewertungsbasen untereinander und / oder im Vergleich zu den übrigen r_1 Bewertungsbasen systematisch verschieden sind. Die Berechnung eines Mittelwertes ist in diesem Fall nur gerechtfertigt, wenn r_2 genügend klein ist und die zugehörigen Urteilsfolgen unberücksichtigt bleiben.

Die Situationen (1) und (2) sind Extremfälle, die praktisch selten vorkommen werden. Variable Urteilsdaten sollten daher weder unbesehen gemittelt werden noch sollte man sie grundsätzlich insgesamt verwerfen. Es ist vielmehr zweckmäßig, im Einzelfall entsprechend der Situation (3) zu überprüfen, inwieweit die Bewertungsisomorphie tatsächlich gestört ist. In welchen Komponenten Abweichungen von einer vollkommenen Bewertungsisomorphie auftreten, läßt sich direkt zwar nicht feststellen. Man kann jedoch indirekt auf das Vorhandensein bestimmter Abweichungen schließen, indem man das Ausmaß der jeweils erzielten Urteilsübereinstimmung überprüft. Grundsätzlich können bei der Einstufung von mehreren Vergleichsobjekten bezüglich ein und desselben Beurteilungsmerkmals Urteilswidersprüche auftreten

- innerhalb einer Urteilsfolge in Form von intransitiven Präferenzaussagen (gemessen durch den T r a n s i t i v i t ä t s g r a d),

- zwischen den Urteilsfolgen ein und derselben Urteilsperson bei Urteilswiederholungen (gemessen durch den Grad der E i g e n k o n s i s t e n z),

- zwischen den insgesamt vorgenommenen r Urteilsfolgen verschiedener Urteilspersonen (gemessen durch den Grad der G r u p p e n k o n s i s t e n z).

Bevor nun auf die charakteristischen Ursachen geringer Urteilsübereinstimmung eingegangen wird, sollen zunächst die wichtigsten Verfahren zur quantitativen Berechnung der Urteilsübereinstimmung beschrieben werden.

5.3.1.1) Ordinale Urteilsübereinstimmung bei 1-maligem Paarvergleich von n Objekten

Wie bereits unter Abs. 5.2.2 erwähnt wurde, können innerhalb einer Urteilsfolge intransitive Urteilsverkettungen - sogenannte zirkuläre Triaden - auftreten, wenn die zu vergleichenden Objekte A_i , $i = 1\ (1)\ n$, paarweise miteinander verglichen und bewertet werden. Das ist zum Beispiel der Fall bei der indirekten Intervallskalierung nach dem Gesetz vom komparativen Urteil und der Verhältnisskalierung nach der Methode der konstanten Summen.

Eine zirkuläre Triade liegt vor, wenn innerhalb einer Urteilsfolge folgende intransitive Präferenzaussagen bezüglich der Zielwerte von drei Alternativen gemacht werden

$$n_1 > n_2$$
$$n_2 > n_3$$
$$n_3 > n_1$$

Aufgrund der beiden ersten Aussagen hätte die Urteilsperson entsprechend dem Axiom der strengen Transitivität (vgl. Absatz 3.2) urteilen müssen, $n_1 > n_3$.

Nach Kendall / 77 ,S.144 / kann man die Anzahl T der zirkulären Triaden in einer Urteilsfolge berechnen. Setzt man diese ins Verhältnis zu der jeweils maximal möglichen Anzahl zirkulärer Triaden T_{max} , so hat man damit ein quantitatives Maß für die innere Konsistenz einer Urteilsfolge. Es gelten hierfür folgende Beziehungen (vgl. auch Sixtl / 127,S 158 /):

Gl. (95)
$$T_{max} = \begin{cases} \frac{1}{24}\ (n^3 - n) & \text{für n gerade} \\ \frac{1}{24}\ (n^3 - 4n) & \text{für n ungerade} \end{cases}$$

Gl. (96)
$$T = n\,(n-1)\,(2n-1)\,/\,12 - \frac{1}{2} \sum_{h=1}^{n} e_h^{\,2}$$

Dabei stellen die Ausdrücke

Gl. (97) $$e_h = \sum_{i=1}^{n} e_{ih} \; ; \; i \neq h$$

jeweils eine der insgesamt n Spaltensummen der entsprechend Gl. (30) definierten Dominanzmatrix $[e_{ih}]$ dar. Der Transitivitätskoeffizient der inneren Urteilsübereinstimmung ist dann definiert als

Gl. (98) $$Ü_T = 1 - T/T_{max}$$

Bei vollkommener Konsistenz, d.h. $T = 0$, ist $Ü_T = 1$, bei maximaler Inkonsistenz ist dagegen $T = T_{max}$, so daß $Ü_T = 0$ wird.

Es ist natürlich auch denkbar, daß eine inkompetente Urteilsperson durch Zufall Bewertungsergebnisse mit einem Transitivitätsgrad $Ü_T > 0$ erzielt. In Tafel C sind die Wahrscheinlichkeiten $P(T' \geq T)$ dafür angegeben, daß bei zufälliger Bewertung die Anzahl möglicher zirkulärer Triaden T' größer oder gleich ist der tatsächlich vorliegenden Anzahl T.

Näherungsweise kann das Ausmaß der Konsistenz auch mittels Chi-Quadrat getestet werden. Für $n \geq 7$ gilt nach Kendall / 77 ,S.147 /

Gl. (99) $$\chi^2 = \frac{8}{n-4} \left[\frac{1}{4} \binom{n}{3} - T + \frac{1}{2} \right] + \nu$$

mit der Anzahl der Freiheitsgrade

Gl. (100) $$\nu = \frac{n(n-1)(n-2)}{(n-4)^2}$$

und der Nullhypothese

H_0 : = Die erzielte Konsistenz ist ein Zufallsergebnis, d.h. die Urteilsperson ist mit einer Sicherheitswahrscheinlichkeit von P % inkompetent, falls

$$\chi^2 \leq \chi^2_{P\%} .$$

bzw.

H_1 : = Die Urteilsperson ist mit einer Sicherheitswahrscheinlichkeit von (100 - P) % kompetent und kann die n Objekte bewerten, falls

$$\chi^2 > \chi^2_{P\%}$$

Hat man beispielsweise n = 7 , dann wäre nach Gl. (95) T_{max} = 14. Werden tatsächlich nur T = 13 zirkuläre Tiraden beobachtet, so kann man zeigen, daß die vorliegende Konsistenz

$$Ü_T = 1 - \frac{13}{14} = 0,07$$

mit sehr großer Wahrscheinlichkeit von einer inkompetenten Urteilsperson erzielt wurde. Denn nach Gl. (100) und Gl. (99) erhält man

$$\nu = 23,33$$
$$\chi^2 = 13,33$$

Nach Tafel D ist aber

$$\chi^2 \approx \chi^2_{95\,\%}$$

d.h. mit einer Sicherheitswahrscheinlichkeit von 95 % ist das Bewertungsergebnis zufällig zustande gekommen bzw.

$$P(T' \geq T) = 1 - (\chi^2 \geq \chi^2_{P\%}) \approx 0,05$$

Nach Tafel C wäre der exakte Wert hierfür 0,036. Für n > 7 stimmen die Ergebnisse des Chi-Quadrat Tests mit den exakten Werten wie aus Tafel C hervorgeht, sehr genau überein.

5.3.1.2) Ordinale Urteilsübereinstimmung bei r-maligem Paarvergleich von n Objekten

Unabhängig von dem jeweils in einer Urteilsfolge beim Paarvergleich erzielten Transitivitätsgrad interessiert es in konkreten Bewertungssituationen ebenfalls zu wissen, wie groß die Übereinstimmung zwischen den u = 1 (1) r Urteilsfolgen ist.

Statt einer Dominanzmatrix $[e_{ih}]$ hat man in diesem Fall insgesamt r Dominenzmatrizen. Diese werden wie unter Abs.5.2.3.2.2.1 beschrieben, zu einer Häufigkeitsmatrix $[f_{ih}]$ zusammengefaßt. Haben sämtliche Urteilsfolgen zu denselben Dominanzen geführt, so liegt vollständige Übereinstimmung vor. Die Häufigkeitsmatrix $[f_{ih}]$ enthält dann $\binom{n}{2}$ Elemente mit dem Wert $f_{ih} = r$ und $\binom{n}{2}$ Element mit $f_{ih} = 0$. Minimale Übereinstimmung wäre dagegen gegeben, wenn bei einer geraden Anzahl r von Urteilsfolgen sämtliche Matrixelemente außerhalb der Hauptdiagonalen den Wert $f_{ih} = r/2$ annehmen würden.

Aufgrund dieses Sachverhaltes kann man nun nach Kendall / 77 ,S.149 / mit Hilfe der Größen

A : = Anzahl derjenigen Paare von Elementen e_{ih}, die in einander entsprechenden Matrixzellen (ih) von r Dominanzmatrizen tatsächlich übereinstimmen.

B : = Anzahl derjenigen Paare von Elementen e_{ih}, die bei vollständiger Konsistenz in einander entsprechenden Matrixzellen (ih) von r Dominanzmatrizen übereinstimmen.

folgenden Konsistenzkoeffizienten $Ü_P$ als Maß für die Urteilsübereinstimmung zwischen r im Paarvergleich vorgenommen Urteilsfolgen definieren:

Gl. (101)
$$Ü_P = \frac{2A}{B} - 1$$

Mit den Bezeichnungen

Gl. (102) $$f_h = \sum_{i=1}^{n} \binom{f_{ih}}{2}; \; i \neq h$$

und

Gl. (103) $$f = \sum_{h=1}^{n} f_h$$

ergibt sich dann entsprechend der Definition nach Gl. (101)

Gl. (104) $$\ddot{U}_P = \frac{2f}{\binom{r}{2}\binom{n}{2}} - 1 = \frac{8f}{r(r-1)\,n(n-1)} - 1$$

Bei vollkommener Konsistenz zwischen den Urteilsfolgen ist $\ddot{U}_P = 1$. Allgemein liegt $\ddot{U}_P$ in den Bereichen

Gl. (105) $$-1/(r-1) \leq \ddot{U}_P \leq 1; \text{ bei r gerade}$$

$$-1/r \leq \ddot{U}_P \leq 1; \text{ bei r ungerade}$$

Auch hier ist es natürlich denkbar, daß ein erzielter Konsistenzgrad $\ddot{U}_P$ ein Zufallsergebnis ist. In Tafel E sind für einige Werte von r und n die Wahrscheinlichkeiten $P(f' \geq f)$ dafür angegeben, daß die Übereinstimmungshäufigkeit f' bei zufälliger Bewertung größer oder gleich ist der entsprechend Gl. (103) tatsächlich beobachteten Übereinstimmungshäufigkeit f. Ist die Wahrscheinlichkeit $P(f' \geq f)$ signifikant klein, dann kann man daraus schließen, daß das Bewertungsergebnis kein Zufallsergebnis ist.

Generell kann der Konsistenzkoeffizient näherungsweise auch mittels Chi-Quadrat zufallskritisch getestet werden. Nach Kendall / 77 ,S.153 / gelten hierfür die Beziehungen

Gl. (106) $$\chi^2 = \frac{4}{r-2} \left\{ f - \frac{1}{2} \binom{n}{2}\binom{r}{2} \frac{r-3}{r-2} \right\}$$

und

Gl. (107) $$\nu = \binom{n}{2} \frac{r(r-1)}{(r-2)^2}$$

wobei ν die Anzahl der Freiheitsgrade angibt. Die Nullhypothese lautet in diesem Fall

H_0 : = Die erzielte Konsistenz ist bei einer Sicherheitswahrscheinlichkeit von (100 - P) % ein Zufallsergebnis, falls $\chi^2 \leq \chi^2_{P\%}$.

Den r Urteilsfolgen liegt dann keine gemeinsame oder signifikant ähnliche Bewertungsbasis zugrunde.

5.3.1.3) Ordinale Urteilsübereinstimmung bei r-maliger vollständiger Ordnung von n Objekten.

Sind die zu bewertenden n Objekte r - mal vollständig geordnet worden, so kann man die Urteilsübereinstimmung zwischen den r Urteilsfolgen dadurch überprüfen, daß man die Rangplätze der Objekte bzw. die in den einzelnen Urteilsfolgen erzielten Rangreihen miteinander vergleicht. Das setzt voraus, daß die Bewertung auf ordinalem oder höherem Skalenniveau erfolgte.

Urteilsübereinstimmung zwischen r = 2 Rangreihen :

Um die Übereinstimmung zwischen 2 Rangreihen n-ter Ordnung zu überprüfen, verwendet man in der Praxis am häufigsten den Spearman'schen Korrelationskoeffizient $Ü_\varrho$. Dieser ist definiert als

Gl. (108) $$Ü_\varrho = 1 - 2 \frac{DR}{(DR)_{max}}$$

mit

Gl. (109) $$DR = \sum_{i=1}^{n} (R_i^1 - R_i^2)^2$$

und R_i^u : = Rang des Objektes i in der Urteilsfolge u ; $u = 1 (1) r$

Wie bei Kendall / 77 ,S.9 / gezeigt ist, gilt

Gl. (110) $$(DR)_{max} = (n^3 - n) / 3$$

so daß man für Gl. (108) schreiben kann

Gl. (111) $$Ü_\varrho = 1 - \frac{6 \ DR}{n^3 - n}$$

Der Korrelationskoeffizient liegt in dem Bereich $-1 \leq Ü_\varrho \leq +1$, wobei der Wert - 1 auftritt bei vollkommener Diskrepanz und der Wert + 1 bei vollkommener Konsistenz zwischen den Rangreihen.

Der Vergleich von zwei Rangreihen mit Hilfe des Korrelationskoeffizienten $Ü_\varrho$ zeigt zwar den Ähnlichkeits- bzw. Übereinstimmungsgrad der Rangreihen an, nicht aber, ob diese Übereinstimmung mit einer bestimmten Sicherheit als ein signifikantes Ergebnis angesehen werden kann. Letzteres läßt sich jedoch überprüfen, wenn man die Wahrscheinlichkeit betrachtet, mit der ein bestimmter Wert von $Ü_\varrho$ bzw., was gleichbedeutend ist, von DR bei vorgegebener Anzahl n der Vergleichsobjekte auftreten kann. Grundsätzlich lassen sich n Objekte in n ! mögliche Rangreihen anordnen, die bei zufälliger Bewertung jeweils mit derselben Wahrscheinlichkeit 1 / n ! auftreten können. Entsprechend der möglichen Anzahl von Rangreihen n-ter Ordnung lassen sich n ! Korrelationskoeffizienten bzw. die zugehörigen quadratischen Abweichungssummen DR berechnen und deren Häufigkeitsverteilung bestimmen. Dazu muß jede der n! Rangreihen mit derselben beliebigen Standardrangreihe verglichen werden. In <u>Tafel F</u> sind für $4 \leq n \leq 10$ die auf diese Weise von Kendall / 77 / berechneten Wahrscheinlichkeiten $P (DR' \geq DR)$ angegeben.

Für n ≥ 20 ist DR näherungsweise normal verteilt, so daß die Wahrscheinlichkeiten P (DR' ≥ DR) mit Hilfe der Standardnormalverteilung entsprechend Tafel B **bestimmt werden können. Hierfür gelten nach Kendall / 77 ,S.59 / die Beziehungen**

Gl. (112)
$$x = \frac{'DR - \left(\frac{n^3 - n}{6}\right)}{\frac{n^3 - n}{6} \; (1/n-1)^{0,5}}$$

Gl. (113)
$$P(DR' \geq DR) = 1 - P(x' \leq x)$$

Eine beobachtete Korrelation $Ü_\varrho$ kann bei vorgegebener Sicherheitswahrscheinlichkeit von $1 - \alpha$ als signifikant angesehen werden, wenn DR entsprechend Abb. 58 in den durch α bestimmten Endbereichen der Verteilung von DR' liegt. Liegt DR am unteren Ende, so besteht eine signifikante, d.h. nicht zufällige Urteilsübereinstimmung. Liegt DR dagegen am oberen Ende der Verteilung, so besteht eine signifikante Urteilsdiskrepanz.

Liegt die Anzahl n der zu vergleichenden Objekte in dem Bereich $10 < n \leq 20$, so ist DR auch nicht näherungsweise entsprechend Gl. (112) normalverteilt. In diesem Fall empfiehlt es sich, mit einem von Kendall definierten Korrelationskoeffizienten $Ü_\tau$ zu rechnen (vgl. dazu Kendall / 77 ,S.49 /).

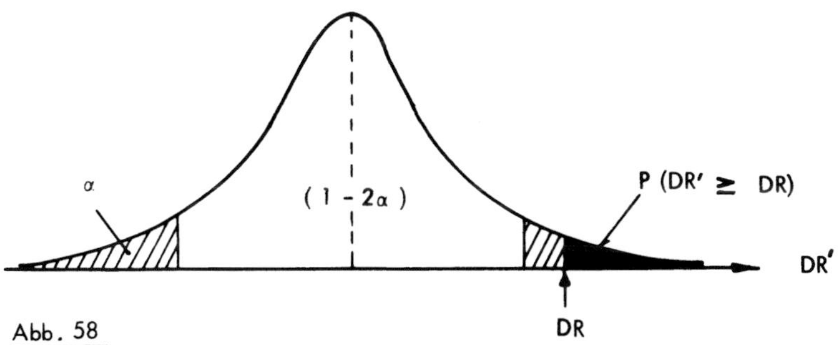

Abb. 58

Verteilung der quadratischen Abweichungssummen DR des Spearman'schen Korrelationskoeffizienten $Ü_\varrho$

Im vorangehenden wurde stillschweigend vorausgesetzt, daß die n Objekte so geordnet sind, daß die Rangreihe von n-ter Ordnung ist. Jeder Rangplatz ist dann nur einmal besetzt. Werden jedoch n_o Objekte gleichrangig eingestuft, so können die oben angegebenen Beziehungen nur benutzt werden, wenn n_o im Vergleich zu n klein ist (vgl. Kendall / 77 ,S.39 /). In diesem Fall muß den gleichrangigen Objekten jedoch jeweils ein mittlerer Rang $\overline{R}_i$ so zugeordnet werden, daß die Rangsumme der Rangreihe $(n - n_o)$ - ter Ordnung gleich ist, der Rangsumme der Rangreihe n-ter Ordnung. Werden beispielsweise 4 Objekte auf den Rangplatz R = 5 eingestuft, so berechnet sich der mittlere Rang $\overline{R}_i$ für jedes dieser Objekte aus

Gl. (114) $$\overline{R}_i = (5+6+7+8)/4 = 6{,}5$$

Urteilsübereinstimmung zwischen r > 2 Rangreihen :

Sind r >2 Urteilsfolgen auf der Basis ordinalen Skalenniveaus auf ihre Übereinstimmung hin zu überprüfen, so kann man grundsätzlich einen mittleren Korrelationskoeffizienten $\overline{Ü}_\varrho$ berechnen. Dazu müßten sämtliche $\binom{r}{2}$ Paare von Rangreihen entsprechend Gl. (108) miteinander korreliert werden. Die mittlere Korrelation wäre dann

Gl. (115) $$\overline{Ü}_\varrho = \frac{1}{\binom{r}{2}} \cdot \sum Ü_\varrho$$

Für große n ist diese Vorgehensweise jedoch zu umständlich. In diesem Fall geht man von den Rangsummen

Gl. (116) $$R_i = \sum_{u=1}^{r} R_i^u$$

aus, die den Objekten A_i jeweils in r Urteilsfolgen zugeordnet wurden, und bildet die mittlere Rangsumme gemäß

Gl. (117) $$\overline{R} = \frac{1}{n} \sum_{i=1}^{n} R_i$$

Allgemein gilt nun folgendes:

(1) Bei vollkommener Diskrepanz zwischen zwei Rangreihen ist

$$\sum_{i=1}^{n} (R_i - \bar{R})^2 = \text{Minimum}$$

d.h. gleich 0 bei n gerade bzw. minimal klein bei n ungerade.

(2) Bei vollkommener Übereinstimmung zwischen zwei Rangreihen ist dagegen

$$\sum_{i=1}^{n} (R_i - \bar{R})^2 = \text{Maximum}$$

$$= \frac{1}{12} r^2 (n^3 - n)$$

In Tabelle 30 sind diese Extremfälle an einem Beispiel verdeutlicht. Aufgrund dieses Sachverhaltes kann folgender Konsistenkoeffizient definiert werden (Kendall / 77 ,S.95 /):

Gl. (118) $$Ü_R = \frac{12 R}{r^2 (n^3 - n)}$$

mit

Gl. (119) $$R = \sum_{i=1}^{n} (R_i - \bar{R})^2$$

Allgemein liegt $Ü_R$ in dem Bereich

Gl. (120) $$0 \leq Ü_R \leq 1$$

wobei definitionsgemäß bei vollkommener Diskrepanz $Ü_R = 0$, und bei vollkommener Übereinstimmung $Ü_R = 1$ ist.

Fall A	Vollkommene Diskrepanz					
Urteilsfolgen u ↓ / Objekte i →	A_1	A_2	A_3	A_4	A_5	$\bar{R}$
u = 1	1	2	3	4	5	
u = 2	5	4	3	2	1	
R_i	6	6	6	6	6	6
Fall B	**Vollkommene Übereinstimmung**					
u = 1	1	2	3	4	5	
u = 2	1	2	3	4	5	
R_i	2	4	6	8	10	6

Tabelle 30

Die Signifikanz dieses Konsistenzkoeffizienten kann ebenfalls getestet werden. Zweckmäßigerweise überprüft man dazu die Signifikanz von R. Da bei zufälliger Bewertung von n Objekten in r Urteilsfolgen insgesamt $(n!)^r$ gleichwahrscheinliche Anordnungen von r Rangreihen möglich sind, kann die Häufigkeitsverteilung von R′ exakt berechnet werden. In Tafel G sind die diesbezüglich von Kendall / 77 / für kleine Werte von n und r bestimmten Wahrscheinlichkeiten $P(R' \geq R)$ angegeben. Für $n > 7$ kann R auch mittels Chi - Quadrat getestet werden. Es gelten hierfür nach Kendall / 77, S.98 / folgende Beziehungen:

Gl. (121) $$\chi^2 = \frac{12\,R}{r\,n\,(n+1)}$$

mit der Anzahl von Freiheitsgraden

Gl. (122) $$\nu = n - 1$$

und der Nullhypothese

H_0 : Die erzielte Konsistenz ist bei einer Sicherheitswahrscheinlichkeit von (100 - P) % ein Zufallsergebnis, falls

$$\chi^2 \leq \chi^2_{P\,\%}$$

Den r Urteilsfolgen liegt dann keine gemeinsame oder signifikant ähnliche Bewertungsbasis zugrunde.

Hat man beispielsweise r = 18 Urteilsfolgen und n = 7, so ergibt sich bei einem R von R = 1620 aus Gl. (118) $Ü_R = 0,179$. Um zu überprüfen, ob dieser Konsistenzgrad signifikant ist, berechnet man nach Gl. (121) und Gl. (122)

$$\chi^2 = 19,3$$

$$\nu = 6$$

Bei einer Signifikanzgrenze von P = 1 % ergibt sich für $\nu = 6$ aus <u>Tafel D</u>

$$\chi^2_{1\,\%} = 16,812$$

Da offenbar gilt

$$\chi^2 > \chi^2_{1\,\%}$$

ist der vorliegende Konsistenzgrad signifikant. Dieses Ergebnis ist in <u>Abb. 59</u> veranschaulicht.

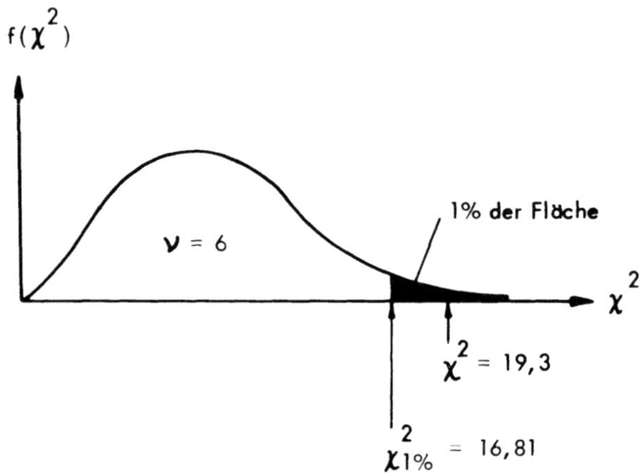

Tabelle 59

Schematische Darstellung der χ^2 Verteilung für $\nu = 6$.
Der schwarze Bereich entspricht $P(\chi^2 \geq \chi^2_{1\%})$.

5.3.1.4) Urteilsübereinstimmung in Hinblick auf die Intervalleigenschaft der Ergebnisse von r Urteilsfolgen

Die bisher beschriebenen Verfahren zur Überprüfung der Urteilsübereinstimmung gingen ausschließlich von den ordinalen Eigenschaften der Urteilsergebnisse aus. Wenn den Urteilsergebnissen jedoch ein kardinales Skalenniveau zugrunde liegt, interessiert nicht nur die Übereinstimmung in der Ordnung sondern auch die Übereinstimmung in den Wertdistanzen, die den n Vergleichsobjekten in r Urteilsfolgen zugeordnet wurden.

Nach Horst / 66 ,S.21 / kann man in diesem Fall folgenden Konsistenzkoeffizienten $Ü_J$ definieren

Gl. (123)
$$Ü_J = 1 - \frac{\bar{\sigma}^2(n_i^u)}{\sigma^2(n_i)}$$

Dabei sind :

Beispiel zur Berechnung des Konsistenzkoeffizienten $\ddot{U}_J$ nach Gl.(124)

r Urteilsfolgen \ n Alternativen		$i \rightarrow$ 1	2	3	4	$\sum_i$	=
$[n_i^u]$	$u \downarrow$ 1	2	3	2	2		
	2	2	2	1	3		
	3	3	3	2	4		
$\sum_u n_i^u$		7	8	5	9		
$\frac{1}{r} \sum_u n_i^u$		$\frac{7}{3}$	$\frac{8}{3}$	$\frac{5}{3}$	$\frac{9}{3}$	$\frac{29}{3}$	A
$\left[\frac{1}{r} \sum_u n_i^u\right]^2$		$\frac{49}{9}$	$\frac{64}{9}$	$\frac{25}{9}$	$\frac{81}{9}$	$\frac{219}{9}$	B
$\sum_u (n_i^u)^2$		17	22	9	29		
$\frac{1}{r} \sum_u (n_i^u)^2$		$\frac{17}{3}$	$\frac{22}{3}$	$\frac{9}{3}$	$\frac{29}{3}$		
$\frac{1}{r} \sum_u (n_i^u)^2 - \left[\frac{1}{r} \sum_u n_i^u\right]^2$		$\frac{2}{9}$	$\frac{2}{9}$	$\frac{2}{9}$	$\frac{6}{9}$		
$\frac{1}{r-1}\left(\frac{1}{r} \sum_u (n_i^u)^2 - \left[\frac{1}{r} \sum_u n_i^u\right]^2\right)$		$\frac{1}{9}$	$\frac{1}{9}$	$\frac{1}{9}$	$\frac{3}{9}$	$\frac{6}{9}$	C
$1 - \frac{C}{B - A^2/n}$		$1 - \frac{\frac{6}{9}}{\frac{219}{9} - \frac{841}{9 \cdot 4}}$				0,3142	$\ddot{U}_J$

Tabelle 31

$\overline{\sigma}^2_{(n_i^u)}$: = Mittlere Varianz der Skalenwerte n_i^u, die den Objekten A_i in u = 1 (1) r Urteilsfolgen zugeordnet wurden.

$\sigma^2_{(n_i)}$: = Varianz der Skalenwerte $n_i = \frac{1}{r} \sum_{u=1}^{r} n_i^u$

Der Quotient in Gl. (123) entspricht dem Varianzanteil aufgrund mangelnder Übereinstimmung zwischen r Urteilsfolgen (vgl. dazu Sixtl / 127 ,S.145 /). Wie bei Horst / 66 / im einzelnen ausgeführt wird, ergibt sich für den Konsistenzkoeffizienten $\ddot{U}_J$ die Beziehung

Gl. (124)
$$\ddot{U}_J = 1 - \frac{\frac{1}{r-1} \sum_{i=1}^{n} \left[\frac{1}{r} \sum_{u=1}^{r} (n_i^u)^2 - \left(\frac{1}{r} \sum_{u=1}^{r} n_i^u \right)^2 \right]}{\sum_{i=1}^{n} \left[\frac{1}{r} \sum_{u=1}^{r} n_i^u \right]^2 - \frac{1}{n} \left[\sum_{i=1}^{n} \frac{1}{r} \sum_{u=1}^{r} n_i^u \right]^2}$$

In Tabelle 31 ist ein Rechenbeispiel für die Ermittlung von $\ddot{U}_J$ bei r = 3 Urteilsfolgen und n = 4 Vergleichsobjekten angegeben.

5.3.2) Charakteristische Ursachen für geringe Urteilsübereinstimmung

Wie bereits gezeigt wurde, müssen Inkonsistenzen innerhalb und zwischen Urteilsfolgen allgemein auf eine unvollkommene Bewertungsisomorphie zurückgeführt werden. Welche Komponenten im konkreten Fall tatsächlich in den verschiedenen Urteilsfolgen voneinander abweichen, läßt sich nicht exakt bestimmen. Aufgrund von Ergebnissen der Experimentalpsychologie kann man jedoch vermuten, daß bestimmte Situationsgegebenheiten besonders häufig zu geringer Urteilsübereinstimmung führen (vgl. dazu beispielsweise Sixtl / 127/).

Wechselnde Wertaspekte :

Das der Beurteilung zugrunde gelegte Kriterium $k_{.i}$ ist zu vage formuliert. Die Bewertung erfolgt daher in den verschiedenen Urteilsfolgen nicht unter einem gleichbleibenden Wertaspekt. Es tritt eine sogenannte "Rotation der Gesichtspunkte" auf. Infolgedessen wird in Wahrheit keine eindimensionale Präferenzordnung abgebildet, sondern Präferenzen bezüglich verschiedener Wertdimensionen, die auf der zugrunde gelegten Skala durchaus voneinander abweichende Positionen einnehmen können. In Abb. 60 ist dieser Sachverhalt für den zweidimensionalen Fall dargestellt. Treten wechselnde Wertaspekte bei einer Urteilsperson auf, so wird die erzielte Eigenkonsistenz niedrig sein. Bei geübten Urteilspersonen wird dieser Fall jedoch selten vorkommen. Von praktisch größerer Bedeutung ist vielmehr die Gefahr, daß unklar definierte Kriterien interindividuell verschiedene Wertaspekte vermitteln. In einem solchen Fall werden die Eigenkonsistenzen hoch, die Gruppenkonsistenz jedoch niedrig sein. Um diesen Bewertungsmangel von vornherein zu vermeiden, ist es notwendig, die Zielkriterien $k_{.i}$ eindeutig zu formulieren, so daß der individuelle Interpretationsspielraum möglichst gering ist.

Abweichende Präferenzstrukturen:

Eine der wesentlichsten Ursachen für geringe Urteilsübereinstimmung zwischen r Urteilsfolgen, die von verschiedenen Urteilspersonen eines Bewertungskollektivs stammen, sind die individuell voneinander abweichenden Präferenzstrukturen. Ein solcher Fall kann ebenfalls dann vorliegen, wenn die Eigenkonsistenzen hoch, die Gruppenkonsistenzen jedoch niedrig sind. Um hier eine irrationale Nivellierung der ausgeprägten, jedoch divergierender Präferenzen zu vermeiden, darf keine Mittelung der Urteilsergebnisse vorgenommen werden. In dieser Situation ist es zweckmäßiger, einen Gedankenaustausch über die individuellen Urteilsmotive der Experten zu ermöglichen und die Bewertung anschließend zu wiederholen.

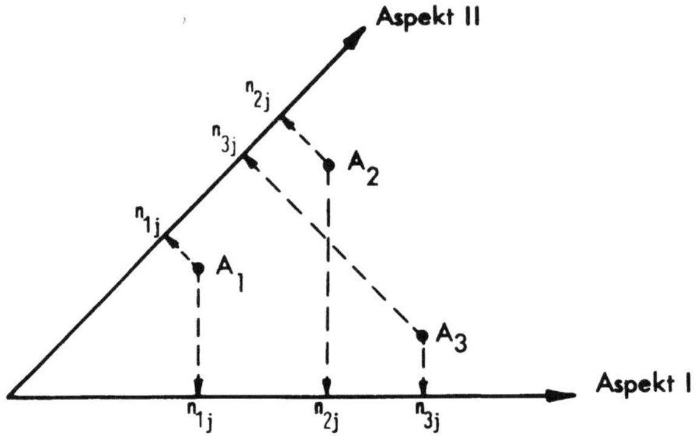

Abb. 60

Bewertung derselben Zielerträge k_{ij} von drei Alternativen unter zwei Wertaspekten.

Aspekt I führt zu : $n_{1j} < n_{2j} < n_{3j}$

Aspekt II führt zu : $n_{1j} < n_{3j} < n_{2j}$

Geringe Wertunterschiede:

Inkonsistenzen können auch durch zu geringe Wertunterschiede zwischen den Vergleichsobjekten verursacht werden. Die jeweils in verschiedenen Urteilsfolgen erzielte Ordnung der Alternativen ist dann ein Zufallsergebnis. Auf dieser Annahme beruht ja das unter Abs. 5.2.3.2.2 beschriebene Thurstone'sche Skalierungsmodell der indirekten Intervallskalierung.

Sind tatsächlich die geringen Wertunterschiede für beobachtete Inkonsistenzen maßgebend, dann müssen sowohl die Eigenkonsistenzen als auch die Gruppenkonsistenzen niedrig sein. Für die praktische Bewertung ist diese Art mangelnder Urteilsübereinstimmung nicht gravierend, da die Urteilsergebnisse einen zwar wenig differenzierten aber wahren Sachverhalt wiedergeben. In einer konkreten Situation wird es sich jedoch empfehlen, vor der eigentlichen Wertsynthese noch einmal kritisch zu überprüfen, ob die wenig differenzierenden Urteilsergebnisse nicht gegebenenfalls auf zu pauschal formulierte Kriterien oder eine allgemeine Inkompetenz der Beurteiler zurückzuführen sind. In diesem Fall wären die Urteilsergebnisse natürlich unbrauchbar.

Mangelnde sachliche Kompetenz:

Auch geringe Urteilserfahrung kann inkonsistentes Urteilsverhalten verursachen. Bei der praktischen Nutzwertanalyse muß daher darauf geachtet werden, daß möglichst nur mit der Urteilstechnik und mit dem zu bewertenden Sachverhalt vertraute "Experten" zur Bewertung herangezogen werden. Auf diese Art inkonsistenten Urteilsverhaltens kann man insbesondere dann schließen, wenn einige Personen eines Bewertungskollektivs im Gegensatz zu der Mehrheit der übrigen Mitglieder eine auffallend geringe Eigenkonsistenz zeigen.

5.3.3) Bestimmung eines Indexes der Objektivität von Bewertungsergebnissen

Wie aus der Betrachtung der charakteristischen Ursachen für geringe Urteilsübereinstimmung im vorigen Abschnitt bereits hervorging, ist ein niedriger Übereinstimmungsgrad zwischen r Urteilsfolgen allein noch kein hinreichendes Maß, um eindeutige Rückschlüsse auf die Brauchbarkeit von Urteilsergebnissen ziehen zu können.

Sind die r Urteilsfolgen alle von derselben Person abgegeben worden, so kann die niedrige Urteilsübereinstimmung sowohl auf geringe Wertunterschiede zurückgeführt werden, als auch auf die Inkompetenz des Beurteilers oder auf ein ungenügend differenzierendes Urteilskriterium.

Stammen die r Urteilsfolgen von einem Bewertungskollektiv und hat jede Urteilsperson mehrere Urteilsfolgen abgegeben, so lassen sich aus dem Vergleich der verschiedenen Eigenkonsistenzen unter gleichzeitiger Beachtung der Gruppenkonsistenz genauere Rückschlüsse auf die Brauchbarkeit des Urteilsmaterials ziehen. Zweckmäßigerweise betrachtet man dazu in einer konkreten Situation folgenden Index der Objektivität (vgl. Sixtl / 127 , S.257 /)

Gl. (125) $$J_o := \frac{\text{Gruppenkonsistenz}}{\text{mittlere Eigenkonsistenz}}$$

Ist die mittlere Eigenkonsistenz eines Bewertungskollektivs etwa ebenso groß wie die Gruppenkonsistenz, so daß J_o ungefähr gleich eins ist, dann kann ein aus den individuellen Urteilsfolgen gemitteltes Bewertungsergebnis als repräsentativ angesehen werden. Im einzelnen können folgende typische Situationen unterschieden werden:

(1) Sind alle Eigenkonsistenzen und damit auch die Gruppenkonsistenz niedrig, so ist $J_o \approx 1$. Die individuellen Urteilsfolgen müssen alle berücksichtigt werden. Die niedrigen Eigenkonsistenzen sind in diesem Fall allgemein auf eine schwierige Bewertungssituation zurückzuführen. Diese Schwierigkeit kann dadurch verursacht sein, daß entweder die Wertunterschiede sehr gering oder die Urteilspersonen alle inkompetent sind, beziehungsweise das maßgebende Beurteilungskriterium zu ungenau definiert wurde.

(2) Sind einige Eigenkonsistenzen im Vergleich zu der Mehrheit der übrigen auffalend niedrig, und ist $J_o \approx 1$, dann sollten die Urteilsfolgen mit den niedrigen Eigenkonsistenzen bei der Mittelung unberücksichtigt bleiben. Die niedrigen Eigenkonsistenzen sprechen in diesem Fall für Inkompetenz der betreffenden Urteilspersonen.

(3) Sind alle Eigenkonsistenzen hoch und ist $J_o \approx 1$, dann liegt offenbar allen Urteilsfolgen dieselbe Bewertungsbasis zugrunde. In diesem Fall erfolgt die Mittelung über sämtlichen Urteilsergebnissen.

(4) Sind alle Eigenkonsistenzen hoch und ist aufgrund der niedrigen Gruppenkonsistenz J_o "klein", dann liegen den individuellen Urteilsfolgen stark voneinander abweichende Bewertungsbasen zugrunde. In dieser Situation wäre eine Mittelung der Ergebnisse irrational. Ein Mittelwert kann bei der Bewertung nur dann als sinnvolle Größe angesehen werden, wenn er etwa mit dem häufigsten Urteilsergebnis zusammenfällt, nicht aber wenn er als Durchschnitt von Ergebnissen aus weit auseinander liegenden Beurteilungsschwerpunkten gebildet wird.

5.3.4) Ursachen und Bedeutung konstanter Urteilsfehler

Je nach dem wie hoch in einer konkreten Bewertungssituation die verschiedenen Übereinstimmungsgrade ausfallen und in welcher Kombination sie auftreten, können die Ergebnisse einzelner Urteilsfolgen als signifikant und gegebenenfalls im Mittel auch als repräsentativ für ein Bewertungskollektiv angesehen werden. Es kann mit Hilfe der Übereinstimmungsgrade jedoch nicht festgestellt werden, ob das ermittelte Bewertungsergebnis einen im objektiven Sinne wahren Sachverhalt widerspiegelt. Auch eine vollkommene Bewertungsisomorphie bietet dafür keine Gewähr, da die Bewertungsbasis selbst falsch sein kann.

Abgesehen von den extremen Möglichkeiten einer bewußten Urteilsfälschung zwecks Ergebnismanipulation (vgl. Fishburn / 37 ,S.86 /) und der problemimmanenten Gefahr, von falschen Objektinformationen auszugehen, können immer personen- und verfahrensbedingte konstante Urteilsfehler zu einseitig fehlerbehafteten Urteilsergebnissen führen. Diesbezüglichen Fehlerquellen kann nur durch vorsorgliche Maßnahmen begegnet werden, indem man die Urteilspersonen sorgfältig auswählt und die speziell benutzte Bewertungstechnik auf grundsätzliche Fehlermöglichkeiten hin überprüft.

Personenbedingte konstante Urteilsfehler:

Nimmt eine Urteilsperson beim Vergleich der zu bewertenden Alternativen keinen "neutralen" Standpunkt ein, dann werden die Urteilsergebnisse einseitig verzerrt. Die positive Gesamteinstellung einer Urteilsperson beispielsweise zur technischen Konzeption eines bestimmten Projektes kann es mit sich bringen, daß sie dieses Projekt auch dann bezüglich eines Kriteriums bevorzugt, wenn der zugehörige Zielertrag im Vergleich zu den entsprechenden Zielerträgen der übrigen Alternativen niedriger einzustufen wäre. Erfolgt diese Verhaltensweise unbewußt, dann müssen solche Urteilsfehler als sachliche Inkompetenz angesehen werden. Dieser Fehler kann jedoch bewußt auftreten, wenn sich die Urteilsperson in einem Interessenkonflikt befindet. Diese Möglichkeit muß daher bei der Auswahl von Urteilspersonen beachtet werden.

Ebenfalls ein personenbedingter konstanter Urteilsfehler ist der sogenannte Logikfehler. Diese Fehlerart liegt vor, wenn die Urteilsperson eine Alternative bezüglich mehrerer Kriterien ähnlich beurteilt, da sie vermutet, daß die zugehörigen Zielerträge in entsprechender Weise funktional voneinander abhängig sind, obwohl das in Wahrheit nicht der Fall ist. Dieses Urteilsverhalten kann natürlich nur dann als Fehler betrachtet werden, wenn Objektinformationen vorhanden sind, die den abgegebenen Urteilen widersprechen.

Um diese Fehlerart praktisch zu vermeiden, ist es notwendig, daß die Zielerträge möglichst eindeutig beschrieben werden.

Verfahrensbedingte konstante Urteilsfehler:

Jedem Bewertungsverfahren liegen methodische Annahmen zugrunde, die im Anwendungsfall mehr oder weniger genau erfüllt sein können. Daraus möglicherweise resultierende Fehler in den Bewertungsergebnissen können nur am konkreten Beispiel erkannt werden. Neben diesen speziellen verfahrensbedingten Fehlerquellen gibt es noch allgemeine Verfahrensgesichtspunkte, die bei der Bewertung beachtet werden müssen, damit konstante Urteilsfehler vermieden werden. Dazu gehören insbesondere die Auswirkungen einer unrealistischen Urteilsverankerung bei der im Ratingverfahen vorgenommenen direkten Intervall- oder Verhältnisskalierung (Sixtl / 127, S. 249 /).

Besteht das Urteilsschema beispielsweise aus einer Skala von 1 bis 10, dann muß bei der Festlegung einer gemeinsamen Bewertungseinheit darauf geachtet werden, daß der 1 und der 10 keine situationsirrelevant extrem auseinanderliegenden Zielerträge zugeordnet werden. Denn liegen die Zielerträge der zu bewertenden Alternativen vergleichsweise eng zusammen, so kann die ohne Berücksichtigung dieses Sachverhaltes definierte Werteinheit möglicherweise zu grob sein, um zwischen den Alternativen quantitativ differenzieren zu können.

Schließlich sei noch eine verfahrensbedingte Fehlerquelle erwähnt, die speziell bei schriftlicher Befragung von Urteilspersonen berücksichtigt werden muß. Auch die Art der Anordnung von Antwortkategorien auf einem Fragebogen kann eine verfälschende Wirkung auf die Urteilsergebnisse haben. Wie experimentell nachgewiesen wurde, werden bei zeilenweiser Anordnung die linken und bei spaltenweiser Anordnung die oberen Antwortkategorien häufiger benutzt als die übrigen. Diese Fehler werden in Hinblick auf das Urteilsverhalten von Experten oft auch als Routine- oder Flüchtigkeitsfehler bezeichnet (Sixtl / 127, S. 162 /).
Sind in einem konkreten Fall sehr viele Urteile nur durch Ankreuzen abzugeben, so empfiehlt es sich, bei Urteilswiederholungen das Befragungsschema häufiger zu wechseln.

6) Entscheidungsregeln zur Wertsynthese

In diesem Kapitel soll die für die praktische Nutzwertanalyse besonders wichtige Frage behandelt werden, wie man aufgrund der durch Teilurteile bestimmten Zielwerte auf operationale dabei aber logisch durchschaubare Weise zu einer Gesamtaussage über die zur Auswahl stehenden Alternativen kommen kann. Dazu wird zunächst die allgemeine Problematik der Wertsynthese von eindimensionalen Präferenzordnungen aufgezeigt. Davon ausgehend werden die wichtigsten Entscheidungsregeln unter dem Gesichtspunkt der an die Bewertungsergebnisse zu stellenden Anforderungen und der für die Auswertung der in einer Zielwertmatrix enthaltenen Informationen notwendigen Annahmen behandelt. Als Ergänzung zu den Entscheidungsregeln werden dann abschließend einige graphische Hilfsmittel beschrieben, die in konkreten Situationen geeignet sein können, dem Entscheidungsträger das einem berechneten Nutzwert zugrunde liegende Zielwertmuster anschaulich zu verdeutlichen.

6.1) Die allgemeine Problematik der Wertsynthese

Entsprechend dem unter Absatz 3.3 beschriebenen Ansatz zur Lösung des multidimensionalen Bewertungsproblems läßt sich der Nutzwert einer Alternative nicht direkt aus den Bewertungsergebnissen ablesen. Die Bewertung selbst liefert lediglich m eindimensionale Präferenzordnungen der Alternativen bezüglich der $j = 1 (1) m$ entscheidungsrelevanten Kriterien $k_{\cdot j}$ des Zielprogramms, dargestellt durch die m Spalten der Zielwertmatrix sowie die Präferenzordnung der Kriterien in Form der Gewichte g_j. Da die Einstufung der Alternativen in den m Wertdimensionen in der Regel unterschiedlich ist, und diese Wertdimensionen für den Entscheidungsträger gewöhnlich auch nicht von gleichem Gewicht sind, fragt es sich, wie aufgrund dieses Sachverhaltes die Zielwerte n_{ij} der Alternativen A_i logisch befriedigend zu den Nutzwerten N_i zusammengefaßt werden können.

Zur Lösung dieses Wertsyntheseproblems ist formal gesehen eine Regel notwendig, die vorschreibt, wie aus den m Spalten der Zielwertmatrix $[n_{ij}]$ die Nutzwerte $[N_i]$ ermittelt werden können. Mit Hilfe einer solchen Entscheidungsregel sollte es möglich sein, unter vollständiger Ausschöpfung der in der Zielwertmatrix enthaltenen Informationen auf operationale und logisch befriedigende Weise eine widerspruchsfreie und vollständige Präferenzordnung der Alternativen zu bestimmen.

Mit der Frage, wie Entscheidungsregeln beschaffen sein müssen, um diesen Anforderungen ganz oder doch wenigstens teilweise zu genügen, hat man sich insbesondere in den Sozialwissenschaften seit etwa 20 Jahren, allerdings unter inhaltlich anderen Problemaspekten, sehr intensiv beschäftigt (vgl. z.B. Arrow / 3 /). Das Wertsyntheseproblem gehört allgemein zu den Amalgamationsproblemen (vgl. Goodman in / 49 ,S.40 /). Es ist formal identisch mit dem in der Literatur oft behandelten Problem der Entscheidungsfindung von Entscheidungskollektiven, dem sogenannten Sozialwahlproblem. Dieser Analogie entsprechend können bei der Nutzwertanalyse die m eindimensionalen Präferenzordnungen der Zielwertmatrix als individuelle Präferenzordnungen der Mitglieder eines Entscheidungsgremiums bezüglich der i = 1 (1) n zur Wahl stehenden Alternativen interpretiert werden. Das Sozialproblem besteht dann darin, aus den m individuellen (eindimensionalen) Präferenzordnungen eine kollektive (m-dimensionale) Präferenzordnung der Alternativen zu bestimmen. Dabei sind gegebenenfalls analog den Kriteriengewichten g_i unterschiedliche Stimmgewichte der Mitglieder des Entscheidungsgremiums zu berücksichtigen. Die dazu erforderlichen Sozialwahlregeln - oft auch Sozialwahlfunktionen genannt - sind nichts anderes als Abstimmungsmechanismen, die den Entscheidungsregeln bei der Nutzwertanalyse entsprechen.

Aufgrund dieser formalen Problemidentität kommen daher als rationale Entscheidungsregel zur Wertsynthese grundsätzlich die in den Sozialwissenschaften untersuchten Sozialwahlregeln in Betracht. (Ein umfassender Überblick über diese Regeln findet sich bei Gäfgen / 45 /). Nach einer von Arrow aufgestellten Axiomatik sollten die mit Hilfe einer solchen Regel aufgestellten m - dimensionalen kollektiven Präferenzordnungen folgenden fünf vernünftigen Bedingungen genügen (Luce u. Raiffa / 87 ,S.333 /):

(1) Vollständigkeit und Transitivität:
Mit Hilfe der Entscheidungsregel sollten die Alternativen unabhängig von der jeweiligen Kombination der m individuellen Präferenzordnungen der Zielwertmatrix vollständig und transitiv geordnet werden können.

(2) Unabhängigkeit von irrelevanten Alternativen:
Durch Hinzufügen oder Weglassen von Alternativen sollten in der kollektiven Präferenzordnung ebenso wie in den eindimensionalen Präferenzordnungen die Präferenzrelationen zwischen den ursprünglichen Alternativen erhalten bleiben.

(3) Übereinstimmung der Richtung von Präferenzverschiebungen:
Wird eine Alternative in m_1 individuellen Präferenzordnungen einer Zielwertmatrix $[n_{ij}]$ besser (schlechter) eingestuft als in einer Zielwertmatrix $[n'_{ij}]$ und sind die übrigen $(m-m_1)$ Einstufungen in $[n_{ij}]$ dieselben wie in $[n'_{ij}]$, so soll auch die Einstufung dieser Alternative in der kollektiven Präferenzordnung $[N_i]$ mindestens gleich bleiben oder besser (schlechter) sein als in $[N'_i]$.

(4) Souveränität der individuellen Präferenzordnungen:
Für jedes Paar von Alternativen A_i, A_h kann eine Kombination von individuellen Präferenzordnungen existieren, für die sich eine kollektive Präferenzordnung mit $A_i > A_h$ ergibt. Andernfalls wäre die kollektive Präfernzordnung "aufgezwungen".

(5) **Nicht-Diktatur einer individuellen Präferenzordnung:**
Es darf keine individuelle Präferenzordnung bezüglich eines einzigen Kriteriums $k_{\cdot i}$ geben, die unabhängig von den übrigen (m-1) Präferenzordnungen gleichzeitig kollektive Präferenzordnung ist. In einem solchen Fall wäre $g_i = 1$, die übrigen Gewichte aber alle gleich Null. Ein Wertsyntheseproblem im eigentlichen Sinne würde dann nicht existieren.

Je nach dem, welches Skalenniveau den individuellen Präferenzordnungen zugrunde liegt und wie die darin enthaltenen Informationen weiterverarbeitet werden, sind unterschiedliche Entscheidungsregeln zur Wertsynthese denkbar, die in konkreten Situationen mehr oder weniger geeignet sein können. Eine besondere Rolle spielt dabei grundsätzlich die Frage, wie die Präferenzaussagen in den einzelnen Wertdimensionen verglichen werden können. Da die individuellen Zielwertskalen entsprechend Tabelle 7 immer in irgendeiner Form transformierbar sind, muß eine Entscheidungsregel implizit oder explizit eine Vorschrift über die Fixierung einer Standardpräferenzeinheit oder eines Standardbezugspunktes in allen m Wertdimensionen beinhalten. Eine solche Festlegung beruht aber immer auf einem Werturteil. Infolgedessen setzt die rationale Anwendung einer bestimmten Entscheidungsregel voraus, daß sich der Entscheidungsträger dieser Annahme bewußt ist, und sie angesichts der konkreten Situationsgegebenheiten auch als vernünftig akzeptieren kann.

Im folgenden sollen nun die wichtigsten Entscheidungsregeln angegeben werden, die für die Zusammenfassung von m individuellen Präferenzordnungen zu einer kollektiven Präferenzordnung in Frage kommen. Alle Regeln können - soweit sie in irgendeiner Form von einer Standardpräferenzeinheit ausgehen - leicht entsprechend Gl. (27) dahingehend ergänzt werden, daß bei der Wertsynthese unterschiedliche Gewichte der Kriterien berücksichtigt werden. Entscheidungsregeln, die ein bestimmtes Skalenniveau der individuellen Präferenzordnungen voraussetzen, können grundsätzlich auch auf Präferenzordnungen mit einem höheren Skalenniveau angewendet werden. Dabei gehen allerdings Bewertungsinformationen, die in der Zielwertmatrix enthalten sind, verloren.

6.2) Wertsynthese von nominalen Präferenzordnungen

Die einfachste Bewertung von Alternativen kann, wie gezeigt wurde, durch kategoriale Urteile nominalen Skalenniveaus erfolgen. Jedes kategoriale Urteil enthält lediglich eine Information darüber, daß das zugrunde gelegte Anspruchsniveau der jeweiligen Kategorie erreicht worden ist, nicht aber ob und inwieweit dieses möglicherweise überschritten wurde. Dementsprechend kann daher auch bei der Wertsynthese nur kategorial zwischen den Alternativen unterschieden werden. Als rationale Entscheidungsregel bietet sich in diesem Fall eine Zweiteilung der Menge der zur Wahl stehenden Alternativen an und zwar in solche Alternativen, die in allen m Wertdimensionen mindestens befriedigend sind und solche, die unterhalb dieses Anspruchsniveaus liegen. Dieser Sachverhalt ist in Abb. 61 schematisch dargestellt. Diese Regel der befriedigenden Lösung (sogenannte Simon-Regel) kann formal folgendermaßen geschrieben werden:

Gl. (126)
$$N_i = \begin{cases} 1, \text{ wenn } \sum_{j=1}^{m} \overset{+}{n}_{ij} = m \\ 0, \text{ wenn } \sum_{j=1}^{m} \overset{+}{n}_{ij} < m \end{cases}$$

wobei die Festsetzung getroffen wird

Gl. (127)
$$\overset{+}{n}_{ij} = \begin{cases} 1, \text{ wenn } n_{ij} \text{ mindestens befriedigend ist} \\ 0, \text{ wenn } n_{ij} \text{ nicht befriedigend ist.} \end{cases}$$

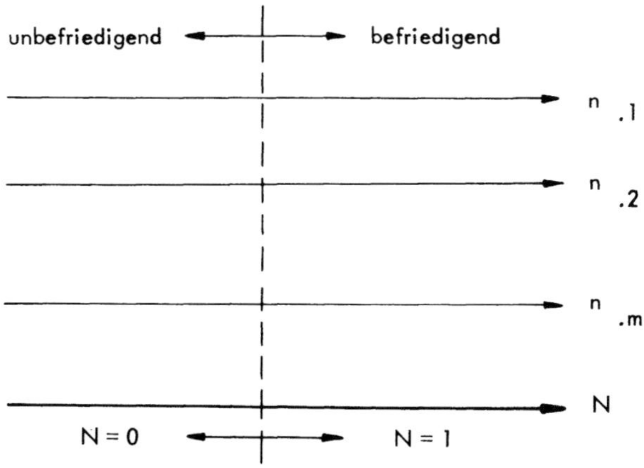

Abb. 61

Schematische Darstellung von m Nominalskalen mit jeweils zwei Zielwertkategorien.

Dieser Regel liegt also das Werturteil zugrunde, daß eine Alternative insgesamt nur dann befriedigend sein kann, wenn sie in allen Wertdimensionen mindestens befriedigende Zielerträge liefert.

In der Praxis sind natürlich Situationen denkbar, wo entweder überhaupt keine Alternative oder aber gleich mehrere Alternativen gefunden werden, welche die Bedingung nach Gl. (126) erfüllen. Es bleibt dann nur die Möglichkeit, das den einzelnen Werturteilen zugrunde gelegte Anspruchsniveau herab oder hinauf zu setzen, um zu einem eindeutigen Ergebnis zu gelangen. Eine vollständige Präferenzordnung der Alternativen allein aufgrund dieser Regel ist ohne zusätzliche Annahmen natürlich nicht möglich. Da die Verfahrensweise jedoch sehr operational und der notwendige Informationsaufwand für die nominale Bewertung gering ist, empfiehlt sie sich insbesondere für Vorauswahlentscheidungen. Bevor alternative Projektkonzepte beispielsweise einer ausführlichen

Systemanalyse unterzogen werden, reicht häufig eine nominale Zweiteilung der Menge der Alternativen, um die von vornherein weniger erfolgversprechenden Konzepte erkennen und unberücksichtigt lassen zu können.

Bei der praktischen Bewertung auf nominaler Basis könnte man natürlich anstatt eine Anspruchsanpassung vorzunehmen, auch an eine Abwandlung der Gl. (126) denken. Dadurch könnte man gegebenenfalls außer zwischen befriedigenden und unbefriedigenden Alternativen noch weiter zwischen besseren und schlechteren Möglichkeiten innerhalb dieser Teilmenge unterscheiden. Eine solche Entscheidungsregel ist die sogenannte Regel der Befriedigung der größten Zahl (Gäfgen / 44 ,S.435 /). Nach dieser Regel wäre Gl. (126) zu ersetzen durch die Vorschrift

Gl. (128)
$$N_i = \sum_{j=1}^{m} n_{ij}^{+}$$

wobei n_{ij}^{+} wieder durch Gl. (127) definiert ist. Da aber sowohl eine Zählung der einzelnen von einer Alternativen erreichten Einstufungen als auch deren gegenseitige Verrechnung - ob gewichtet oder ungewichtet - in jedem Fall kardinale Eigenschaften der nominal formulierten Zielwerte impliziert, müssen diese und ähnliche Vorgehensweisen grundsätzlich als willkürlich angesehen werden.

Dagegen ist eine andere häufig praktizierte Vorgehensweise auch auf der Basis nominaler individueller Präferenzordnungen logisch vertretbar, wenn die Kriterien von unterschiedlichem Gewicht sind. Besteht das nominale Urteilsschema aus mehr als zwei Klassen und enthält beispielsweise oberhalb der Kategorie "befriedigend" noch die Kategorie "gut", so kann die Teilmenge der mindestens befriedigenden Alternativen nach der Methode der lexikographischen Ordnung noch weiter geordnet werden. Eine Alternative A_1 ist dann einer Alternative A_2 gegenüber zu bevorzugen, wenn sie bezüglich des wichtigsten Kriteriums höher als A_2 eingestuft wurde. Sind mehrere Zielwerte bezüglich des wichtigsten Kriteriums gleich, so entscheidet das zweitwichtigste Kriterium über die Vorzugswürdigkeit etc. Die Bezeichnung lexikographische Ordnung ist hier zurückzuführen auf die analoge Vorgehensweise bei der Ordnung von Wörtern nach dem Alphabet, wo zunächst der Anfangsbuchstabe und, falls dieser gleich ist, der zweite etc. Buchstabe geprüft werden, um die Reihenfolge der Wörter festzulegen.

Selbstverständlich gewährleistet auch die zusätzliche lexikographische Ordnung von mindestens befriedigenden Alternativen nicht deren vollständige Ordnung. Oft ist diese Vorgehensweise aber ein Weg, um auch in einer nominalen Zielwertmatrix eventuell noch vorhandene Informationen rational ausschöpfen zu können.

6.3) Wertsynthese von ordinalen Präferenzordnungen

Die Abbildung einer eindimensionalen Präferenzordnung auf eine Ordinalskala stellt die vergleichsweise geringsten Anforderungen an eine Urteilsperson und ermöglicht trotzdem die vollständige Ordnung der Alternativen. Dieser Vorteil bei der Bewertung bringt jedoch den für die Wertsynthese entscheidenden Nachteil mit sich, daß ordinale Präferenzordnungen theoretisch nur dann zusammengefaßt werden können, wenn die individuellen Rangordnungen der Alternativen in den m Wertdimensionen alle gleich sind. Die kollektive Präferenzordnung wäre dann mit den individuellen identisch. Abgesehen von diesem Extremfall erfordert die Wertsynthese von ordinalen Präferenzordnungen grundsätzlich die Annahme, daß Rangplätze gegenseitig "verrechnet" werden können. Das aber ist letztlich immer gleichbedeutend mit der Unterstellung von vergleichbaren Werteinheiten zwischen Rangplätzen in den einzelnen Wertdimensionen, über die eine Ordinalskala ja definitionsgemäß nichts aussagt. Dieser grundsätzliche Sachverhalt geht auch aus Abb. 62 hervor. Die rationale Anwendung einer Entscheidungsregel zur ordinalen Wertsynthese setzt infolgedessen voraus, daß der Entscheidungsträger zunächst einmal die Verrechenbarkeit von Rangplätzen akzeptiert. Darüber hinaus muß er im Einzelfall überprüfen, ob die speziell durch eine der im folgenden beschriebenen Entscheidungsregeln implizierte Fesesetzung, wie die Verrechnung von Rangplätzen im einzelnen erfolgen soll, als situationsgerecht angesehen werden kann.

6.3.1) Die Majoritätsregel

Eine vollständige kollektive Präferenzordnung auf der Basis ordinaler individueller Präferenzordnungen kann mit Hilfe der Majoritätsregel erreicht werden. Formal schreibt sich diese Regel folgendermaßen:

Gl. (129)

$$\left.\begin{array}{l} N_h > N_i \\ N_h = N_i \\ N_h < N_i \end{array}\right\} \quad \text{falls} \quad \sum D^{+}_{ih,j} \left\{\begin{array}{l} > 0 \\ = 0 \\ < 0 \end{array}\right.$$

mit

$$\begin{array}{lcl} i & = & 1\,(1)\,n \\ h & = & 1\,(1)\,n\,;\; h \neq i \\ j & = & 1\,(1)\,m \end{array}$$

und der Festsetzung

Gl. (130)

$$D^{+}_{ih,j} = \left\{\begin{array}{c} +1 \\ 0 \\ -1 \end{array}\right\} \quad \text{falls } (n_{hj} - n_{ij}) \left\{\begin{array}{l} > 0 \\ = 0 \\ < 0 \end{array}\right.$$

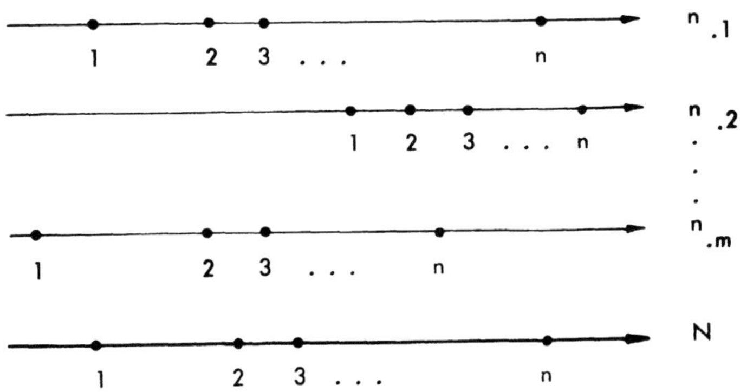

Abb. 62

Schematische Darstellung von m Ordinalskalen, auf denen die Alternativen von A_i, i = 1(1)n, jeweils nur ihrer Reihenfolge nach lokalisiert werden können.

Dieser Regel liegt die s p e z i e l l e A n n a h m e zugrunde, daß die jeweiligen Nutzendistanzen zwischen den Rangplätzen der Alternativen A_h und A_i in allen Wertdimensionen gleich groß sind, unabhängig davon, ob die Ränge direkt nebeneinander liegen oder nicht. Entsprechend Gl. (129) ist dann die Alternative A_h der Alternative A_i vorzuziehen, wenn sie dieser in mehr Wertdimensionen über- als unterlegen ist.

Die Majoritätsregel liefert zwar eine vollständige, nicht aber auch immer eine transitive kollektive Präferenzordnung. Wie das in Tabelle 32 angeführte Beispiel einer ordinalen Zielwertmatrix $[n_{ij}]$ zeigt, erhält man aufgrund der Gleichungen Gl. (129) und Gl. (130) hier die intransitive Ordnung

Gl. (131)
$$\begin{aligned} N_1 &> N_2 \\ N_2 &> N_3 \\ N_3 &> N_1 \end{aligned}$$

Dieses sogenannte A b s t i m m u n g s p a r a d o x o n tritt bei ordinalen Zielwertmatrizen nur dann nicht auf, wenn die m individuellen Präferenzordnungen e i n g i p f l i g sind. Nach einem Theorem von Black (vgl. dazu Krelle / 85, S.96 /) ist das der Fall, wenn es wie in Abb. 63 möglich ist, die Alternativen A_i so nebeneinander anzuordnen, daß die senkrecht dazu bezüglich jedes einzelnen Kriteriums $k_{.i}$ aufgetragenen ordinalen Präferenzen n_{ij} immer nur einen Gipfel ergeben. Insgesamt hat man dann entsprechend der Anzahl der Kriterien von links nach rechts gezählt m Gipfel (G_1 , G_2 ... G_m). Die Majoritätsregel ergibt in diesem Fall eine transitive kollektive Präferenzordnung, wobei der höchste Nutzwert erreicht wird

- von der Alternative, die unter dem Gipfel $G_{(m+1)/2}$ liegt, sofern m ungerade ist, bzw.
- von den Alternativen, die unter den Gipfeln $G_{m/2}$ und $G_{1+m/2}$ liegen, sofern m gerade ist.

Setzt sich die Zielwertmatrix nicht aus eingipfligen Präferenzen zusammen,

j Kriterien → / i Alternativen ↓	$k_{\cdot 1}$	$k_{\cdot 2}$	$k_{\cdot 3}$	Wertsynthese nach der Majoritätsregel		
A_1	1	3	2			
A_2	2	1	3			
A_3	3	2	1			
				$N_1 > N_2$	$N_2 > N_3$	$N_1 < N_3$

Tabelle 32

Ordinale Zielwertmatrix $[n_{ij}]$, die nach der Majoritätsregel zu einer intransitiven kollektiven Präferenzordnung führt.

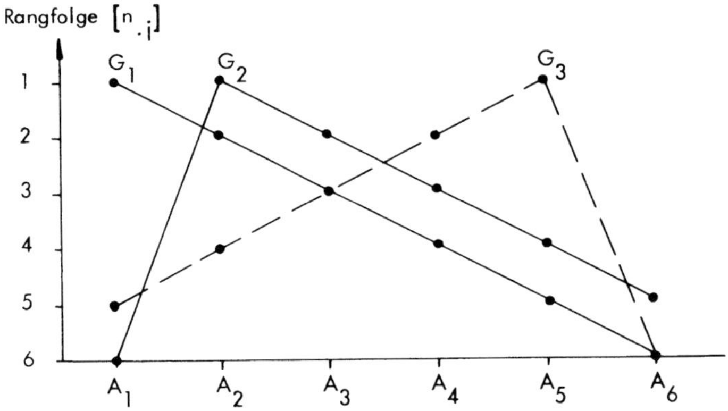

Abb. 63

Eingipflige Präferenzverläufe von 6 Alternativen bezüglich m = 3 Kriterien.

so tritt in jedem Fall das Abstimmungsparadoxon auf. Eine transitive kollektive Präferenzordnung aufgrund der Majoritätsregel kann dann nur noch mit Hilfe weiter einschränkender Vereinbarungen erzielt werden. Eine solche Vereinbarung stellt beispielsweise die häufig geübte Praxis dar, die Alternativen nicht vollständig paarweise sondern nur sukzessive nach dem K.O.-System gegenüberzustellen. Danach scheidet eine Alternative aus der weiteren Betrachtung aus, sobald sie einmal nach der Majoritätsregel unterliegt. Bei dieser Vorgehensweise ist natürlich die Reihenfolge, in der die Alternativen miteinander verglichen werden, von entscheidender Bedeutung. Denn je später eine Alternative zum Vergleich kommt, desto größer ist die Wahrscheinlichkeit, daß sie die anderen schlägt. Im konkreten Fall muß daher auch eine besondere Regelung über die Reihenfolge der Gegenüberstellungen getroffen werden.

Eine andere Möglichkeit, das mit der Majoritätsregel häufig verbundene Abstimmungsparadoxon zu umgehen, besteht darin, nach dem unter Absatz 6.2 beschriebenen Prinzip der lexikographischen Ordnung vorzugehen.

Grundsätzlich ist jedoch keine Entscheidungsregel denkbar, die es erlaubt, aus einer ordinalen Zielwertmatrix unter Einhaltung sämtlicher fünf Bedingungen der Arrow'schen Axiomatik eine kollektive Präferenzordnung abzuleiten (vgl. Gäfgen / 45 ,S.21 /). Angesichts der praktischen Bedeutung dieser vernünftigen Bedingungen, denen eine Entscheidungsregel genügen sollte, bietet sich als entscheidungslogisch vertretbarer Ausweg aus dieser prinzipiellen Schwierigkeit nur die Aufgabe der Forderung nach Unabhängigkeit von irrelevanten Alternativen und die damit verbundene Unterstellung gewisser kardinaler Eigenschaften der ordinalen Präferenzordnungen an.

6.3.2) Vorzugs- Häufigkeitsregeln

Die Wertsynthese von ordinalen Präferenzordnungen wird wesentlich erleichtert, wenn man davon ausgeht, daß die von einer Alternative A_i gegenüber den übrigen (n-1) Alternativen erzielten Vorzugshäufigkeiten ein geeignetes kardinales Maß für ihren Nutzwert N_i ist. Grundsätzlich kommen hierfür zwei Ansätze in Betracht. Entweder man zählt, wie oft eine Alternative aufgrund der Majoritätsregel anderen Alternativen gegenüber vorzuziehen ist oder man zählt, wie oft sie in den m Wertdimensionen dominiert. Im ersten Fall wird lediglich berücksichtigt, daß eine Alternative in der Mehrheit der m Wertdimensionen überlegen ist. Auf diesem Ansatz beruht die sogenannte Copeland - Regel. Im zweiten Fall wird dagegen jede einzelne Dominanz, d.h. also auch die Größe der Mehrheit berücksichtigt. Hiervon wird bei der Austin-Slight-Regel und der Thurstone - Regel ausgegangen.

6.3.2.1) Die Copeland-Regel

Die Copeland-Regel ist lediglich eine Abwandlung der Majoritätsregel. Sie vermeidet intransive kollektive Präferenzordnungen, ist dafür aber nicht unabhängig von irrelevanten Alternativen. Ändert sich daher die Entscheidungssituation durch Hinzufügen oder Fortfall einer Alternative, so muß die Wertsynthese erneut vorgenommen werden. Dabei können die Nutzwerte der ursprünglichen Alternativen neue Werte annehmen.

In Verbindung mit Gl. (130) schreibt sich die Copeland-Regel formal wie folgt

Gl. (132)
$$N_h = \sum_{i=1}^{n} \text{sgn.} \left(\sum_{j=1}^{m} D^{+}_{ih,j} \right)$$

wobei sgn. (x) eine Vorzeichenfunktion ist, für die gilt

Gl. (133)
$$\text{sgn.}(x) = \begin{cases} +1 & \text{für } x > 0 \\ 0 & \text{für } x = 0 \\ -1 & \text{für } x < 0 \end{cases}$$

Die Copeland-Regel besagt also: Ist die Alternative A_h im Vergleich mit A_i in der Mehrheit der m Wertdimensionen überlegen (unterlegen), so erhält sie einen Pluspunkt (Minuspunkt). Der Nutzwert N_h ergibt sich dann als Summe der von A_h im Vergleich mit den übrigen (n-1) Alternativen erzielten Punkte. Die Nutzwerte können nach dieser Regel nur in dem Bereich liegen

Gl. (134) $$-(n-1) \leq N_h \leq (n-1)$$

Die pauschale Wertung der Überlegenheit (Unterlegenheit) von Alternativen jeweils durch eine Plus- bzw. Minuspunkt kann in der Praxis insbesondere aus zwei Gründen unbefriedigend sein:

(1) Die relativen Gewichte g_i der Kriterien können zwar über Gl. (130) zur Ermittlung der Überlegenheit (Unterlegenheit) von A_h über (unter) A_i in die Betrachtung einbezogen werden, sie gehen jedoch entsprechend Gl. (132) nicht direkt in den Nutzwert N_h ein.

(2) Die in der Zielwertmatrix enthaltene Information wird nicht vollständig ausgenutzt. Es wird nur berücksichtigt, ob die Alternative A_h in der Mehrheit der m Wertdimensionen überlegen ist oder nicht. Wie groß die Mehrheit ist, bleibt unbeachtet. Dieser Sachverhalt ist in Abb. 64 verdeutlicht.

Aus diesen Gründen können in einer konkreten Situation die im folgenden beschriebenen Entscheidungsregeln gegebenenfalls als annehmbarer erscheinen.

6.3.2.2) Die Austin - Slight - Regel

Der Austin - Slight - Regel liegt das naheliegende Werturteil zugrunde, daß in den Nutzwert eine Alternative A_i jede einzelne Dominanz, die sie

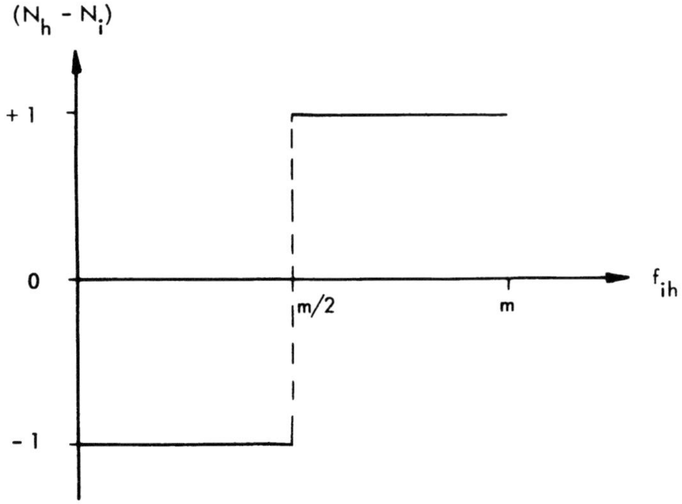

Abb. 64

Verlauf der Nutzwertdifferenz der Alternativen A_h und A_i als Funktion der Vorzugshäufigkeit f_{ih} nach der Copeland-Regel.

in den m Wertdimensionen in Vergleich mit den übrigen Alternativen erzielt, gleichermaßen eingehen soll. Diese Forderung läuft auf eine Summierung der insgesamt von einer Alternative erzielten Vorzugshäufigkeiten hinaus. Allgemein kann die Austin - Slight - Regel daher in der Form geschrieben werden

Gl. (135)
$$N_h = \sum_{i=1}^{n} \sum_{j=1}^{m} D_{ih,j} = \sum_{i=1}^{n} f_{ih}$$

wobei gilt

Gl. (136)
$$N_h - N_i = \sum_{j=1}^{m} D_{ih,j} = f_{ih}$$

und

$$\text{Gl. (137)} \qquad D_{ih,j} = \begin{cases} +1 \\ +0,5 \\ 0 \end{cases} \quad \text{falls } (n_{hj} - n_{ij}) \begin{cases} > 0 \\ = 0 \\ < 0 \end{cases}$$

In Abb. 65 ist der Verlauf der Nutzwertdifferenz $(N_h - N_i)$ entsprechend Gl. (136) aufgetragen.

6.3.2.3) Die Thurstone - Regel

Die Entscheidungsregeln zur Wertsynthese auf der Grundlage von Vorzugshäufigkeiten entsprechen formal den unter Abs.5.2.3.2.2 behandelten Methoden der indirekten Intervallskalierung (vgl. dazu Gäfgen / 45 ,S.25 /). Das Wertsyntheseproblem kann daher analog interpretiert werden. Danach wären die Zielwertdifferenzen $(n_{hj} - n_{ij})$, $j = 1\ (1)\ m$, der Alternativen A_h und A_i als fehlerbehaftete Ausdrücke der wahren Nutzwertdifferenz $(N_h - N_i)$ zu verstehen, so daß sowohl A_h als auch A_i in den m Wertdimensionen dominieren können. Aufgrund der aus der Zielwertmatrix hervorgehenden Vorzugshäufigkeit kann dann unter Annahme einer beliebigen Häufigkeitsverteilung die wahre Nutzwertdifferenz als Mittelwert dieser Verteilung bestimmt werden.

Unter diesem Gesichtspunkt beinhaltet die Austin - Slight - Regel die Annahme einer Rechteckverteilung, die in ihrer kumulativen Form den in Abb. 65 dargestellten linearen Verlauf hat. Nimmt man dagegen an, daß die Vorzugshäufigkeiten normalverteilt sind, so ergibt sich entsprechend der kumulativen Normalverteilung ein s-förmiger Verlauf der Nutzwertdifferenzen. Dieser Fall ist in Abb.66 aufgetragen. Er entspricht dem unter Absatz 5.2.3.2.2 behandelten Thurstone'schen Gesetz vom komparativen Urteil. Die diesbezügliche Entscheidungsregel wird daher Thurstone-Regel genannt.

Legt man den allgemeinen Lösungsansatz des Gesetzes vom komparativen Urteil

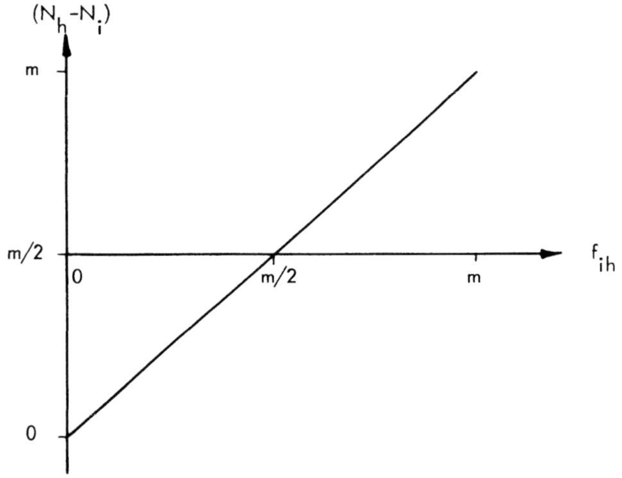

Abb. 65

Verlauf der Nutzwertdifferenz der Alternativen A_h und A_i als Funktion der Vorzugshäufigkeit nach der Austin-Slight-Regel.

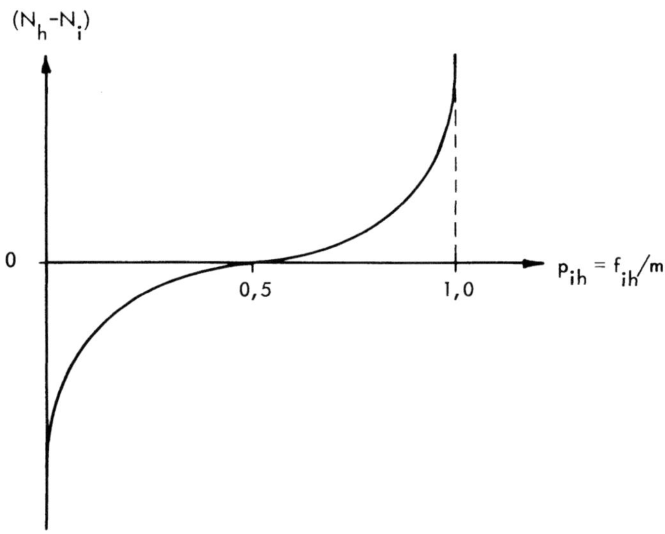

Abb. 66

Verlauf der Nutzwertdifferenz der Alternativen A_h und A_i als Funktion der Vorzugshäufigkeit nach der Thurstone-Regel.

gemäß Gl. (58) zugrunde, so können hier die Nutzwerte aus folgenden Beziehungen berechnet werden.

Gl. (138)
$$N_h = \frac{1}{n} \sum_{i=1}^{n} x_{ih}$$

mit den Werten x_{ih} aus <u>Tafel A</u> der tabellierten Standardnormalverteilung entsprechend der Beziehung

Gl. (139)
$$p_{ih} = \frac{1}{m} f_{ih} = \frac{1}{\sqrt{2\pi}} \int_{-\infty}^{x_{ih}} \exp(-z^2/2)\, dz$$

und der Vorzugshäufigkeiten f_{ih} aufgrund Gl. (136)

Gl. (140)
$$f_{ih} = \sum_{j=1}^{m} D_{ih,j}$$

Die Besonderheit der Thurstone-Regel besteht darin, daß der Nutzwertzuwachs je Dominanz ab $f_{ih} \geq m/2$ stetig zunimmt. Bei der Austin-Slight-Regel ist dagegen der Nutzwertzuwachs je Dominanz über dem gesamten Bereich möglicher Vorzugshäufigkeiten konstant, was auch aus einem Vergleich der Darstellungen nach Abb. 65 und Abb. 66 hervorgeht.

6.3.3) <u>Die Rangordnungssummenregel</u>

Anstatt die Vorzugshäufigkeiten einer Alternative der Berechnung ihres Nutzwertes zugrunde zu legen, ist es ebenso naheliegend, direkt die ihr in den m Wertdimensionen zugeordneten Rangplätze zu summieren, und diese Rangsumme als ihren Nutzwert zu definieren. Diese Verfahrensweise ist sehr operational und wird daher in der Praxis auch häufig angewandt. Sie impliziert jedoch die spezielle Annahme, daß die Nutzendistanzen zwischen benachbarten Rängen in sämtlichen Wertdimensionen gleich groß sind. Das bedeutet aber, daß der Wertsynthese praktisch keine ordinale sondern eine Zielwertmatrix von Intervallniveau mit konstanter Bewertungseinheit zugrunde gelegt wird. Insofern kann die Rangordnungssummenregel auch als ein Sonderfall der unter Absatz 6.4.1 behandelten Additionsregel bei intervallfixierten Zielwertskalen betrachtet werden (sog. Goodman-Markowitz-Regel).

Um die Nutzwerte der Alternativen nach der Rangordnungssummenregel zu berechnen, addiert man einfach zeilenweise die Elemente der Zielwertmatrix $[n_{hj}]$, d.h. also

Gl.(141) $$N_h = \sum_{j=1}^{m} R^+_{hj} \quad ; \quad h = 1\,(1)\,n$$

wobei R^+_{hj} wie in Gl. (34) einen invertierten Rang darstellt, d.h. die bezüglich $k_{\cdot j}$ am höchsten eingestufte Alternative A_h erhält die numerisch höchste Rangziffer $R^+_{hj} = n$. (Anmerkung: Man kann ebensogut von den umgekehrt definierten Rängen R_{hj} ausgehen, wobei dann die Alternative mit der niedrigsten Rangsumme den höchsten Nutzwert hat!) Bei ordinaler Zielwertmatrix ist dementsprechend

Gl. (142) $$n_{hj} \equiv R^+_{hj}$$

Wie man leicht sieht, gilt allgemein

Gl. (143) $$R^+_{hj} = \sum_{i=1}^{n} D_{ih,j} + 1$$

wobei $D_{ih,j}$ gemäß Gl. (137) definiert ist. Setzt man diese Beziehung in Gl. (141) ein, so folgt daraus

Gl. (144)

$$N_h = \sum_{j=1}^{m} \left[\sum_{i=1}^{n} D_{ih,j} + 1 \right]$$

bzw.

Gl. (145)

$$N_h = \sum_{i=1}^{n} \sum_{j=1}^{m} D_{ih,j} + m$$

Vergleicht man die Rangordnungssummenregel in dieser Schreibweise mit der Austin-Slight-Regel gemäß Gl. (135), so zeigt sich, daß beide Regeln zu Nutzwerten N_h führen, die bis auf die additive Konstante m übereinstimmen. Praktisch ist es daher egal, ob man zunächst die Vorzugshäufigkeiten bestimmt und diese zu Nutzwerten addiert, oder ob man die Ränge einer Alternative zu Nutzwerten summiert. Bemerkenswert ist in diesem Zusammenhang der bei Kendall / 77 ,S. 101 / angegebene Beweis, daß die Rangordnungssummenregel – und damit also auch die Summierung von Vorzugshäufigkeiten – zu einer kollektiven Rangfolge der Alternativen führt, die nach der Methode der kleinsten Quadrate eine mathematische Optimallösung darstellt.

6.4) Wertsynthese von kardinalen Präferenzordnungen

Der Wertsynthese von kardinalen Präferenzordnungen liegt im allgemeinen zunächst die in Abb. 67 dargestellte Situation zugrunde. Die Zielwerte n_{ij} in den m Wertdimensionen sind auf kardinalen Skalen abgebildet, deren Nullpunktpositionen und Bewertungseinheiten alle voneinander abweichen können. Auch das jeweilige Skalenniveau kann unterschiedlich sein. Je nach den bei der Bewertung getroffenen Festsetzungen können den Präferenzordnungen sowohl Intervallskalen als auch Verhältnisskalen zugrunde liegen, wie das beispielsweise bei der direkten Bewertung im Ratingverfahren möglich ist.

Um in diesem Fall eine Wertsynthese vornehmen zu können, ist es auch hier zunächst notwendig, die individuellen Zielwertskalen zunächst vergleichbar zu machen. Praktisch kann das nur dadurch erreicht werden, daß die an sich entsprechend Tabelle 7 linear oder multiplikativ transformierbaren einzelnen Skalen durch zusätzliche wertende Festsetzungen weiter fixiert werden. Die Transofrmationsfreiheit muß in den m Wertdimensionen soweit eingeengt werden, daß Entscheidungsregeln möglich sind, mit deren Hilfe kollektive Präferenzordnungen abgeleitet werden können, die invariant gegenüber der gegebenenfalls noch zulässigen Transformationsfreiheit sind. Je nach dem, ob man nun die Vergleichbarkeit durch Festlegung einer gemeinsamen Bewertungseinheit oder eines gemeinsamen Skalenursprungs vornimmt, kommt man zu den sogenannten intervallfixierenden Nutzenadditionsregeln bzw. zu den punktfixierenden Nutzenmultiplikationsregeln. Legt man sowohl eine Einheit als auch einen gemeinsamen Ursprung für alle Skalen der m Präferenzordnungen fest, dann sind die individuellen Zielwerte absolut miteinander vergleichbar und können additiv oder multiplikativ zusammengefaßt werden.

6.4.1) Die Additionsregel bei intervallfixierten Zielwertskalen

Für die praktische Wertsynthese erscheinen solche Entscheidungsregeln am plausibelsten und sind infolgedessen auch am gebräuchlichsten, die in einer Addition der Zielwerte einer Alternative bestehen. Ein Beispiel dafür ist die bereits behandelte Rangordnungssummenregel, die impliziert, daß die Nutzendistanz zwischen benachbarten Rangziffern in allen m Wertdimensionen konstant ist. Dieselbe Forderung muß auch erfüllt sein, wenn man die Zielwerte addieren will, die auf m kardinalen Skalen abgebildet sind. Zwar kann man bei kardinalen Zielwertskalen definitionsgemäß davon ausgehen, daß ihnen jeweils eine individuelle,konstante Bewertungseinheit zugrunde liegt, nicht jedoch auch davon, daß diese Bewertungseinheit in allen m Wertdimensionen gleich ist. Dieser Sachverhalt geht aus Abb. 67 deutlich hervor. Um also eine Addition

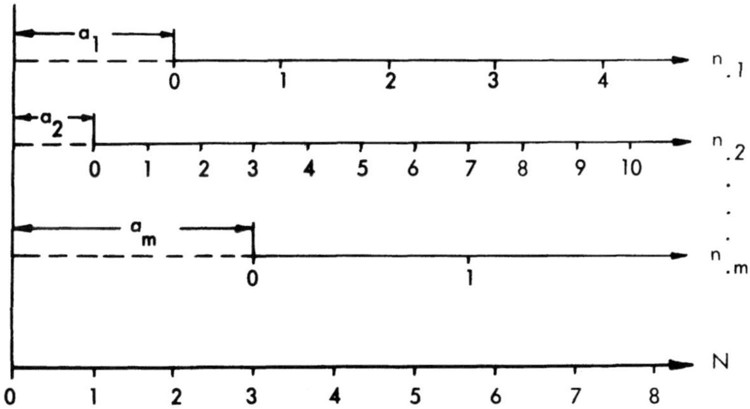

Abb. 67

Schematische Darstellung von m Kardinalskalen mit unterschiedlicher Skaleneinheit und verschiedenem Skalenursprung.

der Zielwerte einer Alternative rechtfertigen zu können, müssen die individuellen Bewertungseinheiten so fixiert werden, daß die für Intervallskalen an sich zulässige lineare Transformation

Gl. (146) $$n'_{ij} = a_j + b_j \; n_{ij}$$

bis auf eine additive Transformation der Form

Gl. (147) $$n'_{ij} = a_j + n_{ij}$$

eingeschränkt wird. Formal ist damit die gemeinsame Bewertungseinheit *bestimmt, und der Wertsynthese liegt die in* Abb. 68 *dargestellte Situation* zugrunde. Wie aus Abb. 68 hervorgeht, haben die Zielwertskalen jedoch *aufgrund der noch zugelassenen additiven Transformation nach Gl. (147)*

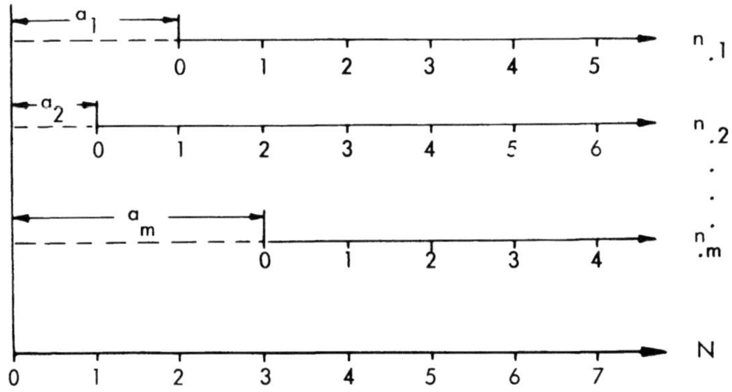

Abb. 68

Schematische Darstellung von m Intervallskalen mit gemeinsamer Skaleneinheit, aber unterschiedlichem Ursprung. Die Skalen sind durch die Transformation $n'_{.i} = n_{.i} + a_i$ ineinander überführbar.

keinen gemeinsamen Skalenursprung. Diese Freiheit in der Fixierung der individuellen Zielwertskalen vereinfacht natürlich den Bewertungsvorgang bzw. stellt grundsätzlich schwächere Anforderungen an die Bewertungsergebnisse. Wie Abb. 68 zeigt, müssen zwar numerisch gleiche Zielwertdifferenzen auch gleiche Nutzendistanzen wiedergeben, dagegen müssen aber numerisch gleiche Zielwerte nicht notwendig auch nutzenaequivalent sein. Das heißt also beispielsweise:

falls	$n_{i1} - n_{h1} = 3$
und	$n_{i2} - n_{h2} = 3$
dann muß auch die Aussage gelten	$n_{i1} - n_{i2} = n_{i2} - n_{h2}$
Hat man dagegen	$n_{i1} = 4$
und	$n_{i2} = 4$
dann kann gelten	$n_{i1} \neq n_{i2}$

Eine einfache Addition der Zielwerte n_{ij} würde hier zu Nutzwerten N_i führen, die je nach Lage der m Skalenursprünge, d.h. also je nach Größe der a_i in Gl. (147) unterschiedlich hoch ausfallen. Die Nutzwertdifferenzen sind zwar gegenüber Nullpunktverschiebungen unempfindlich, nicht aber die Nutzwerte selbst. Daher empfiehlt sich bei intervallfixierten Zielwertskalen folgende Entscheidungsregel zur additiven Wertsynthese

Gl. (148)
$$N_h = \sum_{j=1}^{m} \sum_{i=1}^{n} (n_{hj} - n_{ij}) \; ; \; h = 1(1)n$$

Offenbar sind hier die Nutzwerte N_h invariant gegenüber additiver Transformation nach Gl. (147). Die Skala der kollektiven Präferenzordnung ist ebenso wie die intervallfixierten individuellen Zielwertskalen eine Intervallskala.

Zur praktischen Intervallfixierung :

Es fragt sich nun natürlich, wie man praktisch erreicht, daß sämtliche Zielwerte in derselben Einheit gemessen werden. Am einfachsten wäre es, zu vereinbaren, daß die Bewertung mit einer einheitlichen Bewertungseinheit vorgenommen wird. Diese gemeinsame Bewertungseinheit müßte allerdings vor der eigentlichen Bewertung an einem Standardkriterium fixiert werden, sofern die Einstufung der Alternativen von mehreren Personen, die jeweils nur für einen Teil der Kriterien sachverständig sind, vorgenommen wird (vgl. Absatz 5.2.3.1). Diese Verfahrensweise ist natürlich nur bei der direkten Intervallskalierung möglich. In diesem Fall kann man annehmen, daß die im Ratingverfahren direkt geschätzten Elemente der Zielwertmatrix bis auf die additive Transformationgemäß Gl. (147) fixiert sind, so daß die Wertsynthese nach Gl. (148) unmittelbar vorgenommen werden kann.

Werden die m Präferenzordnungen jedoch mit Hilfe der Methoden der indirekten Intervallskalierung abgebildet, so sind die Zielwerte grundsätzlich gemäß Gl. (146) noch linear transformierbar. Um in diesem Fall eine gemeinsame Skaleneinheit festlegen zu können, müssen die Konstanten b_i der Gl. (147) bestimmt werden. Dazu ist ein besonderer Bewertungsvorgang notwendig, der explizit durchzuführen ist. Die Bewertungsaufgabe besteht darin, die Quotienten der in den m Wertdimensionen benutzten Einheiten zu schätzen. Dazu kommen die unter Absatz 5.2.4 beschriebenen Verfahren der Verhältnisskalierung in Frage. Zweckmäßigerweise würde man dabei nach folgenden Schritten vorgehen:

(1) Additive Transformation sämtlicher m Zielwertskalen gemäß

Gl. (149) $$n'_{ij} = n_{ij} - (n_{ij})_{Min}$$

Damit sind die Skalenursprünge jeweils in den Punkt $(n_{ij})_{Min}$ der j-ten Zielwertskala gelegt worden. Dieser Punkt entspricht demjenigen Zielwert, der der am niedrigsten bezüglich $k_{\cdot j}$ eingestuften Alternative zugeordnet wurde.

(2) Auswahl eines der j = (1) m Kriterien als Standardvergleichskriterium $k_{\cdot s}$.

(3) Schätzung der N u t z e n verhältnisse

Gl. (150) $$\frac{\left\{ (n'_{\cdot j})_{Max} \right\}}{\left\{ (n'_{\cdot s})_{Max} \right\}} = s_j \; ; \; j = 1(1)m$$

wobei $(n'_{\cdot j})_{Max}$ und $(n'_{\cdot s})_{Max}$ die entsprechend Schritt (1) transformierten Zielwerte der bezüglich $k_{\cdot j}$ bzw. $k_{\cdot s}$ am höchsten eingestuften Alternativen darstellen.

(4) Tranformation sämtlicher Zielwerte n'_{ij} nach der Transformationsbeziehung

Gl. (151) $$n''_{ij} = (n'_{\cdot s})_{Max} \; s_j \; \frac{n'_{ij}}{(n'_{ij})_{Max}}$$

Die Zielwerte n''_{ij} sind dann alle in der Skaleneinheit des Standardvergleichskriteriums $k_{\cdot s}$ gemessen.

Damit sind die Bewertungsergebnisse entsprechend Gl. (147) soweit fixiert, daß die Additionsregel nach Gl. (148) zur Wertsynthese angewendet werden darf.

6.4.2) Die Multiplikationsregel bei punktfixierten Zielwertskalen

Die Vergleichbarkeit von m kardinalen Zielwertskalen kann auch dadurch erreicht werden, daß man auf jeder Skala einen Punkt bestimmt, der ein in allen Wertdimensionen gleiches Nutzenniveau beschreibt. Legt man in diesen Punkt den jeweiligen Skalenursprung, so sind die Zielwerte n_{ij} bis auf die multiplikative Transformation der Form

Gl. (152) $$n'_{ij} = b_i \cdot n_{ij}$$

festgelegt. Die Zielwertskalen sind dementsprechend Verhältnisskalen. Der Wertsynthese liegt damit die in Abb. 69 schematisch dargestellte Situation zugrunde. Vergleichbar sind in diesem Fall Quotienten von Zielwerten in den verschiedenen Wertdimensionen, nicht jedoch die Zielwerte selbst, da die Skaleneinheiten gemäß Gl. (152) unterschiedlich groß sein können. Es sind also beispielsweise folgende Aussagen erlaubt:

falls $n_{i1} = 2$ und $n_{h1} = 4$

sowie $n_{i2} = 4$ und $n_{h2} = 8$

dann gilt $$\frac{n_{i1}}{n_{h1}} = \frac{n_{i2}}{n_{h2}} = \frac{1}{2}$$

Da die Skaleneinheiten von $n_{\cdot 1}$ und $n_{\cdot 2}$ verschieden sein können, muß davon ausgegangen werden, daß

$$n_{h1} \neq n_{i2}$$

Entsprechend der hier gemäß Gl. (152) zugelassenen Transformationsfreiheit

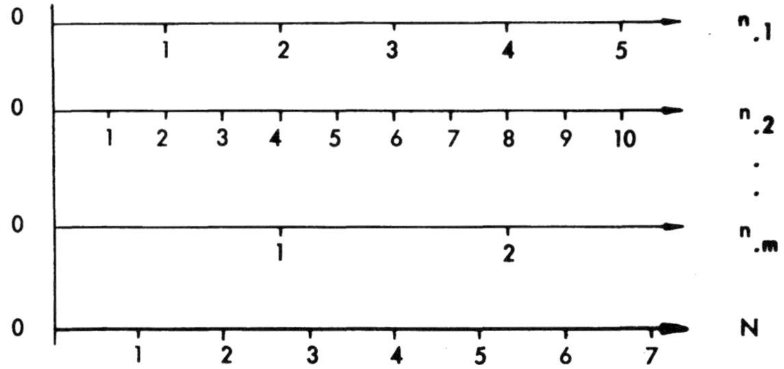

Abb. 69

Schematische Darstellung von m Verhältnisskalen mit gemeinsamem Ursprung, aber unterschiedlichen Einheiten. Die Skalen sind durch die Transformation $n'_{.i} = b_i\, n_{.i}$ ineinander überführbar.

kommt als rationale Entscheidungsregel für punktfixierte kardinale Zielwertskalen nicht die Addition sondern nur die Multiplikation der Zielwerte in Frage, d.h.

Gl. (153)
$$N_h = \prod_{j=1}^{m} n_{hj}\,; \quad h = 1(1)n$$

Die Quotienten von Nutzwerten , die nach dieser Multiplikationsregel berechnet werden, sind invariant gegenüber multiplikativen Transformationen der individuellen Zielwertskalen, nicht jedoch gegenüber Nullpunktverschiebungen durch additive Transformation. Ein Beispiel hierzu ist in Tabelle 33 angegeben. Offenbar gilt für Gl. (153)

falls $n'_{ij} = b_i\, n_{ij}$

dann $N'_h = b_i\, N_h$

so daß $\dfrac{N_h}{N_i} = \dfrac{N'_h}{N'_i}$ = konstant

für alle $i,h = 1\,(1)\,n$

Zielwertmatrix $[n_{ij}]$, deren Elemente auf Skalen mit gemeinsamem Ursprung, aber unterschiedlichen Einheiten gemessen wurden.

Kriterien / Alternativen ↓ h	$k_{.1}$	$k_{.2}$	$k_{.3}$	Wertsynthese $N_h = \prod_{j=1}^{m} n_{hj}$					
A_1	1	4	3	12	(3)	24	(3)	36	(2)
A_2	7	2	1	14	(2)	28	(2)	18	(3)
A_3	3	5	2	30	(1)	60	(1)	50	(1)
multiplikative Transformation mit b_i =	· 2	(erlaubt) →				24, 28, 60			
additive Transformation mit a_i =	+ 2	(nicht erlaubt) →						36, 18, 50	

Tabelle 33

Die Skala der kollektiven Präferenzordnung aufgrund der Multiplikationsregel ist ebenso wie jede der individuellen punktfixierten Zielwertskalen eine Verhältnisskala. Aussagefähig sind dementsprechend Nutzwertquotienten bzw. Quotienten von Nutzwertdifferenzen.

Obwohl die Fixierung eines gemeinsamen, jedoch beliebig festsetzbaren Nullpunktes der m Zielwertskalen ebenso wie die Fixierung einer gemeinsamen Skaleneinheit praktische Schwierigkeiten mit sich bringt, kann die Anwendung der Multiplikationsregel grundsätzlich als vorteilhaft angesehen werden. Denn unter vergleichsweise schwachen Annahmen erhält man hier einen Gesamtnutzenindex $N_.$ der Alternativen, der es beispielsweise gestattet, Nutzenverhältnisse mit Kostenverhältnissen von Alternativen zu vergleichen. Dabei bestehen die Anforderungen an die Bewertungsergebnisse lediglich darin, daß die Zielwerte in den m Wertdimensionen auf ein gemeinsames Nutzenniveau bezogen und die Präferenzordnungen auf ein kardinales Skalenniveau abgebildet werden. Die Bewertungseinheiten selbst dürfen dagegen verschieden sein.

Der Nachteil dieser Entscheidungsregel besteht jedoch darin, daß eine Gewichtung der Zielwerte wirkungslos bleibt. Der Grund dafür ist die beliebige multiplikative Transformierbarkeit der individuellen Zielwertskalen gemäß Gl. (152) Sind die Zielkriterien $k_{.i}$ daher im konkreten Fall von sehr unterschiedlicher Bedeutung, so ist die Multiplikationsregel ungeeignet. Es kommen dann nur solche Entscheidungsregeln für die praktische Nutzwertanalyse in Betracht, die implizit oder explizit eine gemeinsame Einheit der Zielwertskalen festsetzen.

Zur praktischen Punktfixierung :

Um einen gemeinsamen Ursprung von m Zielwertskalen festzusetzen, kommen zwei Vorgehensweisen in Betracht:

(1) Die m Präferenzordnungen der Alternativen werden mit Hilfe der unter Absatz 5.2.4 behandelten Verfahren der Verhältnisskalierung ermittelt. Man unterstellt dann, daß die in den Bewertungsurteilen implizit enthaltenen Skalenursprünge in den m Wertdimensionen alle dasselbe Nutzenniveau repräsentieren. Kann diese Annahme nicht akzeptiert werden, so betrachtet man die Verhältnisskalen als Intervallskalen und verfährt wie unter (2).

(2) Die m Präferenzordnungen sind auf Intervallskalen abgebildet. Auf diesen Skalen muß jeweils ein Punkt $n_{.i}$ angegeben werden, der ein beliebiges, jedoch in allen m Wertdimensionen gleiches Nutzenniveau repräsentiert, z.B. $n_{.i} = 0$.

Man bestimmt dann für die Zielwerte der Alternativen jeder Zielwertskala die Quotienten

Gl. (154)

$$\frac{(n_{hj} - n_{\cdot j})}{(n_{ij} - n_{\cdot j})} = \frac{n'_{hj}}{n'_{ij}} \;;$$

$$j = 1\,(1)\,m$$

$$h, i = 1\,(1)\,n$$

mit deren Hilfe sämtliche Zielwerte n_{ij} auf Verhältnisskalen $n'_{\cdot j}$ mit gemeinsamem Ursprung abgebildet werden können. Dazu wird zunächst in jeder Wertdimension willkürlich ein Punkt, beispielsweise $n'_{hj} = 1$, festgesetzt. Die übrigen Zielwerte werden dann aus den Zielwertverhältnissen (n'_{hj} / n'_{ij}) berechnet. Damit sind die Bewertungsergebnisse entsprechend Gl. (152) soweit fixiert, daß die Multiplikationsregel nach Gl. (153) zur Wertsynthese angewendet werden darf.

6.4.3) Additionsregel bei absolut fixierten Zielwertskalen

Eine vollkommene Vergleichbarkeit der Elemente der Zielwertmatrix ist erst dann gegeben, wenn man davon ausgehen kann, daß sämtlichen kardinalen Zielwertskalen sowohl dieselbe Bewertungseinheit als auch derselbe Skalenursprung zugrunde liegen. Für die Wertsynthese ergibt sich dann die in Abb. 70 schematisch dargestellte"ideale" Situation.

Vergleichbar sind in diesem Fall nicht nur Nutzwertdifferenzen und Quotienten von Nutzwertdifferenzen - wie bei den intervallfixierten Kardinalskalen - bzw. Nutzwertquotienten wie bei den punktfixierten Kardinalskalen sondern darüber hinaus auch die Zielwerte n_{ij} selbst. Das bedeutet also beispielsweise

ist $n_{\cdot 1} = 5$

und $n_{\cdot 2} = 5$

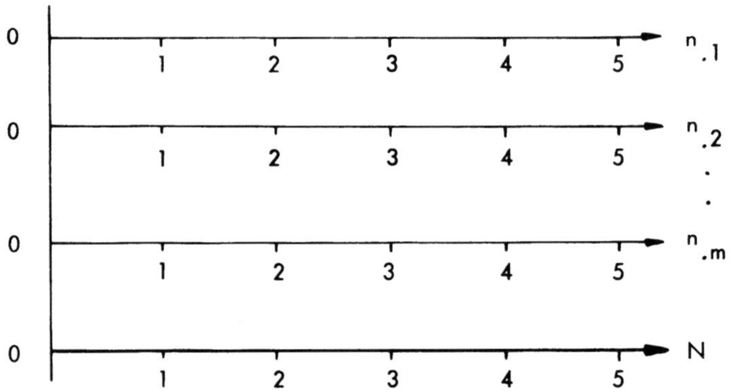

Abb. 70

Schematische Darstellung von m Verhältnisskalen mit gemeinsamem Skalenursprung und gemeinsamer Skaleneinheit.

dann gilt auch die Aussage $n_{\cdot 1} = n_{\cdot 2}$

bzw. $n_{\cdot 1} / n_{\cdot 2} = 1$

Diese absolute Festlegung der Zielwertskalen erlaubt natürlich keine Trans formation mehr der Bewertungsergebnisse in den einzelnen Wertdimensionen. Als Entscheidungsregel zur Wertsynthese ist hier die allgemeine Additionsregel am zweckmäßigsten. Die Nutzwerte berechnen sich danach einfach als Zeilensummen der Zielwertmatrix, d.h. also

Gl. (155)
$$N_h = \sum_{j=1}^{m} n_{hj} \; ; \quad h = 1 (1) n$$

Der kollektiven Präferenzordnung $[N_h]$ liegt eine Verhältnisskala zugrunde.

Die Nutzwerteinheit dieser Skala ist gleich der Bewertungseinheit der individuellen Zielwertskalen. Sind die Zielwerte n_{ij} entsprechend der relativen Bedeutung g_i der Zielkriterien zu gewichten, dann schreibt sich Gl. (155) in der Form

Gl. (156) $$N_h = \sum_{i=1}^{m} g_i \; n_{hi}$$

Die Gewichte sind aus der Sicht der Wertsynthese von Zielwertskalen als Maßstabsfaktoren zu verstehen, durch die das Verhältnis der individuellen Zielwerteinheit zur kollektiven Nutzwerteinheit fixiert wird (vgl. dazu auch Absatz 3.3).

Bei der praktischen Nutzwertanalyse wird die allgemeine Additionsregel für Zielwerte am häufigsten benutzt, obwohl die dazu erforderlichen Annahmen über die gemeinsame Bewertungseinheit und den gemeinsamen Skalenursprung in der Regel nicht gerechtfertigt sein dürften. Insbesondere gilt das, wenn die Bewertung in den m Wertdimensionen von verschiedenen Urteilspersonen vorgenommen wird. Denn die individuelle Wahl eines Bezugspunktes und die Anpassung eines vorgegebenen Urteilsschemas an die häufig sehr verschieden großen Zielwertdistanzen der einzelnen Wertdimensionen können die theoretisch zu fordernde Gemeinsamkeit in den Zielwertskalen zweifellos nicht gewährleisten. In konkreten Situationen sollte man daher - sofern man überhaupt von kardinalen Zielwertskalen ausgeht - vor einer Auswahlentscheidung feststellen, ob eine Entscheidungsregel mit schwächeren Annahmen möglicherweise zu einer widersprechenden kollektiven Präferenzordnung führt. Die Bewertungsergebnisse müßten in diesem Fall einer besonderen Überprüfung unterzogen werden, bevor sie als maßgebende Entscheidungsgrundlage herangezogen werden dürfen.

In Hinblick auf die unterschiedlich starken Anforderungen, denen die Bewertungsergebnisse bei der Anwendung der Entscheidungsregeln zur kardinalen Wertsynthese genügen müssen, empfiehlt es sich, in konkreten Situationen bei der Auswahl einer Entscheidungsregel folgendermaßen zu verfahren:

(1) Die Multiplikationsregel ist zu bevorzugen, wenn die Zielkriterien $k_{.i}$ von annähernd g l e i c h e r W i c h t i g k e i t sind.

(2) Die Additionsregel bei intervallfixierten Zielwertskalen ist zu bevorzugen, wenn die Kriterien von u n t e r s c h i e d - l i c h s t a r k e m G e w i c h t sind. Bei der Anwendung dieser Regel ist besonders zu beachten, daß der kollektiven Präferenzordnung $[N_i]$ lediglich eine Intervallskala zugrunde liegt. Infolgedessen ist es nicht sinnvoll, die berechneten Nutzwerte ins Verhältnis zu setzen oder Quotienten, wie beispielsweise Nutzwert / Kosten, zu bilden. Werden solche Kenngrößen jedoch für die Auswahlentscheidung benötigt, so bleibt nur die Anwendung der allgemeinen Additionsregel bei absolut fixierten Zielwertskalen und damit die Unterstellung der durch sie implizierten starken Annahmen.

6.4.4) Spieltheoretisch begründete Entscheidungsregeln bei absolut fixierten Zielwertskalen

Da die Elemente einer Zielwertmatrix bei absolut fixierten Zielwertskalen sowohl spalten- als auch zeilenweise voll vergleichbar sind, kommen hier als Entscheidungsregeln zur Wertsynthese grundsätzlich auch einige der im Rahmen der Spieltheorie entwickelten Regeln zur Auswahl von Handlungsalternativen in Betracht (vgl. Gäfgen / 44 ,S.454 /, Luce Raiffa / 87 /). Aus der Vielfalt möglicher Variationen diesbezüglicher Regeln sollen hier nur die wichtigsten angeführt werden. Grundsätzlich sind diese Regeln dadurch gekennzeichnet, daß sie zur kollektiven Ordnung der Alternativen nicht sämtliche in der Zielwertmatrix enthaltenen Informationen verwenden, sondern lediglich charakteristische Zielwerte von Alternativen für deren Gesamteinstufung benötigen. Insofern wird hier das eigentliche Wertsyntheseproblem umgangen.

Die Maximin - Regel :

Aufgrund dieser Regel werden die Alternativen nach ihrem jeweils geringsten Zielwert geordnet. Es hat dann diejenige Alternative den höchsten Nutzwert, deren minimaler Zielwert im Vergleich zu den übrigen Alternativen ein Maximum ist. Formal besteht diese Regel also darin, daß zunächst die Zeilenminima der Zielwertmatrix bestimmt werden, d.h.

Gl. (157) $$\min_{j=1(1)m} (n_{ij}) \quad \text{für } i = 1(1)n$$

Die Präferenzordnung erfolgt dann nach der Größe der durch

Gl. (158) $$N_i = \min (n_{ij})$$

bestimmten Nutzwerte. Diese Entscheidungsregel entspricht der Handlungsweise eines "konservativen Pessimisten".

Die Maximax - Regel :

Den der Minimax-Regel zugrunde liegenden pessimimistischen Standpunkt kann man natürlich durch einen optimistischen Standpunkt ersetzen. Anstatt die Alternativen nach ihrem jeweils minimalen Zielwert zu ordnen, richtet man sich dann nach den erreichten Zielwertmaxima, d.h. also

Gl. (159) $$\max_{j=1(1)m} (n_{ij}) \quad \text{für } i = 1(1)n$$

und

Gl. (160) $$N_i = \max (n_{ij})$$

Die Pessimismus - Optimismus - Regel :

Für die praktische Nutzwertanalyse unter spieltheoretischem Aspekt kann es vernünftiger sein, die extremen Standpunkte der Maximin- bzw. der Maximax-Regel durch eine neutrale Stellung zu ersetzen. Nach einer von Hurwicz vorgeschlagenen Entscheidungsregel berücksichtigt man sowohl den jeweils minimalen als auch den maximalen Zielwert einer Alternative und gewichtet diese beiden Größen mit einem Pessimismus - Optimismus - Index ($0 \leq \alpha \leq 1$). Die Nutzwerte berechnen sich hier nach der Beziehung

Gl. (161) $$N_i = \alpha \cdot \mathrm{Max}\,(n_{ij}) + (1-\alpha)\,\mathrm{Min}\,(n_{ij})$$

Der Index α ist eine subjektive Größe, die vom Entscheidungsträger festzusetzen wäre.

6.5) Ein Beispiel zur Wertsynthese einer Zielwertmatrix nach verschiedenen Entscheidungsregeln

Die Behandlung der im vorangehenden ausgeführten Entscheidungsregeln hat gezeigt, daß die Wertsynthese von eindimensionalen Präferenzordnungen grundsätzliche Schwierigkeiten mit sich bringt, die nur unter verschiedenen Annahmen umgangen werden können. Diese Annahmen betreffen einerseits das den Zielwerten zugrunde liegende Skalenniveau sowie andererseits die Frage, in welcher Form eine situationsgerechte Vergleichbarkeit der m Zielwertskalen erreicht werden kann. Aufgrund dieser problemtypischen Freiheit, auf verschiedenen logisch möglicherweise befriedigenden Wegen zu Lösungen zu gelangen, ist es nur natürlich, daß in ein und derselben Problemsituation auch unterschiedliche Nutzwertanalyseergebnisse abgeleitet werden können. Diesen Sachverhalt verdeutlicht ein Beispiel, das in Tabelle 34 angeführt ist. Die Elemente der dort angegebenen Zielwertmatrix $[n_{ij}]$ von drei Alternativen und fünf Kriterien sind sowohl nominal als auch ordinal und kardinal abgebildet worden. Die Wertsynthese dieser Zielwertmatrix wurde nach zehn verschiedenen Ent-

n_{ij}	1	2	3	4	5	6	7	8	9	10
	unbefriedigend			befriedigend			gut		sehr gut	

ALTERNATIVEN	KRITERIEN:	Erforderliche Investitionen	Technologischer Fortschritt	Konkurrenz-Situation	Entwicklungs-Dauer	Entwicklungs-Risiko	ENTSCHEIDUNGSREGELN ZUR WERTSYNTHESE: A		B		C		D		E		F		G		H		I		J	
i \ j		k_1	k_2	k_3	k_4	k_5	N_i	R_i	N_i	R_i	N_i	R_i	N_i	R_i	N_i	R_i	N_i	R_i	N_i	R_i	N_i	R_i	N_i	R_i	N_i	R_i
A_1		sehr gut	unbefriedigend	befriedigend	gut	sehr gut	-	-																		
A_1		(1)	(3)	(1)	(2)	(1)			-	(1)	+4	(1)	88	(1)												
A_1		10	1	6	8	9									8	(1)	4320	(3)	34	(1)	1	(3)	10	(1)	6,4	(2)
A_2		befriedigend	gut	befriedigend	befriedigend	gut	1	(1)																		
A_2		(3)	(2)	(2)	(3)	(2)			-	(3)	-4	(3)	12	(3)												
A_2		4	7	4	5	8									-10	(3)	5040	(2)	28	(3)	4	(1)	8	(3)	6,4	(2)
A_3		gut	sehr gut	unbefriedigend	sehr gut	befriedigend	-	-																		
A_3		(2)	(1)	(3)	(1)	(3)			-	(2)	0	(2)	10	(2)												
A_3		7	9	3	9	4									2	(2)	6840	(1)	32	(2)	3	(2)	9	(2)	6,6	(1)

ZIELWERTMATRIX $[n_{ij}]$

NUTZWERTE $[N_i]$ und entsprechende RANGPLÄTZE $[R_i]$

ENTSCHEIDUNGSREGELN ZUR WERTSYNTHESE

A. Simon-Regel
B. Majoritätsregel
C. Copeland-Regel
D. Rangsummenregel
E. Additionsregel bei Intervallfixierung
F. Mulitplikationsregel bei Punktfixierung
G. Additionsregel bei absoluter Skalenfixierung
H. Mini-Max-Regel
I. Maxi-Max-Regel
J. Pessimismus-Optimismus-Regel mit $\alpha = 0,6$

Tabelle 34

Beispiel zur Wertsynthese von nominal, ordinal und kardinal gemessenen Zielwerten n_{ij} nach verschiedenen Entscheidungsregeln.

Zeichenerklärung: Eingekreiste Zahlen sind Rangzahlen.

scheidungsregeln vorgenommen. Die jeweils resultierenden Nutzwerte $[N_i]$ und die kollektiven Ränge $[R_i]$ der Alternativen sind im rechten Teil der Tabelle 34 aufgeführt. Diese Ergebnisse zeigen erwartungsgemäß insbesondere folgendes:

(1) Die Nutzwerte sind umso differenzierter je höher das der Beurteilung zugrunde gelegte und bei der Wertsynthese berücksichtigte Skalenniveau der Zielwerte ist.

(2) Die numerische Größe der Nutzwerte fällt je nach benutzter Entscheidungsregel verschieden aus.

(3) Die den Nutzwerten $[N_i]$ entsprechenden kollektiven Ränge $[R_i]$ der Alternativen sind ebenfalls nicht unabhängig von der jeweils zugrunde gelegten Entscheidungsregel. In diesem Fall erhalten beispielsweise die Alternativen

A_1 : 6 mal R = 1, 1 mal R = 2, 2 mal R = 3

A_2 : 2 mal R = 1, 2 mal R = 2, 6 mal R = 3

A_3 : 2 mal R = 1, 7 mal R = 2, 0 mal R = 3

Dieses Beispiel verdeutlicht noch einmal die in den Ausführungen der vorangehenden Abschnitte enthaltenen und im einzelnen begründeten Aussagen.
Es zeigt, daß nicht nur die zugeordneten Gewichte g_i und Zielwerte n_{ij}, sondern auch die jeweils angewandte Logik bei der Abbildung der Präferenzen und der Wertsynthese auf subjektiven Wertungen beruhen, die das Nutzwertanalyseergebnis maßgeblich beeinflussen können. Die rationale Anwendung einer bestimmten Skalierungsmethode und Entscheidungsregel in einem konkreten Nutzwertanalyseverfahren setzt infolgedessen immer voraus, daß sich der Entscheidungsträger der implizierten Annahmen bewußt ist und sie als vernünftig akzeptieren kann. Um also Nutzwertanalyseergebnisse im konkreten Fall überhaupt interpetrieren und einer Entscheidung rational zugrunde legen zu können, ist es nicht nur notwendig, die vorgenommenen expliziten Wertungen in Form der gewählten Kriterien, der zugeordneten Kriteriengewichte und Zielwerte

dem Entscheidungsträger offen darzulegen, sondern darüber hinaus auch die impliziten Wertungen aufzuzeigen, die durch das Bewertungsverfahren und die benutzte Entscheidungsregel zur Auswirkung gelangen.

Der berechnete Nutzwert einer Alternative ist zwar das Ergebnis der in der Zielwertmatrix enthaltenen Informationen, er läßt jedoch direkt keine Rückschlüsse auf die Verteilung der Zielwerte einer Alternative in den m Wertdimensionen zu. In der Praxis kann es daher zweckmäßig sein, dem Entscheidungsträger als ergänzende Entscheidungsunterlage das Zielwertmuster in Form einer graphischen Darstellung aufzuzeigen. Eine kurze Beschreibung diesbezüglicher Hilfsmittel soll daher im folgenden die Betrachtungen zur Wertsynthese abschließen.

6.6) Graphische Hilfsmittel zur Darstellung von Zielwertmustern

In der Praxis besteht oft der Wunsch, die in einer Zielwertmatrix enthaltenen Informationen auch graphisch zu veranschaulichen. Sofern die Anzahl der Zielwertdimensionen nicht zu groß ist, lassen sich solche Darstellungen in Form sogenannter Wertprofile in unterschiedlicher Weise, je nach Skalenniveau der m Präferenzordnungen, vornehmen. Graphische Hilfsmittel dieser Art können insbesondere dazu dienen, die durch Anwendung einer der beschriebenen Entscheidungsregeln im Ergebnis nicht mehr sichtbaren und direkt aus der Zielwertmatrix für den Entscheidungsträger oft nur schwer erkennbaren detaillierten Informationen über die Zielwerte einer Alternative anschaulich zu verdeutlichen. Die kombinierte Anwendung von Wertprofilen und numerischer Auswertung einer Zielwertmatrix kann dem Entscheidungsträger beispielsweise Hinweise darauf geben, ob einem Nutzwert eine über alle m Dimensionen gleichmäßige Verteilung der Zielwerte zugrunde liegt oder ob dieser das Ergebnis einer Zusammenfassung von sehr niedrigen und sehr hohen Zielwerten darstellt.

Im letzten Fall wäre das Ergebnis alleine insofern irreführend, als der Nutzwert keine Aussage im Sinne eines am häufigsten auftretenden Zielwertes einer Alternative darstellt, was man in der Regel aber vermuten und gegebenenfalls auch bevorzugen würde.

6.6.1) Nominale Wertprofile

Nominale Wertprofile werden in der Praxis im Zusammenhang mit Vorauswahlentscheidungen aufgrund nominaler Bewertung neuer Projektkonzepte häufig verwendet. Da die rein formale Vorgehensweise nach der Regel der mindestens befriedigenden Einstufung einer Alternative (vgl. Absatz 6.2) in sämtlichen m Wertdimensionen nur wenig differenziert, kann hier die Aufstellung eines Wertprofils sehr nützlich sein. Der Entscheidungsträger erhält so unmittelbar einen Überblick darüber, wieviel unbefriedigende Einstufungen eine Alternative erhalten hat und ob die diesbezüglichen Zielkriterien aufgrund ihrer relativen Bedeutung die Verwerfung einer Alternative rechtfertigen. In Abb. 71 und Abb. 72 sind zwei Beispiele für nominale Wertprofile dargestellt, wie sie in der Praxis zur Anwendung gelangen.

6.6.2) Ordinale Wertprofile

Ordinale Wertprofile können sehr anschaulich in Polarkoordination abgebildet werden (Gäfgen / 44 ,S.118 /). Ein Beispiel für diese Darstellungsform zeigt Abb. 73. Die Einstufung der Alternativen in den m Wertdimensionen wird auf m Koordinatenachsen abgetragen. Den Distanzen zwischen den Rängen brauchen in der graphischen Darstellung nicht unbedingt gleiche Abstände zu entsprechen. Die jeweils in einer Dimension am schlechtesten eingestufte Alternative wird dem Koordinatenursprung am nächsten zugeordnet. Haben die

*Form C

PROJECT PROFILE WORKSHEET

(Circle appropriate rating and connect circles.)

A. MARKETING & COMMERCIAL FACTORS

1. Size of Total Annual Opportunity: 1st 5 Yrs. / 10 Yrs. Units 4,000,000 / 4,000,000 Dollars 16,000,000 / 16,000,000	VG	(G)	A	P	VP
2. Size of Annual P-A Market Opportunity: 1st 5 Yrs. / 10 Yrs. Units 1,000,000 / 1,000,000 Dollars 4,000,000 / 4,000,000	VG	(G)	A	P	VP
3. Adaptability to Marketing--distribution resources.	VG	(G)	A	P	VP
4. Compatibility with current and long-range marketing objectives.	VG	G	(A)	P	VP
5. Volume/price effects on present P-A products.	(VG)	G	A	P	VP
6. Effect of probable government legislation.	(VG)	G	A	P	VP
7. Relationship to adversely owned patents.	VG	(G)	A	P	VP
8. Patent licensing possibility.	VG	G	(A)	P	VP

Prepared by E.D.S.

B. TECHNICAL FACTORS

1. Utilization of present P-A skills.	(VG)	G	A	P	VP
2. Availability of personnel.	(VG)	G	A	P	VP
3. Availability of facilities.	(VG)	G	A	P	VP
4. Years to reach readiness for commercialization. 3.5	VG	G	(A)	P	VP
5. Opens door to additional R. & D. opportunities.	VG	(G)	A	P	VP
6. Timing compared to competition.	VG	(G)	A	P	VP

Prepared by D.T.M.

C. PRODUCTION FACTORS

1. Utilization of familiar processes.	VG	(G)	A	P	VP
2. Availability of raw materials and products.	(VG)	G	A	P	VP
3. Utilization of existing facilities.	VG	(G)	A	P	VP
4. Freedom from hazards.	(VG)	G	A	P	VP
5. Value added by in-company processing. 25%	VG	G	(A)	P	VP
6. % of value added comprised of payroll. 40%	VG	(G)	A	P	VP

Prepared by B.E.R.

D. FINANCIAL FACTORS

1. Increase in pretax profits--annual \$ 200M.	VG	G	(A)	P	VP
2. Anticipated capital outlay \$ 350M.	VG	(G)	A	P	VP
3. Capital equipment obsolete as % of new capital equipment 0 %.	(VG)	G	A	P	VP
4. Cash recovery of capital investment 1.7 yrs.	(VG)	G	A	P	VP
5. Cash recovery of R. & D. and Capital Investment 3.7 yrs.	VG	(G)	A	P	VP
6. Profitability Rate 19.3 %.	VG	G	(A)	P	VP

Prepared by J.M.P.

AREAS OF UNCERTAINTY:

VG = Very Good; G = Good; A = Average; P = Poor; VP = Very Poor

Abb. 71 Nominales Wertprofil (aus Bright / 12, S. 424/).

POTENTIAL FOR COMPANY PROPOSAL NO. ____ PAGE _1_ EVALUATED BY ____________ DATE ______

A. In terms of the safety of employees, distributors, and customers, the product is	VERY SAFE	VERY HAZARDOUS	NOT KNOWN
B. Legal problems related to the product's manufacture, distribution, or use are	CRITICAL	TRIVIAL	
C. Patent protection for the product's features or manufacturing processes	IS VERY STRONG	DOES NOT EXIST	
D. Substitute or similar products can be developed by competitors with	GREAT DIFFICULTY	EASE	
E. In terms of the market image that the company seeks to maintain, this product is an	EXCELLENT FIT	OBVIOUS MISFIT	
F. Among customers and resellers, the company's reputation and good name will be	A VERY SIGNIFICANT AID	OF VERY LITTLE VALUE	
G. The channels of distribution for the company's present product line can	MOVE THE PRODUCT VERY EFFECTIVELY	WILL NOT HANDLE THE PRODUCT	
H. By-product disposal, if any, will be	VERY SIMPLE	VERY DIFFICULT	
I. In terms of effectively using our R and D know-how, the product is	VERY DESIRABLE	VERY UNDESIRABLE	NOT KNOWN
J. In terms of effectively using our marketing know-how, the product is	VERY DESIRABLE	VERY UNDESIRABLE	
K. In terms of effectively using our production know-how, the product is	VERY DESIRABLE	VERY UNDESIRABLE	
L. Qualified personnel are	AVAILABLE IN DEPTH	NOT AVAILABLE	
R and D			
Marketing			
Production			
M. Our raw material position will create a	SIGNIFICANT ADVANTAGE	SIGNIFICANT DISADVANTAGE	
N. Our ability to handle physical distribution will create a	SIGNIFICANT ADVANTAGE	SIGNIFICANT DISADVANTAGE	
O. The manufacturing facilities which will be used will yield a	SIGNIFICANT ADVANTAGE	SIGNIFICANT DISADVANTAGE	
P. Due to any advantages we may have in manufacturing know-how and facilities which are known to competitors, competitors will	NOT COMPETE	IGNORE OUR ADVANTAGE	NOT KNOWN
Q. If reciprocity is an important element, it will prove to be	VERY HELPFUL	A SERIOUS LIMITATION	
R. Our ability to provide the required related technical services, missionary selling, advertising support, sales training, and so on, is	EXCELLENT	VERY LIMITED	
S. Our present position in the market will yield a significant	ADVANTAGE	DISADVANTAGE	
T. Due to any advantages we may have in the market which are known to competitors, competitors will	NOT COMPETE	IGNORE OUR ADVANTAGE	
U. Conflicts with the company's other divisions will	NOT EXIST	BE SERIOUS	
V. Conflicts with companies whose goodwill we value will	NOT EXIST	BE SERIOUS	

W. The probability of achieving marketing success (equaling or exceeding target cumulative dollar contribution by the end of the introductory phase) is ____________

Abb. 72

Bewertungsschema für ein nominales Wertprofil (aus Pessemier / 105, S. 96 /).

Kriterien unterschiedliches Gewicht, so kann das durch entsprechende Winkelaufteilung zwischen den Koordinatenachsen berücksichtigt werden.

Verbindet man die so aufgetragenen Zielwerte für jede Alternative, so ergeben sich n Wertprofile, die sich mehr oder weniger stark überdecken. Man kann auf diese Weise die "guten" und die "schlechten" Seiten einer Alternative auf einen Blick übersehen und diese zusätzliche Information neben der numerischen Auswertung der Zielwertmatrix der endgültigen Auswahlentscheidung zugrunde legen.

6.6.3) Kardinale Wertprofile

Kardinale Wertprofile können am einfachsten aufgestellt werden, da man hier die in der Zielwertmatrix enthaltenen Informationen flächenproportional darstellen kann.

Sind die Zielwertskalen intervallfixiert, so trägt man gemäß Gl. (148) jeweils die Zielwertdifferenzen der Alternativen in den einzelnen Wertdimensionen auf, d.h. also die Größen

Gl. (162)
$$n^{+}_{hj} = \sum_{i}^{n} (n_{hj} - n_{ij}) \; ; \quad i,h = 1\,(1)\,n$$

Bei absolut fixierten Zielwertskalen können die Elemente n_{ij} der Zielwertmatrix direkt aufgetragen werden.

Als Darstellungsform ist das Balkendiagramm am gebräuchlichsten. Die Balkenbreite wird proportional dem Gewicht des zugrunde liegenden Kriteriums aufgetragen. Die Balkenlänge entspricht den jeweils in den einzelnen Wertdimensionen erreichten numerischen Zielwerten $n_{\cdot j}$. Ein Beispiel hierfür ist in Abb. 74 angegeben. Ein einfaches Bewertungsschema, aus dem sich das Wertprofil durch Ankreuzen der Zielwerte direkt ergibt, zeigt Abb. 75.

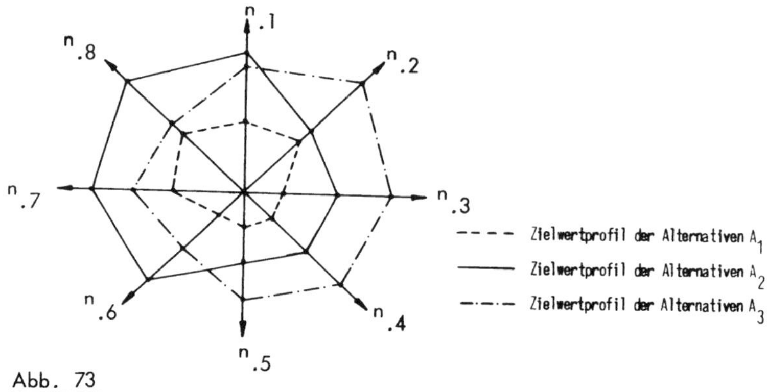

Abb. 73

Ordinale Zielwertprofile in Polarkoordinatendarstellung.

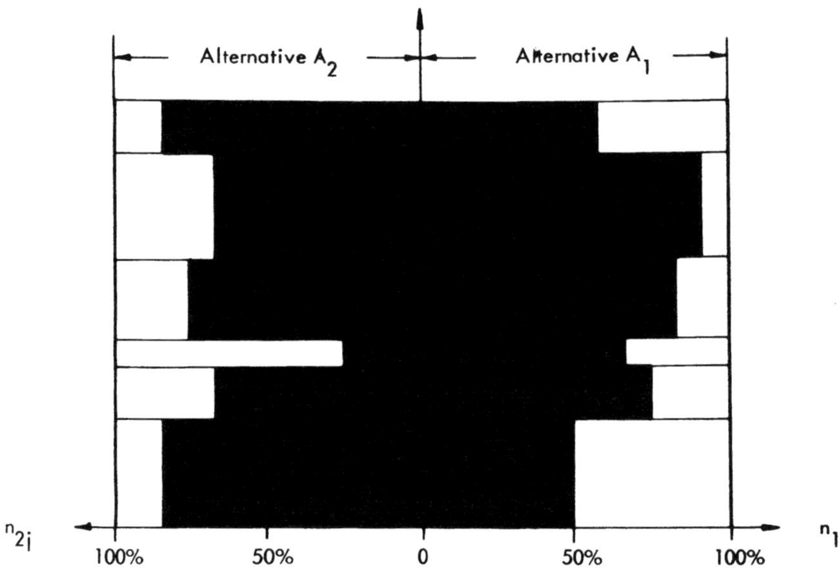

Abb. 74

Kardinales Wertprofil von 2 Alternativen. Die Zielwerte werden zweckmäßigerweise in [%] der jeweils maximal erreichbaren Zielwerteinheiten aufgetragen. Die dunklen Flächen entsprechen jeweils $N_{ij} = g_j . n_{ij}$.

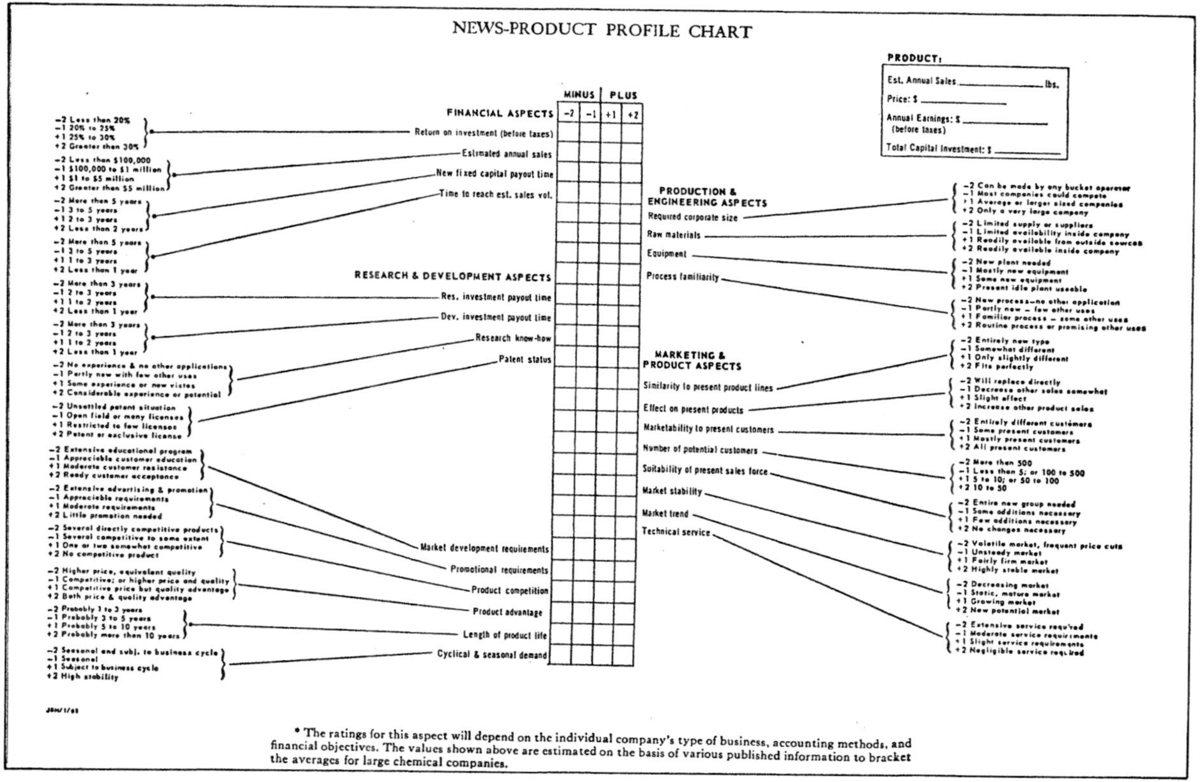

Abb. 75 Bewertungsschema für ein kardinales Wertprofil aus Bright / 12, S.413/ .

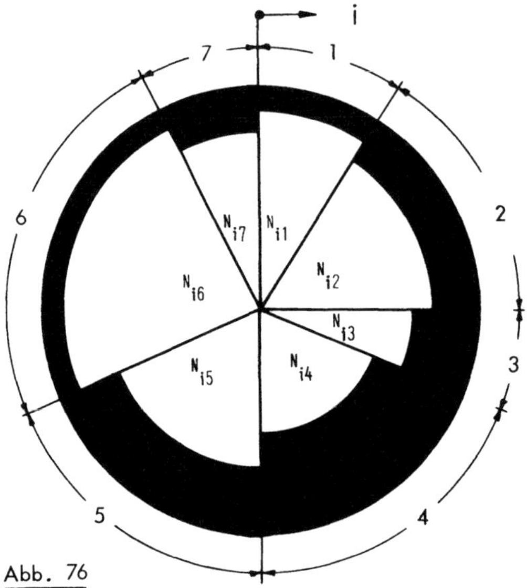

Abb. 76

Kardinales Wertprofil einer Alternative A_i. Die Winkel der Kreissegmente sind proportional den relativen Gewichten g_j der Kriterien. Die weißen Flächen entsprechen jeweils $N_{ij} = g_j n_{ij}$.

Eine ebenso einfache wie übersichtliche Darstellungsform ist auch die Abbildung der Zielwerte durch Kreissegmente. Die weißen Flächen des diesbezüglichen Beispiels in Abb. 76 entsprechen jeweils den von einer Alternative A_i erreichten Zielwerten $g_j\, n_{ij} = N_{ij}$. Die Gesamtfläche innerhalb des Randkreises ist proportional dem Nutzwert einer Alternative, die in sämtlichen Wertdimensionen die maximal erreichbaren Zielwerte erlangt.

7) Problematik und Methodik bei der praktischen Berücksichtigung der Ungewißheit

In diesem Kapitel soll zunächst die Frage behandelt werden, welche Auswirkungen Ungewißheiten bei der Prognose von Zielerträgen und Schätzung von Zielwerten auf das Ergebnis einer Nutzwertanalyse haben. Es wird dann untersucht welche Ungewißheitsquellen bei der Auswahl komplexer Projektalternativen insbesondere zu beachten sind und welche methodischen Möglichkeiten in Betracht kommen, die Ungewißheit bei der Nutzwertanalyse praktisch zu berücksichtigen.

7.1) Die Bedeutung der Prognoseungewißheit für die Nutzwertanalyse

Es wurde bisher davon ausgegangen, daß die der Nutzwertanalyse zugrunde gelegten Objektinformationen in Form der Zielertragmatrix $[k_{ij}]$ ebenso wie die auf dieser Basis ermittelten Zielwerte $[n_{ij}]$ eindeutige Größen darstellen. Dementsprechend führen die behandelten Entscheidungsregeln zur Wertsynthese jeweils nur zu einem einzigen Nutzwert N_i für jede Alternative.

In konkreten Entscheidungssituationen werden jedoch die vorausgesagten Zielerträge und damit auch die Zielwerte mit Ungewißheiten behaftet sein und Zufallsvariable darstellen. Dieser Sachverhalt ist in Abb. 77 schematisch angedeutet. Geht man daher bei der Nutzwertanalyse nur von determinierten Größen im Sinne bester Schätzungen aus, so stellt das abgeleitete Gesamtergebnis lediglich einen einzigen Wert N_i aus einer Menge von Werten $\{N_i\}$ dar, deren Realisation zwar weniger wahrscheinlich, nicht aber unmöglich ist. Infolgedessen wäre es realistischer, jeweils ein Intervall des Zielertragkontinuums zugrunde zu legen, dessen Punkte mit Wahrscheinlichkeit auch relevante Bezugspunkte des Planungshorizontes und damit des Präferenzurteils sein können. Geht man dementsprechend von einer ungewissen Informationsgrundlage aus, so ist es theoretisch möglich, Nutzwertverteilungen $f(N_i)$ der Alternativen zu ermitteln und das Entscheidungsrisiko abzuschätzen.

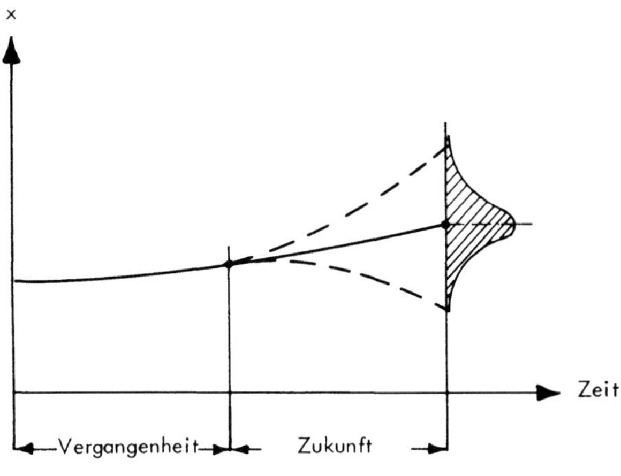

Abb. 77

Darstellung der Wirkung der Ungewißheit bei der Prognose eines bewertungsrelevanten Einflußfaktors x .

In Abb. 78 sind als Beispiel die Nutzwertverteilungen von drei Alternativen dargestellt. Berücksichtigt man in diesem Fall nur die Erwartungswerte $\mu(N_i)$ der Nutzwerte, so ist A_3 die beste Alternative. Beachtet man darüber hinaus auch die Breite der Verteilungen, so kann es vorteilhafter sein, sich für A_2 zu entscheiden, da diese auch in einem ungünstigen Fall einen vergleichsweise hohen Nutzwert mit sich bringt. Dieses Beispiel zeigt, daß man sich bei der Nutzwertanalyse der ungewissen Informationsgrundlagen zumindestens bewußt sein sollte, um eine Fehlinterpretation der Ergebnisse und damit Fehlentscheidungen zu vermeiden. Zweckmäßiger wird es jedoch häufig sein, zu versuchen, die situationsrelevanten Ungewißheitsquellen zu erkennen und ihre Auswirkungen auf das Ergebnis in der Nutzwertanalyse zu verfolgen, um so einen Einblick in das Entscheidungsrisiko zu erhalten.

7.2) Charakteristische Ursachen von Ungewißheitssituationen

Die Komplexität und Langfristigkeit technisch-ökonomisch anspruchsvoller Projektvorhaben bringt es allgemein mit sich, daß die zukunftsimmanenten Ungewißheiten ein wichtiger Bestandteil der Informationsbasis einer Nutzwertanalyse sind und daher auch in irgendeiner Form berücksichtigt werden müssen. Die explizite Behandlung dieses Problemaspektes in der Analyse ist jedoch gewöhnlich mit erheblichen praktischen Schwierigkeiten verbunden. Bevor man das daher im konkreten Fall versucht, empfiehlt es sich, zunächst die situationsrelevanten Ursachenbereiche von Ungewißheiten zu identifizieren und erst dann zu überlegen, in welcher Form eine Berücksichtigung zweckmäßig ist.

Allgemein können insbesondere folglende Bereiche möglicher Ungewißheiten unterschieden werden:

(1) Die ökonomische Ungewißheit.
Alle ökonomischen Einflußfaktoren, die für die Realisierung eines Projektes von Bedeutung sind, müssen langfristig immer als Momente der Ungewißheit betrachtet werden. Die Ungewißheiten in der langfristigen Konjunkturentwicklung, im Bereich des Marktes und in den schwer vorhersehbaren Verhaltens-

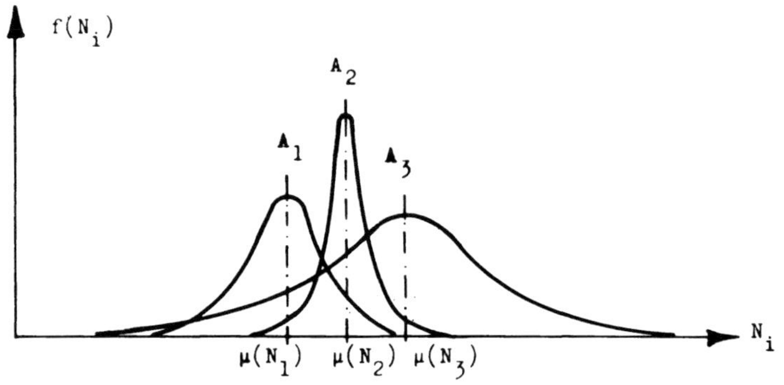

Abb. 78

Schematische Darstellung der Verteilung der Nutzwerte von 3 Projektalternativen A_i .

weisen der Konkurrenz gehören zweifellos zu den wichtigsten projektrelevanten Einflußfaktoren, die bei der Schätzung von Zielerträgen und damit auch bei der Bewertung nicht übersehen werden dürfen. Beispielsweise haben Erfahrungen im Zusammenhang mit der Entwicklung komplexer Waffensysteme gezeigt, daß die Ungewißheit von Kostenschätzungen überproportional mit der Entfernung des Planungshorizontes steigen und Gesamtkosten durchaus um den Faktor 10 überzogen werden können (vgl. Hitch / 65 ,S.189 /).

(2) Die technische Ungewißheit.

Langfristige Projekte beruhen oft auf Konzeptionen, deren wissenschaftlich technische Grundlegung zum Zeitpunkt der Planung noch unvollkommen ist. Unter diesem Gesichtspunkt sind insbesondere folgende Quellen der Ungewißheit zu beachten (vgl. dazu Bright / 12 ,S.460 /):

- der Konzeption des Projektes liegen noch unvollkommen erforschte wissenschaftliche Theorien oder Prinzipien zugrunde.
- die zur Realisierung des Projektes erforderlichen Technologien sind noch zu wenig entwickelt oder erprobt.

- die produktionstechnischen Voraussetzungen können innerhalb der Zeit- und Kostengrenzen möglicherweise nicht erfüllt werden.

(3) Die strategische Ungewißheit.
Bei der Ermittlung relevanter Zielkriterien und der Angabe von Zielerträgen müssen ebenso wie bei der Bewertung Annahmen über den zukünftigen Operationsrahmen (Systemumgebung) gemacht werden. Die dafür maßgebenden Umweltzustände zu identifizieren und in ihrer Entwicklung zu prognostizieren, ist naturgemäß mit Ungewißheiten verbunden.

Eine besondere Rolle spielt in diesem Zusammenhang gewöhnlich die Entwicklung im sozialen Sektor (vgl. dazu Helmer / 60, S.33 /). Bei kommerziellen Projekten sind es insbesondere die zukünftigen Marktgegebenheiten, bei militärischen Projekten die voraussichtlichen Einsatzbedingungen von Waffensystemen, die erhebliche Ungewißheitsmomente bei der Nutzwertanalyse darstellen können (vgl. dazu Hitch / 65, S.190 /).

7.3) Grundsätze und Methoden zur praktischen Berücksichtigung der Ungewißheit

Ungewißheiten treten sowohl bei der Angabe von Zielerträgen als auch bei der präferenzgerechten Zuordnung von Zielwerten auf. Theoretisch wäre es daher naheliegend, in beiden Fällen Wahrscheinlichkeitsverteilungen zu berücksichtigen und auf analytischem Wege eine Nutzwertverteilung zu bestimmen. Praktisch kommt eine derartige Aufspaltung des Ungewißheitsproblems jedoch nicht in Betracht. Der erforderliche Informationsaufwand und die damit verbundenen Bewertungsschwierigkeiten wären zu groß. Es wird daher hier davon ausgegangen, daß die eigentliche Berücksichtigung der Ungewißheit bei der Abbildung der Zielwerte n_{ij}, d.h. im Werturteil erfolgt. In der Praxis wird es sich natürlich empfehlen, dort, wo die Zielerträge explizit dargestellt werden, auch diesbezügliche Ungewißheiten durch obere bzw. untere Grenzen oder Wahrscheinlichkeitsverteilungen anzugeben. Denn zweifellos gehört das zu den wesentlichsten Informationsmerkmalen für die Formulierung eines Werturteils unter dem Gesichtspunkt der Ungewißheit. Insbesondere gilt das dann, wenn die Angabe der Zielerträge und die Bewertung von verschiedenen Personen vorgenommen werden.

Das Problem der Ungewißheit kann sowohl qualitativ als auch quantitativ praktische Berücksichtigung finden. Die quantitative Einbeziehung der Ungewißheit in die Nutzwertanalyse setzt jedoch grundsätzlich kardinale Messung der Zielwerte voraus, da Ungewißheiten nur durch Veränderung der relativen Zielwert- bzw. Nutzwertdistanzen zwischen den Alternativen quantitativ sichtbar gemacht werden können. Aufgrund der allgemeinen Zukunftsbezogenheit von Projekten kann die Ungewißheit natürlich nie eliminiert werden. Bestenfalls kann es gelingen, einen quantitativen Einblick in das Entscheidungsrisiko in der Form zu erhalten, daß Wahrscheinlichkeiten für das Einhalten oder Überschreiten bestimmter Nutzwerte ermittelt werden.

7.3.1) Grundsätze zur qualitativen Berücksichtigung der Ungewißheit

Am einfachsten ist es, die Nutzwertanalyse "im Bewußtsein" der problemimmanenten Ungewißheiten durchzuführen, indem man beispielsweise folgende Grundsätze beachtet:

(1) Vorsichtige Interpretation von Informationen.
In der Praxis darf nicht übersehen werden, daß auch "offiziell" vorgegebene Planungsgrößen keine determinierten Fixwerte darstellen, sondern häufig nur als "beste Schätzwerte" betrachtet werden dürfen. Dementsprechend sollten "wahrscheinliche" Abweichungen bei der Bewertung beachtet werden.

(2) Empirische Anpassung von Schätzdaten.
Gegebenenfalls besteht die Möglichkeit, geschätzte Zielerträge durch entsprechende Vergangenheitswerte zu verbessern. Hat sich beispielsweise gezeigt, daß der Forschungsaufwand bei vergleichbaren früheren Projekten im Mittel um 10 % überzogen wurde, so sind die aktuellen diesbezüglichen Zielerträge für die Bewertung entsprechend zu korrigieren.

(3) Bewertung der Projektflexibilität.
Vom Konzept her flexibel gehaltene Projektalternativen sollten bei der Bewertung besonders positiv eingestuft werden. Der strategischen Unsicherheit kann auf diese Weise Rechnung getragen werden, da die Möglichkeit einer Umfunktionierung

oder Anpassung eines Systems an unerwartete strategische Umweltbedingungen das Risiko einer Fehlentscheidung vermindert. Im Zielprogramm sollte daher ein entsprechendes Kriterium enthalten sein.

(4) Beachtung von Risikokonzentrationen.
Sind einige wenige der Zielkriterien im Vergleich zu der Mehrheit der übrigen von relativ großem Gewicht, so bestimmen die diesbezüglichen Ungewißheiten im wesentlichen auch die Ungewißheit im Gesamtergebnis. In einem solchen Fall muß daher darauf geachtet werden, daß die Informationsbeschaffung für die entsprechenden Zielerträge besonders sorgfältig erfolgt und die Bewertung mehr auf der"sicheren Seite" vorgenommen wird.

7.3.2) Methoden zur quantitativen Berücksichtigung der Ungewißheit ohne Wahrscheinlichkeiten

Um im konkreten Fall einen ersten Einblick in das Entscheidungsrisiko zu bekommen, ist es notwendig, den Bereich möglicher Nutzwerte abzugrenzen und dementsprechend mehr als einen Zielwert je Kriterium zu schätzen und der Wertsynthese zugrunde zu legen. Verzichtet man hierbei auf die explizite Einbeziehung von Wahrscheinlichkeiten, so kann man beispielsweise nach folgenden Methoden verfahren:

(1) Empfindlichkeitsanalyse.

Eine Empfindlichkeitsanalyse besteht generell darin, aufzuzeigen, welche Auswirkungen geringfügige Änderungen der wichtigsten Funktionsparameter auf den berechneten Funktionswert haben. In diesem Zusammenhang würde das bedeuten, festzustellen, wie Änderungen in den relativ wichtigsten Zielwerten n_{ij} oder auch in den Gewichten g_i selbst den berechneten Nutzwert einer Alternative beeinflussen. Je stabiler der Nutzwert gegenüber solchen Eingriffen ist, desto geringer ist das Entscheidungsrisiko. Obwohl man auch hier keine quantitative Aussage darüber erhält, mit welcher Sicherheit ein bestimmtes Ergebnis zu erwarten ist, so kann diese Methode dennoch als Schritt in der richtigen Richtung und als ein wirksames Instrument zur praktischen Behandlung des Ungewißheitsproblems angesehen werden.

(2) Methode der Gewißheitsaequivalente.

Die Vorgehensweise nach dieser Methode (vgl. Gäfgen / 44 ,S.377 /) besteht zunächst darin, daß man für jeden Zielertrag d r e i Zielwerte schätzt und zwar einen p e s s i m i s t i s c h e n, einen b e s t m ö g l i c h e n mittleren und einen o p t i m i s t i s c h e n Zielwert. Aufgrund dieser Schätzungen muß dann der Entscheidungsträger angeben, um welche Z u s c h l ä g e bzw. A b s c h l ä g e die mittleren Schätzungen für die Berechnung des Nutzwertes unter Berücksichtigung seiner Risikobereitschaft zu korrigieren sind.

(3) Bestimmung von Nutzwertgrenzen.

Einen ersten Einblick in das Entscheidungsrisiko kann man auch dadurch erhalten, daß man den möglichen N u t z w e r t b e r e i c h abgrenzt. Dazu schätzt man zweckmäßigerweise wiederum jeweils pessimistische, bestmögliche und optimistische Zielwerte und bestimmt für diese drei Fälle die zugehörigen Nutzwerte. Die durch den pessimistischen bzw. optimistischen Nutzwert bestimmten Grenzen werden in der Regel nur unrealistische Extremwerte darstellen. Denn die tatsächlich auftretenden positiven und negativen Abweichungen von den mittleren Zielwerten werden sich im konkreten Fall zum Teil kompensieren. Diesem Sachverhalt trägt eine von Gore / 50 ,S.142 / angegebene Formel zur Abschätzung w a h r s c h e i n l i c h e r N u t z w e r t g r e n z e n Rechnung. Danach ergeben sich diese mit

Gl. (163) $$(n_{ij})_{opt.} - (n_{ij})_{bst.} = + \Delta n_{ij}$$

und

Gl. (164) $$(n_{ij})_{bst.} - (n_{ij})_{pess.} = - \Delta n_{ij}$$

aufgrund der Beziehung

Gl. (165) $$\pm \Delta N_i = \pm \left[\sum_i \left(\frac{\partial N}{\partial n_{ij}} \right)^2 (\pm \Delta n_{ij})^2 \right]^{0,5}$$

zu

Gl. (166) $N_i + \Delta N_i :=$ obere wahrscheinliche Grenze

bzw.

Gl. (167) $N_i - \Delta N_i :=$ untere wahrscheinliche Grenze

Die Abschätzungsformel nach Gl. (165) impliziert die Annahme unabhängig normalverteilter Zielwerte und daß den Schätzwerten $(n_{ij})_{pess.}$ bzw. $(n_{ij})_{opt.}$ allen dasselbe Wahrscheinlichkeitsniveau zugrunde gelegt wurde (vgl. dazu Gore / 50 ,S.144 /). Für den Fall einer additiven Nutzenfunktion gemäß Gl. (27) würde Gl. (165) die spezielle Form annehmen

$$\text{Gl.}(168) \quad \pm \Delta N_i = \pm \left[\sum_i g_i^2 \ (\pm \Delta n_{ij})^2 \right]^{0,5}$$

7.3.3) Methoden zur quantitativen Berücksichtigung der Ungewißheit mit Wahrscheinlichkeiten

Die quantitative Einbeziehung der Ungewißheit in die Nutzwertanalyse durch Wahrscheinlichkeiten stellt formal zweifellos den elegantesten Ansatz zur Berücksichtigung dieses Problemaspektes dar. In der Praxis fehlen jedoch in der Regel Anhaltspunkte für objektive Wahrscheinlichkeiten. Infolgedessen ist dieser Ansatz nur unter Verwendung subjektiver Wahrscheinlichkeiten, d.h. subjektiv zu schätzender Gewißheitsgrade praktikabel. (Zum subjektiven Wahrscheinlichkeitsbegriff vergleiche insbesondere Menges / 94 ,S. 81 / und Fishburn / 37 ,S. 167 /). Darüber hinaus muß hier immer kardinale Messung der Zielwerte vorausgesetzt werden.

7.3.3.1) Zur Abbildung der Ungewißheitslage durch Wahrscheinlichkeitsverteilungen

Um die Ungewißheitslage quantitativ abzubilden, betrachtet man die Zielwerte n_{ij} als Zufallsvariable, die verschiedene Ausprägungen mit Wahrscheinlichkeit annehmen können. Diese Wahrscheinlichkeiten müssen für die jeweils für möglich gehaltenen Zielwerte geschätzt werden.

Die Schätzung (subjektiver!) Wahrscheinlichkeiten ist aufwendig und in der Regel nicht unproblematisch. Grundsätzlich hat man es hier wie bei der Bewertung mit einem Messungsproblem zu tun. Infolgedessen können für die Messung der Wahrscheinlichkeiten auch die unter Absatz 5 behandelten Skalierungsmethoden benutzt werden, soweit sie zu einer Kardinalskala führen. Letztere ist notwendig, um den rein mathematischen Postulaten der Wahrscheinlichkeitsrechnung gerecht zu werden. Statt mit einem subjektiven Präferenzkontinuum hat man es hier mit einem subjektiven Wahrscheinlichkeitskontinuum zu tun, wobei der Grad der Wahrscheinlichkeit über der Menge aller für noch wahrscheinlich gehaltenen Ausprägungen eines Zielwertes definiert wird. Die Grenzen des Wahrscheinlichkeitsmaßes sind durch die Fälle "fast unmöglich" bzw. "fast sicher" bestimmt. Da bei kardinaler Messung zwei Punkte der Skala beliebig festgelegt werden können, ordnet man diesen extremen Ereignissen die Wahrscheinlichkeiten 0 bzw. 1 zu.

Die punktweise Schätzung stetiger Wahrscheinlichkeitsverteilungen über den für möglich gehaltenen Bereich von Zielwerten ist praktisch nur sehr schwer durchführbar. Man beschränkt sich daher zweckmäßigerweise auf einige wenige Punkte des relevanten Zielwertbereiches. Beispielsweise betrachtet man wie in Abb. 79 lediglich drei diskrete Zielwerte und ermittelt durch Befragung die Wahrscheinlichkeiten P_{iz} = P_{iz} ($n'_{ij} = n_{ij}$) bzw. entsprechend Abb. 80 die kumulativen Wahrscheinlichkeiten P_{iz} ($n'_{ij} \leq n_{ij}$). Dabei muß die Bedingung erfüllt sein

Gl. (169) $$\sum_z P_{iz} \left(n'_{ij} = n_{ij} \right) = 1$$

mit

n_{ij} : = betrachteter Zielwert

n'_{ij} : = tatsächlich auftretender Zielwert

Bei der direkten Schätzung dieser Wahrscheinlichkeiten bedient man sich häufig des sogenannten "Konzepts der hypothetischen Wetten" (vgl. dazu ausführlich Schlaifer / 115 /, King / 78, S.96 /).

Will man mit stetigen Wahrscheinlichkeitsverteilungen arbeiten, so empfiehlt es sich, einen Verteilungstyp zu unterstellen und die Parameter dieser Verteilung, d.h. den Erwartungswert μ (n_{ij}) und die Streuung σ(n_{ij}) zu schätzen. Bei der Normalverteilung kann das zweckmäßigerweise folgendermaßen geschehen (vgl. Schlaifer / 115, S.300 /):

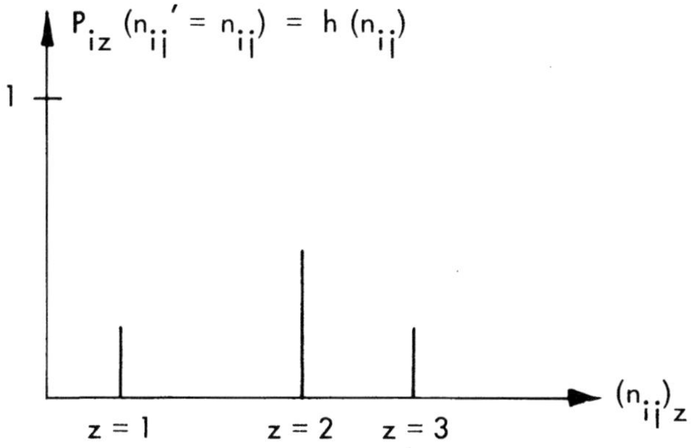

Abb. 79

Wahrscheinlichkeiten der diskreten Verteilung eines Zielwertes n_{ij} .

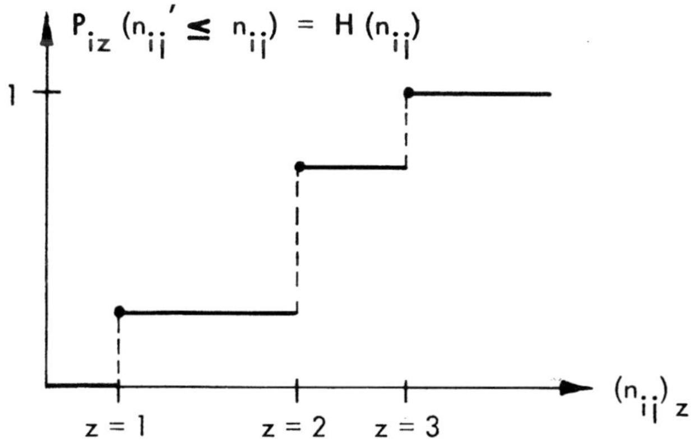

Abb. 80

Diskrete kumulative Verteilungsfunktion eines Zielwertes n_{ij} .

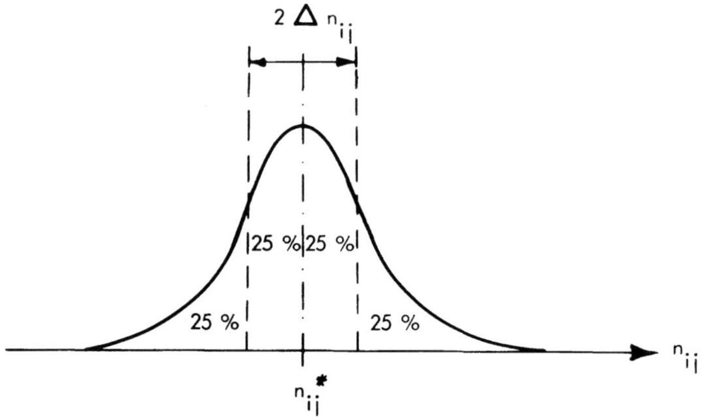

Abb. 81

Normalverteilung mit prozentualer Flächenaufteilung entsprechend den beschriebenen Schätzverfahren nach Schlaifer / 115, S.300 / .

1. Schritt :

Es ist ein Schätzwert n_{ij}^* so anzugeben, daß der unbekannte wahre Zielwert n'_{ij} mit einer Chance von 50 : 50 sowohl über als auch unter diesem Wert liegen kann.

2. Schritt :

Es ist ensprechend Abb. 81 ein Schätzwert Δn_{ij} so anzugeben, daß der wahre Wert n'_{ij} mit einer Chance von 50 : 50 sowohl innerhalb als auch außerhalb des Intervalls mit den Grenzen $n_{ij}^* + \Delta n_{ij}$ bzw. $n_{ij}^* - \Delta n_{ij}$ liegen kann.

Mit diesen Schätzwerten ist die gesuchte Normalverteilung bereits bestimmt. Es gilt für den Erwartungswert

Gl. (169) $$\mu(n_{ij}) = n_{ij}^*$$

und für die Streuung

Gl. (170) $$\sigma(n_{ij}) = \frac{\Delta n_{ij}}{0,67}$$

Schätzverfahren für die Parameter der Betaverteilung sind z.B. bei Moder und Rodgers / 98, S.76 / beschrieben.

7.3.3.2) Entscheidungsregeln zur Wertsynthese von Zielwertverteilungen

Sind die kardinalen Zielwerte mit Wahrscheinlichkeiten behaftet, so erfordert ihre Wertsynthese grundsätzlich dieselben Annahmen, wie die Wertsynthese bei Gewißheit. Es muß also kardinales Skalenniveau und die Vergleichbarkeit der Zielwerteinheiten in den m Wertdimensionen unterstellt werden können. Im Ungewißheitsfall muß jedoch bei der Zusammenfassung der Zielwerte außer den Kriterienpräferenzen in Form der Gewichte g_i auch den Risikopräferenzen des Entscheidungsträgers Rechnung getragen werden. In seinen Risikopräferenzen bringt der Entscheidungsträger seine Bereitschaft zum Ausdruck, ob er beispielsweise einen Zielwert bzw. Nutzwert mit geringer Eintrittswahrscheinlichkeit einem niedrigeren Wert mit höherer Eintrittswahrscheinlichkeit vorzieht oder nicht.

Je nach dem ob der Entscheidungsträger seine Einstellung zum Risiko bereits vor oder erst nach Zusammenfassung der Zielwerte festlegen muß, können hier Entscheidungsregeln mit fixierten bzw. beliebigen Risikopräferenzen unterschieden werden.

7.3.3.2.1) Entscheidungsregeln mit fixierten Risikopräferenzen

Die bekannteste Regel zur Lösung des Wertsyntheseproblems bei Vorliegen von Wahrscheinlichkeiten beruht auf dem sogenannten Bernoulli Prinzip. Danach berechnet sich der Nutzwert N_i einer Alternative A_i aus den Erwartungswerten $\mu(n_{ij})$ ihrer Zielwerte. Mit

Gl. (171) $$\mu(n_{ij}) = \sum_z (n_{ij})_z \cdot P_{iz}$$

und der additiven Nutzenfunktion entsprechend Gl. (27) ergibt sich der Nutzwert aus der Beziehung

Gl. (172) $$N_i = \sum_{j=1}^{m} g_j \sum_{z} P_{iz} \cdot (n_{ij})_z$$

Danach werden also die Zielwerte mit der Wahrscheinlichkeit P_{iz} ihres Auftretens gewichtet. Dieser Vorgehensweise liegt offenbar eine neutrale Risikohaltung zugrunde, da mögliche Abweichungen von den Erwartungswerten $\mu\,(n_{ij})$ nicht bewertet werden. In der Praxis dürfte diese Entscheidungsregel problematisch sein, da ein Entscheidungsträger in der Regel seine Risikopräferenzen nicht a priori so pauschal und für alle Zielkriterien gleichermaßen festlegen will. Unter diesem Gesichtspunkt empfehlen sich daher Entscheidungsregeln, die außer den Erwartungswerten $\mu\,(n_{ij})$ auch die Streuungen $\sigma(n_{ij})$, d.h.

Gl. (173) $$\sigma(n_{ij}) = \left[\sum_{z} ((n_{ij})_z - \mu(n_{ij}))^2 \; P_{iz} \right]^{0,5}$$

berücksichtigen. Einer solchen Entscheidungsregel könnte beispielsweise folgende Linearkombination der Verteilungsparameter zugrunde gelegt werden (vgl. dazu Heinen / 58 ,S.171 /).

Gl. (174) $$n^{*}_{ij} = \mu(n_{ij}) + \varepsilon_j \cdot \sigma(n_{ij})$$

Die Nutzwerte würden sich dann entsprechend Gl. (27) berechnen aus

Gl. (175) $$N_i = \sum_{j=1}^{m} g_j \; n^{*}_{ij}$$

Der konstante Faktor ε_j gibt für jedes der m Zielkriterien an, wie der Entscheidungsträger die Ungewißheit gegenüber der Erwartung $\mu\,(n_{ij})$ eines Zielwertes bewertet. Er hat damit die Möglichkeit, seine Risikopräferenz für jedes der m Zielkriterien gesondert festzusetzen.

7.3.3.2.2) Entscheidungsregeln mit beliebigen Risikopräferenzen.

Will man bei der Wertsynthese nicht nur charakteristische Werte der Zielwertverteilungen betrachten und damit die Risikobereitschaft vor der Zusammenfassung der Zielwerte fixieren, so muß man versuchen, die m Zielwertverteilungen einer Alternative entsprechend Abb. 78 zu einer Nutzwertverteilung zusammenzufassen. Der Entscheidungsträger kann dann aufgrund der Gestalt dieser Verteilung die kollektive Präferenzordnung der Alternativen nach seiner jeweiligen Risikobereitschaft beliebig vornehmen. Maßgebend könnte dafür beispielsweise das durch Wahrscheinlichkeiten $P(N_i' \leq N_i)$ quantifizierte Entscheidungsrisiko oder auch eine Kombination der Verteilungsparameter $\mu(N_i)$ und $\sigma(N_i)$ analog Gl. (174) sein. Entscheidungsregeln dieser Art setzen also voraus, daß man die Nutzwertverteilungen der Alternativen bestimmen kann. Für die Praxis sind dafür insbesondere zwei Verfahrensweisen von Bedeutung, die im folgenden beschrieben werden sollen.

(1) Analytische Bestimmung von Nutzwertverteilungen:

Die analytische Bestimmung der Verteilung von mehrdimensionalen Zufallsveränderlichen ist nur in Sonderfällen möglich (vgl. dazu Hess und Quigley / 62, S. 56 /). Ein solcher Sonderfall ist beispielsweise gegeben, wenn die Parameter $\mu(n_{ij})$ und $\sigma(n_{ij})$ der Zielwertverteilungen bekannt sind und die Nutzenfunktion *additiv* ist. Es gelten dann folgende für die praktische Nutzwertanalyse bedeutsamen Aussagen (vgl. z.B. Heinhold / 59 ,S.110 /):

(a) Sind die Zielwerte n_{ij} alle ($\mu(n_{ij})$; $\sigma(n_{ij})$) normalverteilt und hat die Nutzenfunktion gemäß Gl. (27) die Form

Gl. (178)
$$N_i = \sum_{j}^{m} g_j \; n_{ij}$$

so ist N_i mit ($\mu(N_i)$; $\sigma(N_i)$) normalverteilt. Dabei gilt

Gl. (179)
$$\mu(N_i) = \sum_{j=1}^{m} g_j \; \mu(n_{ij})$$

und

Gl. (180) $$\sigma^2(N_i) = \sum_{j=1}^{m} g_j^2 \; \sigma^2(n_{ij})$$

(b) Aufgrund des zentralen Grenzwertsatzes gilt Aussage (a) auch für beliebig ($\mu(n_{ij})$; $\sigma(n_{ij})$) verteilte Zielwerte n_{ij}, wenn $m \geq 30$ ist.

Insbesondere ist Aussage (b) für die praktische Nutzwertanalyse von Bedeutung. Sind die Parameter der Zielwertverteilungen geschätzt worden, so kann bei additiver Nutzenfunktion die Verteilungsfunktion $F(N_i)$ der Nutzwerte direkt angegeben werden.

(2) Approximation von Nutzwertverteilungen :

Eine Nutzwertverteilung kommt offenbar dadurch zustande, daß unterschiedlich vorgenommene Kombinationen der mit Wahrscheinlichkeit möglichen Zielwerte zu Nutzwerten unterschiedlicher Höhe und Häufigkeit führen. Aufgrund dieses Sachverhaltes ist es naheliegend, zu versuchen, eine Nutzwertverteilung wie in Abb. 82 dargestellt durch eine Häufigkeitsverteilung zu approximieren. Dazu müßten möglichst viele der insgesamt denkbaren Zielwertkombinationen durchgerechnet werden.

Die Durchrechnung von Zielwertkombinationen stößt jedoch schnell auf praktische Grenzen. Schon bei $m = 6$ Zielkriterien, deren Zielwerte beispielsweise jeweils 10 gleichwahrscheinliche Ausprägungen annehmen können, ergeben sich insgesamt bereits $a = 10^6$ Kombinationsmöglichkeiten. Für die praktische Approximation der gesuchten Nutzwertverteilung genügt es jedoch, aus der Menge $\{N_i\}$ der Nutzwerte bzw. Zielwertkombinationen eine Stichprobe vom Umfang $s < a$ zu betrachten, indem s Nutzwerte aufgrund s-mal zufällig fixierter Zielwerte berechnet werden. Als Hilfsmittel für diese Vorgehensweise dient die sogenannte Monte-Carlo-Methode (siehe dazu Hess und Quigley / 62 /, Hertz / 61 /, Koxholt / 84 /).

Bei der Monte-Carlo-Methode ist zwischen der Monte-Carlo-Technik und der Monte-

Carlo-Simulation zu unterscheiden. Die Monte-Carlo-Technik besteht darin, nach statistischen Gesichtspunkten Ausprägungen unabhängig verteilter Zufallsgrößen auszuwählen, mit denen dann ein Wert einer Funktion dieser Größen berechnet wird. Ein so bestimmter Funktionswert kann als Stichprobe aus der Grundgesamtheit aller insgesamt möglichen Funktionswerte betrachtet werden. In Hinblick auf die Nutzwertanalyse könnten nach dieser Vorgehensweise Zielwerte zufällig fixiert und die zugehörigen Nutzwerte berechnet werden. Die Monte-Carlo-Simulation besteht dann darin, insgesamt s = 1 (1) t Stichprobenwerte zu ermitteln, so daß man aufgrund deren Verteilung auf die theoretische Verteilung der Funktionswerte schließen kann. Allgemein gilt dabei, daß sich die empirische Häufigkeitsverteilung H (N_i) der Stichprobenwerte mit zunehmendem Stichprobenumfang t der wahren Verteilung F (N_i) der Grundgesamtheit nähert.

Zur praktischen Bedeutung der Monte-Carlo-Methode schreibt H. Schneeweiß / 93 ,S. 51 / folgendes:

"Die Methode ist tatsächlich ihrem Ansatz nach denkbar primitiv; aber gerade in ihrer Primitivität liegt ihre Stärke. Sie ist äußerst flexibel und auf die verschiedensten stochastischen Modelle anwendbar. Das macht sie schon jetzt zu einer von vielen gern benutzten Methoden zur Aufbereitung und Analyse wichtiger Entscheidungsdaten. Es ist sogar anzunehmen, daß sie - jedenfalls in Deutschland - noch längst nicht in dem Umfang angewendet wird, wie das nötig und möglich wäre."

Um mit Hilfe der Monte-Carlo-Methode einen Stichprobenwert N_i berechnen zu können, muß zunächst für jedes der j = m Zielkriterien ein Zielwert aus der Menge der jeweils möglichen Zielwertausprägungen zufällig fixiert werden. Hierzu bedient man sich sogenannter Zufallszahlen. Diese sind in der Regel gleichverteilt, d.h. für jede dieser Zahlen besteht die gleiche Wahrscheinlichkeit aufzutreten. Ein analoges Beispiel hierfür sind die Zahlen eines 6-seitigen Würfels, die jeweils mit der Wahrscheinlichkeit 1/6 bei einem Wurf auftreten können.

Zufallszahlen lassen sich nach verhältnismäßig einfachen Bildungsgesetzen "künstlich" erzeugen. Solche Bildungsgesetze sind beispielsweise bei Koxholt / 84 ,S.42 / beschrieben. Am bekanntesten ist die Mid-square-Methode von John von Neumann. Sie besteht in folgendem:

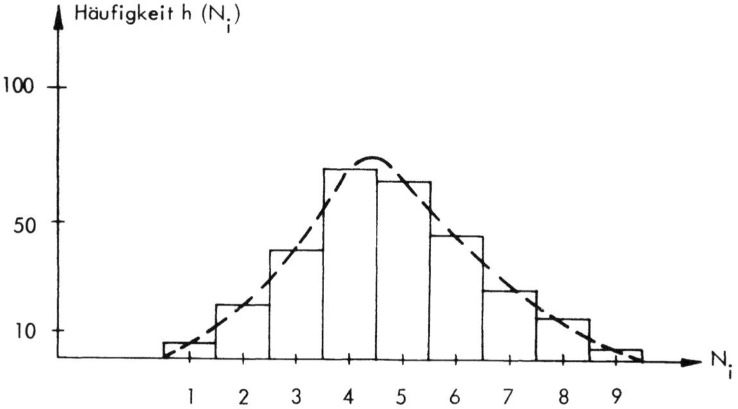

Abb. 82

Approximation einer stetigen Nutzwertverteilung f (N_i) durch eine Häufigkeitsverteilung h (N_i) .

(a) Eine beliebige, mindestens 4-stellige Ausgangszahl wird quadriert.

(b) Die ersten und letzten Stellen der Quadratzahl werden so abgeschnitten, daß die auf diese Weise erhaltene Zahl ebenso viele Stellen hat wie die Ausgangszahl.

(c) Mit der nach (b) erhaltenen Zahl wird wieder gemäß (a) etc. verfahren.

Die praktische Anwendung solcher Bildungsgesetze empfiehlt sich bei Computerrechnungen, um Speicherplatz zu sparen. Für Handrechnungen stehen tabellierte Zufallszahlen zur Verfügung, wie sie z.B. in Tafel H angegeben sind.

Wählt man nun aus einer solchen Zufallszahlentabelle bzw. berechnet man nach einem Bildungsgesetz eine ein- oder mehrstellige Zufallszahl Z, so wird damit ein

Zufallsereignis simuliert. Diese Zahl Z muß dann entsprechend der Zielwertverteilung H (n_{ij}) einer der möglichen Zielwertausprägungen zugeordnet werden. Wie man dabei vorgeht, zeigt Abb. 83 . Ist beispielsweise Z = 325, so wird diese Zahl entsprechend der Aufteilung der Ordinate der Verteilung H (n_{ij}) von 0,000 bis 1,000 der Wert 0,325 zugeordnet. Projiziert man diesen Wert horizontal auf die Verteilungsfunktion, so ergibt sich in diesem Fall ein Zielwert von n_{ij} = 4. Formal gilt also die Transformationsregel

Gl. (181) $$Z = H(n_{ij})$$

bzw.

Gl. (182) $$n_{ij} = H^{-1}(Z)$$

Hat man eine "genügend große" Anzahl s = t von Nutzwerten N^s aus der Menge $\{N_i\}$ der möglichen Zielwertkombinationen der Alternative A_i berechnet, so können die zugehörige Häufigkeitsverteilung h (N_i) entsprechend Abb. 84 bzw. die kumulierte Häufigkeitsverteilung H (N_i) entsprechend Abb. 85 aufgezeichnet werden. Aus Abb. 85 kann der Entscheidungsträger dann beispielsweise entnehmen, daß die Alternative A_i mit einer Wahrscheinlichkeit von $P(N_i' \geq N_i)$ = 85 % einen Nutzwert N_i' aufweisen wird, der größer oder gleich N_i' = 30 ist.

Wenn die Zielwerte durch eine additive Nutzenfunktion zusammengefaßt werden, ist die Nutzwertverteilung aufgrund des zentralen Grenzwertsatzes normalverteilt. In diesem Fall kann der notwendige Stichprobenumfang t bei vorzugebender Sicherheitswahrscheinlichkeit von p % abgeschätzt werden. Es gilt hierfür (vgl. Heinhold / 59 ,S. 201 /)

Gl. (183) $$t \geq \left[\frac{S_i \cdot \gamma_{p\,\%}^{(t-1)}}{F_i} \right]^2$$

Dabei ist

$\gamma_{p\,\%}^{(t-1)}$: = p % Grenze der T-Verteilung mit dem Freiheitsgrad (t-1) ; (vgl. Tafel F).

$\{N_i^s\}$: = $(N_i^1, N_i^2 \ldots\ldots N_i^s \ldots\ldots N_i^t)$: = Menge der Stichprobenwerte .

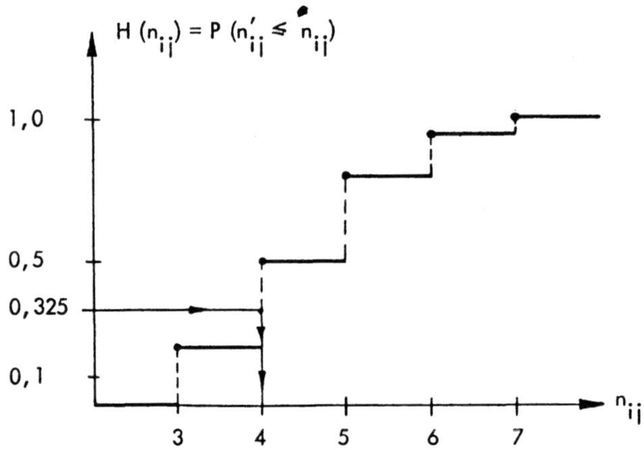

Abb. 83

Kumulative Zielwertverteilung.

Gl. (184) $$s_i^2 = \frac{1}{(t-1)} \sum_{s=1}^{t} (\overline{N}_i - N_i^s)^2$$

Gl. (185) $$\overline{N}_i = \frac{1}{t} \sum_{s=1}^{t} N_i^s$$

Gl. (186) $$F = \overline{N}_i - \mu(N_i)$$

Der Stichprobenumfang t (der für jede Alternaitve A_i unterschiedlich groß sein kann!) gibt an, wieviel Zielwertkombinationen durchzurechnen sind, damit die unbekannte Nutzwerterwartung $\mu(N_i)$ bei gewünschter Sicherheitswahrscheinlichkeit von p % bis auf einen vorzugebenden Fehler F genau bestimmt worden ist.

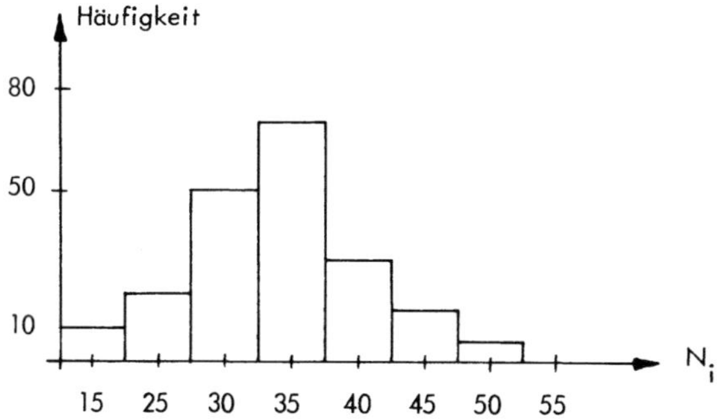

Abb. 84

Häufigkeitsverteilung h (N_i) aufgrund von t = 200 Monte-Carlo-Simulationen.

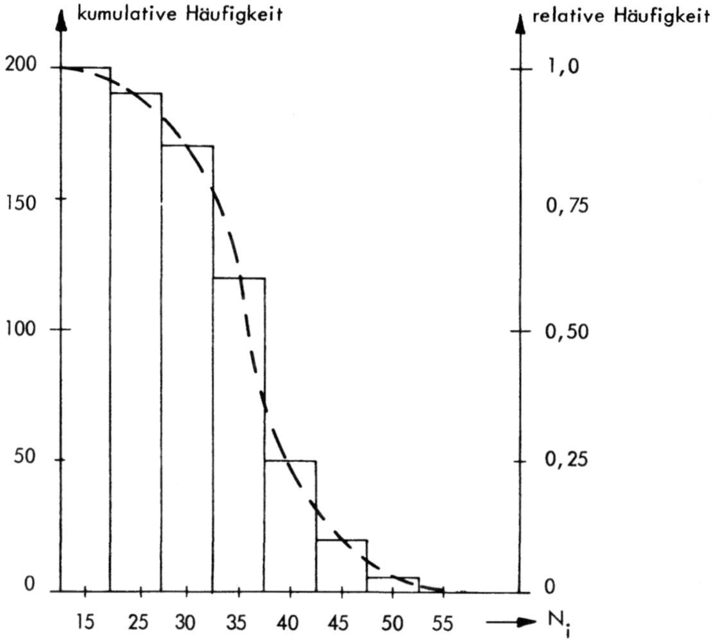

Abb. 85

Kumulierte Häufigkeitsverteilung H (N_i) der Abb. 84. Der gestrichelte Kurvenzug ist die Approximation der wahren Verteilung F (N_i).

IV. SCHLUSSBEMERKUNG

Wer heute an verantwortlicher Stelle komplexe Entscheidungen von großer Tragweite zu treffen hat, ist auf Entscheidungshilfen angewiesen, da Fehlentscheidungen aufgrund der Kapitalintensität und Langfristigkeit von Großprojekten in der Regel nicht wieder korrigiert werden können. Dieser Tatbestand wird von den politisch maßgebenden Instanzen im staatlichen, wirtschaftlichen und wissenschaftlichen Bereich erkannt und auch in zunehmendem Maße berücksichtigt. Die psychische Belastung ungenügend durchdachter Entscheidungsfindung begünstigt diese Entwicklung ebenso wie das allgemeine Verlangen nach größerer Sicherheit.

Angesichts dieser Entwicklung kommt auch den Nutzwertmodellen eine erhöhte praktische Bedeutung zu. Sie stellen eine wichtige Ergänzung des Instrumentariums der Entscheidungshilfen dar, da sie es auf verhältnismäßig einfache Weise erlauben, die Multidimensionalität eines Zielsystems und subjektive Informationen in der Entscheidungsanalyse zu berücksichtigen. Allerdings beruht die praktische Nutzwertanalyse, wie hier im einzelnen ausgeführt wurde, auf verschiedenen entscheidungstheoretisch relevanten Annahmen, die im konkreten Fall nicht übersehen werden dürfen.

Die vorangehenden Ausführungen haben gezeigt, daß Nutzwertanalysen nicht zu Optimallösungen im mathematischen Sinne führen. Aufgrund der problemimmanenten subjektiven Tatbestände von komplexen Entscheidungssituationen, die in einem Nutzwertmodell auf individuell verschiedene Weise Berücksichtigung finden können, liefert eine Nutzwertanalyse Ergebnisse, die in der Regel nur dem Anspruch subjektiver Formalrationalität genügen. Es muß bei Nutzwertmodellen immer beachtet werden, daß nicht nur die Zielwerte n_{ij} und Kriteriengewichte g_i als subjektive Abbildung des zu analysierenden Sachverhaltes, sondern auch der jeweils eingeschlagene Lösungsweg in hohem Maße auf subjektiven Wertungen beruhen. Diese Wertungen bewußt, gedanklich kontrolliert und sachlich begründet vorzunehmen, in sämtlichen Wertdimensionen sichtbar zu machen und formallogisch befriedigend zu einer Gesamtaussage zu verarbeiten, das ist der Zweck und die Aufgabe einer systematischen Nutzwertanalyse. Um daher Nutzwertanalyseergebnisse im konkreten Fall überhaupt interpretieren und einer Entscheidung rational zugrunde legen zu können, ist es nicht nur notwendig, die vorgenommenen expliziten Wertungen in Form der gewählten Kriterien, der zugeordneten Kriteriengewichte und Zielwerte dem Entscheidungsträger offen darzulegen, sondern darüber hinaus auch die impliziten Wertungen aufzuzuzeigen, die durch die Bewertungsmethode und die benutzte Entscheidungsregel im Ergebnis zur Auswirkung gelangen.

Wie eingangs aufgezeigt wurde,stellt die Nutzwertanalyse eine charakteristische Stufe systemtechnischer Methodik bei der Planung komplexer Systeme dar. Durch die systematische Verknüpfung allgemeiner Erkenntnisse der Entscheidungsforschung mit den speziellen Erkenntnissen einer projektorientierten Systemforschung im konkreten Nutzwertmodell erlaubt die Nutzwertanalyse eine weitgehend rationale Durchdringung der Entscheidungsproblematik. Man muß sich jedoch immer der Tatsache bewußt bleiben, daß die Entscheidungsfindung nicht von ihrem politischen Element befreit wird, obwohl sich hier eine Möglichkeit abzuzeichnen scheint, Sachwissen und wissenschaftliche Methode im technokratischen Sinne als allein maßgebende Grundlage praktischen Handelns erheben zu können. Habermas / 54, S.131 / schreibt in diesem Zusammenhang:

> "Im gleichen Maße wie Systemforschung und vor allem Entscheidungstheorie für die politische Praxis nicht etwa nur neue Technologien bereitstellen und somit die herkömmlichen Instrumente verbessern, sondern durch berechnete Strategien und Entscheidungsautomatiken die Wahl als solche rationalisieren, scheint sich der Sachzwang der Spezialisten gegen die Dezision der Führer durchzusetzen."

Wie die hier aufgezeigten Möglichkeiten und Grenzen der Nutzwertanalyse gezeigt haben, können Nutzwertmodelle jedoch weder die Möglichkeit noch die Gefahr technokratischer Entscheidungsfindung bedeuten. Denn ihr besonderes Kennzeichen liegt ja gerade darin, daß sie neben den objektiven Informationen auch eine systematische Einbeziehung subjektiver Informationen in Form individuell anzugebender Wertinhalte und Präferenzaussagen erlauben. Diese entziehen sich jedoch, als Grundlage des jeweils benutzten Wertsystems, letztlich immer einer rationalen und allgemeinverbindlichen Reflektion (vgl. dazu auch Habermas / 53, S.247 /). Infolgedessen scheint hier vielmehr der Standpunkt begründet zu sein, daß die Methodik der Nutzwertanalyse vom Ansatz her mehr der von Habermas vertretenen pragmatischen Auffassung für das Verhältnis von Wissenschaft und Politik entspricht, indem sie geeignet erscheint, eine operationale Brücke zwischen den Extremen rein dezisionistischer und rein technokratischer Entscheidungsfindung zu schlagen. Diese pragmatische Auffassung beschreibt Habermas / 54, S. 133 / folgendermaßen:

> "Weder ist der Fachmann, wie im technokratischen Modell es vorgestellt wird, souverän geworden gegenüber den Politikern, die faktisch dem Sachzwang unterworfen sind und nur noch fiktiv entscheiden; noch behalten diese, dem dezisionistischen Modell zufolge, außerhalb der zwingend rationalisierten Bereiche der Praxis ein Reservat, in dem praktische Fragen nach wie vor durch Willensakte entschieden werden müssen. Vielmehr scheint eine wechselseitige Kommunikation derart möglich und nötig zu sein, daß einerseits wissenschaftliche Experten die Entscheidung fällenden Instanzen "beraten" und umgekehrt die Politiker die Wissenschaftler nach Bedürfnissen der Praxis "beauftragen"."

Diese Kommunikation zwischen sachverständigem Wissenschaftler und politisch verantwortlichem Entscheidungsträger vollzieht sich in der Nutzwertanalyse konkret bei der präferenzgerechten Formulierung von Kriteriengewichten und Zielwerten sowie bei der inhaltlichen Bestimmung und laufenden Anpassung des Zielprogramms. Die für die Analyse erforderlichen Informationen, die auf Wertvorstellungen beruhen und / oder mit Ungewißheiten behaftet sind, passieren so den "Filter" des Entscheidungsträgers und können gegebenenfalls korrigiert oder ergänzt werden. Durch diesen Kommunikationsprozeß wird die Entscheidungsfindung zwar nicht von ihrem politischen Element befreit, es kann auf diese Weise aber der wissenschaftlich ausgerichteten Diskussion zugänglich gemacht werden, wodurch die Entscheidung selbst substantiell verbessert wird.

Die Beschreibung des Grundmodells multidimensionaler Nutzwertanalyse hat ebenso wie die im einzelnen untersuchten Verfahrensschritte erkennen lassen, daß eine theoretisch exakte Behandlung von Entscheidungsproblemen mit Hilfe von Nutzwertmodellen nicht möglich ist. Insbesondere betrifft das die unter Absatz 3 begründete Aufspaltung des Bewertungsproblems, die Rationalität praktisch überhaupt erst ermöglicht. Aber auch die eindimensionale Bewertung, die praktische Berücksichtigung von Ungewißheiten und die nach einer Entscheidungsregel vorzunehmende Wertsynthese machen in jedem Fall mehr oder weniger stark vereinfachende Annahmen notwendig. Die Rationalität praktischer Entscheidungsfindung erfordert daher, daß die Nutzwertanalyse im Bewußtsein und näherungsweiser Berücksichtigung dieser Tatbestände vollzogen wird. Die pragmatische Zwecksetzung von Nutzwertanalysen rechtfertigt diese Zugeständnisse an die entscheidungstheoretische Exaktheit konkreter Nutzwertmodelle. Wie überall, so ist auch hier ein gewisses Maß an formalwissenschaftlichem Mangel der Preis für die notwendige Überwindung der Kluft zwischen Theorie und Praxis, um im Konkreten bessere Ergebnisse erzielen zu können. Den notwendigen Ausgleich zwischen streng theoretischen Erfordernissen und den praktischen Möglichkeiten müssen auch hier die Argumente der Erfahrung schaffen. Lübbe schreibt dazu in / 86 / :

> "Traditionell nennen wir das Subjekt solcher Argumente den gesunden Menschenverstand. Es ist das keine Größe mystischer Art, die über Einsichten aus höherer Quelle verfügte, sondern die Instanz, durch die wir die Anschlüsse der uns im Fortschritt der Wissenschaft zuwachsenden Möglichkeiten an die stets schon vorweg vorhandene Wirklichkeit und deren Notwendigkeiten herstellen und kontrollieren. Für die heute fällige Kooperation zwischen Wissenschaft und Politik bedeutet das: Die Probleme und Fragen, für deren Lösung und Beantwortung wir die Hilfe der Wissenschaft in Anspruch nehmen müssen, stellen sich jeweils auf einer Ebene, die ihrerseits nicht die Ebene der Wissenschaft selbst ist, sondern die weitere und breitere, auch die Wissenschaft noch umgreifende Ebene unserer gewöhnlichen Interessen, Meinungen und Urteile - eben die Ebene der Zuständigkeit des sogenannten gesunden Menschenverstandes.

> Es ist wahr und durch das Faktum der Existenz zahhlloser, die Instanzen der Politik beratender wissenschaftlicher Gremien bewiesen, daß politische Entscheidung und Handlung in wachsendem Maße auf vorweglaufende wissenschatliche Information angewiesen ist. Aber die Kehrseite dieses Faktums ist, daß die Wissenschaft insoweit ihrerseits ihre traditionelle Praxisferne mindestens partiell aufgibt und zur Praxis der Beantwortung von Fragen wird, die sich nicht am Ort der Wissenschaft, sondern am Ort der Praxis stellen."

Aus dieser Sicht stellt die vorliegende Arbeit einen Beitrag zur Diskussion der in der Praxis aufgeworfenen Frage dar, mit welchen Hilfsmitteln konkrete Entscheidungsprobleme im weitesten Sinne so analysiert werden können, daß Globalurteile vermieden werden. Dazu muß die Entscheidungsproblematik in allen relevanten Aspekten transparent und damit der Diskussion und sachlichen Begründung zugänglich gemacht werden. In diesem Streben nach besserer Entscheidungsfindung kann eine systematische Nutzwertanalyse mit ihren aufgezeigten Möglichkeiten den Entscheidungsträger zweifellos wirksam unterstützen. Sie kann jedoch nie seine Urteilskraft und die Entscheidung selbst ersetzen.

V. ANHANG

8) Beispiele zur Nutzwertanalyse

Im folgenden werden drei Beispiele zur Nutzwertanalyse gegeben. Die beiden ersten Fälle sind hypothetische Lehrbeispiele. An ihnen soll die Vorgehensweise und die Darstellung der Ergebnisse der einzelnen Schritte einer Nutzwertanalyse demonstriert werden. Das dritte Beispiel beruht dagegen auf einer empirischen Untersuchung, die von Sorrell und Gildea /130/ bei der Martin-Marietta Corporation 1968 im Auftrag der NASA durchgeführt wurde. Dieses Beispiel zeigt, daß in der Praxis spezielle Nutzwertanalyseverfahren zur Anwendung gelangen, die zwar auf dem Nutzenkonzept beruhen, in der Regel jedoch nicht alle der im vorangehenden aufgezeigten methodischen Schritte umfassen.

8.1) Eine Nutzwertanalyse aufgrund ordinaler Zielwerte

Aufgabe :

Einem Privatmann werden drei Häuser zum Kauf angeboten. Da er die Kaufentscheidung nicht allein aufgrund des Preises und des äußeren Gesamteindrucks vornehmen kann, soll eine Nutzwertanalyse der Alternativen durchgeführt werden.

Lösung :

1. Schritt :

Es muß ein Zielprogramm aufgestellt werden. Wie unter Absatz 4 beschrieben, wird dazu stufenweise eine Zielhierarchie entwickelt. Die Ziele werden zweckmäßigerweise entsprechend Tabelle 35 aufgelistet, wobei Ziele mit gemeinsamem direkt übergeordneten Oberziel in Hinblick auf ihre spätere Gewichtung als Gruppe zusammengefaßt werden. In diesem Fall wurde ein vierstufiges Zielprogramm mit $m = 33$ Elementen auf der untersten Stufe entwickelt. Die Struktur dieses Zielprogramms bis zur dritten Stufe zeigt Abb. 87.

2. Schritt :

Die Alternativen werden durch Aufstellen der Zielertragmatrix $[k_{ij}]$ detailliert beschrieben, d.h. im Zielsystem abgebildet. Es wird hier unterstellt, daß der erforderliche Informationsaufwand, um die Alternativen auf der 4. Stufe des Zielprogramms zu beschreiben, zu groß ist. Die Nutzwertanalyse soll daher auf der 3. Stufe vorgenommen werden. Die entsprechende Zielertragmatrix zeigt Tabelle 36. Die Zielerträge k_{ij} sind in diesem Fall teils numerisch und teils verbal beschrieben.

3. Schritt :

Aufstellen der Zielwertmatrix $[n_{ij}]$ gemäß Tabelle 37. Dazu werden die Alternativen schrittweise bezüglich ihrer Zielerträge bewertet. Jedem Bewertungsvorgang liegt dabei jeweils eine Spalte der Zielertragmatrix als sachliche Informationsbasis zugrunde. In diesem Fall wurden die n_{ij} ordinal angegeben, d.h. die Alternativen wurden lediglich dem Rang nach geordnet.

4. Schritt :

Bestimmung der relativen Gewichte der Kriterien wie unter Absatz 5.2.4.1 und in Abb. 54 bzw. Abb. 55 beschrieben wurde. Die Knotengewichte GK (s, j) werden zweckmäßigerweise entsprechend Tabelle 35 eingetragen. Der Zusammenhang zwischen den Knotengewichten GK (s, j) und den daraus berechneten Stufengewichten GS (s, j) zeigt Abb. 87.

5. Schritt :

Vornahme der Wertsynthese. Es wurde hier die Rangsummenregel benutzt, wobei die Ränge n_{ij} entsprechend den Gewichten g_i mehrfach zu berücksichtigen waren. Die Wertsynthese erfolgte hier auch für die einzelnen Zielgruppen, wie aus Tabelle 35 hervorgeht. Auf diese Weise kann man die Präferenzfolgen der Alternativen be-

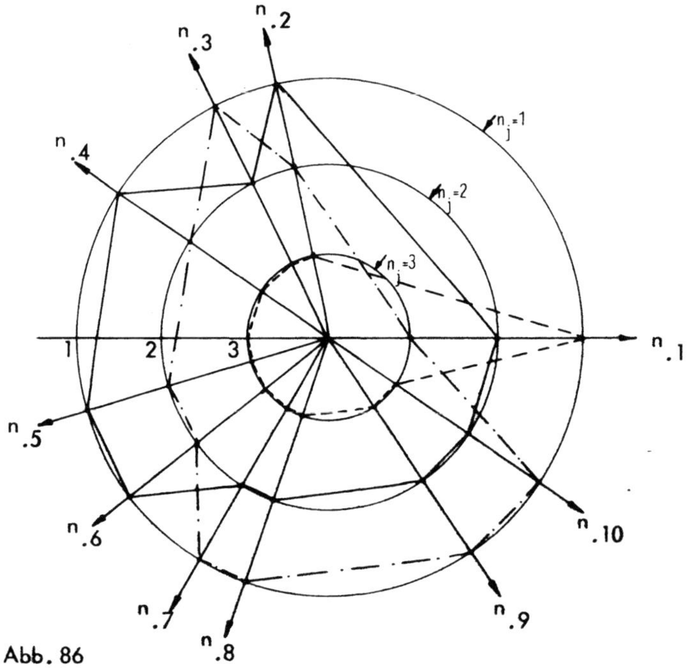

Abb. 86

Ordinale Wertprofile zu dem Beispiel "Hauskauf". Die Winkel zwischen den Zielwertachsen entsprechen den relativen Gewichten g_i.

——— Wertprofil von A_1

– – – – Wertprofil von A_2

–·—·— Wertprofil von A_3

züglich jedes einzelnen Elementes der Zielhierarchie ermitteln. Die diesbezüglichen Ergebnisse sind in der Zielwerthierarchie der Abb. 87 angegeben. Durch diese Darstellungsform erhält man einen guten Einblick in die Wirkung der Zielgewichte auf den einzelnen Stufen der Zielhierarchie und in das Zustandekommen des Gesamtergebnisses. Die Verteilung der Zielwerte entsprechend der Zielwertmatrix nach Tabelle 37 zeigt das ordinale Wertprofil in Abb. 86.

Stufe s	Nr. j	Kurzbezeichnung der Elemente des ZIELPROGRAMMS des Beispiels "Hauskauf"	Knotengewichte (%) Gk(s, j)	Σ
1	1	Bestmöglicher Hauskauf	100	
				100
2	1	Flächenangebot	40	
	2	Lage	20	
	3	Baueigenschaften	30	
	4	Finanzierungsbedingungen	10	
				100
3	1	Wohnflächen	70	
	2	Abstellflächen	10	
	3	Gartenflächen	20	
				100
	4	Verkehrslage	70	
	5	Umgebung	30	
				100
	6	Baualter	20	
	7	Bauweise	10	
	8	Bauausstattung	50	
	9	Bauzustand	20	
				100
	10	Finanzierungsbedingungen	100	
				100
4	1	Wohnräume	50	
	2	Schlafräume	20	
	3	Bäder	10	
	4	Toiletten	10	
	5	Küchen	10	
				100
	6	Wohnung	20	
	7	Keller	20	
	8	Boden	10	
	9	Garage	50	
				100

Fortsetzung nächste Seite

	Nr.	Merkmal	Gewicht	Summe
	10	Südlage	70	
	11	Sonstige	30	
				100
	12	Arbeitsplatz	20	
	13	Schule	30	
	14	Einkauf	50	
				100
	15	Repräsentativität	30	
	16	Nachbarn	5	
	17	Grünanlagen	35	
	18	Verkehrslärm	30	
				100
	19	Baualter	100	
				100
	20	Fundament	30	
	21	Aufteilungsmögl. für Vermietung	40	
	22	Etagen	20	
	23	Raumzuordnung	10	
				100
	24	Heizungsanlage	40	
	25	Dachdeckung	20	
	26	Außen-Material	10	
	27	Fenster	20	
	28	Türen	5	
	29	Fußböden	5	
				100
	30	sofort erforderliche Renovierung	20	
	31	laufende Renovierungen	80	
				100
	32	Sofort-Finanzierung	50	
	33	Rest-Finanzierung	50	
				100

Tabelle 35

ZIELERTRAGSMATRIX $[k_{ij}]$ des Beispiels "Hauskauf"

Kriterienbereiche		FLÄCHENANGEBOT			LAGE		BAUEIGENSCHAFTEN				FINANZIERUNG
i →		1	2	3	4	5	6	7	8	9	10
Kriterien		Wohnflächen	Abstellflächen	Gartenflächen	Verkehrslage	Umgebung	Baujahr	Bauweise	Bauausstattung	Bauzustand	Finanzierung
Alternativen i ↓	A_1	260 m^2	Keller/Boden: 80 m^2 Garage: 2 Pl.	Südlage: 1000 m^2 Rest: 500 m^2	Zentrum: 20 min. Schule: 5 "	-reine Villengegend - -verkehrsarm	1939	E + 1	-Ölheizung -modernisiert -reichhaltig	siehe Gutachten	300.000 DM - 50% sofort - Rest üb. 5 J.
	A_2	300 m^2	Keller/Boden: 60 m^2 Garage: 1 Pl.	Südlage: 500 m^2 Rest: 600 m^2	Zentrum: 30 min. Schule: 15 "	-ländlich -ruhig	1950	E + 2	-Kohlenheizg. -teilw. unmod. -vollständig	siehe Gutachten	340.000 DM sofort
	A_3	220 m^2	Keller/Boden: 100 m^2 Garage: 1 Pl.	Südlage: 700 m^2 Rest: 800 m^2	Zentrum: 15 min. Schule: 10 "	-vorzugsweise Villengegend -Durchgangsstraße	1959	Bungalow	-Ölheizung -allg. modern -sehr reichhaltig	siehe Gutachten	- 100.000 DM - Rest als Leibrente

Tabelle 36

ORDINALE ZIELWERTMATRIX $[n_{ij}]$ **des Beispiels** "Hauskauf"

Kriterienbereiche	FLÄCHENANGEBOT				LAGE			BAUEIGENSCHAFTEN					FINANZIERUNG		
i →	1	2	3		4	5		6	7	8	9		10		
Kriterien	Wohnflächen	Abstellflächen	Gartenflächen	$\sum$	Verkehrslage	Umgebung	$\sum$	Baujahr	Bauweise	Bauausstattung	Bauzustand	$\sum$	Finanzierung	$\sum$	
Gewichte g_i %	28	4	8	40	14	6	20	6	3	15	6	30	10	10	100
Alternativen j ↓ A_1	2	1	2	(2)	1	1	(1)	1	2	2	2	(2)	2	2	((1))
A_2	1	3	3	(1)	3	3	(3)	3	3	3	3	(3)	3	3	((3))
A_3	3	2	1	(3)	2	2	(2)	2	1	1	1	(1)	1	1	((2))
															$N_i = R_i$

Tabelle 37

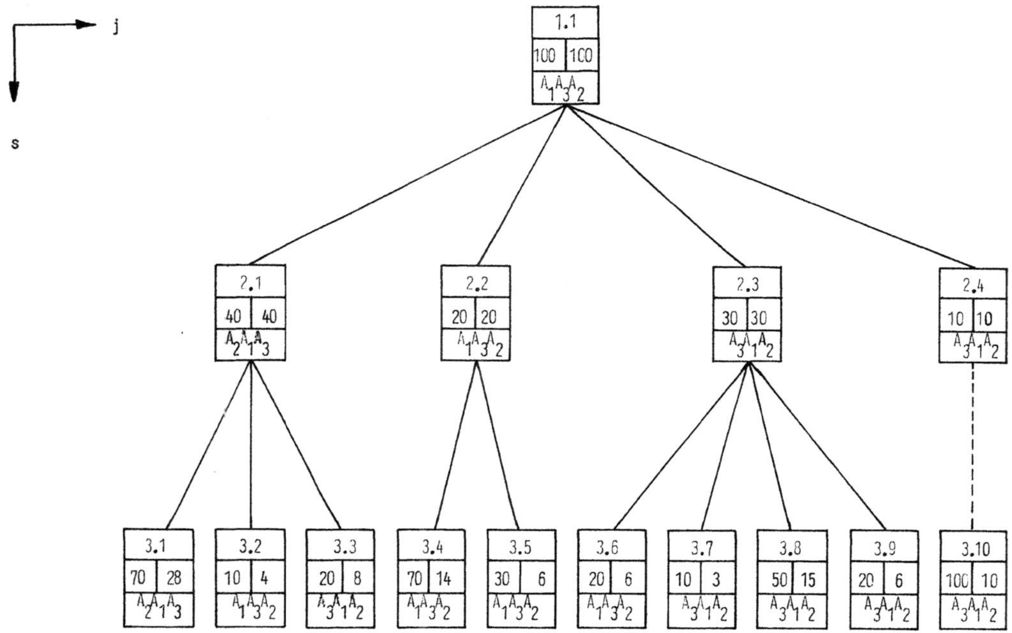

Zeichenerklärung:

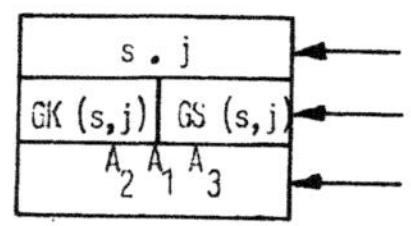

lfd. Nr. Stufe, Stufenelement

Knoten- und Stufengewicht (%)

Präferenzfolge der Alternativen aufgrund Tabelle 37

Abb. 87

Zielwerthierarchie zu dem Beispiel "Hauskauf".

8.2) Eine Nutzwertanalyse aufgrund kardinaler Zielwerte

Aufgabe :

In einem Maschinenbauunternehmen soll für eine bestimmte Aufgabenstellung eine Verpackungsmaschine entwickelt werden. Es stehen drei Projektalternativen zur Diskussion, die einer Nutzwertanalyse zu unterziehen sind.

Lösung :

Der Lösungsweg entspricht grundsätzlich der Vorgehensweise im ersten Beispiel und soll daher nicht im einzelnen wiederholt werden. Das Zielprogramm zu diesem Beispiel zeigt Tabelle 38. In Tabelle 39 ist ein Bewertungsschema angegeben, in dem die Zuordnung von Zielwerten $n_{\cdot i}$ zu Zielerträgen $k_{\cdot i}$ allgemein fixiert worden ist. Ein derartiges Schema empfiehlt sich in der Praxis immer dort, wo Bewertungsaufgaben in ähnlichem Zusammenhang häufiger auftreten (vgl. dazu Bright /12, S.445 /). Damit wird nicht nur die Zielwertzuordnung standardisiert und sichtbar gemacht, sondern auch deren sachliche Begründung offen dargelegt.

In Tabelle 40 ist die Zielwertmatrix zu diesem Beispiel angegeben. Es wurde hier davon ausgegangen, daß kardinale Zielwerte zugeordnet werden können, d.h. also gleiche Differenzen von Zielwerten sind nutzenaequivalent. In diesem Fall wurden jeweils eine "pessimistische", eine "beste" sowie eine "optimistische" Zielwertschätzung vorgenommen. Auf diese Weise ist es möglich, den Bereich, in dem die Nutzwerte liegen können, abzugrenzen und so einen Einblick in das Entscheidungsrisiko zu erhalten. Wie das in Tabelle 40 und Abb. 88 dargestellte Ergebnis der nach Gl. (156) vorgenommenen Wertsynthese zeigt, läßt die Alternative A_3 nach der optimistischen Schätzung zwar den größten Nutzwert erwarten, im pessimistischen Fall ist ihr Nutzwert aber am kleinsten. Ein wenig risikofreudiger Entscheidungsträger würde daher in diesem Fall die Alternative A_1 wählen, die nach der "besten Schätzung" den höchsten Nutzwert hat. Die Präferenzfolgen der Alternativen in der Zielwerthierarchie der Abb. 88 wurden hier jeweils aufgrund der "besten Schätzung" ermittelt.

Stufe s	Nr. i	Kurzbezeichnung der Elemente des Z I E L P R O G R A M M S des Beispiels "Entwicklung einer Verpackungsmaschine"	Knotengewichte (%) Gk(s, i)	 $\sum_i$
1	1	Entwicklung der für die Firma zweckmäßigsten Verpackungsmaschine	100	
				100
2	1	Absatzziele	30	
	2	Forschungs- und Entwicklungsziele	20	
	3	Produktionstechnische Ziele	20	
	4	Finanzierungsziele	10	
	5	Technische Projektziele	20	
				100
3	1	Absatzmenge	50	
	2	Konkurrenzmaßnahmen	10	
	3	Absatzorganisation	10	
	4	Preis	30	
				100
	5	Vorhandenes "know how"	20	
	6	Vorsprung vor der Konkurrenz	30	
	7	Neue Patente	50	
				100
	8	Nutzung von Kapazitätsreserven	40	
	9	Umstellungsschwierigkeiten	40	
	10	Materialbezugsmöglichkeiten	20	
				100
	11	Erforderliches Kapital	20	
	12	Kapitalbeschaffungsmöglichkeiten	80	
				100
	13	Verarbeitungsgeschwindigkeit der Maschine	20	
	14	Flexibilität " "	40	
	15	Verarbeitungsmaterial	10	
	16	Wartungsabstände	10	
	17	Bedienbarkeit	20	
				100

Tabelle 38

Nr. j	Gewicht g_j	Zielwerte ▶ / Kriterien ▼	$9 \leq n_{\cdot j} \leq 10$ (sehr gut)	$6 \leq n_{\cdot j} \leq 8$ (gut)	$3 \leq n_{\cdot j} \leq 5$ (befriedigend)	$1 \leq n_{\cdot j} \leq 2$ (schlecht)	$n_{\cdot j} = 0$ (sehr schlecht)
1	15	Absatzmenge (Stück)	> 500	300...500	101...299	50...100	< 50
2	3	Konkurrenzmaßnahmen	Langfristig keine Konkurrenzfabrikate zu erwarten	Konkurrenzfabrikate werden frühestens nach drei Jahren auf den Markt kommen	Konkurrenzfabrikate werden frühestens nach einem Jahr auf dem Markt angeboten werden	Konkurrenzfabrikate werden gleichzeitig auf den Markt kommen	Konkurrenzfabrikate werden schon auf dem Markt sein
3	3	Absatzorganisation	Die Maschine kann vollständig auf den bisherigen Vertriebswegen abgesetzt werden	Es sind nur wenige neue Betriebswege zu erschließen	Etwa 50% der Vertriebswege müssen neu erschlossen werden	Es sind neben den alten etwa 75% neue Vertriebswege zu erschließen	Die Vertriebswege müssen vollkommen neu aufgebaut werden
4	9	Preis	Liegt unterhalb sämtlicher Konkurrenzfabrikate	Liegt unterhalb der meisten Konkurrenzfabrikate	Ist genauso hoch wie die meisten Konkurrenzfabrikate	Liegt oberhalb der meisten Konkurrenzfabrikate	Liegt über sämtlichen Preisen der Konkurrenzfabrikate
5	4	Know-how	Das notwendige Know-how ist vorhanden	Das notwendige Know-how ist größtenteils vorhanden	Das notwendige Know-how ist überwiegend vorhanden und kann leicht ergänzt werden	Das erforderliche Wissen und Personal sind nur zu etwa 50% vorhanden	Das erforderliche Wissen und Personal sind größtenteils noch nicht vorhanden
6	6	Vorsprung vor Konkurrenz	Die Entwicklung der Maschine stellt einen bedeutenden technologischen Fortschritt in der Branche dar	Die Entwicklung der Maschine würde die technologische Lücke zum Hauptkonkurrenten schließen	Die Entwicklung der Maschine würde das eigene technologische Potential nachhaltig stärken	Die Entwicklung der Maschine würde das eigene technologische Potential nicht mehr stärken als eine Lizenzfertigung	Die Entwicklung stellt im Hinblick auf die Marktsituation keinen Fortschritt dar
7	10	Neue Patente	Das Konzept kann durch ein Patent sicher geschützt werden	Das Konzept kann patentiert werden Dieses Patent ist möglicherweise jedoch umgehbar	Das Konzept ist nicht patentierbar, jedoch nur schwer zu kopieren	Kein Patent möglich; leicht nachzuahmen von großen Firmen	Kein Patent möglich; auch von kleinen Firmen leicht nachzuahmen

Tabelle 39 (Teil 1) Bewertungsschema zum Beispiel "Entwicklung einer Verpackungsmaschine"

8	8	Nutzung von Kapazitätsreserven	Bis zu 80% Keine neuen Kapazitäten nötig	Bis zu 50% Keine neuen Kapazitäten erforderlich	Bis zu 80%, jedoch zusätzliche Kapazitäten notwendig	Bis zu 50%, jedoch zusätzliche Kapazitäten erforderlich	Vorhandene Kapazitäten sind nicht einsetzbar; neue Kapazitäten erforderlich
9	8	Umstellungsschwierigkeiten	Keine	Umstellung ohne Produktionsausfall durchführbar	In wenigen Bereichen kurzfristiger Produktionsausfall	Kurzfristiger Produktionsausfall in wesentlichen Bereichen	Längerer Produktionsausfall in wesentlichen Bereichen
10	4	Materialbezugsmöglichkeiten	Das erforderliche Material kann ausschließlich bei zuverlässigen Lieferanten bezogen werden	Erforderliches Material kann zu 75% bei bekannten, Rest nur bei unbekannten Lieferanten bezogen werden	Etwa 50% des erforderlichen Materials kann bei bekannten, der Rest nur bei unbekannten Lieferanten bezogen werden	Das erforderliche Material muß überwiegend bei unbekannten Lieferanten bezogen werden	Das erforderliche Material ist ausschließlich bei unbekannten Lieferanten erhältlich
11	2	Erforderliches Kapital (Mio DM)	< 2	2...3	3...4	4...5	> 5
12	8	Kapitalbeschaffung	Kapital ist vorhanden	Kapital ist größtenteils vorhanden, der Rest kann leicht beschafft werden	Das Kapital kann noch ohne Veränderung der Beteiligungsverhältnisse beschafft werden	Das Kapital kann noch ohne wesentliche Veränderung der Beteiligungsverhältnisse beschafft werden	Das Kapital kann nur unter wesentlicher Veränderung der Beteiligungsverhältnisse beschafft werden
13	4	Verarbeitungsgeschwindigkeit	Weitaus größer als bei bisherigen Maschinen, bei geringerem Ausschuß	Wie bisher, jedoch mit weniger Ausschuß	Geringer, jedoch mit weniger Ausschuß als bisher	Wie bisher, bei gleicher Ausschußrate	Geringer, bei gleicher Ausschußrate wie bisher
14	8	Flexibilität der Maschine	Sehr viel größer als bei entsprechenden bisherigen Maschinen	Wie bei bisherigen Maschinen, jedoch bei größerer Gesamtleistung	Wie bei bisherigen Maschinen, bei gleicher Gesamtleistung	Geringer als bisher, jedoch noch akzeptable Gesamtleistung	Geringer als bisher, bei unbefriedigender Gesamtleistung
15	2	Verarbeitungsmaterial	Verarbeitungsmaterialien mit den notwendigen Eigenschaften sind vielfältig verfügbar	Es sind einige Verarbeitungsmaterialien auf dem Markt, die den Maschinenanforderungen genügen	Es ist nur ein Verarbeitungsmaterial auf dem Markt, das den Maschinenanforderungen genügt	Verarbeitungsmaterial mit den notwendigen Eigenschaften ist denkbar, aber noch nicht verfügbar	Verarbeitungsmaterial mit den notwendigen Eigenschaften ist vorläufig nicht denkbar
16	2	Wartungsabstände	Nach 500 Stunden	Nach 400 Stunden	Nach 300 Stunden	Nach 200 Stunden	Nach 100 Stunden
17	4	Bedienbarkeit	Läuft vollautomatisch	Halbautomatisch	Einfache Handbedienung	Handbedienung nach Anleitung	Handbedienung nur nach längerem Lernprozeß möglich
Σ	100%						

Tabelle 39 (Teil 2) Bewertungsschema zum Beispiel Entwicklung einer Verpackungsmaschine"

KARDINALE ZIELWERTMATRIX $[n_{ij}]$ des Beispiels "Verpackungsmaschine"

Kriterienbereiche		ABSATZ					F + E				PRODUKTION				FINANZIERUNG			TECHN. PROJEKTZIELE							
i →		1	2	3	4		5	6	7		8	9	10		11	12		13	14	15	16	17			
Kriterien		Absatzmenge	Konkurrenzmaßnahmen	Absatzorganisation	Preis	Σ	know how	Vorsprung vor Konkurrenz	neue Patente	Σ	Nutzung von Kap.-Reserven	Umstellungsschwierigkeiten	Materialbezugsmöglichkeiten	Σ	erforderliches Kapital	Kapitalbeschaffung	Σ	Verarbeitungsgeschwindigkeit	Flexibilität	Verarbeitungsmaterial	Wartungsabstände	Bedienbarkeit	Σ	Σ	
Gewichte g_i [%]		15	3	3	9	30	4	6	10	20	8	8	4	20	2	8	10	4	8	2	2	4	20	100	
Alternativen A_1	pess.	6	1	0	5	1,38	6	6	0	0,60	6	5	6	1,12	5	7	0,66	4	5	7	6	5	1,02	4,78	①
	bst.	7	5	4	6	1,86	9	7	3	1,08	8	7	8	1,52	7	9	0,88	6	7	8	9	7	1,42	6,76	①
	opt.	8	7	6	7	2,22	10	8	4	1,28	9	8	9	1,72	8	10	0,96	7	8	9	10	8	1,62	7,80	②
A_2	pess.	4	5	4	3	1,14	4	3	5	0,84	6	4	6	1,04	3	6	0,54	3	2	6	5	4	0,66	4,22	②
	bst.	5	6	6	4	1,47	5	4	6	1,04	7	5	7	1,24	5	7	0,66	4	5	7	6	5	1,02	5,43	③
	opt.	6	7	8	5	1,80	6	6	7	1,30	8	6	9	1,48	6	9	0,84	6	6	9	8	6	1,30	6,72	③
A_3	pess.	3	4	2	1	0,72	5	3	4	0,78	4	3	5	0,76	3	4	0,38	1	3	5	4	4	0,62	3,26	③
	bst.	6	7	5	5	1,71	8	6	5	1,18	6	6	9	1,32	6	6	0,60	5	6	9	7	6	1,24	6,03	②
	opt.	8	9	7	8	2,40	10	8	8	1,36	9	8	10	1,76	7	8	0,78	8	9	10	9	9	1,78	8,08	①
																								N_i	R_i

Tabelle 40

Zeichenerklärung:

pess. := pessimistische Schätzung des Zielwertes
bst. := beste Schätzung des Zielwertes
opt. := optimistische Schätzung des Zielwertes

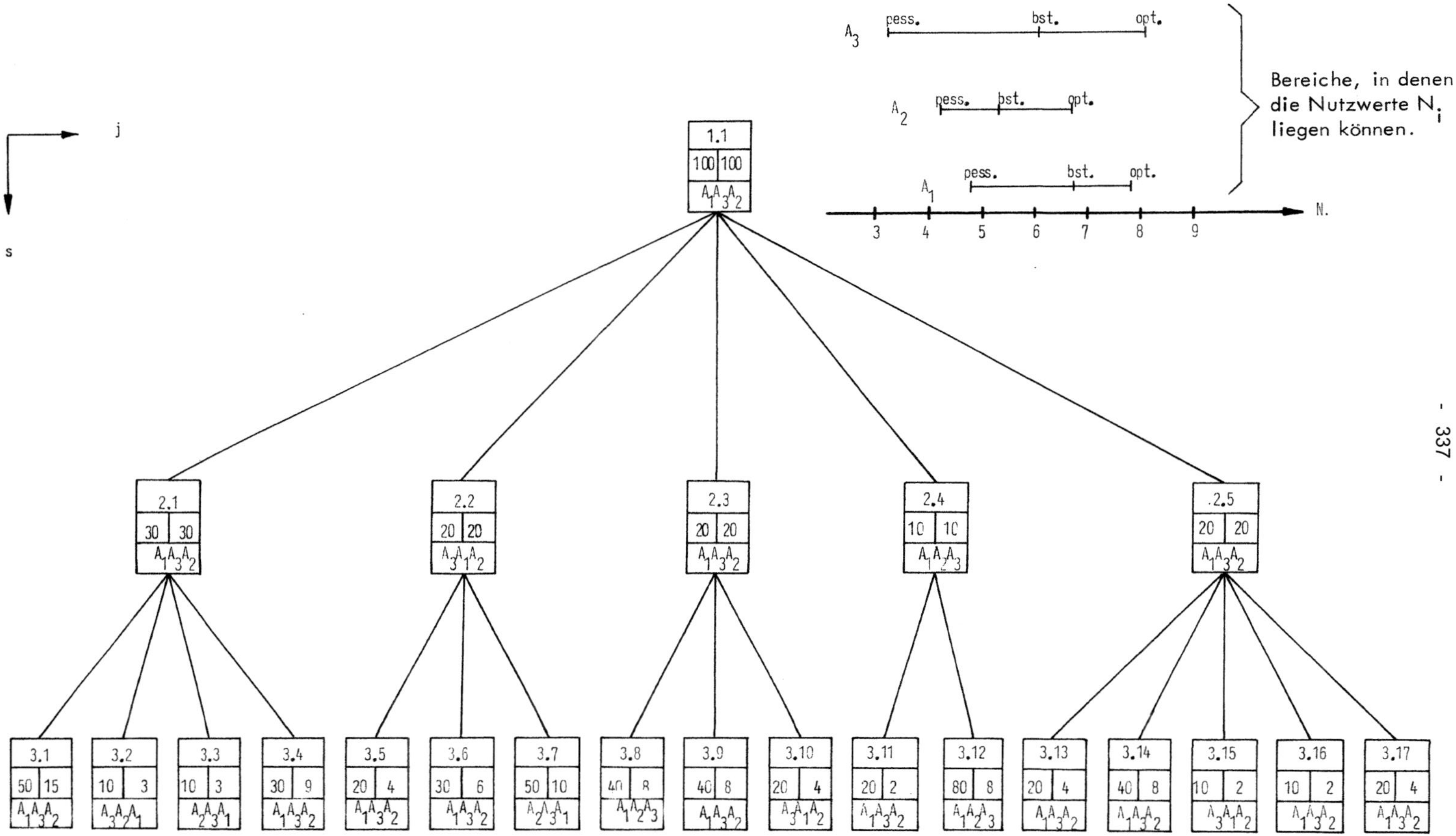

Abb. 88 Zielwerthierarchie zu dem Beispiel "Entwicklung einer Verpackungsmaschine".

8.3) Eine Nutzwertanalyse auf der Grundlage des "Gesetzes vom komparativen Urteil"

Aufgabe:

Im Zusammenhang mit der Entwicklung eines bemannten Wiedereintrittskörpers mit Auftrieb (Manned Lifting Body Entry Vehicle) sollte im Auftrag der NASA der relative Wert von 52 Forschungsaufgaben, die mit einem solchen Fahrzeug durchgeführt werden könnten, durch eine Nutzwertanalyse ermittelt werden (eine ausführliche Beschreibung der Lösung dieser Aufgabe ist ebenso wie das wiedergegebene Datenmaterial in / 130 / zu finden).

Lösung :

Zur Bewertung der 52 Forschungsaufgaben wurde in diesem konkreten Fall lediglich ein einstufiges Zielprogramm mit 5 Elementen aufgestellt, und zwar mit den Zielkriterien

$k_{\cdot 1}$: = Beitrag zum technologischen Fortschritt

$k_{\cdot 2}$: = Erfüllung der Entwurfsdaten

$k_{\cdot 3}$: = Verminderung der Entwicklungszeit von Wiedereintrittskörpern mit Auftrieb für den praktischen Betrieb

$k_{\cdot 4}$: = Vermeidung einer Prototyp-Phase in der Entwicklung

$k_{\cdot 5}$: = Beitrag zur Verminderung der gesamten Entwicklungskosten von Wiedereintrittskörpern mit Auftrieb.

Die Zielerträge k_{ij} der Alternativen bezüglich dieser fünf Kriterien wurden nicht explizit dargelegt, und auch die Bewertung wurde nur vereinfacht vorgenommen. Die Urteilsaufgabe bestand in diesem Fall darin, die Alternativen paarweise miteinander zu vergleichen, wobei anzugeben war, welche der beiden Alternativen A_i und A_h in Hinblick auf sämtliche fünf Zielerträge der anderen überlegen ist. Die Zielwerte n_{ij} wurden hier also jeweils gedanklich fixiert und zu einem ordinalen Gesamturteil - beispielsweise nach der Majoritätsregel - zusammengefaßt. Bei lediglich fünf Kriterien und erfahrenen Urteilspersonen kann diese Vorgehensweise noch als zulässig angesehen werden.

Insgesamt wurden r = 11 vollständige Urteilsfolgen von verschiedenen Experten durchgeführt. Jeder Experte trug seine Bewertungsergebnisse entsprechend der in Gl. (47) angegebenen Zuordnungsregel in eine Dominanzmatrix $[e^{u}_{ih}]$ ein. Eine solche Matrix zeigt Tabelle 41. Sie wurde hier nur oberhalb der Hauptdiagonalen ausgefüllt, da konsistentes Urteilsverhalten unterstellt werden konnte. Die Dominanzmatrizen der 11 Experten wurden analog Gl. (48) zu einer Häufigkeitsmatrix $[f_{ih}]$ (vgl. Tabelle 42) zusammengefaßt, wobei in diesem Fall gelten muß

Gl. (187) $$f_{ih} + f_{hi} = 11$$

Aus der Matrix $[f_{ih}]$ wurde dann gemäß Gl. (50) die Matrix $[p_{ih}]$ der relativen Vorzugshäufigkeiten bestimmt. Damit konnten die Nutzwerte der Alternativen nach der Thurstone Regel bzw. nach dem unter Absatz 5.2.3.2.2.1 beschriebenen "Gesetz vom komparativen Urteil" berechnet werden. Entsprechend Gl. (138) ergeben sich diese aus der Beziehung

Gl. (188) $$N_h = \frac{1}{n} \sum_{i=1}^{n} x_{ih} \; ; \; h = 1\,(1)\,n$$

wobei hier x_{ih} Abzissenwerte der in Abb. 89 dargestellten gestutzten Normalverteilung sind. Diese Verteilung empfiehlt sich hier, da sie für p_{ih} gleich 0 oder 1 im Gegensatz zur ungestutzten Normalverteilung endliche Werte x_{ih} liefert, die für eine Anwendung von Gl. (188) Voraussetzung sind (vgl. Torgerson / 139, S. 173 /). Die Abzissenwerte x_{ih} der gestutzten Normalverteilung lassen sich - wie zum Beispiel bei Heinhold / 59, S.139 / gezeigt wird - mit Hilfe der tabellierten Standardnormalverteilung berechnen. Die in diesem Fall gültigen x_{ih} Werte sind in Tabelle 43 angegeben.

Die damit nach Gl. (188) ermittelten Nutzwerte der 52 Forschungsaufgaben sind in Tabelle 44 aufgeführt. Dabei wurden sämtliche Nutzwerte mit dem Faktor n = 52 multipliziert und der niedrigste Nutzwert gleich eins gesetzt. Da es sich hier um eine Intervallskala handelt, ist diese lineare Transformation gemäß Tabelle 7 zulässig.

DOMINANZMATRIX $[e_{ih}]$ einer Urteilsperson

Alternativen A_i (rows, ↓ i) / Alternativen A_h (columns, → h)

Alternativen A_i		SM-11	FM-6	SM-17	PP-2	HF-2	FM-4	SM-13	GN-7	FM-16	SM-6	SM-16	SM-15	PP-3	FM-18	GN-3	SM-14	FC-4	AV-1	FM-2	PP-1	SM-3	FM-5	FM-8	HF-1	SM-18	SM-12
Inertial Navigation Error Propagation	GN-4	0	0	0	1	0	1	1	1	0	0	0	0	0	0	0	0	1	0	1	0	0	1	1	0	0	0
Digital Flight Control Mechanization	FC-3	0	0	0	1	0	1	1	0	0	1	0	0	0	0	1	0	1	0	1	1	1	1	1	0	0	0
Hypersonic Entry Guidance Techniques	GN-5	0	0	0	0	0	1	0	0	0	0	0	0	0	0	0	0	0	0	1	0	0	1	1	0	0	0
Hypersonic Boundary Layer Transition	FM-17	1	0	0	0	0	1	0	0	0	0	0	0	0	0	0	0	0	0	1	0	0	1	1	0	0	0
Evaluate Reuse Capability and Refurbishment Requirements	EV-2	0	0	0	0	0	1	0	0	0	0	0	0	0	0	0	0	0	0	1	0	0	0	1	0	0	0
Ablative Heat Shield Joints	SM-2	0	0	0	0	0	0	0	0	0	0	0	0	0	0	0	0	0	0	1	0	0	0	1	0	0	0
Satellite Communication Expt	AV-2	1	0	1	1	0	1	1	1	1	1	0	1	0	0	1	1	1	0	1	1	1	1	1	0	0	0
Ablative Heat Shield Performance and Analysis Correlation	SM-1	0	0	0	0	0	0	0	0	0	0	0	0	0	0	0	0	0	0	0	0	0	0	0	0	0	0
Insulation Cavity Pressure	SM-5	0	0	0	0	0	1	0	0	0	0	0	0	0	0	0	0	0	0	1	0	0	0	1	0	0	0
Boundary Layer Survey	FM-12	1	0	1	1	0	1	1	0	1	1	0	0	0	0	1	1	1	1	1	1	1	1	1	0	0	1
Measure Pre ssure Distribution	FM-7	0	0	0	0	0	0	0	0	0	0	0	0	0	0	0	0	0	0	1	0	0	0	1	0	0	0
Ablator Ascent Heating-Cold Soak and Subsequent Entry	SM-7	0	0	0	0	0	1	0	0	0	0	0	0	0	0	0	0	0	0	1	0	0	0	1	0	0	0
Viscous Effects on Lift and Drag	FM-14	0	0	1	1	0	1	0	1	0	1	0	0	0	0	1	1	0	0	1	1	1	1	1	0	0	0
Evaluate Flying Qualities	FM-3	0	0	0	0	0	0	0	0	0	0	0	0	0	0	0	0	0	0	0	0	0	0	0	0	0	0
Ablation Effects on Hypersonic Aero	FM-13	0	0	0	0	0	0	0	0	0	0	0	0	0	0	0	0	0	0	1	0	0	0	1	0	0	0
Terminal Navigation and Guidance	GN-6	0	0	0	0	0	1	0	0	0	0	0	0	0	0	0	0	0	0	1	0	0	0	1	0	0	0
Primary Navigation and Guidance Performance	GN-1	0	0	0	0	0	0	0	0	0	0	0	0	0	0	0	0	0	0	0	0	0	0	0	0	0	0
Flight Control System Evaluation	FC-1	0	0	0	0	0	0	0	0	0	0	0	0	0	0	0	0	0	0	1	0	0	0	1	0	0	0
Backup Guidance System Performance	GN-2	0	0	0	0	0	1	0	0	0	0	0	0	0	0	0	0	0	0	1	0	0	0	1	0	0	0
Refurbishable Heat Shield Demonstration	SM-8	0	0	0	0	0	1	0	0	0	0	0	0	0	0	0	0	0	0	1	0	0	1	1	0	0	0
Radiation Heat Shields	SM-9	1	0	0	1	0	1	1	1	1	1	0	0	0	0	0	1	0	1	1	1	1	1	1	0	0	0
Radiative and Radiative to Ablative Heat Shield Joints	SM-10	1	0	0	1	0	1	1	1	1	1	0	1	0	0	0	1	1	1	1	1	1	1	1	0	0	0
Measure Gas Cap Radiation Heat Transfer	FM-9	1	1	1	1	0	1	1	1	1	1	1	1	0	1	1	1	1	1	1	1	1	1	1	1	1	1
Synergetic Maneuver Simulation Without Thrust	FM-19	1	1	1	1	1	1	1	1	1	1	1	1	1	1	1	1	1	1	1	1	1	1	1	1	1	1
Adaptive Flight Control System	FC-2	0	0	0	0	0	1	1	1	0	1	0	0	0	0	0	1	0	0	1	0	1	1	1	0	0	0
Measure Plasma Thermophysics	FM-15	0	0	0	0	0	1	1	1	0	1	0	0	0	0	0	1	0	0	1	1	1	1	1	0	0	0
Ablator Over Coat on Radiation Panels	SM-12	0	0	0	0	0	1	1	1	0	1	0	0	0	0	1	1	0	0	1	1	1	1	1	0	0	
Inflight Heat Shield Repair	SM-18	1	1	1	1	1	1	1	1	1	1	0	0	0	0	1	1	1	1	1	1	1	1	1	0		
Pilot Control/Landing of Vehicle After Prolonged Zero G	HF-1	1	1	1	1	1	1	1	1	1	1	1	0	1	1	1	1	1	1	1	1	1	1	1			
Measure Heat Rate Distribution	FM-8	0	0	0	0	0	0	0	0	0	0	0	0	0	0	0	0	0	0	0	0	0	0				
Measure Elevon Shock Interaction	FM-5	0	0	0	0	0	1	0	1	0	0	0	0	0	0	0	0	0	0	1	0	0					
Ablator Materials Comparison	SM-3	0	0	0	0	0	1	0	0	0	0	0	0	0	0	0	0	0	0	1	0						
Reaction-Jet Impingement Effects	PP-1	0	0	1	1	0	0	0	0	0	0	0	0	0	0	1	1	0	0	1							
Evaluate Aero Characteristics	FM-2	0	0	0	0	0	0	0	0	0	0	0	0	0	0	0	0	0	0								
Antenna Window Material Test	AV-1	1	1	1	1	0	1	0	1	0	1	0	0	0	0	1	0	0									
Flight Control Actuation	FC-4	0	0	0	0	0	1	0	0	0	0	0	0	0	0	0	0										
After Heat Effects	SM-14	1	1	1	1	0	1	0	1	0	1	0	0	0	0	0											
Autonomous Orbital Navigation	GN-3	0	1	1	1	0	1	1	1	0	1	0	0	0	0												
Use of Ventral Antenna to Alleviate Communication Blackout	FM-18	1	1	1	1	0	1	1	1	1	1	0	0	0													
Landing Assist Propulsion	PP-3	1	1	1	1	1	1	1	1	1	1	1	1														
Transpiration Cooling System	SM-15	1	1	1	1	0	1	1	1	1	1	0															
Catalytic Wall Experiments	SM-16	1	1	1	1	0	1	1	1	1	1																
Movable Surface Heat Shield Design Problems	SM-6	0	0	0	0	0	1	0	0	0																	
Effects of Electrophilic Fluid Injection	FM-16	0	0	1	1	0	1	1	1																		
Air Data Measurements	GN-7	0	0	0	0	0	1	0																			
Heat Shield Instrumentation Sensor Studies	SM-13	0	0	0	0	0	1																				
Measure Control Effectiveness	FM-4	0	0	0	0	0																					
Obtain Crew Bio-Medical Data Throughout Flight	HF-2	1	1	1	1																						
Reaction Jet - Vehicle Boundary Layer Interaction	PP-2	0	0	1																							
Ascent Static and Dynamic Response-Des Crit Determination	SM-17	0	0																								
Measure Entry Stability and Control at Various CG Locations	FM-6	0																									
Active and Passive Structural Cooling	SM-11																										

Alternativen A_i		FM-15	FC-2	FM-19	FM-9	SM-10	SM-9	SM-8	GN-2	FC-1	GN-1	GN-6	FM-13	FM-3	FM-14	SM-7	FM-7	FM-12	SM-5	SM-1	AV-2	SM-2	EV-2	FM-17	GN-5	FC-3	GN-4
Inertial Navigation Error Propagation	GN-4	0	0	0	0	0	0	0	0	1	1	0	0	1	0	0	1	0	0	1	0	1	0	0	0	0	
Digital Flight Control Mechanization	FC-3	0	1	0	0	0	0	1	1	1	1	1	1	1	0	1	1	0	0	1	0	1	1	1	1		
Hypersonic Entry Guidance Techniques	GN-5	0	0	0	0	0	0	1	1	1	1	0	1	1	0	0	1	0	0	1	0	1	1	1			
Hypersonic Boundary Layer Transition	FM-17	0	0	0	0	0	0	1	0	1	1	1	1	1	0	0	1	0	0	1	0	1	0				
Evaluate Reuse Capability and Refurbishment Requirements	EV-2	0	0	0	0	0	0	1	0	1	1	0	1	1	0	0	1	0	0	1	0	1					
Ablative Heat Shield Joints	SM-2	0	0	0	0	0	0	0	0	0	1	0	0	1	0	0	1	0	0	1	0						
Satellite Communication Expt	AV-2	0	1	0	0	1	0	1	1	1	1	1	1	1	0	1	1	0	1	1							
Ablative Heat Shield Performance and Analysis Correlation	SM-1	0	0	0	0	0	0	0	0	0	0	0	0	0	0	0	0	0	0								
Insulation Cavity Pressure	SM-5	0	0	0	0	0	0	0	0	1	1	0	0	1	0	0	1	0									
Boundary Layer Survey	FM-12	1	1	0	0	1	1	1	1	1	1	1	1	1	1	1	1										
Measure Pre ssure Distribution	FM-7	0	0	0	0	0	0	0	0	0	1	0	0	1	0	0											
Ablator Ascent Heating-Cold Soak and Subsequent Entry	SM-7	0	0	0	0	0	0	0	0	1	1	0	1	1	0												
Viscous Effects on Lift and Drag	FM-14	0	1	0	0	1	0	1	1	1	1	1	1	1													
Evaluate Flying Qualities	FM-3	0	0	0	0	0	0	0	0	0	0	0	0														
Ablation Effects on Hypersonic Aero	FM-13	0	0	0	0	0	0	0	0	1	1	1															
Terminal Navigation and Guidance	GN-6	0	0	0	0	0	0	0	0	1	1																
Primary Navigation and Guidance Performance	GN-1	0	0	0	0	0	0	0	0	0																	
Flight Control System Evaluation	FC-1	0	0	0	0	0	0	0	0																		
Backup Guidance System Performance	GN-2	0	0	0	0	0	0	0																			
Refurbishable Heat Shield Demonstration	SM-8	0	0	0	0	0	0																				
Radiation Heat Shields	SM-9	0	0	0	0	0																					
Radiative and Radiative to Ablative Heat Shield Joints	SM-10	0	1	0	0																						
Measure Gas Cap Radiation Heat Transfer	FM-9	1	1	0																							
Synergetic Maneuver Simulation Without Thrust	FM-19	1	1																								
Adaptive Flight Control System	FC-2	0																									

Code

0 = column task not better than row task

1 = column task better than row task
(e.g., SM-11 not better than GN-4)

Tabelle 41

HÄUFIGKEITSMATRIX $[f_{ih}]$

i		h (1 … 52)
1	SM-1	** 9 9 61011 910 9 910 9 911111111011101111111011111011111111111111111111011111111111111111111111111111
2	FM-8	2** 3 211 9 8 9 910 9 4 6 91011 9101010111111111111111110 9111110111111111111111110111111111111111111111
3	FM-3	2 8** 8 9101010 91010 7 91011 91011101111111111111110111011101010111111111101111111111110111111011111111
4	FM-2	5 9 3** 911 910101110 6 81011111011101110111110111111111111111110101110101011111011101011111111011111111
5	FM-7	1 0 2 2** 5 7 8 9 9 6 3 5 810 9 8 8 8101110111010101010111111101110111010111111111111111111111111111
6	GN-4	0 2 1 0 6** 3 7 5 5 5 3 1 5 7 7 5 4 9 8 8 9 81110 6 71011101O 910 910 8 81110 911111111111101111111111
7	FM-4	2 3 1 2 4 8** 7 8 8 7 3 4 7 8 7 6 7 9 910 911 9 911 91010 9 9 9 910111011101O 910111010111111 911101010
8	GN-5	1 2 1 1 3 4 4** 5 7 4 4 4 5 4 5 4 8 7 6 9 7 8 910 71010101011 91110 9 910 91110101010111111111011111111
9	FM-13	2 2 2 1 2 6 3 6** 6 5 3 3 6 6 6 4 6 8 6 7 8 8 9 9 9 8 911 9111010 9 8 910 911101011101010111111111111011
10	FM-5	2 1 1 0 2 6 3 4 5** 6 2 2 4 4 7 7 4 6 7 7 6 8 91110 5 9 8 9 7 9 811 7 71011 81011101111 91111111111111
11	EV-2	1 2 1 1 5 6 4 7 6 5** 3 2 5 7 6 7 5 9 8 6 8 810 8 8 810 910 91010101110 911 911101010111011101111101111
12	GN-1	2 7 4 5 8 8 8 7 8 9 8** 9 8 9 8 8 9 8101010 910101010 910 9101110 91010 91010 910111010101010101010101010
13	FC-1	2 5 2 3 610 7 7 8 9 9 2** 8 7 9 8 9 81010 9 910101010 9 9 8101110 91011101010 910111010101010101010101010
14	SM-6	0 2 1 1 3 6 4 6 5 7 6 3 3** 5 7 4 8 8 6 8 7 8 9 710 710 9 910 8 8 9 8 91110 911 910111010 911 911101010
15	SM-2	0 1 0 0 1 4 3 7 5 7 4 2 4 6** 7 5 6 8 7 8 7 8 9 8 7 7 9 9 9101010 811 91010 9 911 9101011111011111101011
16	FM-17	0 0 2 0 2 4 4 6 5 4 5 3 2 4 4** 3 4 7 8 6 7 810 9 8 7 910 910 8 9 8 8 81010111010 9101010111110111111110
17	SM-8	1 2 1 1 3 6 5 7 7 4 4 3 3 7 6 8** 5 9 8 9 5 81010 910 910 91010101010 9 9 91010101010 910101010 9101010
18	GN-6	0 1 0 0 3 7 4 3 5 7 6 2 2 3 5 7 6** 7 9 7 6 61010 9 6 910 8 910 8 9 7 91010 9 9 91010 9101010101010 910
19	FM-14	1 1 1 1 3 2 2 4 3 5 2 3 3 3 3 4 2 4** 5 4 6 5 9 7 6 7 7 7 8 6 9 7 8 6 8 5 7 910 7 7 9 7 9 91011 9101011
20	GN-2	0 1 0 0 1 3 2 5 5 4 3 1 1 5 4 3 3 2 6** 7 3 7 7 7 6 6 7 7 7 8 9 7 8 7 8 9 910 8 810 9 8 9 910 91010 9 9
21	SM-17	0 0 0 1 0 3 1 2 4 4 5 1 1 3 3 5 2 4 7 4** 5 7 6 7 9 5 7 6 7 6 7 7 8 910 8 7 8 81010 9 8 910 9 9 9 910 9
22	SM-7	0 0 0 0 1 2 2 4 3 5 3 1 2 4 4 4 6 5 5 8 6** 5 6 7 7 7 7 8 7 8 8 8 7 7 9 7 7 8 8 8 8 8 9 9 7 8 9 8 91010
23	SM-5	1 0 0 0 0 3 0 3 3 3 3 2 2 3 3 3 3 5 6 4 4 6** 7 7 6 6 7 6 6 8 6 8 7 6 8 7 8 910 9 8 8 810 910 910101110
24	SM-9	0 0 0 1 1 0 2 2 2 2 1 1 1 2 2 1 1 1 2 4 5 5 4** 4 5 6 5 8 6 7 9 7 8 5 6 6 9 8 7 8 7 9 8 8 81011 9101111
25	SM-3	0 0 0 0 1 1 2 1 2 0 3 1 1 4 3 2 1 1 4 4 4 4 4 7** 7 7 8 7 7 9 7 8 7 7 9 9 8 610 8 91010 9 8 9 910101011
26	FM-6	1 0 1 0 1 5 0 4 2 1 3 1 1 1 4 3 2 2 5 5 2 4 5 6 4** 5 9 6 7 4 6 7 5 6 6 7 5 3 9 8 9 9 8 6 71010 7101011
27	GN-3	0 0 0 0 1 4 2 1 3 6 3 1 1 4 4 4 1 5 4 5 6 4 5 5 4 6** 8 4 9 8 7 7 7 6 9 7 6 7 7 8 9 9 9 910 8 7 710 9 8
28	FM-12	0 1 1 0 1 1 1 1 2 2 1 2 2 1 2 2 2 2 4 4 4 4 4 6 3 2 3** 5 4 6 8 o 8 5 9 8 7 6 8 7 6 8 8 8 8 810 71010 9
29	FC-2	0 2 0 0 0 0 1 1 0 3 2 1 2 2 2 1 1 1 4 4 5 3 5 3 4 5 7 6** 4 4 6 7 7 5 6 8 6 7 8 8 71010 8 911 810111110
30	FC-3	0 0 1 0 0 1 2 1 2 2 1 2 3 2 2 2 2 3 3 4 4 4 5 5 4 4 2 7 7** 5 7 5 6 5 7 7 7 7 5 8 5 9 9 8 8 9 8 9101010
31	GN-7	0 0 1 0 0 1 2 0 0 4 2 1 1 1 1 1 1 2 5 3 5 3 3 4 2 7 3 5 7 6** 5 6 6 7 9 7 6 711 5 8 8 7 8 8 9 710 810 9
32	PP-3	0 1 1 1 1 2 2 2 1 2 1 0 0 3 1 3 1 1 2 2 4 3 5 2 4 5 4 3 5 4 6** 2 5 3 7 8 5 6 9 5 7 9 7 6 8 7 7 7 7 7 9
33	FC-4	0 0 0 1 0 1 2 0 1 3 1 1 1 1 3 1 2 1 3 4 4 4 3 3 4 3 4 4 5 4 6 5 9** 6 6 8 8 6 5 7 6 7 8 6 9 8 8 8 9 9 8 9
34	FM-15	0 0 0 0 1 2 1 1 2 0 1 2 2 2 3 3 1 2 3 3 3 4 4 3 4 6 4 3 4 5 5 6 5** 3 6 7 6 6 7 6 610 7 8 9 9 6 8 91010
35	SM-14	0 0 0 1 0 1 0 2 3 4 0 1 1 3 0 3 1 4 5 4 2 4 5 6 4 5 5 6 6 6 4 8 5 8** 7 6 7 8 8 8 6 9 9 9 8 9 8 8 8 8 9
36	HF-2	1 0 0 1 1 3 1 2 2 4 1 1 0 2 2 3 2 2 3 3 1 2 3 5 2 5 2 2 5 4 2 4 3 5 4** 5 5 5 3 5 7 6 7 8 5 5 6 6 6 8 7
37	PP-2	0 0 1 1 1 3 0 1 1 1 2 2 1 0 1 1 2 1 6 2 3 4 4 5 2 4 4 3 3 4 4 3 3 4 5 6** 6 4 4 9 6 6 6 5 6 6 8 6 7 7 8
38	SM-10	0 0 0 0 0 0 1 2 2 0 0 1 1 1 1 1 2 1 4 2 4 4 3 2 3 6 5 4 5 4 5 6 5 5 4 6 5** 5 7 8 6 8 9 9 6 910 9 91110
39	SM-12	0 0 0 0 0 1 1 0 0 3 2 1 1 2 2 0 1 2 2 1 3 3 2 3 5 8 4 5 4 4 4 5 6 5 3 6 7 6** 8 6 6 8 810 7 8 8101110 8
40	SM-13	0 1 0 1 0 2 2 1 1 1 0 2 2 0 2 1 1 2 1 3 3 3 1 4 1 2 4 3 3 6 0 2 4 4 3 8 7 4 3** 4 5 5 5 5 4 7 6 5 8 810
41	PP-1	0 0 0 0 0 0 1 1 1 0 1 1 1 2 0 1 1 2 4 3 1 3 2 3 3 3 3 4 3 3 6 6 5 5 3 6 2 3 5 7** 5 9 6 7 6 7 8 9 8 8 7
42	SM-11	0 0 0 1 0 0 0 1 0 1 1 0 0 1 2 2 1 1 4 1 1 3 3 4 2 2 2 5 4 6 3 4 4 5 5 4 5 5 5 6 6** 7 8 7 310 6 7 7 8 8
43	SM-16	0 0 1 1 0 0 1 1 1 0 1 1 1 0 1 1 1 1 2 2 2 3 3 2 1 2 2 3 1 2 3 2 3 1 2 5 5 3 3 6 2 4** 6 5 5 3 6 5 6 5 8
44	AV-2	0 0 0 0 0 0 1 0 1 0 0 1 1 1 1 1 2 2 4 3 3 2 3 3 1 3 2 3 1 2 4 4 5 4 2 4 5 2 3 6 5 3 5** 5 6 2 8 7 6 8 9
45	HF-1	0 0 0 0 0 0 0 0 1 2 1 1 1 1 0 1 1 1 2 2 2 2 1 3 2 5 2 3 3 3 3 5 2 3 2 3 6 2 1 6 4 4 6 6** 5 6 8 6 7 8 8
46	FM-16	0 0 0 0 0 1 0 0 0 0 0 1 1 2 0 0 1 1 2 2 1 4 2 3 3 4 1 3 2 3 3 3 3 2 3 6 5 5 4 7 5 8 6 5 6** 6 5 7 8 8 8
47	SM-15	0 0 1 1 0 0 0 0 0 0 1 1 1 0 1 0 1 1 1 1 2 3 1 1 2 1 3 3 0 2 2 4 3 2 2 6 5 2 3 4 4 1 8 9 5 5** 8 6 6 6 8
48	FM-9	0 0 0 0 0 0 2 1 0 0 0 1 1 2 0 1 1 1 0 2 2 2 2 0 2 1 4 1 3 3 4 4 3 5 3 5 3 1 3 5 3 5 5 3 3 6 3** 5 7 6 8
49	AV-1	0 0 0 0 0 0 0 0 0 0 0 1 1 0 0 0 2 1 2 1 2 3 1 2 1 4 4 4 1 2 1 4 2 3 3 5 5 2 1 6 2 4 6 4 5 - 5 6** 7 7 7
50	FM-18	0 0 0 0 0 0 1 0 0 0 1 1 1 1 1 0 1 1 1 1 2 2 1 1 1 1 1 1 1 0 1 3 4 2 2 3 5 4 2 0 3 3 4 5 5 4 3 5 4 4** 6 6
51	SV-18	0 0 0 0 0 0 1 0 1 0 0 1 1 1 1 0 1 2 1 2 1 1 0 0 1 1 2 1 0 1 1 4 3 1 3 3 4 0 1 3 3 3 6 3 3 3 5 5 4 5** 5
52	FM-19	0 0 0 0 0 0 1 0 0 0 0 1 1 1 0 1 1 1 0 2 2 1 1 0 0 0 3 2 1 1 2 2 2 1 2 4 3 1 3 1 4 3 3 2 3 3 3 3 4 5 6**

Tabelle 42

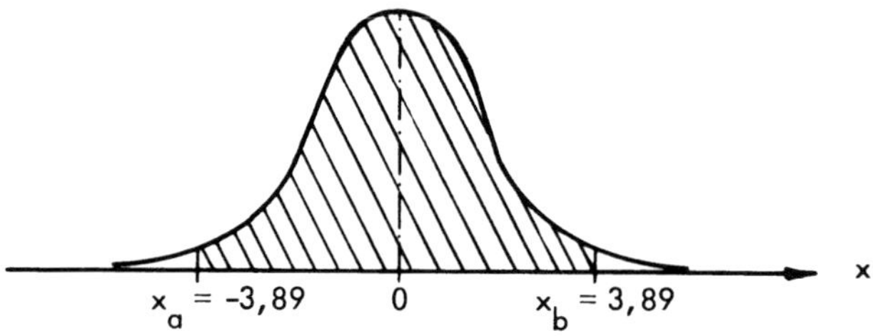

Abb. 89

Gestutzte Normalverteilung. Die schraffierte Fläche liegt innerhalb der 3 σ -Grenzen und entspricht 99,7% der Gesamtfläche.

relative Vorzugshäufigkeiten $p_{ih} = f_{ih}/r$	Standardeinheiten x der gestutzten Normalverteilung
0/11 = 0,0000	- 3,8900
1/11 = 0,0909	- 1,1204
2/11 = 0,1818	- 0,7645
3/11 = 0,2727	- 0,5094
4/11 = 0,3636	- 0,2930
5/11 = 0,4545	- 0,0963
6/11 = 0,5454	0,0963
7/11 = 0,6363	0,2930
8/11 = 0,7272	0,5094
9/11 = 0,8181	0,7645
10/11 = 0,9090	1,1204
11/11 = 1,0000	3,8900

Tabelle 43

Tabelle 44			Aufstellung der aus Tabelle 42 nach Gl. (188) berechneten Nutzwerte von 52 Forschungsaufgaben
Rang R_i	Aufgabe	Nutzwert N_i	Kurzbezeichnung
1	SM-1	237.1	Ablative Heat Shield Performance and Analysis Correlation
2	FM-8	215.9	Measure Heat Rate Distribution
3	FM-3	213.1	Evaluate Flying Qualities
4	FM-2	212.9	Evaluate Aero Characteristics
5	FM-7	183.6	Measure Pressure Distribution
6	GN-4	145.1	Inertial Navigation Error Propogation
7	FM-4	144.7	Measure Control Effectiveness
8	GN-5	142.7	Hypersonic Entry Guidance Techniques
9	FM-13	139.2	Ablation Effects on Hypersonic Aero.
10	FM-5	138.9	Measure Elevon Shock Interaction
11	EV-2	138.2	Evaluate Reuse Capability and Refurbishment Requirements
12	GN-1	134.0	Primary Navigation and Guidance Performance
13	FC-1	133.4	Flight Control System Evaluation
14	SM-6	120.3	Movable Surface Heat Shield Design Problems
15	SM-2	119.6	Ablative Heat Shield Joints
16	FM-17	114.9	Hypersonic Boundary Layer Transition
17	SM-8	113.8	Refurbishable Heat Shield Demonstration
18	GN-6	98.7	Terminal Navigation and Guidance Techniques
19	FM-14	96.6	Viscous Effects on Lift and Drag
20	GN-2	83.9	Backup Guidance Performance
21	SM-17	79.6	Ascent Static and Dynamic Response-Des Crit Determination
22	SM-7	79.3	Ablator Ascent Heating-Cold Soak and Subsequent Entry
23	SM-5	78.7	Insulation Cavity Pressure
24	SM-9	77.4	Radiation Heat Shields
25	SM-3	75.2	Ablator Materials Comparison
26	FM-6	74.8	Measure Entry Stability and Control at Various C.G. Location
27	GN-3	73.9	Autonomous Orbital Navigation
28	FM-12	70.8	Boundary Layer Survey
29	FC-2	70.6	Adaptive Flight Control System
30	FC-3	66.6	Digital Flight Control Mechanization
31	GN-7	61.5	Air-Data Measurements
32	PP-3	60.3	Landing Assist Propulsion
33	FC-4	59.8	Flight Control Actuation
34	FM-15	59.4	Measure Plasma Thermophysics
35	SM-14	58.5	After Heat Effects
36	HF-2	55.2	Crew Bio-Medical and Performance Monitoring
37	PP-2	53.2	Jet Exhaust/Vehicle Boundary Layer Interactions
38	SM-10	52.1	Radiative and Radiative to Ablative Heat Shield Joints
39	SM-12	51.9	Ablator Over Coat on Radiative Heat Shields
40	SM-13	43.2	Heat Shield Instrumentation Sensor Studies
41	PP-1	40.9	Jet Impingement Effects and Analytical Correlation
42	SM-11	37.5	Active and Passive Structural Cooling
43	SM-16	34.7	Catalytic Wall Experiments
44	AV-2	31.7	Satellite Communication Experiment
45	HF-1	30.7	Pilot Control/Landing of Vehicle After Prolonged Zero G
46	FM-16	25.0	Effects of Electrophilic Fluid Injection
47	SM-15	21.7	Transpiration Cooling System
48	FM-9	18.9	Measure Gas Cap Radiation Heat Transfer
49	AV-1	13.1	Antenna Window Material Test
50	FM-18	12.5	Use of Ventral Antenna to Alleviate Communication Blackout
51	SM-18	5.0	Inflight Heat Shield Repair
52	FM-19	1.0	Synergetic Maneuver Simulation Without Thrust

Liste der wichtigsten Bezeichnungen

A_i	: =	Projekt-Alternative mit der laufenden Nummer i.
$i = 1\,(1)\,n$ $h = 1\,(1)\,n$	: =	bis n laufender Index der Alternativen.
$k_{\cdot j}$	: =	Ziel-Kriterium mit der laufenden Nummer j, das der vergleichenden Bewertung der Alternativen zugrunde gelegt wird.
$j = 1\,(1)\,m$	: =	bis m laufender Index der Kriterien.
$k = (k_{\cdot 1}, k_{\cdot 2} \ldots k_{\cdot m})$	: =	Menge der entscheidungsrelevanten Kriterien.
k_{ij}	: =	Zielertrag der Alternative A_i bezüglich Kriterium $k_{\cdot j}$ (Kriterienausprägung).
$[k_{ij}]$	: =	Matrix der Zielerträge (Zielertragmatrix)
g_j	: =	relatives Gewicht des Kriteriums $k_{\cdot j}$ entsprechend der subjektiven Bedeutung, die der Entscheidungsträger diesem in der Menge k aller Kriterien beimißt.
$PR\,(k)_{\cdot} = g_{\cdot}$	: =	Präferenzfunktion bezüglich der Menge k der entscheidungsrelevanten Kriterien. Durch sie wird entsprechend den Präferenzen (subjektiven Wertvorstellungen) des Entscheidungsträgers den Kriterien k_j relative Gewichte g_j zugeordnet.
$[g_j]$	: =	Präferenzordnung der Kriterien $k_{\cdot j}$.
n_{ij}	: =	der dem objektiven Zielertrag k_{ij} entsprechend den subjektiven Wertvorstellungen des Entscheidungsträgers durch Werturteil zugeordnete relative Zielwert.
$[n_{ij}]$	: =	Matrix der Zielwerte (Zielwertmatrix)
$PR_j(k_{\cdot j}) = n_{\cdot j}$	: =	Präferenzfunktion bezüglich der Menge möglicher Ausprägungen des Kriteriums $k_{\cdot j}$.

$[n_{ij}]_i$	: =	eindimensionale Präferenzordnung der Alternativen A_i bezüglich des Zielkriteriums $k_{\cdot j}$, j = konstant.
$u = 1\,(1)\,r$	: =	bis r laufender Index, der die Anzahl der bezüglich sämtlicher Kriterien von verschiedenen Urteilspersonen und / oder in Form von Urteilswiederholungen durchgeführten Bewertungsfolgen zählt.
N_i	: =	Nutzwert der Alternative A_i. Er bringt die relative Stellung einer Alternative in Hinblick auf die entscheidungsrelevanten Zielkriterien und die diesbezüglichen Präferenzen des Entscheidungsträgers zum Ausdruck.
$PR\,(k_{\cdot 1}, \ldots k_{\cdot m}) = N_{\cdot}$	: =	Präferenzfunktion bezüglich der vollständigen Menge theoretisch möglicher Zielertragkombinationen (= Alternativen $A_{\cdot}$) .
$[N_i]$	: =	m - dimensionale Präferenzordnung der Alternativen A_i, dargestellt durch die Menge ihrer Nutzwerte N_i .

Tafeln

Fraktilen x_p der standardisierten Normalverteilung entsprechend der zwischen $-\infty$ und x_p liegenden Fläche von $100 \cdot P$ [%] (aus Torgerson / 139, S.428 /) .

$$\frac{1}{\sqrt{2\pi}} \int_{-\infty}^{x_p} e^{-(z^2/2)}\, dz = P \text{ for } 0.500 \leq P \leq 0.999$$

$$(\text{for } P < 0.500,\ x_{1-P} = -x_P)$$

100 P	.0	.1	.2	.3	.4	.5	.6	.7	.8	.9
50	0.000	0.003	0.005	0.008	0.010	0.013	0.015	0.018	0.020	0.023
51	0.025	0.028	0.030	0.033	0.035	0.038	0.040	0.043	0.045	0.048
52	0.050	0.053	0.055	0.058	0.060	0.063	0.065	0.068	0.070	0.073
53	0.075	0.078	0.080	0.083	0.085	0.088	0.090	0.093	0.095	0.098
54	0.100	0.103	0.105	0.108	0.111	0.113	0.116	0.118	0.121	0.123
55	0.126	0.128	0.131	0.133	0.136	0.138	0.141	0.143	0.146	0.148
56	0.151	0.154	0.156	0.159	0.161	0.164	0.166	0.169	0.171	0.174
57	0.176	0.179	0.181	0.184	0.187	0.189	0.192	0.194	0.197	0.199
58	0.202	0.204	0.207	0.210	0.212	0.215	0.217	0.220	0.222	0.225
59	0.228	0.230	0.233	0.235	0.238	0.240	0.243	0.246	0.248	0.251
60	0.253	0.256	0.259	0.261	0.264	0.266	0.269	0.272	0.274	0.277
61	0.279	0.282	0.285	0.287	0.290	0.292	0.295	0.298	0.300	0.303
62	0.305	0.308	0.311	0.313	0.316	0.319	0.321	0.324	0.327	0.329
63	0.332	0.335	0.337	0.340	0.342	0.345	0.348	0.350	0.353	0.356
64	0.358	0.361	0.364	0.366	0.369	0.372	0.375	0.377	0.380	0.383
65	0.385	0.388	0.391	0.393	0.396	0.399	0.402	0.404	0.407	0.410
66	0.412	0.415	0.418	0.421	0.423	0.426	0.429	0.432	0.434	0.437
67	0.440	0.443	0.445	0.448	0.451	0.454	0.457	0.459	0.462	0.465
68	0.468	0.470	0.473	0.476	0.479	0.482	0.485	0.487	0.490	0.493
69	0.496	0.499	0.502	0.504	0.507	0.510	0.513	0.516	0.519	0.522
70	0.524	0.527	0.530	0.533	0.536	0.539	0.542	0.545	0.548	0.550
71	0.553	0.556	0.559	0.562	0.565	0.568	0.571	0.574	0.577	0.580
72	0.583	0.586	0.589	0.592	0.595	0.598	0.601	0.604	0.607	0.610
73	0.613	0.616	0.619	0.622	0.625	0.628	0.631	0.634	0.637	0.640
74	0.643	0.646	0.650	0.653	0.656	0.659	0.662	0.665	0.668	0.671
75	0.674	0.678	0.681	0.684	0.687	0.690	0.693	0.697	0.700	0.703
76	0.706	0.710	0.713	0.716	0.719	0.722	0.726	0.729	0.732	0.736
77	0.739	0.742	0.745	0.749	0.752	0.755	0.759	0.762	0.765	0.769
78	0.772	0.776	0.779	0.782	0.786	0.789	0.793	0.796	0.800	0.803
79	0.806	0.810	0.813	0.817	0.820	0.824	0.827	0.831	0.834	0.838
80	0.842	0.845	0.849	0.852	0.856	0.860	0.863	0.867	0.871	0.874
81	0.878	0.882	0.885	0.889	0.893	0.896	0.900	0.904	0.908	0.912
82	0.915	0.919	0.923	0.927	0.931	0.935	0.938	0.942	0.946	0.950
83	0.954	0.958	0.962	0.966	0.970	0.974	0.978	0.982	0.986	0.990
84	0.994	0.999	1.003	1.007	1.011	1.015	1.019	1.024	1.028	1.032
85	1.036	1.041	1.045	1.049	1.054	1.058	1.063	1.067	1.071	1.076
86	1.080	1.085	1.089	1.094	1.098	1.103	1.108	1.112	1.117	1.122
87	1.126	1.131	1.136	1.141	1.146	1.150	1.155	1.160	1.165	1.170
88	1.175	1.180	1.185	1.190	1.195	1.200	1.206	1.211	1.216	1.221
89	1.227	1.232	1.237	1.243	1.248	1.254	1.259	1.265	1.270	1.276
90	1.282	1.287	1.293	1.299	1.305	1.311	1.317	1.323	1.329	1.335
91	1.341	1.347	1.353	1.359	1.366	1.372	1.379	1.385	1.392	1.398
92	1.405	1.412	1.419	1.426	1.433	1.440	1.447	1.454	1.461	1.468
93	1.476	1.483	1.491	1.499	1.506	1.514	1.522	1.530	1.538	1.546
94	1.555	1.563	1.572	1.580	1.589	1.598	1.607	1.616	1.626	1.635
95	1.645	1.655	1.665	1.675	1.685	1.695	1.706	1.717	1.728	1.739
96	1.751	1.762	1.774	1.787	1.799	1.812	1.825	1.838	1.852	1.866
97	1.881	1.896	1.911	1.927	1.943	1.960	1.977	1.995	2.014	2.034
98	2.054	2.075	2.097	2.120	2.144	2.170	2.197	2.226	2.257	2.290
99	2.326	2.366	2.409	2.457	2.512	2.576	2.652	2.748	2.878	3.090

Tafel A

Flächen unter der standardisierten Normalverteilung zwischen $-\infty$ und x.

(aus Torgerson / 139, S. 426/7 /)

$$P_x = \int_{-\infty}^{x} e^{-(z^2/2)}\,dz \quad \text{for} \quad -4.99 \le x \le 0.00$$

x	.00	.01	.02	.03	.04	.05	.06	.07	.08	.09
−.0	.5000	.4960	.4920	.4880	.4840	.4801	.4761	.4721	.4681	.4641
−.1	.4602	.4562	.4522	.4483	.4443	.4404	.4364	.4325	.4286	.4247
−.2	.4207	.4168	.4129	.4090	.4052	.4013	.3974	.3936	.3897	.3859
−.3	.3821	.3783	.3745	.3707	.3669	.3632	.3594	.3557	.3520	.3483
−.4	.3446	.3409	.3372	.3336	.3300	.3264	.3228	.3192	.3156	.3121
−.5	.3085	.3050	.3015	.2981	.2946	.2912	.2877	.2843	.2810	.2776
−.6	.2743	.2709	.2676	.2643	.2611	.2578	.2546	.2514	.2483	.2451
−.7	.2420	.2389	.2358	.2327	.2297	.2266	.2236	.2206	.2177	.2148
−.8	.2119	.2090	.2061	.2033	.2005	.1977	.1949	.1922	.1894	.1867
−.9	.1841	.1814	.1788	.1762	.1736	.1711	.1685	.1660	.1635	.1611
−1.0	.1587	.1562	.1539	.1515	.1492	.1469	.1446	.1423	.1401	.1379
−1.1	.1357	.1335	.1314	.1292	.1271	.1251	.1230	.1210	.1190	.1170
−1.2	.1151	.1131	.1112	.1093	.1075	.1056	.1038	.1020	.1003	.09853
−1.3	.09680	.09510	.09342	.09176	.09012	.08851	.08691	.08534	.08379	.08226
−1.4	.08076	.07927	.07780	.07636	.07493	.07353	.07215	.07078	.06944	.06811
−1.5	.06681	.06552	.06426	.06301	.06178	.06057	.05938	.05821	.05705	.05592
−1.6	.05480	.05370	.05262	.05155	.05050	.04947	.04846	.04746	.04648	.04551
−1.7	.04457	.04363	.04272	.04182	.04093	.04006	.03920	.03836	.03754	.03673
−1.8	.03593	.03515	.03438	.03362	.03288	.03216	.03144	.03074	.03005	.02938
−1.9	.02872	.02807	.02743	.02680	.02619	.02559	.02500	.02442	.02385	.02330
−2.0	.02275	.02222	.02169	.02118	.02068	.02018	.01970	.01923	.01876	.01831
−2.1	.01786	.01743	.01700	.01659	.01618	.01578	.01539	.01500	.01463	.01426
−2.2	.01390	.01355	.01321	.01287	.01255	.01222	.01191	.01160	.01130	.01101
−2.3	.01072	.01044	.01017	$.0^2 9903$	$.0^2 9642$	$.0^2 9387$	$.0^2 9137$	$.0^2 8894$	$.0^2 8656$	$.0^2 8424$
−2.4	$.0^2 8198$	$.0^2 7976$	$.0^2 7760$	$.0^2 7549$	$.0^2 7344$	$.0^2 7143$	$.0^2 6947$	$.0^2 6756$	$.0^2 6569$	$.0^2 6387$
−2.5	$.0^2 6210$	$.0^2 6037$	$.0^2 5868$	$.0^2 5703$	$.0^2 5543$	$.0^2 5386$	$.0^2 5234$	$.0^2 5085$	$.0^2 4940$	$.0^2 4799$
−2.6	$.0^2 4661$	$.0^2 4527$	$.0^2 4396$	$.0^2 4269$	$.0^2 4145$	$.0^2 4025$	$.0^2 3907$	$.0^2 3793$	$.0^2 3681$	$.0^2 3573$
−2.7	$.0^2 3467$	$.0^2 3364$	$.0^2 3264$	$.0^2 3167$	$.0^2 3072$	$.0^2 2980$	$.0^2 2890$	$.0^2 2803$	$.0^2 2718$	$.0^2 2635$
−2.8	$.0^2 2555$	$.0^2 2477$	$.0^2 2401$	$.0^2 2327$	$.0^2 2256$	$.0^2 2186$	$.0^2 2118$	$.0^2 2052$	$.0^2 1988$	$.0^2 1926$
−2.9	$.0^2 1866$	$.0^2 1807$	$.0^2 1750$	$.0^2 1695$	$.0^2 1641$	$.0^2 1589$	$.0^2 1538$	$.0^2 1489$	$.0^2 1441$	$.0^2 1395$
−3.0	$.0^2 1350$	$.0^2 1306$	$.0^2 1264$	$.0^2 1223$	$.0^2 1183$	$.0^2 1144$	$.0^2 1107$	$.0^2 1070$	$.0^2 1035$	$.0^2 1001$
−3.1	$.0^3 9676$	$.0^3 9354$	$.0^3 9043$	$.0^3 8740$	$.0^3 8447$	$.0^3 8164$	$.0^3 7888$	$.0^3 7622$	$.0^3 7364$	$.0^3 7114$
−3.2	$.0^3 6871$	$.0^3 6637$	$.0^3 6410$	$.0^3 6190$	$.0^3 5976$	$.0^3 5770$	$.0^3 5571$	$.0^3 5377$	$.0^3 5190$	$.0^3 5009$
−3.3	$.0^3 4834$	$.0^3 4665$	$.0^3 4501$	$.0^3 4342$	$.0^3 4189$	$.0^3 4041$	$.0^3 3897$	$.0^3 3758$	$.0^3 3624$	$.0^3 3495$
−3.4	$.0^3 3369$	$.0^3 3248$	$.0^3 3131$	$.0^3 3018$	$.0^3 2909$	$.0^3 2803$	$.0^3 2701$	$.0^3 2602$	$.0^3 2507$	$.0^3 2415$
−3.5	$.0^3 2326$	$.0^3 2241$	$.0^3 2158$	$.0^3 2078$	$.0^3 2001$	$.0^3 1926$	$.0^3 1854$	$.0^3 1785$	$.0^3 1718$	$.0^3 1653$
−3.6	$.0^3 1591$	$.0^3 1531$	$.0^3 1473$	$.0^3 1417$	$.0^3 1363$	$.0^3 1311$	$.0^3 1261$	$.0^3 1213$	$.0^3 1166$	$.0^3 1121$
−3.7	$.0^3 1078$	$.0^3 1036$	$.0^4 9961$	$.0^4 9574$	$.0^4 9201$	$.0^4 8842$	$.0^4 8496$	$.0^4 8162$	$.0^4 7841$	$.0^4 7532$
−3.8	$.0^4 7235$	$.0^4 6948$	$.0^4 6673$	$.0^4 6407$	$.0^4 6152$	$.0^4 5906$	$.0^4 5669$	$.0^4 5442$	$.0^4 5223$	$.0^4 5012$
−3.9	$.0^4 4810$	$.0^4 4615$	$.0^4 4427$	$.0^4 4247$	$.0^4 4074$	$.0^4 3908$	$.0^4 3747$	$.0^4 3594$	$.0^4 3446$	$.0^4 3304$
−4.0	$.0^4 3167$	$.0^4 3036$	$.0^4 2910$	$.0^4 2789$	$.0^4 2673$	$.0^4 2561$	$.0^4 2454$	$.0^4 2351$	$.0^4 2252$	$.0^4 2157$
−4.1	$.0^4 2066$	$.0^4 1978$	$.0^4 1894$	$.0^4 1814$	$.0^4 1737$	$.0^4 1662$	$.0^4 1591$	$.0^4 1523$	$.0^4 1458$	$.0^4 1395$
−4.2	$.0^4 1335$	$.0^4 1277$	$.0^4 1222$	$.0^4 1168$	$.0^4 1118$	$.0^4 1069$	$.0^4 1022$	$.0^5 9774$	$.0^5 9345$	$.0^5 8934$
−4.3	$.0^5 8540$	$.0^5 8163$	$.0^5 7801$	$.0^5 7455$	$.0^5 7124$	$.0^5 6807$	$.0^5 6503$	$.0^5 6212$	$.0^5 5934$	$.0^5 5668$
−4.4	$.0^5 5413$	$.0^5 5169$	$.0^5 4935$	$.0^5 4712$	$.0^5 4498$	$.0^5 4294$	$.0^5 4098$	$.0^5 3911$	$.0^5 3732$	$.0^5 3561$
−4.5	$.0^5 3398$	$.0^5 3241$	$.0^5 3092$	$.0^5 2949$	$.0^5 2813$	$.0^5 2682$	$.0^5 2558$	$.0^5 2439$	$.0^5 2325$	$.0^5 2216$
−4.6	$.0^5 2112$	$.0^5 2013$	$.0^5 1919$	$.0^5 1828$	$.0^5 1742$	$.0^5 1660$	$.0^5 1581$	$.0^5 1506$	$.0^5 1434$	$.0^5 1369$
−4.7	$.0^5 1301$	$.0^5 1239$	$.0^5 1179$	$.0^5 1123$	$.0^5 1069$	$.0^5 1017$	$.0^6 9680$	$.0^6 9211$	$.0^6 8765$	$.0^6 8339$
−4.8	$.0^6 7933$	$.0^6 7547$	$.0^6 7178$	$.0^6 6827$	$.0^6 6492$	$.0^6 6173$	$.0^6 5869$	$.0^6 5580$	$.0^6 5304$	$.0^6 5042$
−4.9	$.0^6 4792$	$.0^6 4554$	$.0^6 4327$	$.0^6 4111$	$.0^6 3906$	$.0^6 3711$	$.0^6 3525$	$.0^6 3348$	$.0^6 3179$	$.0^6 3019$

Example: $P_{(-3.57)} = .0^3 1785 = 0.0001785$

$$P_x = \int_{-\infty}^{x} e^{-(z^2/2)}\,dz \quad \text{for} \quad 0.00 \le x \le 4.99$$

x	.00	.01	.02	.03	.04	.05	.06	.07	.08	.09
.0	.5000	.5040	.5080	.5120	.5160	.5199	.5239	.5279	.5319	.5359
.1	.5398	.5438	.5478	.5517	.5557	.5596	.5636	.5675	.5714	.5753
.2	.5793	.5832	.5871	.5910	.5948	.5987	.6026	.6064	.6103	.6141
.3	.6179	.6217	.6255	.6293	.6331	.6368	.6406	.6443	.6480	.6517
.4	.6554	.6591	.6628	.6664	.6700	.6736	.6772	.6808	.6844	.6879
.5	.6915	.6950	.6985	.7019	.7054	.7088	.7123	.7157	.7190	.7224
.6	.7257	.7291	.7324	.7357	.7389	.7422	.7454	.7486	.7517	.7549
.7	.7580	.7611	.7642	.7673	.7703	.7734	.7764	.7794	.7823	.7852
.8	.7881	.7910	.7939	.7967	.7995	.8023	.8051	.8078	.8106	.8133
.9	.8159	.8186	.8212	.8238	.8264	.8289	.8315	.8340	.8365	.8389
1.0	.8413	.8438	.8461	.8485	.8508	.8531	.8554	.8577	.8599	.8621
1.1	.8643	.8665	.8686	.8708	.8729	.8749	.8770	.8790	.8810	.8830
1.2	.8849	.8869	.8888	.8907	.8925	.8944	.8962	.8980	.8997	.90147
1.3	.90320	.90490	.90658	.90824	.90988	.91149	.91309	.91466	.91621	.91774
1.4	.91924	.92073	.92220	.92364	.92507	.92647	.92785	.92922	.93056	.93189
1.5	.93319	.93448	.93574	.93699	.93822	.93943	.94062	.94179	.94295	.94408
1.6	.94520	.94630	.94738	.94845	.94950	.95053	.95154	.95254	.95352	.95449
1.7	.95543	.95637	.95728	.95818	.95907	.95994	.96080	.96164	.96246	.96327
1.8	.96407	.96485	.96562	.96638	.96712	.96784	.96856	.96926	.96995	.97062
1.9	.97128	.97193	.97257	.97320	.97381	.97441	.97500	.97558	.97615	.97670
2.0	.97725	.97778	.97831	.97882	.97932	.97982	.98030	.98077	.98124	.98169
2.1	.98214	.98257	.98300	.98341	.98382	.98422	.98461	.98500	.98537	.98574
2.2	.98610	.98645	.98679	.98713	.98745	.98778	.98809	.98840	.98870	.98899
2.3	.98928	.98956	.98983	$.9^2 0097$	$.9^2 0358$	$.9^2 0613$	$.9^2 0863$	$.9^2 1106$	$.9^2 1344$	$.9^2 1576$
2.4	$.9^2 1802$	$.9^2 2024$	$.9^2 2240$	$.9^2 2451$	$.9^2 2656$	$.9^2 2857$	$.9^2 3053$	$.9^2 3244$	$.9^2 3431$	$.9^2 3613$
2.5	$.9^2 3790$	$.9^2 3963$	$.9^2 4132$	$.9^2 4297$	$.9^2 4457$	$.9^2 4614$	$.9^2 4766$	$.9^2 4915$	$.9^2 5060$	$.9^2 5201$
2.6	$.9^2 5339$	$.9^2 5473$	$.9^2 5604$	$.9^2 5731$	$.9^2 5855$	$.9^2 5975$	$.9^2 6093$	$.9^2 6207$	$.9^2 6319$	$.9^2 6427$
2.7	$.9^2 6533$	$.9^2 6636$	$.9^2 6736$	$.9^2 6833$	$.9^2 6928$	$.9^2 7020$	$.9^2 7110$	$.9^2 7197$	$.9^2 7282$	$.9^2 7365$
2.8	$.9^2 7445$	$.9^2 7523$	$.9^2 7599$	$.9^2 7673$	$.0^2 7744$	$.9^2 7814$	$.9^2 7882$	$.9^2 7948$	$.9^2 8012$	$.9^2 8074$
2.9	$.9^2 8134$	$.9^2 8193$	$.9^2 8250$	$.9^2 8305$	$.9^2 8359$	$.9^2 8411$	$.9^2 8462$	$.9^2 8511$	$.9^2 8559$	$.9^2 8605$
3.0	$.9^2 8650$	$.9^2 8694$	$.9^2 8736$	$.9^2 8777$	$.9^2 8817$	$.9^2 8856$	$.9^2 8893$	$.9^2 8930$	$.9^2 8965$	$.9^2 8999$
3.1	$.9^3 0324$	$.9^3 0646$	$.9^3 0957$	$.9^3 1260$	$.9^3 1553$	$.9^3 1836$	$.9^3 2112$	$.9^3 2378$	$.9^3 2636$	$.9^3 2886$
3.2	$.9^3 3129$	$.9^3 3363$	$.9^3 3590$	$.9^3 3810$	$.9^3 4024$	$.9^3 4230$	$.9^3 4429$	$.9^3 4623$	$.9^3 4810$	$.9^3 4991$
3.3	$.9^3 5166$	$.9^3 5335$	$.9^3 5499$	$.9^3 5658$	$.9^3 5811$	$.9^3 5959$	$.9^3 6103$	$.9^3 6242$	$.9^3 6376$	$.9^3 6505$
3.4	$.9^3 6631$	$.9^3 6752$	$.9^3 6869$	$.9^3 6982$	$.9^3 7091$	$.9^3 7197$	$.9^3 7299$	$.9^3 7398$	$.9^3 7493$	$.9^3 7585$
3.5	$.9^3 7674$	$.9^3 7759$	$.9^3 7842$	$.9^3 7922$	$.9^3 7999$	$.9^3 8074$	$.9^3 8146$	$.9^3 8215$	$.9^3 8282$	$.9^3 8347$
3.6	$.9^3 8409$	$.9^3 8469$	$.9^3 8527$	$.9^3 8583$	$.9^3 8637$	$.9^3 8689$	$.9^3 8739$	$.9^3 8787$	$.9^3 8834$	$.9^3 8879$
3.7	$.9^3 8922$	$.9^3 8964$	$.9^4 0039$	$.9^4 0426$	$.9^4 0799$	$.9^4 1158$	$.9^4 1504$	$.9^4 1838$	$.9^4 2159$	$.9^4 2468$
3.8	$.9^4 2765$	$.9^4 3052$	$.9^4 3327$	$.9^4 3593$	$.9^4 3848$	$.9^4 4094$	$.9^4 4331$	$.9^4 4558$	$.9^4 4777$	$.9^4 4988$
3.9	$.9^4 5190$	$.9^4 5385$	$.9^4 5573$	$.9^4 5753$	$.9^4 5926$	$.9^4 6092$	$.9^4 6253$	$.9^4 6406$	$.9^4 6554$	$.9^4 6696$
4.0	$.9^4 6833$	$.9^4 6964$	$.9^4 7090$	$.9^4 7211$	$.9^4 7327$	$.9^4 7439$	$.9^4 7546$	$.9^4 7649$	$.9^4 7748$	$.9^4 7843$
4.1	$.9^4 7934$	$.9^4 8022$	$.9^4 8106$	$.9^4 8186$	$.9^4 8263$	$.9^4 8338$	$.9^4 8409$	$.9^4 8477$	$.9^4 8542$	$.9^4 8605$
4.2	$.9^4 8665$	$.9^4 8723$	$.9^4 8778$	$.9^4 8832$	$.9^4 8882$	$.9^4 8931$	$.9^4 8978$	$.9^5 0226$	$.9^5 0655$	$.9^5 1066$
4.3	$.9^5 1460$	$.9^5 1837$	$.9^5 2199$	$.9^5 2545$	$.9^5 2876$	$.9^5 3193$	$.9^5 3497$	$.9^5 3788$	$.9^5 4066$	$.9^5 4332$
4.4	$.9^5 4587$	$.9^5 4831$	$.9^5 5065$	$.9^5 5288$	$.9^5 5502$	$.9^5 5706$	$.9^5 5902$	$.9^5 6089$	$.9^5 6268$	$.9^5 6439$
4.5	$.9^5 6602$	$.9^5 6759$	$.9^5 6908$	$.9^5 7051$	$.9^5 7187$	$.9^5 7318$	$.9^5 7442$	$.9^5 7561$	$.9^5 7675$	$.9^5 7784$
4.6	$.9^5 7888$	$.9^5 7987$	$.9^5 8081$	$.9^5 8172$	$.9^5 8258$	$.9^5 8340$	$.9^5 8419$	$.9^5 8494$	$.9^5 8566$	$.9^5 8634$
4.7	$.9^5 8699$	$.9^5 8761$	$.9^5 8821$	$.9^5 8877$	$.9^5 8931$	$.9^5 8983$	$.9^6 0320$	$.9^6 0789$	$.9^6 1235$	$.9^6 1661$
4.8	$.9^6 2067$	$.9^6 2453$	$.9^6 2822$	$.9^6 3173$	$.9^6 3508$	$.9^6 3827$	$.9^6 4131$	$.9^6 4420$	$.9^6 4696$	$.9^6 4958$
4.9	$.9^6 5208$	$.9^6 5446$	$.9^6 5673$	$.9^6 5889$	$.9^6 6094$	$.9^6 6289$	$.9^6 6475$	$.9^6 6652$	$.9^6 6821$	$.9^6 6981$

Example: $P_{(3.57)} = .9^3 8215 = 0.9998215$

Tafel B

Häufigkeiten h für das Auftreten von T zirkulären Triaden beim Paarvergleich und die Wahrscheinlichkeiten P (T′ ≥ T) zur Überprüfung des Konsistenzkoeffizienten $Ü_T$. Die Werte P′ für n = 10 sind Näherungswerte entsprechend Gl. (99) (aus Kendall / 77, S.192/3 /).

T	n = 2		n = 3		n = 4		n = 5		n = 6		n = 7	
	h	P	h	P	h	P	h	P	h	P	h	P
0	2	1·000	6	1·000	24	1·000	120	1·000	720	1·000	5,040	1·000
1			2	0·250	16	0·625	120	0·883	960	0·978	8,400	0·998
2					24	0·375	240	0·766	2,240	0·949	21,840	0·994
3							240	0·531	2,880	0·880	33,600	0·983
4							280	0·297	6,240	0·792	75,600	0·967
5							24	0·023	3,648	0·602	90,384	0·931
6									8,640	0·491	179,760	0·888
7									4,800	0·227	188,160	0·802
8									2,640	0·081	277,200	0·713
9											280,560	0·580
10											384,048	0·447
11											244,160	0·263
12											233,520	0·147
13											72,240	0·036
14											2,640	0·001

T	n = 8		n = 9		n = 10		
	h	P	h	P	h	P	P′
0	40,320	1·000	362,880	1·000	3,628,800	$1{\cdot}0^{5}$	1·000
1	80,640	$0{\cdot}9^{3}85$	846,720	$0{\cdot}9^{5}$	9,676,800	$1{\cdot}0^{5}$	1·000
2	228,480	$0{\cdot}9^{3}55$	2,580,480	$0{\cdot}9^{4}8$	31,449,600	$1{\cdot}0^{5}$	1·000
3	403,200	$0{\cdot}9^{2}87$	5,093,760	$0{\cdot}9^{4}4$	68,275,200	$1{\cdot}0^{5}$	1·000
4	954,240	$0{\cdot}9^{2}72$	12,579,840	$0{\cdot}9^{3}87$	175,392,000	$1{\cdot}0^{5}$	1·000
5	1,304,576	$0{\cdot}9^{2}36$	19,958,400	$0{\cdot}9^{3}69$	311,592,960	$0{\cdot}9^{5}$	1·000
6	3,042,816	0·989	44,698,752	$0{\cdot}9^{3}40$	711,728,640	$0{\cdot}9^{4}$	1·000
7	3,870,720	0·977	70,785,792	$0{\cdot}9^{2}87$	1,193,794,560	$0{\cdot}9^{4}$	1·000
8	6,926,080	0·963	130,032,000	$0{\cdot}9^{2}77$	2,393,475,840	$0{\cdot}9^{4}$	1·000
9	8,332,800	0·937	190,834,560	$0{\cdot}9^{2}58$	3,784,596,480	$0{\cdot}9^{3}$	1·000
10	15,821,568	0·906	361,525,248	$0{\cdot}9^{2}31$	7,444,104,192	$0{\cdot}9^{3}$	1·000
11	14,755,328	0·847	443,931,264	0·988	10,526,745,600	$0{\cdot}9^{3}$	1·000
12	24,487,680	0·792	779,950,080	0·981	19,533,696,000	$0{\cdot}9^{3}$	1·000
13	24,514,560	0·701	1,043,763,840	0·970	27,610,168,320	$0{\cdot}9^{2}87$	1·000
14	34,762,240	0·610	1,529,101,440	0·955	47,107,169,280	$0{\cdot}9^{2}79$	0·999
15	29,288,448	0·480	1,916,619,264	0·933	64,016,040,960	$0{\cdot}9^{2}66$	0·997
16	37,188,480	0·371	2,912,257,152	0·905	107,446,832,640	$0{\cdot}9^{2}47$	0·996
17	24,487,680	0·232	3,078,407,808	0·862	134,470,425,600	$0{\cdot}9^{2}17$	0·995
18	24,312,960	0·141	4,506,485,760	0·817	218,941,470,720	0·988	0·993
19	10,402,560	0·051	4,946,417,280	0·752	272,302,894,080	0·982	0·988
20	3,230,080	0·012	6,068,256,768	0·680	417,512,148,480	0·974	0·980
21			6,160,876,416	0·592	404,080,834,560	0·962	0·968
22			7,730,384,256	0·502	743,278,970,880	0·948	0·952
23			6,292,581,120	0·389	829,743,344,640	0·927	0·930
24			6,900,969,600	0·298	1,202,317,401,600	0·903	0·905
25			5,479,802,496	0·197	1,334,577,484,800	0·869	0·874
26			4,327,787,520	0·118	1,773,862,272,000	0·831	0·834
27			2,399,241,600	0·055	1,878,824,586,240	0·781	0·786
28			1,197,020,160	0·020	2,496,636,103,680	0·727	0·727
29			163,094,400	$0{\cdot}0^{2}24$	2,406,981,104,640	0·656	0·659
30			3,230,080	$0{\cdot}0^{4}5$	3,032,021,672,960	0·588	0·583
31					2,841,072,675,840	0·502	0·500
32					3,166,378,709,760	0·421	0·413
33					2,743,311,191,040	0·331	0·325
34					2,877,794,035,200	0·253	0·243
35					2,109,852,702,720	0·171	0·170
36					1,840,136,336,640	0·111	0·109
37					1,109,253,196,800	0·059	0·063
38					689,719,564,800	0·028	0·032
39					230,683,084,800	$0{\cdot}0^{2}79$	0·014
40					48,251,508,480	$0{\cdot}0^{2}14$	0·005

Tafel C

Fraktilen der χ^2 Verteilung mit ν Freiheitsgraden (aus Kendall / 77 ,S.191 /) .

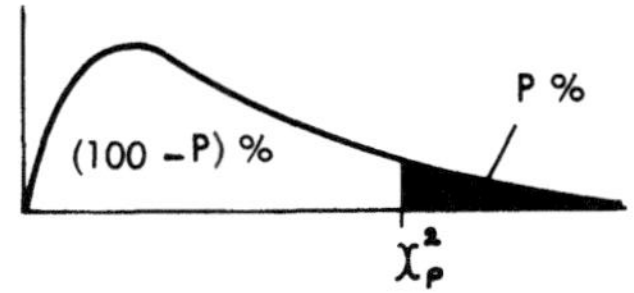

ν	P = 0·99	0·98	0·95	0·90	0·80	0·70	0·50	0·30	0·20	0·10	0·05	0·02	0·01
1	$0\cdot0^{3}157$	$0\cdot0^{3}628$	$0\cdot0^{2}393$	0·0158	0·0642	0·148	0·455	1·074	1·642	2·706	3·841	5·412	6·635
2	0·0201	0·0404	0·103	0·211	0·446	0·713	1·386	2·408	3·219	4·605	5·991	7·824	9·210
3	0·115	0·185	0·352	0·584	1·005	1·424	2·366	3·665	4·642	6·251	7·815	9·837	11·345
4	0·297	0·429	0·711	1·064	1·649	2·195	3·357	4·878	5·989	7·779	9·488	11·668	13·277
5	0·554	0·752	1·145	1·160	2·343	3·000	4·351	6·064	7·289	9·236	11·070	13·388	15·086
6	0·872	1·134	1·635	2·204	3·070	3·828	5·348	7·231	8·558	10·645	12·592	15·033	16·812
7	1·239	1·564	2·167	2·833	3·822	4·671	6·346	8·383	9·803	12·017	14·067	16·622	18·475
8	1·646	2·032	2·733	3·490	4·594	5·527	7·344	9·524	11·030	13·362	15·507	18·168	20·090
9	2·088	2·532	3·325	4·168	5·380	6·393	8·343	10·656	12·242	14·684	16·919	19·679	21·666
10	2·558	3·059	3·940	4·865	6·179	7·267	9·342	11·781	13·442	15·987	18·307	21·161	23·209
11	3·053	3·609	4·575	5·578	6·989	8·148	10·341	12·899	14·631	17·275	19·675	22·618	24·725
12	3·571	4·178	5·226	6·304	7·807	9·034	11·340	14·011	15·821	18·549	21·026	24·054	26·217
13	4·107	4·765	5·892	7·042	8·634	9·926	12·340	15·119	16·985	19·812	22·362	25·472	27·688
14	4·660	5·368	6·571	7·790	9·467	10·821	13·339	16·222	18·151	21·064	23·685	26·873	29·141
15	5·229	5·985	7·261	8·547	10·307	11·721	14·339	17·322	19·311	22·307	24·996	28·259	30·578
16	5·812	6·614	7·962	9·312	11·152	12·624	15·338	18·418	20·465	23·542	26·296	29·633	32·000
17	6·408	7·255	8·672	10·085	12·002	13·531	16·338	19·511	21·615	24·769	27·587	30·995	33·409
18	7·015	7·906	9·390	10·865	12·857	14·440	17·338	20·601	22·760	25·989	28·869	32·346	34·805
19	7·633	8·567	10·117	11·651	13·716	15·352	18·338	21·689	23·900	27·204	30·144	33·687	36·191
20	8·260	9·237	10·851	12·443	14·578	16·266	19·337	22·775	25·038	28·412	31·410	35·020	37·566
21	8·897	9·915	11·591	13·240	15·445	17·182	20·337	23·858	26·171	29·615	32·671	36·343	38·932
22	9·542	10·600	12·338	14·041	16·314	18·101	21·337	24·939	27·301	30·813	33·924	37·659	40·289
23	10·196	11·293	13·091	14·848	17·187	19·021	22·337	26·018	28·429	32·007	35·172	38·968	41·638
24	10·856	11·992	13·848	15·659	18·062	19·943	23·337	27·096	29·553	33·196	36·415	40·270	42·980
25	11·524	12·697	14·611	16·473	18·940	20·867	24·337	28·172	30·675	34·382	37·652	41·566	44·314
26	12·198	13·409	15·379	17·292	19·820	21·792	25·336	29·246	31·795	35·563	38·885	42·856	45·642
27	12·879	14·125	16·151	18·114	20·703	22·719	26·336	30·319	32·912	36·741	40·113	44·140	46·963
28	13·565	14·847	16·928	18·939	21·588	23·647	27·336	31·391	34·027	37·916	41·337	45·419	48·278
29	14·256	15·574	17·708	19·768	22·475	24·577	28·336	32·461	35·139	39·087	42·557	46·693	49·588
30	14·953	16·306	18·493	20·599	23·364	25·508	29·336	33·530	36·250	40·256	43·773	47·962	50·892

Anmerkung: Für $\nu \geq 30$ ist die Größe $\sqrt{2\chi^2}$ näherungsweise ($\sqrt{2\nu - 1}$; 1) normalverteilt.

Tafel D

Die Wahrscheinlichkeiten P (f' ≥ f) zur Überprüfung des Konsistenzkoeffizienten $Ü_p$.
(aus Kendall / 77 , S. 194/5 /)

r = 3

n = 2		n = 3		n = 4		n = 5		n = 6		n = 7		n = 8		n = 8	
f	P	f	P	f	P	f	P	f	P	f	P	f	P	f	P
1	1·000	3	1·000	6	1·000	10	1·000	15	1·000	21	1·000	28	1·000	72	0·0^{8}42
3	0·250	5	0·578	8	0·822	12	0·944	17	0·987	23	0·998	30	1·000	74	0·0^{9}36
		7	0·156	10	0·466	14	0·756	19	0·920	25	0·981	32	0·997	76	0·0^{10}24
		9	0·016	12	0·169	16	0·474	21	0·764	27	0·925	34	0·983	78	0·0^{11}13
				14	0·038	18	0·224	23	0·539	29	0·808	36	0·945	80	0·0^{13}48
				16	0·0046	20	0·078	25	0·314	31	0·633	38	0·865	82	0·0^{14}12
				18	0·0^{3}24	22	0·020	27	0·148	33	0·433	40	0·736	84	0·0^{16}14
						24	0·0035	29	0·057	35	0·256	42	0·572		
						26	0·0^{3}42	31	0·017	37	0·130	44	0·400		
						28	0·0^{4}80	33	0·0042	39	0·056	46	0·250		
						30	0·0^{5}95	35	0·0^{3}79	41	0·021	48	0·138		
								37	0·0^{3}12	43	0·0064	50	0·068		
								39	0·0^{4}12	45	0·0017	52	0·029		
								41	0·0^{6}92	47	0·0^{3}37	54	0·011		
								43	0·0^{7}43	49	0·0^{4}68	56	0·0038		
								45	0·0^{8}93	51	0·0^{4}10	58	0·0011		
										53	0·0^{5}12	60	0·0^{3}29		
										55	0·0^{6}12	62	0·0^{4}66		
										57	0·0^{8}86	64	0·0^{4}13		
										59	0·0^{9}44	66	0·0^{5}22		
										61	0·0^{10}15	68	0·0^{6}32		
										63	0·0^{12}23	70	0·0^{7}40		

r = 4

n = 2		n = 3		n = 4		n = 5		n = 5		n = 6		n = 6	
f	P	f	P	f	P	f	P	f	P	f	P	f	P
2	1·000	6	1·000	12	1·000	20	1·000	42	0·0048	57	0·014	79	0·0^{8}42
3	0·625	7	0·947	13	0·997	21	1·000	43	0·0030	58	0·0092	80	0·0^{8}28
6	0·125	8	0·736	14	0·975	22	0·999	44	0·0017	59	0·0058	81	0·0^{9}98
		9	0·455	15	0·901	23	0·995	45	0·0^{3}73	60	0·0037	82	0·0^{9}15
		10	0·330	16	0·769	24	0·979	46	0·0^{3}41	61	0·0022	83	0·0^{9}12
		11	0·277	17	0·632	25	0·942	47	0·0^{3}24	62	0·0013	84	0·0^{10}51
		12	0·187	18	0·524	26	0·882	48	0·0^{4}90	63	0·0^{3}76	86	0·0^{11}30
		14	0·043	19	0·410	27	0·805	49	0·0^{4}37	64	0·0^{3}44	87	0·0^{11}17
		15	0·025	20	0·278	28	0·719	50	0·0^{4}25	65	0·0^{3}23	90	0·0^{13}28
		18	0·0020	21	0·185	29	0·621	51	0·0^{5}93	66	0·0^{3}13		
				22	0·137	30	0·514	52	0·0^{5}21	67	0·0^{4}72		
				23	0·088	31	0·413	53	0·0^{5}17	68	0·0^{4}36		
				24	0·044	32	0·327	54	0·0^{6}74	69	0·0^{4}18		
				25	0·027	33	0·249	56	0·0^{7}66	70	0·0^{5}97		
				26	0·019	34	0·179	57	0·0^{7}38	71	0·0^{5}47		
				27	0·0079	35	0·127	60	0·0^{9}93	72	0·0^{5}20		
				28	0·0030	36	0·090			73	0·0^{5}10		
				29	0·0025	37	0·060			74	0·0^{6}51		
				30	0·0011	38	0·038			75	0·0^{6}18		
				32	0·0^{3}16	39	0·024			76	0·0^{7}78		
				33	0·0^{4}95	40	0·016			77	0·0^{7}44		
				36	0·0^{5}38	41	0·0088			78	0·0^{7}15		

r = 5

n = 2		n = 3		n = 4		n = 5		n = 5	
f	P	f	P	f	P	f	P	f	P
4	1·000	12	1·000	24	1·000	40	1·000	76	0·0^{4}50
6	0·375	14	0·756	26	0·940	42	0·991	78	0·0^{4}16
10	0·063	16	0·390	28	0·762	44	0·945	80	0·0^{5}50
		18	0·207	30	0·538	46	0·843	82	0·0^{5}15
		20	0·103	32	0·353	48	0·698	84	0·0^{6}39
		22	0·030	34	0·208	50	0·537	86	0·0^{6}10
		24	0·011	36	0·107	52	0·384	88	0·0^{7}23
		26	0·0039	38	0·053	54	0·254	90	0·0^{8}53
		30	0·0^{3}24	40	0·024	56	0·158	92	0·0^{8}12
				42	0·0093	58	0·092	94	0·0^{9}14
				44	0·0036	60	0·050	96	0·0^{10}46
				46	0·0012	62	0·026	100	0·0^{12}91
				48	0·0^{3}36	64	0·012		
				50	0·0^{3}12	66	0·0037		
				52	0·0^{4}28	68	0·0025		
				54	0·0^{5}54	70	0·0010		
				56	0·0^{5}18	72	0·0^{3}39		
				60	0·0^{7}60	74	0·0^{3}14		

r = 6

n = 2		n = 3		n = 4		n = 4		n = 4	
f	P	f	P	f	P	f	P	f	P
6	1·000	18	1·000	36	1·000	55	0·043	74	0·0^{4}12
7	0·688	19	0·969	37	0·999	56	0·029	75	0·0^{5}80
10	0·219	20	0·832	38	0·991	57	0·020	76	0·0^{5}40
15	0·031	21	0·626	39	0·950	58	0·016	77	0·0^{5}32
		22	0·523	40	0·896	59	0·011	80	0·0^{6}68
		23	0·468	41	0·822	60	0·0072	81	0·0^{6}17
		24	0·303	42	0·755	61	0·0049	82	0·0^{6}12
		26	0·180	43	0·669	62	0·0034	85	0·0^{7}34
		27	0·147	44	0·556	63	0·0025	90	0·0^{8}93
		28	0·088	45	0·466	64	0·0016		
		29	0·061	46	0·409	65	0·0^{3}83		
		30	0·040	47	0·337	66	0·0^{3}66		
		31	0·034	48	0·257	67	0·0^{3}48		
		32	0·023	49	0·209	68	0·0^{3}26		
		35	0·0062	50	0·175	69	0·0^{3}16		
		36	0·0029	51	0·133	70	0·0^{4}86		
		37	0·0020	52	0·097	71	0·0^{4}68		
		40	0·0^{3}58	53	0·073	72	0·0^{4}48		
		45	0·0^{4}31	54	0·057	73	0·0^{4}16		

Tafel E

Wahrscheinlichkeitsverteilung $P(DR' \geq DR)$
(aus Kendall / 77 ,S.174/5 /)

n = 4		n = 5		n = 6		n = 7		n = 8		n = 9		n = 10		n = 8		n = 9		n = 10		n = 10	
DR	P	DR	P	DR	P	DR	P	DR	P	DR	P	DR	P	DR	P	DR	P	DR	P	DR	P
12	458	22	475	36	500	58	482	86	488	122	491	166	500	148	018	184	074	228	139	286	010
14	375	24	392	38	460	60	453	88	467	124	474	168	486	150	014	186	066	230	132	288	0^{2}87
16	208	26	342	40	401	62	420	90	441	126	456	170	473	152	011	188	060	232	124	290	0^{2}75
18	167	28	258	42	357	64	391	92	420	128	440	172	459	154	0^{2}77	190	054	234	116	292	0^{2}73
20	042	30	225	44	320	66	357	94	397	130	422	174	446	156	0^{2}54	192	048	236	109	294	0^{2}53
		32	175	46	282	68	331	96	376	132	405	176	433	158	0^{2}36	194	043	238	102	296	0^{2}44
		34	117	48	249	70	297	98	352	134	388	178	419	160	0^{2}23	196	038	240	096	298	0^{2}36
		36	067	50	210	72	278	100	332	136	372	180	406	162	0^{2}11	198	033	242	089	300	0^{2}29
		38	042	52	178	74	249	102	310	138	354	182	393	164	0^{3}57	200	029	244	083	302	0^{2}24
		40	0^{2}83	54	149	76	222	104	291	140	339	184	379	166	0^{3}20	202	025	246	077	304	0^{2}19
				56	121	78	198	106	268	142	322	186	367	168	0^{4}25	204	022	248	072	306	0^{2}14
				58	088	80	177	108	250	144	307	188	354			206	018	250	067	308	0^{2}11
				60	068	82	151	110	231	146	290	190	341			208	016	252	062	310	0^{3}80
				62	051	84	133	112	214	148	276	192	328			210	013	254	057	312	0^{3}57
				64	029	86	118	114	195	150	260	194	316			212	011	256	052	314	0^{3}40
				66	017	88	100	116	180	152	247	196	304			214	0^{2}86	258	048	316	0^{3}27
				68	0^{2}83	90	083	118	163	154	231	198	292			216	0^{2}69	260	044	318	0^{3}17
				70	0^{2}14	92	069	120	150	156	218	200	280			218	0^{2}54	262	040	320	0^{3}10
						94	055	122	134	158	205	202	268			220	0^{2}41	264	037	322	0^{4}54
						96	044	124	122	160	193	204	257			222	0^{2}30	266	033	324	0^{4}25
						98	033	126	108	162	179	206	246			224	0^{2}22	268	030	326	0^{4}10
						100	024	128	098	164	168	208	235			226	0^{2}15	270	027	328	0^{5}28
						102	017	130	085	166	156	210	224			228	0^{2}10	272	025	330	0^{6}28
						104	012	132	076	168	146	212	214			230	0^{3}66	274	022		
						106	0^{2}62	134	066	170	135	214	203			232	0^{3}87	276	019		
						108	0^{2}34	136	057	172	125	216	193			234	0^{3}18	278	017		
						110	0^{2}14	138	048	174	115	218	184			236	0^{4}83	280	015		
						112	0^{3}20	140	042	176	106	220	174			238	0^{4}25	282	013		
								142	035	178	097	222	165			240	0^{5}28	284	012		
								144	029	180	089	224	156								
								146	023	182	081	226	148								

Anmerkungen: Die Dezimalpunkte von P sind fortgelassen, d.h. für n = 4, DR = 20 ist P (DR' ≥ DR) = 0,042. Da die Verteilung von DR symmetrisch ist, sind nur Werte P ≥ 0,5 angegeben. Bei Werten von DR, die kleiner als die in der Tafel angegeben sind, geht man in die Tafel mit 22 - DR bei n = 4, 42 - DR bei n = 5, 72 - DR bei n = 6, 114 - DR bei n = 7, 170 - DR bei n = 8, 242 - DR bei n = 9, und 332 - DR bei n = 10. Es gilt dann beispielsweise bei n = 7, DR = 24 : P (DR' ≥ DR) = 1 - 0,083 = 0,917.

Tafel F

Die Wahrscheinlichkeiten P (R′ ≥ R) zur Überprüfung des Konsistenzkoeffizienten $Ü_R$ (aus Kendall / 77, S. 184/5 /)

n = 3

R	r = 2	r = 3	r = 4	r = 5	r = 6	r = 7	r = 8	r = 9	r = 10
0	1·000	1·000	1·000	1·000	1·000	1·000	1·000	1·000	1·000
2	0·833	0·944	0·931	0·954	0·956	0·964	0·967	0·971	0·974
6	0·500	0·528	0·653	0·691	0·740	0·768	0·794	0·814	0·830
8	0·167	0·361	0·431	0·522	0·570	0·620	0·654	0·685	0·710
14		0·194	0·273	0·367	0·430	0·486	0·531	0·569	0·601
18		0·028	0·125	0·182	0·252	0·305	0·355	0·398	0·436
24			0·069	0·124	0·184	0·237	0·285	0·328	0·368
26			0·042	0·093	0·142	0·192	0·236	0·278	0·316
32			0·0046	0·039	0·072	0·112	0·149	0·187	0·222
38				0·024	0·052	0·085	0·120	0·154	0·187
42				0·0085	0·029	0·051	0·079	0·107	0·135
50				$0{\cdot}0^{3}77$	0·012	0·027	0·047	0·069	0·092
54					0·0081	0·021	0·038	0·057	0·078
56					0·0055	0·016	0·030	0·048	0·066
62					0·0017	0·0084	0·018	0·031	0·046
72					$0{\cdot}0^{3}13$	0·0036	0·0099	0·019	0·030
74						0·0027	0·0080	0·016	0·026
78						0·0012	0·0048	0·010	0·018
86						$0{\cdot}0^{3}32$	0·0024	0·0060	0·012
96						$0{\cdot}0^{3}32$	0·0011	0·0035	0·0075
98						$0{\cdot}0^{4}21$	$0{\cdot}0^{3}86$	0·0029	0·0063
104							$0{\cdot}0^{3}26$	0·0013	0·0034
114							$0{\cdot}0^{4}61$	$0{\cdot}0^{3}66$	0·0020
122							$0{\cdot}0^{4}61$	$0{\cdot}0^{3}35$	0·0013
126							$0{\cdot}0^{4}61$	$0{\cdot}0^{3}20$	$0{\cdot}0^{3}83$
128							$0{\cdot}0^{5}36$	$0{\cdot}0^{4}97$	$0{\cdot}0^{3}51$
134								$0{\cdot}0^{4}54$	$0{\cdot}0^{3}37$
146								$0{\cdot}0^{4}11$	$0{\cdot}0^{3}18$
150								$0{\cdot}0^{4}11$	$0{\cdot}0^{3}11$
152								$0{\cdot}0^{4}11$	$0{\cdot}0^{4}85$
158								$0{\cdot}0^{4}11$	$0{\cdot}0^{4}44$
162								$0{\cdot}0^{6}60$	$0{\cdot}0^{4}20$
168									$0{\cdot}0^{4}11$
182									$0{\cdot}0^{5}21$
200									$0{\cdot}0^{7}99$

n = 4

R	r = 3	r = 5	R	r = 5
1	1·000	1·000	61	0·055
3	0·958	0·975	65	0·044
5	0·910	0·944	67	0·034
9	0·727	0·857	69	0·031
11	0·608	0·771	73	0·023
13	0·524	0·709	75	0·020
17	0·446	0·652	77	0·017
19	0·342	0·561	81	0·012
21	0·300	0·521	83	0·0087
25	0·207	0·445	85	0·0067
27	0·175	0·408	89	0·0055
29	0·148	0·372	91	0·0031
33	0·075	0·298	93	0·0023
35	0·054	0·260	97	0·0018
37	0·033	0·226	99	0·0016
41	0·017	0·210	101	0·0014
43	0·0017	0·162	105	$0{\cdot}0^{3}64$
45	0·0017	0·141	107	$0{\cdot}0^{3}33$
49		0·123	109	$0{\cdot}0^{3}21$
51		0·107	113	$0{\cdot}0^{3}14$
53		0·093	117	$0{\cdot}0^{4}48$
57		0·075	125	$0{\cdot}0^{5}30$
59		0·067		

(Fortsetzung nächste Seite)

Tafel G,1

Die Wahrscheinlichkeiten P (R' ≥ R)
zur Überprüfung des Konsistenzkoeffizienten $Ü_R$
(aus Kendall / 77, S.186/7 /)

n = 4

R	r = 2	r = 4	r = 6	R	r = 6
0	1·000	1·000	1·000	82	0·035
2	0·958	0·992	0·996	84	0·032
4	0·833	0·928	0·957	86	0·029
6	0·792	0·900	0·940	88	0·023
8	0·625	0·800	0·874	90	0·022
10	0·542	0·754	0·844	94	0·017
12	0·458	0·677	0·789	96	0·014
14	0·375	0·649	0·772	98	0·013
16	0·208	0·524	0·679	100	0·010
18	0·167	0·508	0·668	102	0·0096
20	0·042	0·432	0·609	104	0·0085
22		0·389	0·574	106	0·0073
24		0·355	0·541	108	0·0061
26		0·324	0·512	110	0·0057
30		0·242	0·431	114	0·0040
32		0·200	0·386	116	0·0033
34		0·190	0·375	118	0·0028
36		0·158	0·338	120	0·0023
38		0·141	0·317	122	0·0020
40		0·105	0·270	126	0·0015
42		0·094	0·256	128	$0{\cdot}0^{3}90$
44		0·077	0·230	130	$0{\cdot}0^{3}87$
46		0·068	0·218	132	$0{\cdot}0^{3}73$
48		0·054	0·197	134	$0{\cdot}0^{3}65$
50		0·052	0·194	136	$0{\cdot}0^{3}40$
52		0·036	0·163	138	$0{\cdot}0^{3}36$
54		0·033	0·155	140	$0{\cdot}0^{3}28$
56		0·019	0·127	144	$0{\cdot}0^{3}24$
58		0·014	0·114	146	$0{\cdot}0^{3}22$
62		0·012	0·108	148	$0{\cdot}0^{3}12$
64		0·0069	0·089	150	$0{\cdot}0^{4}95$
66		0·0062	0·088	152	$0{\cdot}0^{4}62$
68		0·0027	0·073	154	$0{\cdot}0^{4}46$
70		0·0027	0·066	158	$0{\cdot}0^{4}24$
72		0·0016	0·060	160	$0{\cdot}0^{4}16$
74		$0{\cdot}0^{3}94$	0·056	162	$0{\cdot}0^{4}12$
76		$0{\cdot}0^{3}94$	0·043	164	$0{\cdot}0^{5}80$
78		$0{\cdot}0^{3}94$	0·041	170	$0{\cdot}0^{5}24$
80		$0{\cdot}0^{4}72$	0·037	180	$0{\cdot}0^{6}13$

n = 5

R	r = 3	R	r = 3
0	1·000	44	0·236
2	1·000	46	0·213
4	0·988	48	0·172
6	0·972	50	0·163
8	0·941	52	0·127
10	0·914	54	0·117
12	0·845	56	0·096
14	0·831	58	0·080
16	0·768	60	0·063
18	0·720	62	0·056
20	0·682	64	0·045
22	0·649	66	0·038
24	0·595	68	0·028
26	0·559	70	0·026
28	0·493	72	0·017
30	0·475	74	0·015
32	0·432	76	0·0078
34	0·406	78	0·0053
36	0·347	80	0·0040
38	0·326	82	0·0028
40	0·291	86	$0{\cdot}0^{3}90$
42	0·253	90	$0{\cdot}0^{4}69$

Tafel G,2

Gleichverteilte Zufallszahlen

(aus Hess, Quigley / 62 ,S.58 /)

92630	78240	19267	95457	53497	23894	37708	79862	76471	66418
79445	78735	71549	44843	26104	67318	00701	34986	66751	99723
59654	71966	27386	50004	05358	94031	29281	18544	52429	06080
31524	49587	76612	39789	13537	48086	59483	60680	84675	53014
06348	76938	90379	51392	55887	71015	09209	79157	24440	30244
28703	51709	94456	48396	73780	06436	86641	69239	57662	80181
68108	89266	94730	95761	75023	48464	65544	96583	18911	16391
99938	90704	93621	66330	33393	95261	95349	51769	91616	33238
91543	73196	34449	63513	83834	99411	58826	40456	69263	48562
42103	02781	73920	56297	72678	12249	25270	36678	21313	75767
17138	27584	25296	28387	51350	61664	37893	05363	44143	42677
28297	14280	54524	21618	95320	38174	60579	08089	94999	78460
09331	56712	51333	06289	75345	08811	82711	57392	25252	30333
31295	04204	93712	51287	05754	79396	87399	51773	33075	97061
36146	15560	27592	42089	99281	59640	15221	96079	09961	05371
29553	18432	13630	05529	02791	81017	49027	79031	50912	09399
23501	22642	63081	08191	89420	67800	55137	54707	32945	64522
57888	85846	67967	07835	11314	01545	48535	17142	08552	67457
55336	71264	88472	04334	63919	36394	11196	92470	70543	29776
10087	10072	55980	64688	68239	20461	89381	93809	00796	95945
34101	81277	66090	88872	37818	72142	67140	50785	21380	16703
53362	44940	60430	22834	14130	96593	23298	56203	92671	15925
82975	66158	84731	19436	55790	69229	28661	13675	99318	76873
54827	84673	22898	08094	14326	87038	42892	21127	30712	48489
25464	59098	27436	89421	80754	89924	19097	67737	80368	08795
67609	60214	41475	84950	40133	02546	09570	45682	50165	15609
44921	70924	61295	51137	47596	86735	35561	76649	18217	63446
33170	30972	98130	95823	49786	13301	36081	80761	33985	68621
84687	85445	06208	17654	51333	02878	35010	67578	61574	20749
71886	56450	36567	09395	96951	35507	17555	35212	69106	01679
00475	02224	74722	14721	40215	21351	08596	45625	83981	63748
25993	38881	68361	59560	41274	69742	40703	37993	03435	18873
92882	52178	99195	93803	56985	53089	15305	50522	55900	43026
25138	26810	07093	15677	60688	04410	24505	37890	67186	62829
84631	71882	12991	83028	82484	90339	91950	74579	03539	90122
34003	92326	12793	61453	48121	74271	28363	66561	75220	35908
53775	45749	05734	86169	42762	70175	97310	73894	88606	19994
59316	97885	72807	54966	60859	11932	35265	71601	55577	67715
20479	66557	50705	26999	09854	52591	14063	30214	19890	19292
86180	84931	25455	26044	02227	52015	21820	50599	51671	65411
21451	68001	72710	40261	61281	13172	63819	48970	51732	54113
98062	68375	80089	24135	72355	95428	11808	29740	81644	86610
01788	64429	14430	94575	75153	94576	61393	96192	03227	32258
62465	04841	43272	68702	01274	05437	22953	18946	99053	41690
94324	31089	84159	92933	99989	89500	91586	02802	69471	68274
05797	43984	21575	09908	70221	19791	51578	36432	33494	79888
10395	14289	52185	09721	25789	38562	54794	04897	59012	89251
35177	56986	25549	59730	64718	52630	31100	62384	49483	11409
25633	89619	75882	98256	02126	72099	57183	55887	09320	73463
16464	48280	94254	45777	45150	68865	11382	11782	22695	41988

Tafel H

Grenzen $\gamma_{p\,\%}^{(t-1)}$ der
T-Verteilung mit (t-1)Freiheitsgraden
(aus Fisz / 40 ,S.507 /)

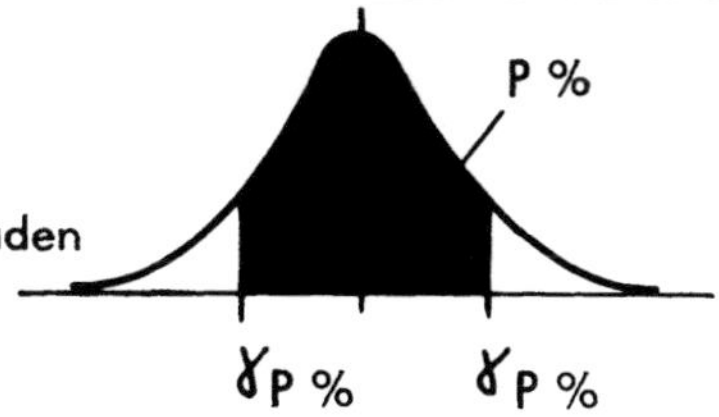

(t-1) \ P %	20	40	60	80	90	95	98	99
1	0,325	0,727	1,376	3,078	6,314	12,706	31,821	63,657
2	0,289	0,617	1,061	1,886	2,920	4,303	6,965	9,925
3	0,277	0,584	0,978	1,638	2,353	3,182	4,541	5,841
4	0,271	0,569	0,941	1,533	2,132	2,776	3,747	4,604
5	0,267	0,559	0,920	1,476	2,015	2,571	3,365	4,032
6	0,265	0,553	0,906	1,440	1,943	2,447	3,143	3,707
7	0,263	0,549	0,896	1,415	1,895	2,365	2,998	3,499
8	0,262	0,546	0,889	1,397	1,860	2,306	2,896	3,355
9	0,261	0,543	0,883	1,383	1,833	2,262	2,821	3,250
10	0,260	0,542	0,879	1,372	1,812	2,228	2,764	3,169
11	0,260	0,540	0,876	1,363	1,796	2,201	2,718	3,106
12	0,259	0,539	0,873	1,356	1,782	2,179	2,681	3,055
13	0,259	0,538	0,870	1,350	1,771	2,160	2,650	3,012
14	0,258	0,537	0,868	1,345	1,761	2,145	2,624	2,977
15	0,258	0,536	0,866	1,341	1,753	2,131	2,602	2,947
16	0,258	0,535	0,865	1,337	1,746	2,120	2,583	2,921
17	0,257	0,534	0,863	1,333	1,740	2,110	2,567	2,898
18	0,257	0,534	0,862	1,330	1,734	2,101	2,552	2,878
19	0,257	0,533	0,861	1,328	1,729	2,093	2,539	2,861
20	0,257	0,533	0,860	1,325	1,725	2,086	2,528	2,845
21	0,257	0,532	0,859	1,323	1,721	2,080	2,518	2,831
22	0,256	0,532	0,858	1,321	1,717	2,074	2,508	2,819
23	0,256	0,532	0,858	1,319	1,714	2,069	2,500	2,807
24	0,256	0,531	0,857	1,318	1,711	2,064	2,492	2,797
25	0,256	0,531	0,856	1,316	1,708	2,060	2,485	2,787
26	0,256	0,531	0,856	1,315	1,706	2,056	2,479	2,779
27	0,256	0,531	0,855	1,314	1,703	2,052	2,473	2,771
28	0,256	0,530	0,855	1,313	1,701	2,048	2,467	2,763
29	0,256	0,530	0,854	1,311	1,699	2,045	2,462	2,756
30	0,256	0,530	0,854	1,310	1,697	2,042	2,457	2,750
40	0,255	0,529	0,851	1,303	1,684	2,021	2,423	2,704
60	0,254	0,527	0,848	1,296	1,671	2,000	2,390	2,660
120	0,254	0,526	0,845	1,289	1,658	1,980	2,358	2,617
∞	0,253	0,524	0,842	1,282	1,645	1,960	2,326	2,576

Tafel I

Literaturverzeichnis

/ 1 / Ackoff, R.L., "Scientific Method: Optimizing Applied Research Decisions", John Wiley and Sons, New York, 1962

/ 2 / Alsleben, Kurd, Wehrstedt, Wolfgang (Hrsg.) "Praxeologie - Acht Beiträge zur Einführung in die Wissenschaft vom leistungsfähigen Handeln aus dem Forschungszentrum für allgemeine Probleme der Arbeitsorganisation in Warschau", Quickborn 1966

/ 3 / Arrow, K.J., "Social Choice and Individual Values", New York, 1951

/ 4 / Aumann, R.J., "Subjective Programming", in M.W. Shelly and G.L. Bryan (Eds.), Human Judgments and Optimality, John Wiley and Sons, New York, 1964

/ 5 / Auras, V., "Systemforschung - Systemanalyse", Zeitschrift für Organisation, 8/68, 290-294

/ 6 / Baker, N.R., and W.H. Pound, "R and D project selection: Where we stand", IEEE Trans. on Engineering Management, vol. EM-11, pp. 124-134, December 1964.

/ 7 / Belt, J.R., "Military applied R & D project evaluation", Master's thesis, U.S. Navy Marine Engineering Lab., Annapolis, Md., June 1966 (unpublished)

/ 8 / Bidlingmaier, J., "Unternehmerziele und Unternehmerstrategien", Wiesbaden 1964

/ 9 / Black, D., "On the Rationale of Group Decision Making; in: The Making of Decisions, Hrsg. W.J. Gore und J.W. Dyson, London 1964, S. 141 ff.

/ 10 / Bott, D., "Allgemeine und historische Betrachtungen zum Entscheidungsbegriff", Statistische Hefte, 1962, 3.Jrg., Heft 1

/ 11 / Brandenburg, R.G., "A Descriptive Analysis of Project Selection", Pittsburgh, Pa.: Carnegie Inst. Tech., July 1964

/ 12 / Bright, James R., "Research, Development and Technological Innovation", Richard D. Irwin Inc., 1964, Homewood, Illinois

/ 13 / Bussmann, K.F., "Industrielles Rechnungswesen", Stuttgart 1963

/14/ Campbell, N.R., "Measurement and Calculation", Longmans, Green and Co., London 1928

/15/ Caulfield, P., and R. Freshman, "Technology evaluation workbook", HQ Research and Technology Div., AFSC, Bolling AFB, Washington, D.C., January 1967

/16/ Cetron, Marvin J., Martino, Joseph, and Roepcke, L., "The Selection of R and D Program Content - Survey of Quantitative Methods", IEEE Transactions on Engineering Management, Vol. EM-14, No. 1, March 1967

/17/ Cetron, M.J., "Quantitative utility estimates for science & technology 'Quest' ", presented at the 18th Military Operations Research Society, Fort Bragg, N.C., Oct.1966

/18/ Cetron, M.J., "Programmed functional indicies for laboratory evaluation ' Profile ' ", presented at the 16 th Military Operations Research Symp. (MORS), Seattle, Wash., October 1965

/19/ Chestnut, H., "Systems Engineering Tools", New York-London-Sydney 1965

/20/ Churchman, C.W., and Arnoff, E.L., "Introductuion to Operations Research", John Wiley and Sons, New York 1957

/21/ Churchman, C.W., "Prediction and Optimal Decision", Prentice-Hall, Englewood Cliffs, New Jersey, 1961

/22/ Churchman, C.W., Ratoosh, P., (Eds.), "Measurement: Definitions and Theories", New York 1959

/23/ Churchman, C.W., and Ackoff, R.L., "An Approximate Measure of Value", Operations Research, Vol.2, 172-187, 1954

/24/ Combs, C.E., "Decision theory and engineering management", IRE Trans. on Engineering Management, vol.EM-9, 149-1954, December 1962

/25/ Coombs, C.H., "Social Choice and Strength of Preference," in: Decision Processes, Hrsg. R.M. Thrall, C.H. Coombs and R.L. Davis, New York-London 1960, S. 69 ff.

/26/ Davidson, D., Suppes, P. and Siegel, S., "Decision Making: An Experimental Approach", Stanford University Press, Stanford, California, 1957

/ 27 / Dean, B.V., "Scoring and profitability models for evaluating and selecting engineering projects", Operation Research, Vol. 13, 550-569, 1965

/ 28 / Dean, B.V., Ed., "Operations Research in Reseatch and Development", (Proc.Conf. at Case Inst. Tech.). New York: Wiley, 1963

/ 29 / Dornis, P., "Die Bewertung von Projekten der Forschung und Entwicklung", Betriebswirtschaftliche Forschung und Praxis, Mai 1969, Heft 2

/ 30 / Drucker, P., "The Practice of Management", New York 1954

/ 31 / Eckenrode, R.T., "Weighting Multiple Criteria", Management Science, Vol. 12, 180-192, 1965

/ 32 / Eckman, D.P., ed., "Systems Research and Design", John Wiley & Sons, Inc., New York 1961

/ 33 / Edwards, W., Tversky, A., "Decision Making", Penguin Modern Psychology UPS 8, 1967

/ 34 / Esch, M.E., "Planning assistance through technical evaluation ‚pattern ‚ ", presented at the 17 th Nat'l Aerospace Electronics Conf., Dayton, Ohio, May 1965, IEEE, New York 1965, S.346-351

/ 35 / De L'Estoile, "Resource allocation model", French Ministere Des Armees, Pris, France

/ 36 / Firstman, S.I., Stoller, D.S., "Establishing Objectives, Measures, and Criteria for Multiphase Complementary Activities", Operations Research 1966, 84-99

/ 37 / Fishburn, P.C., "Decision and Value Theory", John Wiley and Sons, New York, 1964

/ 38 / Fishburn, P.C., "Utility Theory", Management Science, Vol. 14, No. 5, 1968

/ 39 / Fishburn, P.C., "Methods of Estimating Additive Utilities", Management Science, Vol. 13, 435-453, 1967

/ 40 / Fisz, M., "Wahrscheinlichkeitsrechnung und mathematische Statistik", VEB DVW, Berlin 1966

/ 41 / Flagle, Ch. D., Huggins, W.H., Roy, R.H. (Hrsg.), "Operations Research and Systems Engineering", Baltimore 1960

/ 42 / Freimer, M., Simon, L.S., "The evaluation of potential new product alternatives", College of Business Administration University of Rochester 1966, New York

/ 43 / Gablers Wirtschaftslexikon, 1965, Wiesbaden

/ 44 / Gäfgen, G., "Theorie der wirtschaftlichen Entscheidung", Tübingen 1963

/ 45 / Gäfgen, G., "Zur Theorie kollektiver Entscheidungen in der Wirtschaft", JfNuSt 1961, S. 1 ff.

/ 46 / Gargiulo, G.R., J. Hannoch, D.B. Hertz, and T. Zang, "Developing systematic procedures for directing research programs", IRE Trans. on Engineering Management, vol. EM-8, pp. 24-29, March 1961

/ 47 / Gericke, Ronald, "Ökonomisch begründete Entscheidung in der Industrieforschung", 1968, Verlag die Wirtschaft, Berlin Ost

/ 48 / Goldman, Thomas A., "Cost-Effectiveness Analysis", New York-Washington-London 1967

/ 49 / Goodman, L.A., "On Methods of Amalgamation", in R.M. Thrall, C.H. Coombs, and R.L. Davis (Eds.), Decision Processes, John Wiley and Sons, New York, 1954

/ 50 / Gore, W.L., "How to improve Estimate Accuracy", Petroleum Refiner, Vol. 37, No. 6, 142-145, 1958

/ 51 / Guilford, J.P., "Psychometric Methods", 2nd ed., McGraw Hill, New York 1954

/ 52 / Gulliksen, H., Messik, "Psychological scaling - theory and application", Wiley 1960, New York

/ 53 / Habermas, J., "Theorie und Praxis", Neuwied am Rhein und Berlin 1967

/ 54 / Habermas, J., "Verwissenschaftlichte Politik in demokratischer Gesellschaft", in: Krauch, H., Kunz, W., Rittel, H., Rationalisierungs-Kuratorium der Deutschen Wirtschaft eV. (Hrsg.), "Forschungsplanung - Eine Studie über Ziele und Strukturen Amerikanischer Forschungsinstitute", R.Oldenbourg Verlag, München und Wien, 1966

/55/ Hall, A.D., "A Methodology for Systems Engineering", D.Van Nostrand Company, Priceton, New Jersey, 1962

/56/ Harris, J.S., "The Product Profile Chart: A Graphical Means of Appraising and Selecting New Products", Symposium on New Approaches to Management and Marketing Research, Division of Chemical Marketing and Economics, American Chemical Society, March 21-30, 1961

/57/ Hausner, M., "Multidimensional Utilities", in R.M. Thrall, C.H. Coombs, and R.L. Davis (Eds.), Decision Processes, John Wiley and Sons, New York, 1954

/58/ Heinen, E., "Das Zielsystem der Unternehmung", Wiesbaden 1966

/59/ Heinhold, J. und Gaede, K.W., "Ingenieur-Statistik", München-Wien 1964

/60/ Helmer, Olaf, "Social technology", New York, Basic Books 1966

/61/ Hertz, D.B., "Risk Analysis in Capital Investments", Havard Business Review, Jan./Feb. 1964

/62/ Hess, S.W., Quigley, H.A., "Analysis of Risk in Investments Using Monte Carlo Techniques", Chemical Engineering Progress Symposium Series, 42, 1963

/63/ Hill, Wilhelm, "Unternehmensplanung", Stuttgart 1966

/64/ Hirsch, V., "Bewertungsprofile bei der Planung neuer Produkte" ZfbF, Heft 5, S. 300, 1968

/65/ Hitch, Charles J., McKean, Roland N., "The Economics of Defense in the Nuclear Age", Cambridge 1967

/66/ Horst, P., "A generalized expression for the reliability of measures", Psychometrika 1949, 14, 21-35

/67/ Horst, P., "Obtaining a composite measure from different measures of the attributes", Psychometrika 1936, 1, 53-74

/68/ Isaacs, H.H., "Sensitivity of decisions of probability estimation errors", O.R., vol. 11, 536-552, 1963

/69/ Jantsch, Erich, "Technological Forecasting in Perspective", Paris 1967

/ 70 / Jestice, A.L., "Longe Range Corporate Planning", Military and Space Sciences Department 1161 North Kent Street, Honeywell inc., Arlington, Virginia 22209

/ 71 / Johnson, Erik, "Studies in Multiobjective Decision Models", Lund: Studentlitteratur, 1968

/ 72 / Jones, M.H., "Executive Decision Making", Homewood/ Ill., 1957

/ 73 / Karger, D.W., Murdick, R.G., "Managing Engineering and Research" 1963, The Industrial Press

/ 74 / Kast, F.E., Rosenzweig, J.E., "Systems Concepts : Pervaisiness and Potential", Management International 1967/4-5

/ 75 / Kaufmann, Arnold, "Entscheidungstechnik im Management, Modelle für menschliches Handeln", München: Kindlers Universitäts-Bibliothek 1968

/ 76 / Keeny, R.L., "Decision Analysis and utility Assessment for Multidimensional Consequences", M.I.T. Operations Research Center, supposted contract DA-31-124-ARO-D-209

/ 77 / Kendall, M.G., "Rankcorrelation methods", London Griffin 1948

/ 78 / King, W.R., "Probability for Management Decisions", New York 1968

/ 79 / Klasson, C.R., University of Iowa, Iowa City, Iowa/USA, "Goal Setting Practices in American Industry : An Empirical Study to Asses State-of-the-Art" (unveröffentlicht)

/ 80 / Koelle, H.H., "A Procedure to Measure the Worth of Space Programs", Technische Universität Berlin, Bericht TUB-IR 1965/2

/ 81 / Koelle, H.H., "Sozio-Ökonomisches Modell des Planeten Erde", Technische Universität Berlin, Bericht TUB-IR 1965/3

/ 82 / Koontz, H., O'Donnel, "Principles of Management", New York 1959

/ 83 / Kosiol, Erich, mit Norbert Szyperski und Klaus Chmielewicz, "Zum Standort der Systemforschung im Rahmen der Wissenschaften", Zeitschrift für betriebswirtschaftliche Forschung 1965, S. 337-378

/ 84 / Koxholt, Rolf, "Die Simulation - ein Hilfsmittel der Unternehmensforschung, München-Wien 1967

/ 85 / Krelle, W., "Präferenz- und Entscheidungstheorie", Tübingen 1968

/ 86 / Lübbe, H., "Kann man Politik rationalisieren?", in : "Die Welt" vom 30.9.1967

/ 87 / Luce, R.D., Raiffa, H., "Games and Decisions", John Wiley and Sons, New York, 1957

/ 88 / Luce, R.D., Tukey, J.W., "Simultaneous Conjoint Measurement : A New Type of Fundamental Measurement", Journal of Mathematical Psychology, Vol.1,1-27, 1964

/ 89 / Luce, R.D., "Two Extensions of Conjoint Measurements", Journal of Mathematical Psychology, Vol. 3,348-370,1966

/ 90 / Machol, Robert E., Tanner, Wilson P.jr., Alexander, Samuel N., "System Engineering Handbook", New York-San Francisco-Toronto-London-Sydney 1965

/ 91 / Mauch, Samuel P., "Die Ingenieurtätigkeit als Entscheidungsprozeß", Industrielle Organisation 37,1968,Nr. 9, S.521-527

/ 92 / O'Meara, John T.,jr., "Selecting Profitable Products", Harvard Business Review, Vol. 39, No. 1, 1961, pp.83-89

/ 93 / Menges, G., Hrsg., "Entscheidung und Information - Einführung in moderne Entscheidungskalküle und elektronische Informationssysteme", Berlin : A.Metzner Verlag, 1968

/ 94 / Menges, G., "Über Wahrscheinlichkeitsinterpretationen", Statistische Hefte, 6.Jahrg., Heft 2

/ 95 / Mertens, P., "Simulation", Stuttgart 1969

/ 96 / Mesarović, Mihajlo D., "Views on General Systems Theory", New York-London-Sydney 1964

/ 97 / Minas, J.S., Ackoff, R.L., "Individual and Collective Value Judgments", in M.W. Shelly and G.L. Bryan (Eds.), Human Judgments and Optimality, John Wiley and Sons, New York 1964

/ 98 / Moder, J.J., Rodgers, E.G., "Judgement Estimates of the Moments of PERT TYPE Distributions", Management Science, Vol.15, No.2, Okt. 1968, pp. B-76

/ 99 / Moore, J.R., Baker, N.R., "A Computational Analysis of an R & D Project Scoring Model", Purdue University, Institute Paper No. 205, July 1968

/ 100 / Morey, J.L., Yntema, D.B., "Experiments on systems", in Spiegel and Walter, "Information System Sciences", Macmillan Ltd., London 1965

/ 101 / Mottley, C.M., Newton, R.D., "The selection of projects for industrial research", Operations Research, vol. 7, pp. 740-751, November-December 1959

/ 102 / Munger, M.R., Willis, M.P., Altmann, J.W., "Quantification of Expert Judgment in Maintenance Designs Decisions", IRE Transactions on human factors in electronic, 1961, pp. 97-102

/ 103 / Novick, David, "Program Budgeting", Cambridge/Mass. 1965

/ 104 / Orth, H.F., "Die Wertanalyse als Methode industrieller Kostensenkung und Produktgestaltung", Gabler Verlag 1968

/ 105 / Pessemier, Edgar A., "New Product Decisions: An Analytical Approach", New York : McGraw-Hill Book Company, Inc., 1966

/ 106 / Pollack, J., 1962, "Action selection and the Yntema Torgerson Worth Function", Paper read at the 1962 meetings of the Eastern Psychological Association, April 27

/ 107 / Pound, William H., "Research Project Selection: Testing a Model in the Field", IEEE Transactions on Engineering Management, Vol.EM-11, No.1, March 1964, pp.16-22

/ 108 / Prest, A.R., Turvey, R., "Cost-Benefit Analysis: A Survey", The Economic Journal, LXXV, Dez.1965, 683-735

/ 109 / Quade, E.S., Boucher, W.E., "Systems Analysis and Policy Planning, Applications in Defence", New York-London-Amsterdam 1968

/ 110 / Raia, A.P., "Goal-Setting and Self-Control", The Journal of Management Studies 1965, S. 34 ff.

/ 111 / Reuter, J.F., "Verfahren zur betrieblichen Entscheidung über den Forschungs- und Entwicklungsaufwand", ZFB 1968, S.527

/ 112 / Rittel, H., "Überlegungen zur wissenschaftlichen und politischen Bedeutung der Entscheidungstheorie", in: Krauch, H., Kunz, W., Rittel, H., Rationalisierungs-Kuratorium der Deutschen Wirtschaft eV (Hrsg.) : "Forschungsplanung - Eine Studie über Ziele und Strukturen Amerikanischer Forschungsinstitute", R.Oldenbourg Verlag, München und Wien, 1966

/ 113 / Rubenstein, A.H., Horowitz, I., "Project Selection in New Technical Fields" in : Proceedings of the National Electronics Conference, 1959, S. 500

/ 114 / Rudwick, B.H., "Systems Analysis for effective Planning", New York 1969

/ 115 / Schlaifer, Robert, "Introduction to Statistics for Business Decisions", McGraw-Hill Book Company, New York 1961

/ 116 / Schmidt-Sudloff, "Unternehmerziele und unternehmerisches Zielsystem", Wiesbaden 1967

/ 117 / Schneeweiß, H., "Nutzenaxiomatik und Theorie des Messens", Statistische Hefte, Bd. 4, 1963

/ 118 / Schneeweiß, H., "Monte Carlo Methoden in Statistik, Unternehmensforschung und Ökonometrie", in : Operations Research Verfahren V, 1968, Meisenheim am Glan

/ 119 / Schuller-Götzburg, V.v., "Methoden der langfristigen Unternehmensplanung", Industrielle Organisation 37, 1968, Nr. 3, S.147-152

/ 120 / Schulte, B., "Die Wertanalyse in der industriellen Praxis", Brennpunkt Systemtechnik, Technische Universität Berlin, 1969

/ 121 / Sciarrino, G., Entscheidungstheorie und wissenschaftliche Methode : gestern, heute und morgen", Management International 1967, 2-3

/ 122 / Senders, V.L., "Measurement and Statistics", New York 1958

/ 123 / Shelly, M.W., Bryan, G.L. (Eds.), "Human Judgments and Optimality", New York-London-Sydney 1964

/ 124 / Shephard, R.N., "On Subjectively Optimum Selection among Multiattribute Alternatives" in / 123, S.257 /

/ 125 / Shinners, S.M., "Techniques of System Engineering, New York-San Francisco-Toronto-London-Sydney 1967

/ 126 / Sigford, J.V., Parvin R.H., "Project Pattern: A Methodology for Determining Relevance in Complex Decision-Making", IEEE Transactions on Engineering Management, Vol. EM-12, No.1, March 1965, p. 9

/ 127 / Sixtl, F., "Meßmethoden der Psychologie", Weinheim/ Bergstraße 1967

/ 128 / Smith, L.H., "Subjective Measures of Merit Involving Multiple Criteria of Evaluation", ORSA, 35 th national meeting, Paper No. XVIJ.3.

/ 129 / Sobin, B., Proschan, A., "Search and evaluation methods in research and exploratory development", presented at the 2nd Conf. on Research Program Effectiveness, Washington, D.C., July 1965

/ 130 / Sorrell, R., Gildea, H., "The determination of the relative value of research tasks using the law of comparative judgment", Presented at 1968 Joint National Meeting of ORSA and TIMS, San Francisco, May 1-3.

/ 131 / Stegmüller, W., "Hauptströmungen der Gegenwartsphilosohie, 3.Aufl., Stuttgart 1965

/ 132 / Stevens, S.S., "Measurement, Psychophysics, and Utility", in C.W. Churchman and P. Ratoosh (Eds.), Measurement: Definitions and Theories, John Wiley and Sons, New York 1959

/ 133 / Stevens,S.S., "Metric for the social Concensus", in : Science, 4. Feb. 1966

/ 134 / Stouffer, S.A., Guttman, Louis, Suchman, E.A., Lazarsfeld, P.F., Star, S.A., Clausen, J.A., "Measurement and Prediction", New York 1950

/ 135 / Terry, H., "Comparative Evaluation of Performance Using Multiple Criteria", Management Science, Vol.9, 431-442, 1963

/ 136 / Thompson, J.D., McEwen, W.J., "Organiszational Goals and Environment: Goal Setting as an Interaction Process", American Sociological Review 1958, S. 23 ff.

/ 137 / Thrall, R.M., Coombs, C.H., Davis, R.L., "Decision Processes", John Wiley & Sons, New York 1954

/ 138 / Thurstone, L.L., "The Measurement of Values", University of Chicago Press, Chicago 1959

/ 139 / Torgerson, W.S., "Theory and Methods of Scaling", New York 1967

/ 140 / Villers, R., "Research and Development, Planning and Control", New York 1964

/ 141 / Wells, H.A., "Systems planners guide", presented at the 18 th Military Operations Research Society Meeting, Fort Bragg, N.C., October 1966

/ 142 / Yntema, D.B., Torgerson, W.S., "Man-computer cooperation in decisions requiring common sense", IRE Trans. Human Factors Electron, HFE-2, 20-26

/ 143 / Yntema, D.B., Klemm, L., 1962, "Telling a computer how to evaluate alternatives as one would evaluate them himself", Paper presented at First Congress on the Information Systems Sciences, Hot Springs, Va., November 18-21

/ 144 / Zurmühl, R., "Praktische Mathematik für Ingenieure und Physiker", Berlin 1965

Sachverzeichnis

VI ERGÄNZUNGEN zur 5. Auflage 2014

Die vorliegende 5. Auflage des Buches "Nutzwertanalyse in der Systemtechnik" besteht - wie die vorangegangenen vier Auflagen - im Kern aus dem *unveränderten* Nachdruck des ursprünglichen Werks von 1970. Erstmals werden in dieser fünften Auflage jedoch zwei Themenkomplexe hinzugefügt, die im Laufe der Jahre infolge der breiten Anwendung der Nutzwertanalyse in Wissenschaft und Praxis zunehmend an Bedeutung gewonnen haben:

Zum einen betrifft dies das Thema *Empfindlichkeitsanalyse* der Ergebnisse von Nutzwertanalysen. Dieser Themenkomplex wird nachfolgend in **Kapitel 9** speziell unter dem Aspekt der möglichen Änderung von Zielgewichten behandelt.

Zum anderen geht es dann in **Kapitel 10** um die Frage, wie die rein monetär orientierte, eindimensionale Wirtschaftlichkeitsanalyse in Richtung Nutzwertanalyse (NWA) erweitert werden kann, um bei Bedarf die Vorteile der Mehrdimensionalität der Nutzwertanalyse mit der Systematik einer ökonomischen Investitionsrechnung methodisch zu verknüpfen. Die Kombination dieser beiden Bewertungsansätze ermöglichen unterschiedlich anspruchsvolle Verfahren der *Erweiterten-Wirtschaftlichkeits-Analyse (EWA)*. Diese Verfahren werden zunächst typologisiert. Davon ausgehend wird dann speziell das nutzwertanalytischen *Drei-Stufen-Verfahren zur EWA* erläutert, da es die vergleichsweise größte Flexibilität aufweist, um sowohl quantitative wie auch qualitative bzw. monetäre und nicht monetäre Zielkriterien in eine Bewertung einzubeziehen.[1]

---

[1] Hinweis: Die in den ergänzten Kapiteln 9 und 10 aufgeführten Literaturangaben sind jeweils am Ende der betreffenden Kapitel unter Kap.9.5 bzw. 10.5 gesondert aufgeführt.

9) Empfindlichkeitsanalyse: Bestimmung kritischer Zielgewichte

Mit Hilfe von Nutzwertanalysen (utility analysis) können komplexe Handlungsalternativen auf der Grundlage eines mehrdimensional- mehrstufigen Zielbaumes bewertet werden. Die zu ermittelnden Nutzwerte ergeben sich dabei - kardinale Zielwertskalierung vorausgesetzt - als gewichtete Summe der je Zielkriterium vorgenommenen Einzelbewertungen und beschreiben die zielbezogene Rangordnung der Alternativen.

Im Folgenden wird nun der Frage nachgegangen, wie stabil die ermittelte Rangordnung der Alternativen ist, wenn die Zielgewichte z.B. aufgrund möglicher Präferenztoleranzen "geringfügig" anders festgesetzt würden und ob bzw. wie eine entsprechende Ergebnisempfindlichkeit durch einen Sensitivitätsindex gemessen werden kann.

9.1) Ausgangssituation und Problemstellung

Ausgehend vom additiven Grundmodell der Nutzwertanalyse mit kardinalen Zielwerten wird im Folgenden zunächst die typischen Fragestellung nutzwertanalytischer Empfindlichkeitsuntersuchungen (Sensitivitätsanalyse) aufgezeigt und mathematisch beschrieben. Es werden dann speziell zwei Verfahren der Empfindlichkeitsanalyse zur Bestimmung *kritischer Zielgewichte* vorgestellt. Sie dienen zur Berechnung der minimal erforderlichen Änderung von Zielgewichten, um Nutzengleichheit von jeweils zwei Vergleichsalternativen mit ursprünglich unterschiedlichen Nutzwerten zu bewirken.

9.1.1) Fragestellungen der Empfindlichkeitsanalyse

In Deutschland hat die Nutzwertanalyse (NWA) in der Entscheidungspraxis seit Anfang der siebziger Jahre im Zusammenhang mit der vergleichenden Bewertung von komplexen Systemalternativen zunehmend Verbreitung gefunden. Nach dem von *Zangemeister* (1970) beschriebenen nutzwertanalytischen Bewertungsmodell, erfolgt die mehrdimensionale Bewertung auf der Grundlage eines hierarchisch strukturierten Zielbaumes, wobei die Wurzel des Baumes das *Gesamtziel*, die Verzweigungen auf mehreren Stufen *Teilziele* und die Blätter des Baumes die *Zielkriterien* definieren, nach denen die zu vergleichenden *Alternativen* präferenzbezogen zu beurteilen sind.

Dieses Bewertungsmodell ist methodisch der multiattributiven Nutzentheorie zuzurechnen (MAUT), wie sie von *Keeney* (1976) dargestellt wurde (vgl. dazu auch *Rischmüller* (1980) und *Lillich* (1992)). Speziell verwendet die Nutzwertanalyse zur mehrdimensionalen Bewertung von $i=1(1)n$ Alternativen A_i die additive Nutzenfunktion

$$N_i = \sum_{j=1}^{m} g_j * n_{ij}(k_{ij}) \qquad \text{Gl. (189)}$$

Dabei erfolgt die Bewertung schrittweise hinsichtlich der Zielbeiträge k_{ij} der Alternativen A_i zu insgesamt j=1(1)m Kriterien. Die Zielgewichte g_j und Zielwerte n_{ij} sind jeweils auf einer kardinalen Präferenzskala anzugeben, um eine additive Aggregation (Wertsynthese) vornehmen zu können, die gewöhnlich entsprechend der Stuktur des Zielbaumes zunächst stufenweise für Teilziele bzw. zugehörige Teilmengen der Kriterien vorgenommen wird (Sofern nicht anders angegeben, soll hier im folgenden immer über j = 1,2 ...m summiert werden).

Der verstärkte Einsatz der NWA - so insbesondere im Zusammenhang mit computergestützten Nutzwert-Analyse-Programm-Systemen - wirft häufig die Frage nach der *Sensitivität* der berechneten Nutzwerte bzw. der *Rangstabilität* der Alternativen auf. Allgemein kann ein Nutzwertanalyseergebnis nur dann als *stabil* angesehen werden, wenn "geringfügige Änderungen" der eingegangenen *Urteilsdaten* nicht zu Rangverschiebungen der Alternativen führen (siehe dazu z.B. bei *Rios Insua* (1990) and *Stewart.* (1996)). Dementsprechend müssen die Verfahren der Empfindlichkeitsanalyse bei den *Urteilsänderungen* ansetzen, und deren Auswirkungen auf das Gesamtergebnis, d.h. auf die Nutzwerte der Alternativen, ermitteln. Schreibt man dazu die Nutzwertfunktion in der Form

$$N_i + \Delta N_i = \sum (g_j + \Delta g_j) * (n_{ij} + \Delta n_{ij}) \qquad \text{mit } i = 1(1)n \qquad \text{Gl. (190)}$$

dann wird deutlich, daß sowohl Änderungen der Zielgewichte Δg_j als auch Änderungen der Zielwerte Δn_{ij} zu einem veränderten Nutzwert ($N_i + \Delta N_i$) führen können.

Da bei der Bewertung die Zielgewichte und Zielwerte in der Regel weder exakt erfaßbar sind, noch eindeutig durch den Bewerter begründet werden können, müssen sie in gewissen Grenzen als variabel angesehen werden. Das heißt, es stellt sich hier insbesondere die Frage:

- Wie würden Sie sich mögliche *Präferenztoleranzen* bei der Zuordnung von Zielgewichten und Zielwerten auf die berechneten Nutzwerte auswirken?

In der Praxis hat sich wiederholt gezeigt, daß insbesondere die Auswirkungen von *Präferenztoleranzen* im Zusammenhang mit der *Zielgewichtung* für die Beurteilung des Ergebnisses einer Nutzwertanalyse von großer Bedeutung ist. Hier wird nicht nur seitens des einzelnen Bewerters in der Regel mit einer gewissen Unschärfe geurteilt, sondern häufig müssen auch voneinander abweichende Zielpräferenzen aufgrund unterschiedlicher Interessenlagen mehrerer Entscheidungsträger berücksichtigt werden. Speziell stellt sich dann die Frage nach der Ergebnisempfindlichkeit aufgrund von Zielgewichtsänderungen ("kritische Gewichtsanalyse"):

- Durch welche minimale Änderung der Zielgewichte würden die Nutzwerte zweier Vergleichsalternativen gleich groß werden?

Geht man davon aus, daß aufgrund des ursprünglichen Ergebnisses der Wertsynthese für zwei Alternativen A_h und A_i gilt

$$N_h > N_i \quad ,$$

dann wird nach den *kritischen Zielgewichten* g'_j auf einer beliebig festzusetzenden Stufe im Zielbaum gefragt, die bewirken, daß

$$N'_h = N'_i$$

wird. Grundsätzlich kann eine solche Änderung der Zielgewichte auf der untersten Zielbaumstufe natürlich nicht herbeigeführt werden, wenn die Zielwerte n_{ij} der Alternative A_i bei allen Zielkriterien kleiner sind, als die Alternative A_h. Analog verhält es sich, wenn die Zielgewichte auf einer weiter oben liegenden Betrachtungsstufe im Zielbaum verändert werden sollen. Falls alle bis zu dieser Stufe aggregierten Teilnutzwerte N_{ij} der Alternative A_i kleiner sind als die N_{hj}, dann kann ebenfalls durch eine Gewichtsänderung keine Nutzengleichheit erreicht werden.

Die Fragestellung der kritischen Gewichtsanalyse interessiert in der Praxis vor allem unter dem Gesichtspunkt von *Präferenztoleranzen*. Wenn Nutzengleichheit von zwei Alternativen bereits durch *"relativ kleine"* Gewichtsänderungen herbeigeführt werden kann, die im Rahmen der Präferenztoleranzen des Entscheidungsträgers liegen, dann müssen diese Alternativen als "gleichwertig" angesehen werden. Liegen diese Änderungen dagegen außerhalb dieser Toleranzen, so besteht ein "signifikanter" Unterschied zwischen den Alternativen. In solchen Fällen ist es dann z.B. nicht mehr notwendig, in einer Gruppe von Bewertern über mögliche andere Festsetzungen der Gewichte und deren potentielle Ergebnisrelevanz zu diskutieren.

9.1.2 Mathematische Problemstellung zur Bestimmung kritischer Gewichte

Gegeben seien zwei Alternativen A_h, und A_i mit den Nutzwerten $N_h > N_i$, die sich gemäß Gleichung (189) ergeben aus

$$N_h = \sum g_j * n_{hj} \qquad \text{bzw.} \qquad N_i = \sum g_j * n_{ij} \qquad \text{Gl. (191)}$$

Für beide Alternativen gelten die gleichen Gewichte g_j, die im Übrigen folgenden Bedingungen unterliegen sollen:

- Normierungsbedingung: $\sum g_j = 1$; Gl. (192)
- Grenzwertbedingung: $0 \geq g_j \leq 1$ Gl. (193)

Gesucht sind "kritische Zielgewichte" g'_j, für die sich Nutzengleichheit der Vergleichsalternativen A_h und A_i ergibt, d.h.:

$$N'_h = \sum g'_j * n_{hj} = \sum g'_j * n_{ij} = N'_i \qquad \text{Gl. (194)}$$

Betrachtet man speziell die gegenüber den ursprünglichen Zielgewichten g_j zur Herbeiführung der Nutzengleichheit erforderlichen Gewichtsänderungen Δg_j , d.h

$$\Delta g_j = g'_j - g_j \qquad \text{Gl. (195)}$$

und setzt diese Beziehung in Gl.(194) ein, so ergibt sich in Verbindung mit Gl.(190) als *Bedingungsgleichung* für Nutzengleichheit

$$(N_h - N_i) + \sum \Delta g_j * (n_{hj} - n_{ij}) = 0 \qquad \text{Gl. (196)}$$

Da auch für die kritischen Zielgewichte g'_j die Normierungs- und Grenzwertbedingungen gemäß Gl.(192) und Gl.(193) gelten sollen, ergeben sich hier zusätzlich als *Nebenbedingungen* die Beziehungen

$$\sum \Delta g_j = 0 \qquad \text{Gl. (197)}$$

$$0 \geq g_j + \Delta g_j \leq 1, \qquad j = 1(1)m \qquad \text{Gl. (198)}$$

Mit den Beziehungen Gl.(196) bis Gl.(198) ist das *Ausgangsproblem* der kritischen Gewichtsanalyse in seiner allgemeinen Form definiert. Hinreichende Voraussetzungen der Existenz einer Lösung ist, daß für mindestens ein j gilt:

$$n_{ij} \geq n_{hj} \qquad \text{Gl. (199)}$$

Das heißt, die Alternative A_i muß in mindestens einem Zielkriterium gegenüber A_h überlegen oder gleichwertig sein, damit durch Gewichtsänderung Nutzengleichheit herbeigeführt werden kann.

9.2) Lösungsverfahren zur Berechnung kritischer Gewichte

Nach der oben formulierten Fragestellung der kritischen Gewichtsanalyse soll die Lösung des Problems so erfolgen, daß die zur Erreichung der Nutzengleichheit erforderlichen Gewichtsänderungen Δg_j "möglichst klein" ausfallen (*Minimierungsbedingung*). Zur Aufstellung einer entsprechenden *Zielfunktion* bieten sich nun - je nach situationsspezifischer Interpretation des Begriffes "*Ergebnisempfindlichkeit*" - unterschiedliche *Minimierungsstrategien* an. So kann zum Beispiel gefordert werden:

- Möglichst *wenig* Gewichtsänderung verteilt auf möglichst *viele* Zielkriterien (*simultane* Strategie "V1").
- Möglichst wenig Gewichtsänderung verteilt auf möglichst *wenig* Zielkriterien *(selektive* Strategie "V2"*)*.

Im Folgenden werden für beide Strategien Lösungsverfahren beschrieben.

9.2.1) Verfahren V1: "Simultane Gewichtsänderung"

Nach der simultanen Strategie sollen sich die zu berechnenden minimalen Gewichtsänderungen auf möglichst viele Zielkriterien verteilen. Offenbar müssen die positiven Änderungen durch negative Änderungen vollständig kompensiert werden, um die Normierungsbedingungen gemäß Gl.(192) zu erfüllen. Infolgedessen erscheint es naheliegend, für die geforderte Minimierung von der "Methode der kleinsten Quadrate" auszugehen. Das heißt, minimiert werden soll die *Zielfunktion*

$$Z(\Delta g_j) := \sum \Delta g^2_j = \text{min!} \qquad \text{Gl. (200)}$$

und zwar unter den in Gl.(196) und Gl.(197) formulierten *Nebenbedingungen*:

$$(N_h - N_i) + \sum \Delta g_j * (n_{hj} - n_{ij}) = 0 \qquad \text{und} \qquad \sum \Delta g_j = 0$$

Im Hinblick auf den im Folgenden gewählten Lösungsansatz wird die *dritte Nebenbedingung* gemäß Gl.(198) zunächst vernachlässigt (Bei Einbeziehung dieser Nebenbedingung kann die Aufgabenstellung als ein Problem der quadratischen Optimierung aufgefaßt werden, das aber nicht zu einer Gl.(201) äquivalenten allgemeinen numerischen Lösung führt).·

Zur Lösung dieses Minimierungsproblems wurde hier die Methode der Lagrange-Multiplikatoren verwendet (siehe dazu *Zangemeister* und *Bomsdorf*. (1983)). Die gesuchten minimalen Gewichtsänderungen Δg_j ergeben sich aus:

$$\Delta g_j = \frac{(N_h - N_i) \{ m(n_{hj} - n_{ij}) - \sum (n_{hj} - n_{ij}) \}}{m \sum (n_{hj} - n_{ij})^2 - \{ \sum (n_{hj} - n_{ij}) \}^2} \qquad j = 1(1)m \qquad \text{Gl. (201)}$$

Das Resultat zeigt, daß die Gewichtsänderungen - ceteris paribus - direkt proportinal der Nutzwertdifferenz der beiden Vergleichsalternativen sind. Ferner wird deutlich, daß bei großer Varianz der Zielwertdifferenzen der beiden Alternativen die erforderlichen Änderungen geringer sind als bei kleiner Varianz. Für die kritischen Zielgewichte gilt

$$g'_j = g_j + \Delta g_j$$

Da die Grenzwertbedingungen gemäß Gl.(198) nicht unmittelbar in den Lösungsansatz eingebaut werden konnte, ist es möglich, daß sich rechnerisch negative Zielgewichte ($g'_j < 0$) oder Zielgewichte mit Werten $g'_j > 1$ ergeben. Nach dem nutzwertanalytischen Bewertungsansatz sind jedoch 0 und 1 die "natürlichen" Grenzen eines Zielgewichtes, die nicht unter- bzw. überschritten werden dürfen. Darüber hinaus zeigt die Bewertungspraxis, daß es häufig nicht situationsgerecht wäre, für jedes Zielkriterium die volle Bandbreite von 0 bis 1 als sinnvolle Gewichtungsspanne zuzulassen. Vielmehr besteht oft der Wunsch, *Unter-* und *Obergrenzen* je Zielkriterium gesondert festlegen zu können, innerhalb derer dann die Gewichtsanalyse durchzuführen ist. Der dargestellte Lösungsansatz kann daher durch ein entsprechendes *iteratives* Verfahren so ergänzt werden, daß auch Gewichtsober- und -untergrenzen berücksichtigt werden können. Für die g_j bzw. $g`_j$ mögen allgemein untere bzw. obere *Gewichtsgrenzen* vorgegeben sein, d.h.

$$0 \geq a_j \leq g'_j \quad \text{und} \quad g'_j \leq b_j \leq 1 \qquad \text{Gl. (202)}$$

In diesem Fall kann dann wie folgt vorgegangen werden:

a) Einige Zielgewichte sollen unverändert bleiben, d.h. die Unter- bzw. Obergrenzen der betreffenden Zielgewichte entsprechen den Ausgangswerten g_j. Ohne Beschränkung der Allgemeinheit sei:

$$g'_j = g_j \qquad \text{für} \quad j = m\text{-}k,\ m - k{+}1,..,\ m, \qquad \text{mit} \qquad (k < m - 2) \qquad \text{Gl. (203)}$$

In diesem Fall können die Berechnungen wie oben durchgeführt werden, jedoch wird in Gl.(201) nur über j = 1, 2..., m - k- 1 summiert und "m" als multiplikative Konstante durch "m-k-1" ersetzt.

b) Für einige oder alle g_j existieren gemäß Gl.(202) untere und obere Grenzen a_j bzw. b_j. In diesem Fall kann das oben angegebene Verfahren iterativ wie folgt angewendet werden: Gemäß Gl.(201) werden in einem ersten Schritt zunächst "vorläufige" Gewichtsänderungen Δg_j berechnet. Verletzten dann resultierende kritische Zielgewichte $g'_j = g_j + \Delta g_j$ ihre untere oder obere Grenze, so wird für diese jeweils

$$g'_j = a_j \qquad \text{bzw.} \qquad g'_j = b_j$$

festgesetzt. Die übrigen g'_j müssen anschließend so angepaßt werden, daß die Normierungsbedingung gemäß Gl.(197) und Gl.(198)

$$\sum g'_j = 1{,}0 \quad \text{bzw.} \qquad \sum \Delta g_j = 0$$

wieder erfüllt ist. Naheliegend erscheint dabei beispielsweise eine proportionale Anpassung.

Aufgrund der Anpassung der kritischen Zielgewichte an die vorgegebenen Grenzwerte und die Normierungsbedingung wird für die resultierende Lösung $N'_h \neq N'_i$ gelten. Der Optimierungsansatz kann dann erneut angesetzt werden, wobei die bereits auf einen Grenzwert fixierten Zielgewichte gemäß (a) unverändert bleiben (Bei der schrittweisen Bestimmung der Δg_j wird dann allerdings nicht notwendig auch der abschließend resultierende Wert der Zielfunktion $\sum \Delta g^2_j$ minimiert).

Die Iteration wird abgebrochen, wenn die resultierende Nutzwertdifferenz gleich 0 bzw. "genügend" klein ist oder kein Potential mehr für Gewichtsänderungen vorhanden ist. Dieses ist der Fall, wenn alle Zielgewichte einen Grenzwert erreicht haben.

9.2.2) Verfahren V2: "Selektive, schrittweise Gewichtsänderung"

Zur Lösung des unter Kap.9.1.2 dargestellten Ausgangsproblems der kritischen Gewichtsanalyse wird beim Verfahren V2 von der selektiven Minimierungsstrategie ausgegangen. Sie zielt darauf ab, die zur Erreichung der Nutzengleichheit erforderliche Gewichtsänderung auf möglichst wenige Zielkriterien zu verteilen. Gleichzeitig erlaubt das Verfahren V2 von vornherein die Berücksichtigung von Gewichtsgrenzen, insbesondere also auch die Einbeziehung der Nebenbedingung Gl.(198). Speziell soll in diesem Fall die Zielfunktion

$$Z(\Delta g) := | \sum \Delta g_j | = \min!; \qquad j = 1(1)\,m \qquad \text{Gl. (204)}$$

unter Berücksichtigung der Bedingungen Gl.(196) bis Gl.(198) und Gl.(201) minimiert werden. Ist die Voraussetzung für die Existenz einer Lösung gemäß Gl.(199) erfüllt, so muß die Gewichtsänderung an jeweils mindestens 2 Zielkriterien erfolgen, damit sich positive und negative Änderungen gemäß Gl.(197) kompensieren können. Dementsprechend besteht der Grundgedanke des Verfahrens V2 darin, *schrittweise* jeweils *zwei* Zielkriterien so auszuwählen, daß die an ihnen vorgenommenen Gewichtsänderungen - unter Einhaltung eventuell vorgegebener Gewichtsgrenzen - zu einer größtmöglichen Abnahme der Nutzwertdifferenz N_h - N_i führen. Das Verfahren wird abgebrochen, wenn die Nutzwertdifferenz gleich 0 ist oder eine vorgegebene Schranke unterschreitet. Im Einzelnen sind je Iteration drei Teilschritte erforderlich:

a) *Auswahl zweier Zielkriterien:*

Zunächst müssen die Indizes der beiden Zielkriterien bestimmt werden, bei denen die Gewichtserhöhung (j^+) bzw. Gewichtsminderung (j^-) erfolgen soll.

Eine Gewichtserhöhung führt pro Gewichtseinheit dort zur größten Anhebung des Nutzwertes der Alternative A_i - und damit zur stärksten Abnahme der ursprünglichen Nutzwertdifferenz (N_h - N_i) - wo die Zielwertdifferenzen (n_{ij} - n_{hj}) ein Maximum haben. Es sei

$$n_{ij^+} - n_{hj^+} = \max_j \, (n_{ij} - n_{hj}), \qquad \text{Gl. (205)}$$

dann soll g_{j+} erhöht werden. Entsprechend ergibt sich der Index des zu verringernden Zielgewichtes aus der Beziehung:

$$(n_{hj^-} - n_{ij^-}) = \max_j \, (n_{hj} - n_{ij}) \qquad \text{Gl. (206)}$$

Das heißt: Eine Gewichtsminderung am Zielkriterium j^- führt pro Gewichtseinheit zur größtmöglichen Abnahme der Nutzwertdifferenz $(N_h - N_i)$.

b) Bestimmung der Größe der Gewichtsänderungen

Die Größe der an den beiden ausgewählten Zielkriterien zulässigen Gewichtsänderungen wird einerseits durch die Gewichtsuntergrenze b_{j-} bzw. durch die Gewichtsobergrenze a_{j+} bestimmt. Andererseits soll eine Gewichtsänderung nur soweit erfolgen, daß die Nutzwertdifferenz gerade gleich 0 wird. Wie bei *Zangemeister* und *Bomsdorf (1983)* ausgeführt ist, ergibt sich hier als Lösung:

$$\Delta g_{j+} = \Delta g_{j-} = \min \left\{ (g_{j-} - a_{j-});\ (b_{j+} - g_{j+});\ \frac{N_h - N_i}{(n_{ij+} - n_{hj+}) - (n_{ij-} - n_{hj-})} \right\} \qquad \text{Gl. (207)}$$

Für die kritischen Zielgewichte g'_j gilt dann:

$$g'_j = g_j \qquad \text{für } j \neq j+, j- \qquad \text{Gl. (208)}$$

$$g'_{j+} = g_{j+} + \Delta g_{j+} \qquad \text{Gl. (209)}$$

$$g'_{j-} = g_{j-} - \Delta g_{j-} \qquad \text{Gl. (210)}$$

c) Berechnung der verbleibenden Nutzwertdifferenz

Die verbleibende Nutzwertdifferenz ergibt sich dann aus

$$N'_h - N'_i = \sum g'_j (n_{hj} - n_{ij}) = (N_h - N_i) - \Delta g_{j+} \{ (n_{ij+} - n_{hj+}) - (n_{ij-} - n_{hj-}) \} \qquad \text{Gl. (211)}$$

Falls eine untere Schranke SR $\geq$ 0 vorgegeben ist, und

$$N'_h - N'_i \leq SR \quad , \qquad \text{Gl. (212)}$$

dann wird die Iteration abgebrochen. Andernfalls wird erneut mit Schritt (a) begonnen, sofern noch ein Potential für Gewichtsänderungen verfügbar ist.

9.3) Empfindlichkeitsmaße

Im Anschluß an die Ermittlung der kritischen Zielgewichte interessiert bei Anwendungen der Nutzwertanalyse in der Praxis häufig die Beantwortung der Frage:

- Sind die zur Herbeiführung der Nutzengleichheit der Vergleichsalternativen berechneten Gewichtsänderungen Δg_j insgesamt gesehen relativ *klein* oder *groß* d.h. ist das ursprüngliche Ergebnis als eher empfindlich (instabil) oder unempfindlich (stabil) zu betrachten?

Eine gesonderte Prüfung dieser Frage mag überflüssig erscheinen, wenn die Unter- und Obergrenzen a_j bzw. b_j der einzelnen Zielgewichte von vornherein eng angezogen wurden und die berechneten kritischen Gewichte innerhalb dieser Grenzen liegen. Anders verhält es sich jedoch, wenn aufgrund unterschiedlicher Interessenlagen verschiedener Bewerter die Gewichtsgrenzen weit auseinander liegen oder sogar jeweils die gesamte Bandbreite von 0 bis 1 umfassen. In diesem Fall scheint es zweckmäßig zu versuchen, die Größe der berechneten Gewichtsänderungen durch ein standardisiertes Maß quantitativ auszudrücken.

Zur Beurteilung der Empfindlichkeit bzw. der Stabilität des Ergebnisses einer Nutzwertanalyse gegenüber Gewichtsänderungen können unterschiedliche Gesichtspunkte maßgebend sein. Dementsprechend lassen sich auch verschiedene Empfindlichkeitsmaße angeben, die sich außer in ihrer formalen Begründung insbesondere auch hinsichtlich ihrer praxisbezogenen Interpretationsfähigkeit unterscheiden.

9.3.1) Allgemeine Beurteilung der Gewichtsänderungen

Um zu beurteilen, ob zur Herbeiführung der Nutzengleichheit der Vergleichsalternativen insgesamt "große oder kleine" Gewichtsänderungen vorgenommen wurden, bietet es sich an, die nach der jeweils zugrunde gelegten Zielfunktion $Z(\Delta g_j)$ berechneten minimalen Gewichtsänderungen mit den maximal möglichen Änderungen zu vergleichen. Dementsprechend kann man allgemein als Maß "S" für die Sensitivität definieren:

$$S := 1 - [\, Z(\Delta g\,)_{Min} \;/\; Z(\Delta g\,)_{Max} \,] \qquad \text{Gl. (213)}$$

Offenbar liegt das Empfindlichkeitsmaß S im Wertebereich $0 <= S <= 1$, wobei folgende Interpretation gilt:

- Große Werte von S, d.h. $S \Rightarrow 1$, kennzeichnen ein *empfindliches* (instabiles) Ergebnis, da bereits relativ kleine Gewichtsänderungen zu Nutzengleichheit der Alternativen führen $(Z(\Delta g_j)_{Min} \Rightarrow 0)$.
- Niedrige Werte von S, d.h. $S \Rightarrow 0$, kennzeichnen dagegen ein *unempfindliches* (stabiles) Ergebnis, da Nutzengleichheit nur durch relativ große Gewichtsänderungen herbeigeführt werden kann $(Z(\Delta g_j)_{Min} \Rightarrow Z(\Delta g_j)_{Max})$.

Obwohl zunächst naheliegend, erscheint es dennoch nicht sinnvoll, den für das Empfindlichkeitsmaß erforderlichen Maximalwert der Zielfunktion $Z(\Delta g_j)_{Max}$ unter sämtlichen Nebenbedingungen zu bestimmen, wie sie zur Lösung des Eingangs definierten

Minimierungsproblems formuliert wurden (vgl. Gl.(196) bis Gl.(198)). Speziell muß hier die Bedingung der Nutzengleichheit der Vergleichsalternativen gemäß Gl.(196) entfallen. Sie stellt eine durch den Bewertungsgegenstand - d.h. durch die Alternativen - determinierte Beschränkung dar, die außerhalb des Wertsystems des Entscheidungsträgers liegt. Dementsprechend kann sie keine Vergleichsbasis liefern, die eine präferenzbedingte Grenze möglicher Ausprägung der Präferenzstruktur der Bewerter bildet. Dagegen stellen jedoch die *Normierungs-* und *Grenzwertbedingungen* generell gültige Beschränkungen für Zielgewichte innerhalb des zugrundegelegten Wertesystems dar, die entsprechend Gl.(197) und Gl.(198) auch bei der Berechnung von $Z(\Delta g_j)_{Max}$ eingehalten werden müssen.

Die zusätzliche Berücksichtigung eventuell vorgegebener Gewichtsgrenzen a_j und b_j erscheint möglich, würde jedoch - abgesehen von rechnerischen Erschwernissen - zu einer nicht wünschenswerten Manipulationsmöglichkeit der berechneten Empfindlichkeitskennwerte führen. Durch Einbeziehung enger Gewichtsgrenzen würde $Z(\Delta g_j)_{Max}$ "klein" gehalten und damit die nach Gl.(213) berechnete Ergebnisempfindlichkeit entsprechend niedrig ausgewiesen.

Für das in Gl.(213) zunächst allgemein definierte Empfindlichkeitsmaß ergeben sich nun - je nach gewählter Strategie V1 bzw. V2 zur Minimierung der Gewichtsänderungen - aufgrund der unterschiedlichen Zielfunktionen auch unterschiedliche Maße.

a) *Beurteilung der "quadrierten" Gewichtsänderungen*

Bei der *simultanten Strategie V1* waren die zu berechnenden minimalen Gewichtsänderungen auf möglichst viele Zielkriterien zu verteilen und die Zielfunktion gemäß Gl.(200) zu minimieren. Als Empfindlichkeitsmaß ergibt daher in diesem Fall gemäß Gl.(213)

$$S1 = 1 - [(\sum \Delta g_j^{\,2}) \; / \; (\sum \Delta g_j^{\,2})_{Max}] \qquad \text{Gl. (214)}$$

Zur Berechnung von S1 muß $(\sum \Delta g_j^{\,2})_{Max}$ bestimmt werden. Da sich die positiven und negativen Gewichtsänderungen g_{j+} bzw. g_{j-} vollständig ausgleichen müssen, erhält man offenbar die größte Gewichtsänderung dann, wenn

- die (m-1) größten Gewichte auf den Niedrigstwert 0 herabgesetzt werden und
- das ursprünglich niedrigste Gewicht $(g_j)_{Min}$ auf den Höchstwert 1 heraufgesetzt wird.

Wie bei *Zangemeister* und *Bomsdorf* (1983) gezeigt wird, ergibt sich für diesen Fall speziell:

$$(\sum \Delta g_j^{\,2})_{Max} = \sum g_j^{\,2} + (1 - 2g_{MIN}) \leq 2$$

und in Verbindung mit Gl.(214) daraus

$$S1 = 1 - [\,(\sum \Delta g_j^{\,2}) \,/\, \{(\sum g_j^{\,2}) + (1 - 2g_{MIN})\}\,] \qquad \text{Gl. (215)}$$

b) Beurteilung der "absoluten" Gewichtsänderungen

Bei der *selektiven Strategie V2* waren die zu berechnenden Gewichtsänderungen auf möglichst wenig Zielkriterien zu verteilen und die Zielfunktion gemäß Gl.(204) zu minimieren. Als Empfindlichkeitsmaß ergibt sich für diesen Fall nach Gl.(213)

$$S2 = 1 - [\,(|\sum \Delta g_j|) \,/\, (|\sum \Delta g_j|)_{Max}\,] \qquad \text{Gl. (216)}$$

Analog den zuvor für S1 angestellten Überlegungen folgt hier für das Maximum der Zielfunktion:

$$(\sum |\Delta g_j|)_{Max} = 2 \cdot (1 - g_{MIN}) \leq 2 \qquad \text{Gl. (217)}$$

Eingesetzt in Gl.(216) ergibt sich damit für das Empfindlichkeitsmaß

$$S2 = 1 - [\,(\sum |\Delta g_j|) \,/\, \{\, 2 \cdot (1 - g_{MIN})\,\}\,] \qquad \text{Gl. (218)}$$

9.3.2) Präferenzbezogene Beurteilung der Gewichtsänderungen

Bei den bisher vorgestellten Maßen S1 und S2 werden die für Nutzengleichheit berechneten Gewichtsänderungen den *maximal* möglichen Änderungen gegenübergestellt. Das bedeutet, die Abweichung von der ursprünglichen Präferenzstruktur wird mit dem Grenzfall verglichen, in dem das ursprünglich niedrigste Gewicht auf den Höchstwert 1 und alle übrigen auf den Wert 0 gesetzt werden. Dieser formal naheliegende Grenzfall stellt jedoch eine extrem unrealistische Präferenzstruktur dar. In der Praxis treten daher oft Schwierigkeiten bei der Interpretation der dazu entsprechend Gl.(215) und Gl.(218) berechneten Empfindlichkeitskennzahlen auf. Denn trotz scheinbar *geringer* Gewichtsänderungen liegen die betreffenden Werte für S1 und S2 selten unter 0,75. Bezogen auf den höchsten Empfindlichkeitswert von 1,0 signalisieren diese Werte dann bereits relativ hohe Empfindlichkeiten.

Zur Beurteilung der Ergebnisempfindlichkeit erscheint es infolgedessen entsprechend Gl.(213) eventuell angemessener, dem für die *minimalen* Gewichtsänderungen berechneten Wert der Zielfunktion $Z(\Delta g)_{Min}$ nicht den *maximal* möglichen Wert $Z(\Delta g)_{Max}$ gegenüberzustellen, sondern hierfür als Vergleichsbasis einen *präferenzbestimmten* Wert $Z(\Delta g)_{\alpha}$ zu verwenden. Der Grundgedanke zur Definition eines solchen *Vergleichsfalles* besteht in der Annahme, daß alle Gewichte *einheitlich* um einen Prozentsatz von $\alpha \ast 100\%$ verändert werden. Für diese Änderungen wird dann als Bezugsbasis der zugehörige Wert der Zielfunktionen $Z(\Delta g)_{\alpha}$ berechnet. Dieser kennzeichnet auf dem *"Stabilitätsniveau von α"* wie groß der in der Gewichtsanalyse berechnete Wert $Z(\Delta g)_{Min}$ *mindestens* sein muß, um das Ergebnis der Nutzwertanalyse als unempfindlich (stabil) ansehen zu können.

Für die allgemeine Form des Empfindlichkeitsmaßes ergibt sich damit entsprechend Gleichung Gl.(213)

$$S_{\alpha} := 1 - [\, Z(\Delta g)_{Min} \, / \, Z(\Delta g)_{\alpha} \,] \qquad \text{Gl. (219)}$$

Speziell möge der Vergleichsfall - und zwar unabhängig von den Nutzwerten der Alternativen - durch folgende Festlegungen definiert sein:

(a) Zunächst sei angenommen, daß alle Gewichte erhöht bzw. vermindert werden und zwar um

$$\Delta g_j = \pm \alpha \ast g_j \qquad \text{mit} \qquad 0 < \alpha \leq 1 \qquad \text{Gl. (220)}$$

(b) Ferner sei die Summe der positiv veränderten Gewichte g_{j+} gleich groß der Summe der negativ veränderten Gewichte g_{j-}, d.h.:

$$\sum g_{j+} = \sum g_{j-} \qquad \text{mit} \qquad g_{j+} \varepsilon \, g_j \quad \text{und} \quad g_{j-} \varepsilon \, g_j \qquad \text{Gl. (221)}$$

Die Festlegungen (a) und (b) sichern für den Vergleichsfall, daß dieser die Bedingungen $\sum g_j = \sum g'_j = 1$ und $0 \leq g'_j \leq 1$ für alle j erfüllt.

(c) Schließlich sei die Summe der veränderten Gewichte gleich β, d.h.

$$\sum g_j = \beta; \; ; \; 0 < \beta \leq 1 \qquad \text{mit} \qquad g_j \, \varepsilon \, g_+ , g_- \qquad \text{Gl. (222)}$$

Im Übrigen sei hier der Einfachheit halber noch angenommen, daß in dem betrachteten Vergleichsfall *alle* Gewichte verändert werden, d.h. $\beta = 1$ gilt. Durch diese Festlegung wird darauf verzichtet, β zusätzlich als Parameter zur Fixierung des Stabilitätsniveaus zu betrachten. Die nachfolgenden Überlegungen gelten jedoch analog auch für Vergleichsfälle mit $0 < \beta < 1$).

Für die Berechnung eines Empfindlichkeitsmaßes kann damit anstelle von $Z(\Delta g)_{Max}$ jeweils ein dem Vergleichsfall entsprechender Bezugswert $Z(\Delta g)_\alpha$ auf dem "Stabilitätsniveau α " zugrunde gelegt werden. Mit diesen Festlegungen ergibt sich dann für die Berechnung von S1 (*simultane* Gewichtsänderung) :

$$(\Sigma\, \Delta g_j^{\,2})_\alpha = \sum_{g_j \varepsilon g_-} (\alpha g_j)^2 + \sum_{g_j \varepsilon g_+} (\alpha g_j)^2 = \alpha^2 \Sigma g_j^2 \qquad \text{Gl. (223)}$$

und in Verbindung mit Gl.(214) daraus

$$(S1)_\alpha = 1 - [\,(\Sigma \Delta g_j^{\,2}) \,/\, \alpha^2 \Sigma g_j^2\,] \qquad \text{Gl. (224)}$$

Im Fall von S2 (*selektiv* Gewichtsänderung) ergibt sich entsprechend:

$$(\Sigma \mathrm{I}\, \Delta g_j\, \mathrm{I})_\alpha = \sum_{g_j \varepsilon g_-} \mathrm{I} - \alpha g_j \,\mathrm{I} + \sum_{g_j \varepsilon g_+} \alpha g_j = \alpha \Sigma g_j = \alpha \qquad \text{Gl. (225)}$$

Eingesetzt in Gl.(215) ergibt sich damit für das Empfindlichkeitsmaß

$$(S2)_\alpha = 1 - [\,(\Sigma \mathrm{I}\, \Delta g_j\, \mathrm{I}) \,/\, \alpha\,] \qquad \text{Gl. (226)}$$

Mit diesen Festsetzungen kann die Beurteilung der Ergebnisempfindlichkeit einer Nutzwertanalyse gegenüber den berechneten Gewichtsänderungen in zweifacher Weise erfolgen:

a) Vorgabe eines Stabilitätsniveaus von α

In diesem Fall wird das geforderte Stabilitätsniveau α vorgegeben und geprüft:

$$Z(\Delta g)_{Min} \;>=\; <\; Z(\Delta g)_\alpha \quad ? \qquad \text{Gl. (227)}$$

Es gilt dann in Verbindung mit Gl.213) bzw. Gl.(219) für:

>= : Die berechneten minimalen Gewichtsänderungen sind *größer* bzw. gleich den Änderungen, die auf dem Stabilitätsniveau von α höchstens noch als *"geringfügig"* toleriert werden. Dementsprechend ist das Ergebnis *unempfindlich* (stabil), d.h. $S_\alpha <= 0$.

<: Die berechneten minimalen Gewichtsänderungen sind *kleiner* als die auf dem Stabilitätsniveau von α noch als *"geringfügig"* tolerierten Änderungen. Dementsprechend ist das Ergebnis *empfindlich* (instabil), d.h. $S_\alpha > 0$.

b) Vorgabe von $S\alpha <= 0$

Gibt man $S_\alpha <= 0$ vor und verlangt damit Unempfindlichkeit (Stabilität) des Ergebnisses, so kann man fragen, auf welchem *kritischen Stabilitätsniveau* α das gerade noch erreicht wird, d.h. $S_\alpha = 0$. Für den Fall $(S1)_\alpha = 0$ folgt aus Gl.(224)

$$\alpha_1 = [(\sum \Delta g_j^2) \;/\; \sum g_j^2]^{1/2} \qquad \text{Gl. (228)}$$

Entsprechend ergibt sich aus Gl.(226) für $(S2)_\alpha = 0$

$$\alpha_2 = \sum | \Delta g_j | \qquad \text{Gl. (229)}$$

Bei diesem Vorgehen wäre im Einzelfall zu entscheiden, ob der für α resultierende Wert - im Sinne des oben definierten Vergleichsfalls - noch als *geringfügige* Änderungsrate der Gewichte angesehen werden muß oder nicht. Liegt α oberhalb (unterhalb) einer vorgegebenen *Toleranzschwelle* (Stabilitätsschranke), so ist das Ergebnis als stabil (instabil) anzusehen.

9.4) Beispiel und Folgerungen

Abschließend soll nun anhand eines einfachen Berechnungsbeispiels veranschaulicht werden, wie sich die unterschiedlichen Lösungsstrategien der Verfahren auf die Berechnung der kritischen Gewichte g'_j und die daraus resultierenden Empfindlichkeitsmaße auswirken.

Im oberen Teil der **Abb.9.4-1** ist der dem Beispiel zugrunde gelegte Zielbaum skizziert. Es handelt sich hierbei um eine Bewertungsaufgabe im Zusammenhang mit der technologisch- und organisatorischen Neugestaltung eines Arbeitssystems in einem Unternehmen der Gießereiindustrie (vgl. dazu z.B. auch bei *Zangemeister*, (2000)). Die Empfindlichkeitsanalyse soll auf der ersten bzw. zweiten Zielbaumstufe bezüglich der bis dahin in 5 Zielen aggregierten Teilnutzwerte zweier Alternativen A_1 und A_2 durchgeführt werden. Wie die diesbezüglichen Ausgangswerte der Nutzwertanalyse in linken Teil der Tabelle in Abb.9.4-1 zeigen, ergibt die ursprüngliche Gewichtung eine Rangüberlegenheit von A_1, d.h.

$$N_1 = 7{,}80 \quad > \quad N_2 = 6{,}95$$

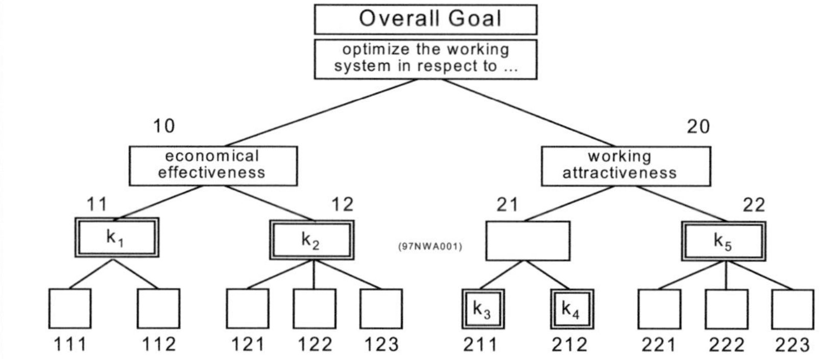

Original Data of Utility Analysis for i=2 Alternatives and j = 5 criteria						Sensitivity analysis for calculating critical weights w'_j					
						P1: "simultaneous changing" $\sum \Delta w^2_j$ = Min!			**P2**: "selective pairwise changing" $\sum \lvert \Delta w_j \rvert$ = Min!		
j	criteria k_j	original weights w_j	w_j^2	goal values v_{ij} of the alternatives a_i: i = 1	i = 2	critical weights w'_j	$\Delta w_j = w'_j - w_j$	Δw^2_j	critical weights w'_j	$\Delta w_j = w'_j - w_j$	Δw^2_j
1	economic eficiency	0,300	0,0900	8,00	10,00	0,370	0,0700	0,0049	0,300	-	-
2	productivity	0,100	0,0100	6,00	3,00	0,060	-0,0400	0,0016	0,100	-	-
3	heavy physical work	0,200	0,0400	7,00	9,00	0,270	0,0700	0,0049	0,321	0,1210	0,0146
4	noise pollution	0,250	0,0625	10,00	5,00	0,166	-0,0840	0,0071	0,129	-0,1210	0,0146
5	mental stress	0,150	0,0225	6,00	4,00	0,134	-0,0160	0,0003	0,150	-	-
	Σ	1,000	0,2250	-	-	1,000	0,0000	0,0187	1,000	0,0000	0,0293
	$\sum \lvert \Delta w_j \rvert$						0,2800			0,2420	

			P1	P2
Utility: $U_i = \sum_j w_j v_{ij}$	$U_1 = 7{,}80$	$U_2 = 6{,}95$	$U'_1 = U'_2 = 7{,}67$	$U'_1 = U'_2 = 7{,}43$
Measures of Sensitivity:				
S1 $= 1 - \{ (\sum \Delta w^2_j) / (\sum \Delta w^2_j)_{Max} \}$		[see (4.1) in the text]	S1= 0,9817	S1= 0,9714
S2 $= 1 - \{ (\sum \lvert \Delta w_j \rvert) / (\sum \lvert \Delta w_j \rvert)_{Max} \}$		[see (4.5)]	S2= 0,8444	S2= 0,8656
$\alpha_1 = \{ (\sum \Delta w^2_j) / (\sum w^2_j) \}^{1/2}$		[see (4.14)]	α_1 = 0,2884	α_1 = 0,3608
$\alpha_2 = \sum \lvert \Delta w_j \rvert$		[see (4.15)]	α_2 = 0,2800	α_2 = 0,2420
		(97NWA002)		(97NWA002)

Remarks: + The lower and upper boundaries for all weights were set to 0 resp.1,0
+ To get the results in this case there was only one iteration necessary.

Abb.9.4-1 Beispiel einer Empfindlichkeitsanalyse auf der Basis kritischer Zielgewichte

Im rechten Teil der Tabelle in Abb.9.4-1 sind die Ergebnisse der kritischen Gewichtsanalyse für die beiden Berechnungsverfahren V1"simultane" bzw. V2"selektive" Gewichtsänderung angegeben. In beiden Fällen kann Nutzengleichheit bereits nach dem ersten Iterationsschritt herbeigeführt werden.

Am häufigsten wurden bisher bei der Verfahrensanwendung 2 Schritte beobachtet. Je enger die Gewichtsgrenzen im Einzelfall gezogen werden, desto mehr Iterationsschritte sind in der Regel erforderlich. Die im unteren Teil der Tabelle berechneten Kennziffern zur Beurteilung der Sensitivität der Ergebnisse zeigen die unterschiedliche Ausrichtung der beiden Strategien V1 und V2:

- *V1 simultane Änderung*: In diesem Fall ist $\sum\Delta g_j^{\,2}$ = 0,0187, also kleiner als beim selektiven Verfahren V2 ($\sum\Delta g_j^{\,2}$ =0,0293). Dementsprechend weist das zugehörige Empfindlichkeitsmaß S1 = 0,9817 einen höheren Wert aus, da hier - entsprechend der zugrunde gelegten Zielfunktion - mit weniger Gewichtsänderung als beim Verfahren V2 Nutzengleichheit herbeigeführt werden kann.
- *V2 selektive Änderung*: Bei der selektiven, paarweisen Gewichtsänderung ist dagegen $\sum| \Delta g_j |$ mit einem Wert von 0,242 deutlich kleiner als beim Verfahren V1 (= 0,280), mit der Konsequenz, daß in diesem Fall das zugehörige Empfindlichkeitsmaß S2 = 0,8656 den höheren Wert aufweist.

In beiden Fällen liegen die zugehörigen Empfindlichkeitsmaße S1 bzw. S2 nahe bei 1, was für eine *sehr hohe Empfindlichkeit* (Instabilität) des Ergebnisses der Nutzwertanalyse spricht. Wie weiter oben bereits angesprochen wurde, ist dieses jedoch vermutlich eine Folge davon, daß der Wert der Zielfunktion Gl.(213) für die berechneten *minimalen* Gewichtsänderungen mit dem gewöhnlich eher unrealistischen Wert der *maximal* möglichen Änderungen verglichen wird. Dieses dürfte normalerweise nicht präferenzgerecht sein, wie folgende Überlegung anhand der Zahlen für die Strategie V1 zeigt (gilt analog für V2):

- Im Fall von V1 wurden die Gewichte von allen ($m_\pm$ = 5) Kriterien verändert, und zwar durchschnittlich um:

$$\Delta g^{\%} = (1/\, m_\pm) * \sum (| \Delta g_j |) / g_j)*100\% \qquad = \quad 28{,}52\%$$

Wie im Zusammenhang mit Gl.(214) dargelegt wurde, erhält man die maximal möglich Änderung der Gewichte dadurch, daß

⇒ die (m-1) größten Gewichte auf den Niedrigstwert 0 herabgesetzt werden

⇒ und das ursprünglich niedrigste Gewicht $(g_j)_{Min}$ auf den Höchstwert 1 heraufgesetzt wird.

Damit würde sich hier je Kriterium durchschnittlich eine *maximal mögliche* Änderungen ergeben von

$$\Delta g^{\%}_{Max} = (1/\, m) * \sum (| \Delta g_{jMax} |) / g_j)*100\% \qquad = \quad 260{,}00\%$$

Dieser hohe Wert liegt weit außerhalb üblicher Präferenztoleranzen. Er liefert zwar eine formale, mit Sicherheit aber keine präferenzgerechte Vergleichsbasis zur Beurteilung der Ergebnisempfindlichkeit. Infolgedessen sollte man sich bei der Beurteilung der Ergebnisempfindlichkeit besser an den *situationsspezifischen Präferenzen* orientieren und dazu das kritische Stabilitätsniveau α nach Gl.(228) bzw. Gl.(229) berechnen. Wie in Abb.9.4-1 ausgewiesen, liegt dieser Wert im Fall von V1 bei α_1 = 0,2884. Dieser Wert besagt, daß das Ergebnis der Nutzwertanalyse nur dann als *instabil* angesehen werden muß, wenn aufgrund der bestehenden Präferenzen die *Toleranzschwelle* für durchschnittliche Gewichtsänderungen über 28,84% liegt. Liegt sie dagegen *unter* diesem Wert, so ist das Ergebnis als *stabil* zu betrachten.

Ein entsprechendes Ergebnis ergibt sich hier für den Fall von V2 (selektive Strategie). Welche der beiden Minimierungsstrategien V1 oder V2 man im Einzelfall bevorzugt, um die Empfindlichkeit des Ergebnisses einer Nutzwertanalyse zu beurteilen, hängt letztlich davon ab, ob auch die *Anzahl* $m^{\pm}$ der Kriterien, für die veränderte Gewichte berechnet werden, außer der Höhe der Gewichtsänderungen Δg_j selbst eine Rolle spielen soll oder nicht. Grundsätzlich gilt: Je weniger Gewichte in einem Anwendungsfall geändert werden müssen, um Nutzengleichheit zu erzielen, desto höher fallen prozentual die erforderlichen Gewichtsänderungen bei den betroffenen Kriterien aus.

9.5) Literaturhinweise zu Kap.9

Keeney, R.L and Raiffa, H. (1976). *Decisions with Multiple Objectives: Preference and Value Trade-offs*. New York, John Wiley & Sons

Lillich, L. (1992). *Nutzwertverfahren*. Heidelberg, Physica-Verlag

Rios Insua, D. (1990). *Sensitivity Analysis in Multiobjective Decision Making*. LNEMS vol. 37, Berlin, Springer Verlag

Rischmüller, G. (1980). Die multiattributive Nutzentheorie: Ein Entscheidungshilfeverfahren bei mehrfacher Zielsetzung. ZfbfF 32, 498-518

Stewart, T.S. (1996). Robustness of Additive Value Function Methods in MCDM. Journal of Multi-Criteria Decision Analysis, Vol.5., 301-309

Zangemeister, C. (1970). *Nutzwertanalyse in der Systemtechnik: Eine Methodik zur multidimensionalen Bewertung und Auswahl von Projektalternativen*. München, Wittemannsche Buchhandlung (4.th edition 1976)

Zangemeister, C. (1976). *Planung und Entscheidungsvorbereitung mit dem Nutzwert-Analyse-Programm-System NAPSY*. Forschungsbericht des BMFT W 76-19; München, ZLDI Postfach 86 08 80

Zangemeister, C.; Bomsdorf, E. (1983). *Empfindlichkeitsuntersuchungen in der Nutzwertanalyse (NWA): Ermittlung kritischer Zielgewichte und Empfindlichkeitsmaße*. ZfbF 35 , 375 - 397

Zangemeister, C. (2000). Erweiterte Wirtschaftlichkeits-Analyse (EWA) - Grundlagen und Leitfaden für ein 3-Stufen-Verfahren zur Arbeitssystembewertung. Wirtschaftsverlag NW, Bremerhaven

10) Erweiterte Wirtschaftlickeits-Analyse (EWA)[2]

Nutzwertanalysen bieten den großen Vorteil, daß sie bei der Bewertung von Vorhaben grundsätzlich keine Einschränkungen bei der Art und Anzahl von Zielkritrien machen. Die Nutzwertanalyse (NWA) erlaubt es, daß sowohl quantitative und qualitative Kriterien, wie auch monetäre oder nicht monetäre Kriterien in die Bewertung einfließen und insoweit eine ganzheitliche, *mehrdimensionale Beurteilung* von positiven und negativen Projekteigenschaften möglich ist.

Demgegenüber stößt die nutzwertanalytische Bewertung in der Praxis jedoch immer dann auf Kritik, wenn eine herkömmliche betriebswirtschaftliche Investitionsrechnung in Form einer *Traditionellen Wirtschaftlichkeits-Analyse (TWA)* auf der Basis *monetärer* Daten vorgelegt werden kann. Der Nachweis entsprechender Investitionskennzahlen wie ROI (Return on Investment), Rücklaufzeit und interne Verzinsung erscheint insbesondere bei kapitalintensiven Investitionsvorhaben oft zwingend und als maßgebliches Entscheidungskriterium gegenüber einer nutzwertanalytischen Punktbewertung grundsätzlich überlegen. Dieses wiederum ist jedoch dann unbefriedigend, wenn im konkreten Fall auch nicht monetäre Kriterien von hoher Entscheidungsrelevanz sind.

Angesichts dieser Vor- bzw. Nachteile von NWA und TWA geht es nun in diesem abschließenden Kapitel darum, aufzuzeigen, welche Überlegungen nach dem Aufkommen der Nutzwertanalyse in den frühen 1970-ziger Jahren dazu geführt haben, die rein monetär orientierte, traditionelle Wirtschaftlichkeitsanalyse in Richtung NWA zu erweitern, um bei Bedarf auch eine systematische Kombination dieser beiden Bewertungsmethoden in Verfahren der *Erweiterten-Wirtschaftlichkeits-Analyse (EWA)* zu ermöglichen.

10.1) Problemstellung und Zielsetzung

Im Folgenden werden ausgehend von einer kurzen Darstellung der Grenzen rein monetärer Wirtschaftlichkeitsbetrachtungen weitergehende *Bewertungsperspektiven* aufgezeigt, deren Beachtung eine Verbesserung der Aussagefähigkeit traditioneller Wirtschaftlichkeitsanalysen verspricht. EWA-Verfahren zielen dementsprechend grundsätz-

---

2 Dieses Kapitel entspricht der gekürzten Fassung einer Veröffentlichung, die vom Autor zum Thema Arbeitssystembewertung im Rahmen eines Forschungsvorhabens für die Bundesanstalt für Arbeitsschutz und Arbeitsmedizin (BAuA) im Jahr 2000 vorgelegt wurde (vgl. [ZAN-00]).

lich drauf ab, solche zusätzlichen Bewertungsperspektiven situationsabhängig in eine Wirtschaftlichkeitsanalyse einbeziehen zu können.

10.1.1) Grenzen rein monetärer Wirtschaftlichkeitsbetrachtungen

Eine ökonomisch fundierte Entscheidung über die Durchführung kapitalintensiver Investitionsvorhaben sollte nach dem allgemeinen *Wirtschaftlichkeitsprinzip* darauf ausgerichtet sein, die Differenz oder das Verhältnis

Zielerfüllung (=Nutzen) / Mitteleinsatz (=Aufwand)

zu maximieren. Diesem generellen *Bewertungsmaßstab* entsprechend sind daher in einer Wirtschaftlichkeitsanalyse grundsätzlich die Zielbeiträge (Nutzen) eines Investitionsvorhabens dem erforderlichen Mitteleinsatz (Aufwand) gegenüberzustellen, um eine begründete Auswahl zwischen möglichen Alternativen treffen zu können. Diesen Sachverhalt veranschaulicht die **Abb.10.1-1.**

In der Marktwirtschaft ist es üblich, die erforderlichen *Mittel* für ein Investitionsvorhaben durch Kapitaleinsatz bereitzustellen und den zur Zielerfüllung (Leistungserstellung) erforderlichen Güterverzehr *monetär* in Form von *Kosten* zu bewerten. Ist damit der Bewertungsmaßstab auf der Seite des Mitteleinsatzes (Input) erst einmal festgelegt, dann ist es naheliegend - aber keineswegs zwingend - daß auch auf der *Nutzenseite* (Output) *"monetär gerechnet"* wird. Auf diese Weise können relativ einfach "griffige" Kennzahlen der Wirtschaftlichkeit bestimmt werden. Nach diesem Grundsatz sind die Verfahren der *"Traditionellen Wirtschaftlichkeits-Analyse" (TWA)* aufgebaut, zu denen speziell die Verfahren der *statischen* und *dynamischen* Investitionsrechnung zählen (vgl. auch weiter unten Abb.10.2-1). Bei diesen Verfahren wird unterstellt, daß allein das (monetäre) *Gewinnziel* als Bewertungsmaßstab zur Beurteilung der Wirtschaftlichkeit zugrundezulegen ist, und dementsprechend eine *eindimensionale*, ausschließlich *monetäre* Analyse ausreicht. Ihre Anwendung setzt daher voraus, daß keine andersartigen wichtigen Nutzengrößen von der Investition betroffen werden oder diese als relativ "unwichtig" ausgeklammert werden dürfen. Sind diese Voraussetzungen im konkreten Fall jedoch nicht erfüllt, und wird ein Investitionsvorhaben dennoch mit einem TWA-Verfahren analysiert, so ist das Ergebnis möglicherweise falsch und irreführend. Die rechnerische Eleganz einer TWA sollte daher nicht dazu verleiten, unter vermeintlicher Wahrung des Wirtschaftlichkeitsprinzips nur die monetär faßbaren Investitionseffekte zu berücksichtigen. Das Wirtschaftlichkeitsprinzip verlangt vielmehr eine möglichst voll

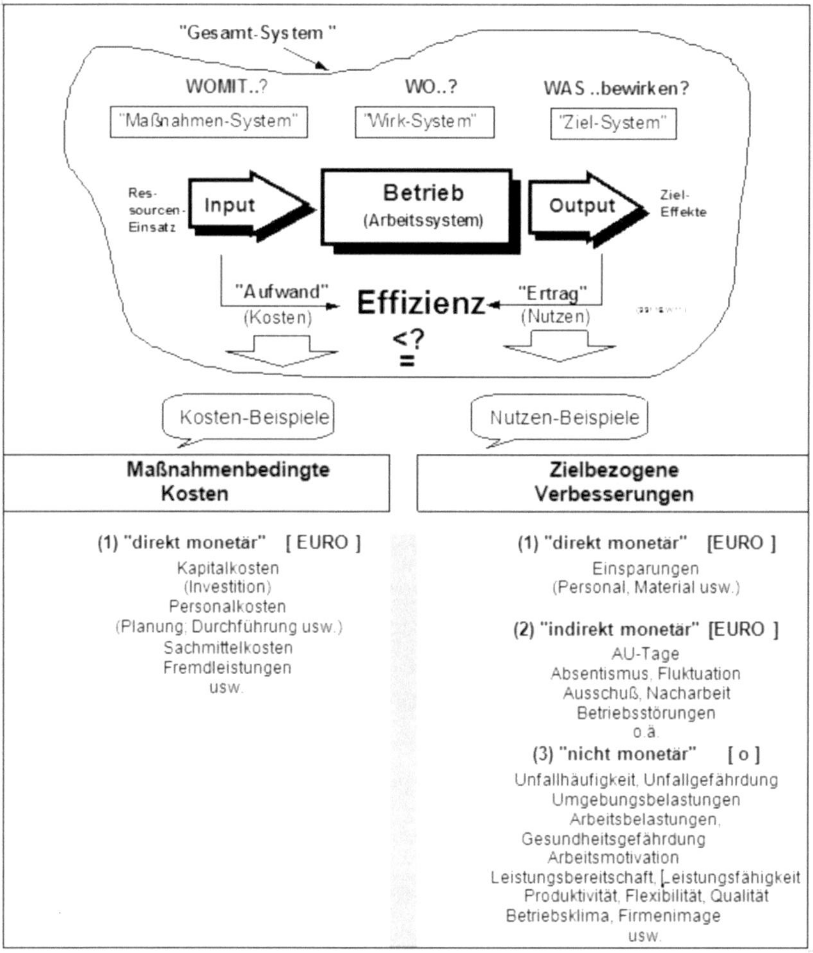

Abb.10.1-1 Effizienzprinzip einer systembezogenen, ganzheitlichen Wirtschaftlichkeitsbewertung und typische Nutzen-Kosten-Dimensionen.

ständige - d.h. nicht nur monetäre - Interpretation der angestrebten Zielerfüllung (Nutzen), die dem erforderlichen Mitteleinsatz (Kosten) gegenüberzustellen ist (vgl. Abb.10.1-1)

Eine dementsprechend *erweiterte* Betrachtung der Wirtschaftlichkeit ist vor allem bei strategischen *"Potential-Investitionen"* notwendig, die gewöhnlich durch einen hohen *Innovationsgrad* gekennzeichnet sind. Im Sinne langfristiger Existenzsicherung zielen sie primär darauf ab, *Potentiale* für eine konkurrenzfähige Leistungserstellung in der Zukunft aufzubauen. Damit sollen tendenziell eher langfristige *Gewinnchancen* eröffnet, als kurzfristig Gewinne maximiert werden. Außer *direkten Kostenreduzierungen* im Bereich der Leistungserstellung, sind es bei potentialorientierten Investitionen insbesondere häufig Verbesserungen in der *Qualität*, der *Flexibilität*, der *Lieferfähigkeit* und der *Arbeitsattraktivität*, die angestrebt werden. Sie sollen eine rechtzeitige Anpassung an strukturelle Änderungen des Marktes und der gesellschaftlichen Rahmenbedingungen ermöglichen, um auch in Zukunft nachhaltig am Absatzmarkt bestehen und qualifizierte Arbeitskräfte für die Produktion gewinnen zu können.

Aufgrund der beschleunigten technologischen Entwicklung müssen solche strategischen Überlegungen heute zunehmend z.B. auch bei der technisch- organisatorischen Ausgestaltung von *Arbeitssystemen* berücksichtigt werden. Traditionelle Wirtschaftlichkeitsanalysen greifen daher möglicherweise zu kurz, wenn nur die unmittelbar monetären Auswirkungen betrachtet werden und der strategische Nutzen aufgrund verbesserter Qualität, erhöhter Flexibilität usw. außer Ansatz bleibt. Je nach *Investitionstyp* und jeweiligem *Innovationsgrad* sind daher für die Investitionsbewertung Verfahren der Erweiterten Wirtschaftlichkeits-Analyse (EWA) notwendig.

10.1.2) Perspektiven erweiterter Wirtschaftlichkeitsbetrachtung

Zur Überwindung der Grenzen traditioneller Wirtschaftlichkeitsanalysen sind in der Wissenschaft wie auch in der Bewertungspraxis zahlreiche Vorschläge gemacht worden. Ab etwa Mitte der 1970-er Jahre konzentrierten sich diese Vorschläge - so vor allem damals in Westdeutschland - auf erweiterte Bewertungsansätze im Zusammenhang mit der Planung und Einführung *innovativer Produktions-* und *Informationstechnologien* und den damit verbundenen *Organisationsformen* bei der *Arbeitssystemgestaltung*. Zentraler Ausgangspunkt vieler dieser Überlegungen war die Erfahrung, daß die innovativen Merkmale fortschrittlicher Arbeitssysteme - sowohl *produkt-* und *prozeßbezogen* hinsichtlich *Qualität* und *Flexibilität*, als auch *mitarbeiterbezogen*, was den verbesserten *Arbeits- und Gesundheitsschutz* angeht - mit den Ansätzen der TWA nicht geeignet berücksichtigt werden konnten. Häufig bedeutete dies, daß den Kosten für entsprechend innovative Systemverbesserungen rechnerisch kein monetärer Nutzen gegenübergestellt werden konnte. Infolgedessen erwiesen sich solche Investitionen - mit den Verfahren der TWA bewertet - grundsätzlich als "unwirtschaftlich", obwohl die

Nützlichkeit der Vorhaben strategisch oft außer Frage stand und ihre Durchführung unternehmenspolitisch geboten erschien.

Auf die prinzipielle Unzulänglichkeit von TWA-Betrachtungen bei der Bewertung von innovativen Vorhaben wurde bereits unter Kap.10.1.1 eingegangen: In der Regel ist der *zeitliche Betrachtungshorizont* viel zu *kurz*, um die verzögert eintretenden ökonomischen *Sekundärwirkungen* von *innovativen Potentialinvestitionen* zu erfassen. Diese kann man oft nur dann in den Blick bekommen, wenn man bei solchen Investitionen gezielt eine

- Erweiterung des *zeitlichen Planungshorizontes*

in Richtung einer *integrierten Lebenszyklusbetrachtung* vornimmt (vgl. dazu [PFE-94, S.48]). Neben dieser generell erforderlichen, *zeitlichen* Ausdehnung der Analyse sind es vor allem *sachliche* Erweiterungen *inhaltlicher* und *organisatorische* Art, mit denen die begrenzte Aussagefähigkeit einer TWA in Richtung einer möglichst ganzheitlichen EWA überwunden werden kann. Es sind dies im wesentlichen drei *Perspektiven* der Erweiterung, und zwar die

- Reichweite (Systemorientierung),
- Kriterienarten (Dimensionalität) und
- Organisation (Kooperationsgrad)

der Bewertung. Die Einzelaspekte dieser Erweiterungsperspektiven veranschaulicht **Abb.10.1-2**. Sie kennzeichnen Typisierungsmerkmale der inhaltlich- / organisatorischen Ausgestaltung von EWA-Verfahren und sollen daher im Folgenden kurz erläutert werden.

(1) "Reichweite" oder "Systemorientierung" der Bewertung

Gewöhnlich werden bei einer TWA die Auswirkungen einer Investition ausschließlich im eigentlichen *Investitionsbereich* betrachtet, d.h. dort, wo Gestaltungsmaßnahmen unmittelbar durchgeführt werden.

Diese *internen Auswirkungen* im engeren Bereich einer Investition stellen oft jedoch nur einen Teil des tatsächlichen Wirkungsspektrums der damit verbundenen Maßnahmen dar. Werden daher zusätzlich Auswirkungen auch in *vor-* und *nachgelagerten* Betriebsbereichen berücksichtigt, um Suboptimierungen zu vermeiden [KOU-82, S.93], dann liegt eine *Erweiterung der sachlichen Reichweite* der Investitionsbeurteilung vor. Diese kann sogar so weit gehen, daß zu-

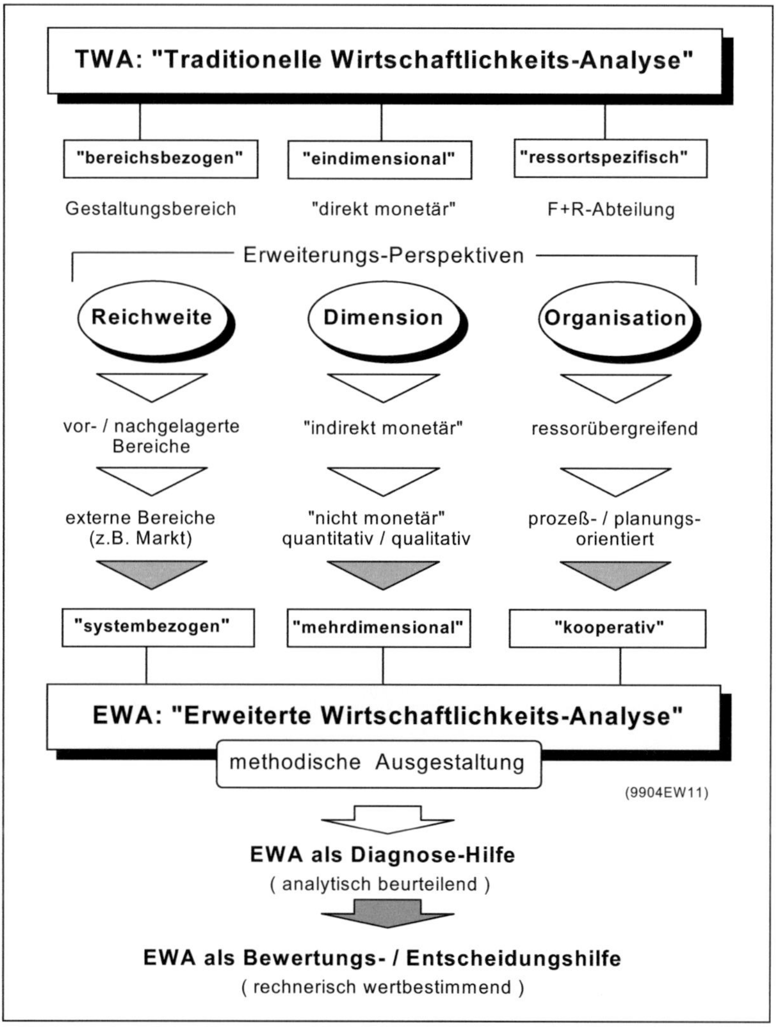

Abb. 10.1-2 Perspektiven der methodischen Erweiterung von traditionellen Wirtschaftlichkeitsanalysen (TWA) hin zur EWA

sätzlich *externe Auswirkungen* betrachtet werden, wenn diese entscheidungsrelevante Ziele des Investitionsvorhabens berühren, wie beispielsweise erwartete Konsequenzen am Markt hinsichtlich Konkurrenzreaktionen, Umweltschutz und Unternehmensimage.

Zielt die sachliche Reichweite einer Analyse und Bewertung auf eine "*ganzheit-*

liche" Betrachtung ab, so wird in diesem Zusammenhang speziell auch von einem "*systembezogenen*" Ansatz gesprochen (vgl. dazu auch in [ZAN-00, S.20 und S.189 ff])

(2) "Kriterienarten" oder "Dimensionalität" der Bewertung

Die Erweiterung der traditionellen Wirtschaftlichkeitsanalyse hinsichtlich der einbeziehbaren *Kriterienarten* stellt sowohl inhaltlich, wie auch insbesondere bewertungsmethodisch gesehen, das bei weitem wichtigste Merkmal zur Kennzeichnung von EWA-Verfahren dar. Sie ist die notwendige Folge der systembezogenen Betrachtungsweise (vgl. oben).

Wie bereits in Kap.10.1.1 dargestellt, beschränkt sich die TWA auf die rein geldwertmäßige Betrachtung von Investitionsvorhaben. Berücksichtigt werden dabei gewöhnlich nur die *direkt monetär* messbaren Kriterien (Kosten / Leistungen; Aufwand / Ertrag; Ausgaben / Einnahmen). Die TWA ist bewertungsmethodisch gesehen insofern ein *"eindimensionales" Verfahren.*

Ein erster Schritt zur *kriterienbezogenen Erweiterung* einer TWA hin zur EWA kann nun bereits darin gesehen werden, daß zusätzlich *indirekt monetär* quantifizierbare Kriterien - wie z.B. voraussichtliche Fehlzeiten aufgrund ungünstiger Arbeitsbedingungen oder Umsatzeinbußen aufgrund von Qualitätsmängeln - in die *Investitionsrechnung* mit einbezogen werden. In diesem Fall werden voraussichtliche Vorhabeneffekte durch gesondert anzustellende Überlegungen mehr oder weniger gut begründet "*monetarisiert*". Obwohl in diesem Fall zusätzliche Kriterien berücksichtigt werden, ist ein solches Vorgehen bewertungsmethodisch jedoch ebenso wie die TWA als *"eindimensionales" EWA-Verfahren* zu bezeichnen, da *ausschließlich in Geldeinheiten* gerechnet wird.

Da eine "sinnvolle" Monetarisierung erfahrungsgemäß jedoch schnell auf Grenzen stößt, wird mit dieser Vorgehensweise gewöhnlich keine ausreichende inhaltliche Erweiterung des Kriterienspektrums erreicht, die zur Erfassung aller zielrelevanten Vorhabeneffekte geeignet wäre. Der methodisch entscheidende Schritt zur kriterienbezogenen Erweiterung von herkömmlichen Wirtschaftlichkeitsanalysen liegt daher erst dann vor, wenn zusätzlich zu den monetären auch *beliebig nicht monetäre*, "quantitative" und/oder "qualitative" Kriterien in die Investitionsbeurteilung eingehen können. Erst eine solche Erweiterung der zulässigen Kriterienarten, führt zu einem echten *"mehrdimensionalen" EWA-Verfahren*.

Da in diesem Fall die in die Bewertung eingehenden Vorhabeneffekte heterogen zusammengesetzt sind, kommt man hier natürlich nicht mehr mit einer rein *finanzanalytisch* aufgebauten, monetären Vergleichsrechnung aus, um ein zusammenfassendes Bewertungsergebnis abzuleiten. Infolgedessen sollten mehrdimensionale EWA-Verfahren eine gesonderte Vorschrift darüber enthalten, wie die ungleichnamigen Vorhabeneffekte systematisch zu einer Bewertungsaussage integriert werden können (Aggregationsproblem, vgl.Kap.10.2.2).

(3) "Organisation" oder "Kooperationsgrad" der Bewertung

Die traditionelle Wirtschaftlichkeitsanalyse von Investitionsvorhaben wird gewöhnlich von der Abteilung *betriebliches Rechnungswesen* - in der Regel nach entsprechender Vorarbeit der maßgeblich betroffenen Fachabteilungen - mehr oder weniger "autonom" durchgeführt. Dieses erscheint angemessen, soweit primär monetär gerechnet wird.

Die *systembezogene*, *ganzheitliche* Sichtweise erfordert jedoch ein *ressorübergreifendes, prozeßorientiertes* "Denken in Wirkungszusammenhängen" [PFE-94, S.45]. Sollen bei der Investitionsbeurteilung daher auch die *nicht monetäre* Auswirkungen systematisch berücksichtigt werden, dann empfiehlt sich eine *Erweiterung der Organisation* der Bewertung.

Diese liegt dann vor, wenn die gesamte Planung und Bewertung eines Investitionsvorhabens bereichsübergreifend in *kooperativer Form* - zum Beispiel durch ein eigens zusammengesetztes *interdisziplinäres Projektteam* - erfolgt. In diesem Team können dann - je nach Wirkungsfeld der Investition - verschiedene kaufmännische und technische Abteilungen vertreten sein, die für die Abschätzung und Beurteilung der sie betreffenden Investitionsauswirkungen verantwortlich sind. Im Hinblick auf die Gestaltung von Arbeitssystemen spielt hierbei insbesondere die geeignete *Einbeziehung* der betroffenen *Arbeitnehmer* eine wichtige Rolle.

Die erläuterten drei Erweiterungsperspektiven bedingen sich häufig in konkreten Bewertungssituationen. So erfordert beispielsweise die *systemorientierte* Betrachtung von Vorhabeneffekten in der Regel auch *Mehrdimensionalität* der Bewertungskriterien sowie die *kooperative* Einbindung unterschiedlichen Fachwissens bei der Bewertung.

Dabei können diese Perspektiven jedoch bei einer erweiterten Wirtschaftlichkeitsanalyse - einzeln oder miteinander kombiniert - auf durchaus unterschiedliche Weise ausgeprägt sein. Infolgedessen unterscheiden sich EWA-Verfahren gewöhnlich im Umfang ihres *Erweiterungsanspruches* (vgl. **Abb.10.1-2**). Das heißt, sie können "mehr oder weniger"

- systembezogen / ganzheitlich
- mehrdimensional und
- kooperativ / interdisziplinär

angelegt sein. Hinzu kommen gewöhnlich inhaltlich zielbezogene und ablauforganisatorische Besonderheiten, die jedoch für die Verfahrenstypisierung weniger Bedeutung haben, da sie oft nur Ausdruck eines speziellen Anwendungssituation sind, indem beispielsweise bestimmte Zielkriterien und fallspezifische Arbeitshilfen empfohlen werden oder speziell zur Herausstellung eines einzelnen EWA-Verfahrens dienen.[3]

10.2) Typologie von EWA-Verfahren

Je nach zugrundegelegter *Bewertungsmethodik* und *Verfahrensanspruch* an die entscheidungsvorbereitende Funktion der Bewertungsergebnisse können unterschiedliche *EWA-Typen* abgegrenzt werden. Neben den *sachlichen* und *wertmäßigen* Aspekten der inhaltlichen *Reichweite* einer Analyse und der *fachlich- organisatorischen* Erweiterung einer Bewertung, ist es vor allem die daraus resultierende *Dimensionalität* der zu berücksichtigenden Ziele, welche zur Typisierung verschiedener EWA-Ansätze geeignet erscheint. Eine entsprechende Verfahrenstypologie ist im rechten Teil der **Abb.10.2-1** dargestellt. Zu den dort unterschiedenen EWA-Typen sind jeweils Autoren aufgeführt, die seit etwa Mitte der 1970-er Jahre - vorzugsweise im Zusammenhang mit Arbeitssystembewertungen - EWA-Verfahren beschrieben haben (vgl. dazu auch weiter unten die Tabelle in **Abb.10.2-2**).

10.2.1) Eindimensionale EWA-Verfahren

Die eindimensionalen EWA-Verfahren beschränken sich wie die traditionelle Wirtschaft-

[3] So differenziert z.B. SENGOTTA [SEN-98,S.143] u.a. nach dem Merkmal *"mehrperiodische Bewertung"*, was nach unserer Auffassung ein rein optionaler Anwendungsaspekt für ein EWA-Verfahren ist, indem dieses im Zeitablauf wiederholt zur Bewertung desselben Systems im Sinne eines Controlling benutzt wird. Bei REICHWALD [REI-96, S.87] wird z.B. die "Instrumentelle Unterstützung des Autonomieaspektes" als Typisierungsmerkmal herausgestellt, um die dezentrale Anwendungsmöglichkeit in Verbindung mit instrumenteller Unterstützung zu kennzeichnen - auch das ist eher ein Merkmal der Handhabung und organisatorischen Gepflogenheiten im Unternehmen und weniger ein methodentypisches Kriterium.

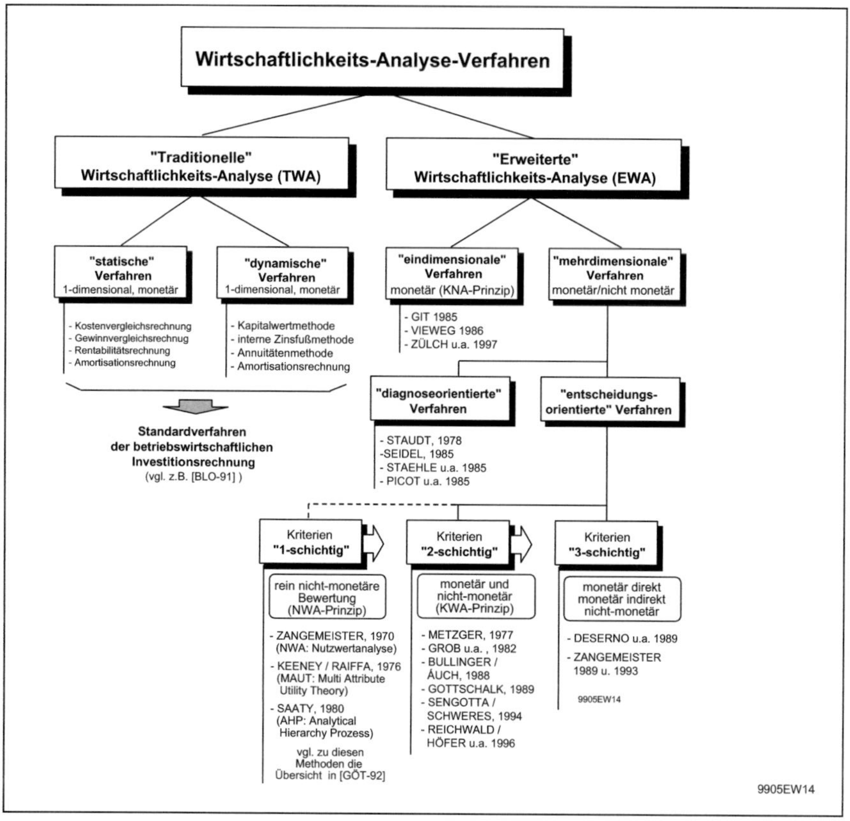

Abb.10.2-1 Systematik von Verfahren der Wirtschaftlichkeitsanalyse (Verfahrenstypologie)

lichkeitsanalyse (TWA) allein auf die Betrachtung *monetärer* Auswirkungen einer Investition. Vom methodischen Ansatz her gesehen, sind sie daher alle durch das bewertungsmethodische Merkmal "Investitionsrechnung" gekennzeichnet (vgl. dazu auch weiter unten auf Seite 404 die **Abb.10.2-2**). Ihre Erweiterung gegenüber der TWA liegt jedoch darin, daß diese EWA-Ansätze versuchen, zusätzlich zu den "direkten" und "unmittelbaren" monetären Auswirkungen im Investitionsbereich selbst auch

- indirekte / mittelbare

Vorhabenkonsequenzen zu erfassen und zu monetarisieren[4]. Eine produktions- und kostentheoretische Begründung der notwendigen Einbeziehung indirekt monetärer In-

4 Diese Vorgehensweise entspricht dem Bewertungsansatz der Kosten-Nutzen-Analyse bei der Bewertung von Vorhaben im öffentlichen Bereich (KNA-Prinzip).

vestitionsauswirkungen - speziell bei Arbeitsstrukturierungsmaßnahmen - findet sich z.B. bei Steffen [STE-78]. Danach beeinflusst die unterschiedlich gestaltbare Arbeitssituation das Verhalten der Arbeitnehmer und damit indirekt auch die Personalkosten. Insbesondere sind - je nach Arbeitssituationsänderung - verhaltensbedingte Folgekosten anzunehmen aufgrund veränderter

- Fehlzeiten
- Fluktuation
- Produktionsfehler und
- Qualifikationsanforderungen (Anlernen / Umlernen).

Analog lassen sich auf der *Leistungsseite* infolge der innovativen Umgestaltung von Technik und Arbeitsorganisation indirekte monetäre Auswirkungen vermuten, die z.B. aufgrund veränderter

- Qualität
- Flexibilität und
- Lieferfähigkeit / Termintreue

auftreten können. Demgegenüber zielt die zusätzliche Berücksichtigung von *mittelbaren monetären* Auswirkungen darauf ab, auch solche Kosten und Einsparungen zu berücksichtigen, welche die Änderung des Arbeitssystems in anderen *Betriebsbereichen* verursacht, um auf diese Weise der Gefahr einer Suboptimierung zu begegnen (vgl. z.B. [STA-81] und [KOU-82, S.93]).

Auch wenn mit dieser rein *monetär* ausgerichteten *Erweiterung* der traditionellen Wirtschaftlichkeitsbetrachtung bereits wichtige Vorhabeneffekte zusätzlich als Kosten- und Leistungsgrößen theoretisch berücksichtigt sein mögen, so bedeutet das allerdings noch nicht, daß diese Effekte damit auch im Einzelfall vollständig und zuverlässig erfaßt werden können. Außerdem wird unterstellt, daß nichtmonetäre Vorhabeneffekte letztlich bedeutungslos und nicht entscheidungsrelevant sind. Dieses vorausgesetzt, kann dann die erweiterte *monetäre* Wirtschaftlichkeitsbetrachtung verfahrensmäßig unterschiedlich ausgestaltet werden. Drei typische Beispiele hierfür wurden von den Autoren VIEWEG [VIE-86], ELIAS [ELIAS-85] und ZÜLCH [ZÜL-97] entwickelt (vgl. auf Seite 404 die Tabellenspalten 2 bis 4 in **Abb.10.2-2**). Eine Kurzbeschreibung der betreffenden Verfahren dieser Autoren findet sich bei ZANGEMEISTER [ZAN-00, S.46 bis 55].

10.2.2) Mehrdimensionale EWA-Verfahren

Die mehrdimensionalen EWA-Verfahren sind generell dadurch gekennzeichnet, daß bei der Bewertung von Vorhabenauswirkungen gleichermaßen *monetäre* und beliebig *nicht monetäre* Kriterien systematisch berücksichtigt werden können. Der Grundgedanke dieser EWA-Ansätze läßt sich weit zurückverfolgen, da das Problem der Unvollkommenheit rein monetärer Betrachtungen bereits in den frühen Anfängen formalisierter Investitionsrechnungen gesehen wurde. So empfiehlt beispielsweise GUTENBERG bereits im Jahr 1954 in einer Bestandsaufnahme der damaligen Investitionsrechnungsansätze im Anschluß an die zweiphasige monetäre Durchrechnung eines Investitionsproblems als Ergänzung zusätzlich eine dritte Phase. Diese müsse die vielen technischen und organisatorischen Momente berücksichtigen, die sich beim Wirtschaftlichkeitsvergleich einer (monetären) Erfassung entziehen, und die - insgesamt gesehen - jedoch "eine unter Umständen äußerst bedeutsame Rolle" für die Investitionsüberlegungen spielen können (vgl. dazu GUTENBERG [GUT-54, S.564]; SCHNEIDER [SCH-66, S. 129]).

An einer Systematisierung dieser schon frühzeitig geforderten analytisch / diagnostischen Ergänzung eines monetären Wirtschaftlichkeitsvergleiches hat es jedoch noch relativ lange gefehlt. Erst in neuerer Zeit wurden dann mit dem Aufkommen der Nutzwertanalyse [ZAN-70] in den 1980-er und 1990-Jahren speziell im Zusammenhang mit Fragen der Arbeitssystembewertung mehrdimensionale EWA-Verfahren entwickelt [ZAN-00]. Bei diesen Verfahren sind hinsichtlich *Vorgehensweise* und Art des Bewertungsergebnisses zwei Verfahrensklassen zu unterscheiden (vgl. **Abb.10.2-1**):

- Die ***"diagnoseorientierten"*** EWA-Ansätze zielen darauf ab, eine möglichst vollständige und übersichtliche verbale und / oder quantitative Darstellung der Stärken und Schwächen eines Investitionsvorhabens anhand beliebig festzulegender Kriterienarten vorzunehmen (*Argumentenbilanz)*. Es wird dann jedoch dem Anwender überlassen, aus den aufbereiteten vielfältigen Informationen die "richtige" bewertende Schlussfolgerung zu ziehen. Mit anderen Worten erfolgt hier *keine formalisierte Informationsverdichtung* (Aggregation) zu einem Gesamtwert oder zu einer Gesamtrangfolge, es sei denn partiell, indem beispielsweise unter anderem auch Wirtschaftlichkeitskennziffern in der Argumentenbilanz ausgewiesen werden.
- Die ***"entscheidungsorientierten"*** EWA-Ansätze bieten demgegenüber zusätzlich die Möglichkeit einer formalisierten Informationsverdichtung, um so auch die zielbe-

zogene *Gesamtwertigkeit* eines Investitionsvorhabens nachvollziehbar auszuweisen. Dies muß nicht notwendigerweise durch eine einzige *"Zahl"* erfolgen, sondern kann durchaus auch durch eine gestufte Zahlenfolge - gegebenenfalls ergänzt um eine graphische Darstellung - vorgenommen werden.

Bewertungsmethodisch gesehen, stellen die entscheidungsorientierten EWA-Verfahren gewöhnlich eine *Kombination* von *finanzanalytischer* Wirtschaftlichkeitsrechnung auf monetärer Basis und *nutzwertanalytischer* Punktbewertung dar. Denn nur mit Hilfe der Methodik der *Nutzwertanalyse* gelingt es - in Form einer wie auch immer ausgestalteten *Punktbewertung* - die verschiedenartigen Kriterienausprägungen in vergleichbare, dimensionslose Präferenzaussagen zu transformieren und formallogisch nachvollziehbar zu aggregieren. Diese Kombination von *finanzanalytischer* Wirtschaftlichkeitsrechnung auf monetärer Basis und *nutzwertanalytischer* Punktbewertung in den entscheidungsorientierten EWA-Verfahren erfordert grundsätzlich eine *Schichtung* der *Bewertungskriterien* in *monetäre* und *nicht monetäre* Kriterien (vgl. Abb.10.2-1):

- **"Einschichtig" mehrdimensionale EWA-Verfahren**

  Dieser Verfahrenstyp repräsentiert den Grenzfall der *reinen Nutzwertanalyse*. Das heißt, die monetären und nicht monetären Kriterien werden in einer Schicht belassen und einheitlich einer nutzwertanalytischen Punktbewertung unterzogen.

  In der Wirtschaftspraxis werden *"reine Nutzwertanalysen"* in diesem Zusammenhang häufig jedoch nicht als problemadäquat angesehen. Der Grund hierfür liegt darin, daß im marktwirtschaftlichen System der *monetäre* Wirtschaftlichkeitsnachweis - auch wenn er nur einen Teil der zielrelevanten Konsequenzen einer Investition widerspiegeln kann - zur ökonomischen Rechtfertigung einer Finanzierung unverzichtbar erscheint. Andernfalls stoßen Bewertungen auf unüberwindbare Akzeptanzbarrieren. Infolgedessen wird dieser Verfahrenstyp der EWA in der Regel nur bei *Vorauswahlentscheidungen* verwendet, wenn monetäre Daten ohnehin nicht oder nur unvollständig verfügbar sind.

- **"Zweischichtig" mehrdimensionale EWA-Verfahren**

  Zu dieser Verfahrensgruppe werden hier speziell solche Ansätze gerechnet, die in der Fachliteratur zum *Thema Arbeitssystemgestaltung* häufig auch unter der Bezeichnung *"Wirtschaftlichkeitsvergleich und Arbeitssystemwertermittlung"* oder oft auch nur kurz unter dem Begriff *"Arbeitssystemwertanalyse"* angeführt werden (vgl. z.B. [BUL-88]). Bei diesen Verfahren werden die Kriterien *zweischichtig* nach *mo-*

netären und *nicht monetären* Kriterien unterteilt. Sie kombinieren nebeneinander einen traditionellen Wirtschaftlichkeitsvergleich (TWA), in den alle monetären Kriterien einbezogen werden, mit einer methodisch einfach gehaltenen Punktbewertung (Nutzwertanalyse) für alle nicht oder schwer monetarisierbaren Kriterien.

Obwohl häufig angewandt, stoßen auch die *zweischichtigen EWA-Verfahren* in der Praxis oft auf Vorbehalte. Einer der Hauptgründe dafür muß darin gesehen werden, daß diese Verfahren keine *Trennung* von *direkt* monetären und *indirekt monetären* Kriterien vornehmen. Darunter kann die Aussagekraft des finanzanalytisch ermittelten Wirtschaftlichkeitsergebnisses leiden, sofern *indirekt monetäre* Kriterien in größerem Umfang in die Analyse eingehen. Aufgrund der diesen Kriterien gewöhnlich anhaftenden Unsicherheit wird dann das monetäre Bewertungsergebnis womöglich insgesamt ebenfalls als unsicher eingestuft. Dieser durchaus berechtigten Kritik versuchen speziell die dreischichtigen EWA-Verfahren zu begegnen, die eine entsprechende Weiterentwicklung der zweischichtigen Vorgehensweise darstellen.

- **"Dreischichtig" mehrdimensionale EWA-Verfahren**
  Zu diesem EWA-Typ werden hier speziell solche Ansätze gerechnet, welche die strikte, zweiseitige Betrachtungsweise von *monetären* und *nicht monetären* Vorhabenauswirkungen aufgeben, und durch eine weitere *Schichtung* der Kriterien eine situationsangepaßte Analyse und Ergebnisdifferenzierung auch für die Übergangsbereiche von *direkt monetär* zu *indirekt monetär* und *nicht monetär* ermöglichen (vgl. Abb.10.2-1 sowie die Tabellenspalten 15 und 16 in Abb.10.2-2).

Einen zusammenfassenden Überblick über die in Deutschland speziell in Verbindung mit der Gestaltung von Arbeitssystemen entwickelten EWA-Verfahren und deren Typisierungsmerkmale gibt **Abb.10.2-2**. Danach zeigen die Entwicklung der EWA-Verfahren und ihre Anwendung einen deutlichen Trend hin zu den *"entscheidungsorientierten"* Ansätzen. Hier hat sich das Nebeneinander von TWA auf der einen Seite und NWA auf der anderen Seite grundsätzlich bewährt. Diese Verfahren weisen gegenüber den *"diagnoseorientierten"* EWA-Ansätzen prinzipielle Vorteile auf: Sie bleiben nicht bei einer Diagnose stehen, indem sie dem Entscheidungsträger die schwierige Aufgabe der mehrdimensionalen Informationsverdichtung überlassen. Vielmehr führen sie die üblicherweise unverzichtbare traditionelle Wirtschaftlichkeitsanalyse methodisch konsequent fort und können - je nach Verfahrensausgestaltung - vergleichbare Ergebnisaussagen wie die TWA liefern (z.B. Rangreihung der verglichenen Alternativen).

EWA-Verfahren / Autoren

Legende:

● =: Merkmal "trifft zu"
○ =: Merkmal "trifft bedingt zu"
□ =: Merkmal "trifft nicht zu"

*Hinweis: Merkmalskombination "B+D" = "Kosten-Wirksamkeits-Analyse (KWA)"

1. vgl. z.B. BLOHM [BLO-91]
2. VIEWEG [VIE-86]
3. GIT / ELIAS [ELI-85]
4. ZÜLCH u.a. [ZÜL-97]
5. STAUDT [STA-78]
6. SEIDEL [SEI-85]
7. STAEHLE u.a. [STÄ-85]
8. PICOT u.a. [PIC-85]
9. METZGER [MET-77]
10. GROB u.a. [GRO-82]
11. BULLINGER u.a. [BUL-85]
12. GOTTSCHALK [GOT-87]
13. SENGOTTA u.a. [SEN-94]
14. REICHWALD u.a. [REI-96]
15. DESERNO u.a. [DES-89]
16. ZANGEMEISTER [ZAN-89]
17.
18.
19.
20.

98EWATYP-2014.DOC

Typisierungs-Merkmale (vgl. dazu im Text)				TWA	EWA 1-dimensional			"mehrdimensionale EWA-Verfahren" (vgl. dazu die Verfahrenscharakteristiken zu 2 bis 16 in [ZAN-00])															
				1	2	3	4	5	6	7	8	9	10	11	12	13	14	15	16	17	18	19	20
Bewertungs-methodischer Ansatz		Argumentenbilanz	A					●	●	●	●				●								
		Investitionsrechnung	B	●				○	○		●	●	●	●	●	○	●	●	●				
		Kosten-Nutzen-Analyse (KNA)	C		●	●	●																
		Nutzwertanalyse (NWA)*	D									●	●	●	○	●	●	●	●				
Erweiterungs-Perspektiven	Reichweite	Investitionsbereich	E	●	●	●	●	●	●	●	●	●	●	●	●	●	●	●	●				
		vor-/nachgel. Bereiche	F	○	○	○		●	●	●	●	○	○	○	○	●	●	●	●				
		externe Bereiche	G			○		○	●	○	●					○	●	○	○				
	Kriterien-Arten	"direkt" monetär	H	●	●	●	●	●	●		●	●	●	●	●	○	●	●	●				
		"indirekt" monetär	I		●	●	●	○	○		○	○	○	○	○		○	●	●				
		"nicht" monetär	J					●	●	●	●	●	●	●	●	●	●	●	●				
	Organisation	Fin.-u. Rechnungswesen	K	●	●	●	●	●	●	○	●							●					
		Fachabteilung	L	○	○	○		●	●	●	●							●					
		kooperatives Team	M							○	○	●	●	●	●	●	●	○	●				
Verfahrenstyp		Diagnosehilfe	N					●	●	●	●				●								
		Entscheidungshilfe	O	●	●	●	●					●	●	●	○	●	○	○	●				

Abb.10.2-2 Typisierungsmerkmale von Verfahren der Erweiterten-Wirtschaftlichkeits-Analyse (EWA) im Anwendungsschwerpunkt "Arbeitssystembewertung" (ZANGEMEISTER [ZAN-00])

Als problematisch kann sich allerdings die Unsicherheit bei der Ergebnisinterpretation erweisen, wenn *direkte* und *indirekte* monetäre Effekte in "größerem Umfang" miteinander vermischt werden, was bei den "zweischichtigen" EWA-Ansätzen grundsätzlich nicht unterschieden wird.

In solchen Fällen bietet jedoch die "dreischichtige" Betrachtungsweise eine flexibel handhabbare methodische Lösungsmöglichkeit an, wie das im folgenden charakterisierte *3-Stufen-Verfahren* der EWA zeigt.

10.3) Nutzwertanalytisches Drei-Stufen-Verfahren zur EWA

Das von ZANGEMEISTER auf der Basis der Nutzwertanalyse (NWA) im Kontext von (Arbeits-) Systembewertungen entwickelte Drei-Stufen-Verfahren der erweiterten Wirtschaftlichkeitsanalyse [ZAN-00] ist bewertungsmethodisch flexibel an spezielle Situationsgegebenheiten anpassbar und ermöglicht eine nach Kriterienarten differenzierte Analyse und Entscheidungsfindung (vgl. auch Spalte 16 in **Abb.10.2-2**):

- Die Kriterien werden *"dreischichtig"* behandelt, wobei für jede der drei *Kriterienarten* die Analyse und Bewertung nacheinander *getrennt* auf einer eigenen Stufe erfolgt, und zwar in der Reihenfolge *direkt monetäre*, *indirekt monetäre* und *nicht monetäre* Kriterien.
- Die Bewertungsergebnisse auf den drei Stufen werden zunächst jeweils für sich getrennt ausgewiesen. Sie bauen gleichzeitig aber im Sinne einer *sukzessiven Erweiterung* des erfassten Bewertungsspektrums so aufeinander auf, daß auch ein *Gesamtresultat* unter Berücksichtigung der jeweiligen Ergebnisse der Vorstufe(n) ausgewiesen werden kann.

In der Praxis wird die *dreistufige* Bewertung zweckmäßigerweise in den *Gesamtablauf* einer kooperativen, betrieblichen Investitionsplanung eingebettet (vgl. **Abb.10.3-1**). Das heißt, vor der eigentlichen Bewertung müssen das zu analysierende *(Arbeits-) System* abgegrenzt, die entscheidungsrelevanten *Ziele* und *Zielkritrien* festgelegt, und die zu bewertenden Alternativen beschrieben werden.

An diese *systemanalytische* Aufgabe schließt sich dann die eigentliche *"mehrdimensionale"* Bewertung der Vorhaben-Auswirkungen und -Eigenschaften je Alternative an, wobei nacheinander - je nach Situationsrelevanz der zu berücksichtigenden Kriterienarten - bis zu drei Bewertungsstufen zu durchlaufen sind.

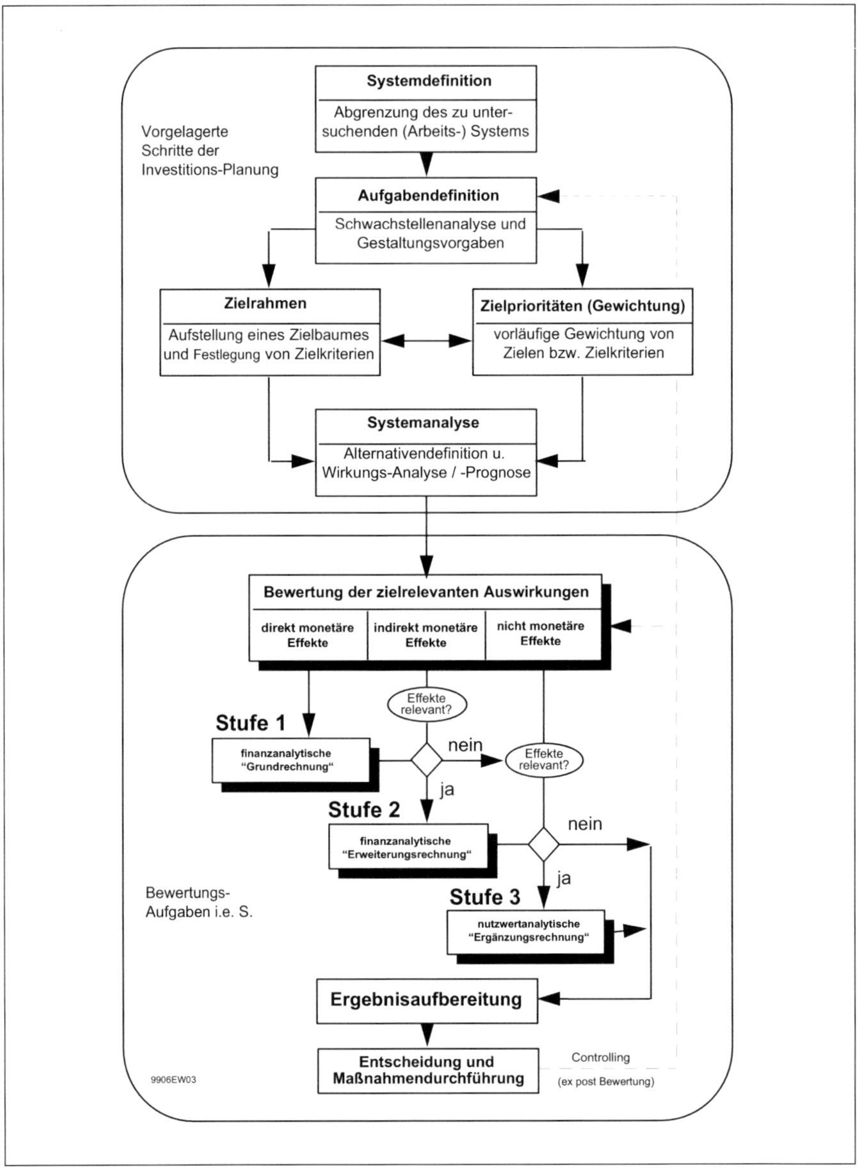

Abb.10.3-1 Gesamtablauf des dreistufigen Bewertungsverfahrens der Erweiterten-Wirtschaftlichkeits-Analyse (EWA) im Rahmen einer betrieblichen Investitionsplanung

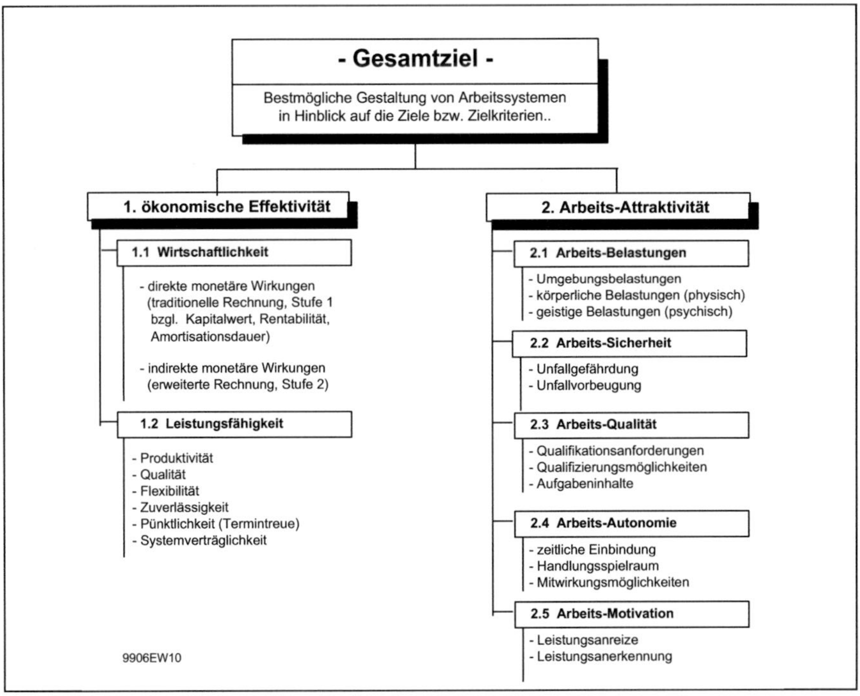

Abb.10.3-2 Zielrahmen: Ziel-Kriterien-Struktur zur unternehmensbezogenen Arbeitssystembewertung (vgl. dazu ausführlich in [ZAN-00,S.104]).

Zur Veranschaulichung des Drei-Stufen-Verfahren wurde hier ein *Zielrahmen* mit zwei Zielbereichen entwickelt, der speziell im Kontext von *Arbeitssystembewertungen* als Checkliste fungieren kann (vgl. **Abb.10.3-2**). Der erste Zielbereich, *"ökonomische Effektivität"*, enthält alle diejenigen Merkmale, welche die *monetäre Wirtschaftlichkeit* und die *technisch- organisatorische Leistungsfähigkeit* eines Arbeitssystems kennzeichnen.

Demgegenüber sind im zweiten Zielbereich *"Arbeitsattraktivität"* alle *ergonomischen* und *arbeitsorganisatorischen* Merkmale enthalten, mit denen die humanrelevante Arbeitssituation beschrieben werden kann. Sofern darüber hinaus im Einzelfall auch überbetrieblich wirksame, *gesellschaftliche Effekte* zu berücksichtigen sind, müsste der Zielrahmen um einen entsprechenden dritten Zielbereich erweitert werden. Die auf der Grundstruktur dieses Zielrahmens aufbauende dreistufige Bewertung veranschaulicht die **Abb.10.3-3**.

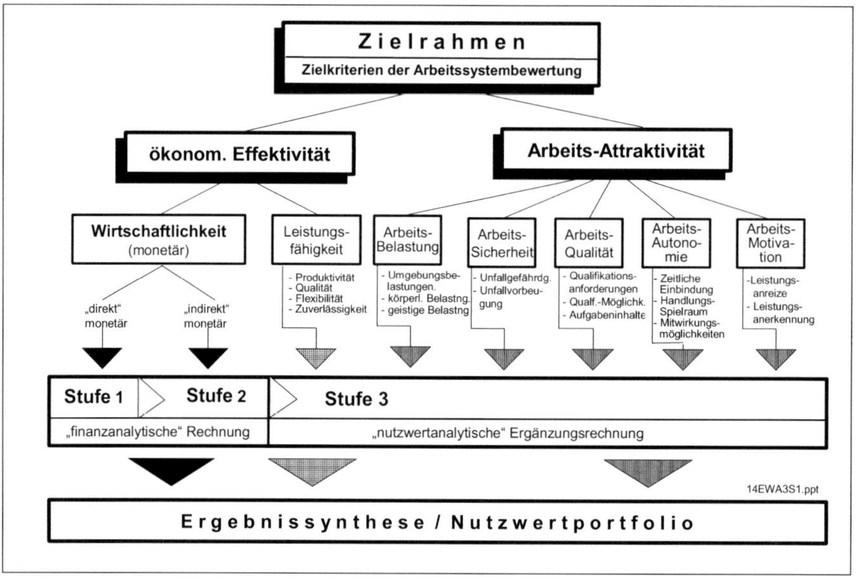

Abb.10.3-3 Grundstruktur des 3-Sufenverfahrens zur dreischichtigen Systembewertung: Beispiel "Bewertung eines Arbeitssystems" [ZAN-00, S.94].

10.3.1) <u>Stufe 1:</u> Finanzanalytische "Grundrechnung"

Die Analyse und Bewertung auf der *Stufe 1* erstreckt sich auf alle *direkten Kosten bzw. Kosteneinsparungen*, die mit den zu vergleichenden Alternativen verbunden sind, wobei als Bezugsbasis zweckmäßigerweise der Status quo dient (Basisalternative "A0"). Zu diesen Kosten gehören zum einen die Investitionskosten, die unmittelbar mit der Beschaffung und Durchführung der Investitionsmaßnahme zusammenhängen, sowie zum anderen die direkt anfallenden Betriebskosten.

Mögliche indirekte Betriebskostenänderungen werden dagegen erst auf Stufe 2 berücksichtigt. Methodisch erfolgt die *finanzanalytische Bewertung* mit den üblichen betriebswirtschaftlichen Verfahren des *Wirtschaftlichkeitsvergleiches* in Form einer statischen oder dynamischen *Investitionsrechnung*, die im Ergebnis zu den *Kenngrößen Kapitalwert*, *Amortisationsdauer*, *Rentabilität* usw. führen (vgl. z.B. [BLO-91]).

10.3.2) <u>Stufe 2:</u> Finanzanalytische "Erweiterungsrechnung"

Die Bewertung auf der *Stufe 2* verläuft völlig analog wie auf der Vorstufe, nur mit dem Unterschied, daß jetzt die *indirekten Kosten bzw. Kosteneinsparungen* der zu beurteilenden Alternativen zu bestimmen und in den finanzanalytischen Wirtschaftlichkeitsvergleich *zusätzlich* einzubeziehen sind. Hierbei wird zweckmäßigerweise zwischen Humankosten und Funktionskosten unterschieden.

Während die *"Humankosten"* die *belastungsbedingten* Personalkostenänderungen zusammenfassen (Leistungsminderungen, Fehlzeiten, Fluktuation, Krankheit, Unfälle usw.) beschreiben die *"Funktionskosten"* die voraussichtlich zu erwartenden technisch- und verfahrensbedingten Betriebskostenänderungen bezüglich Ausschuß, Nacharbeit, Qualität, Produktionsstörungen, Flexibilität, Lieferfähigkeit, Termintreue usw.

Sind auf diese Weise alle monetarisierbaren indirekten Effekte in den Bereichen "Humankosten" und "Funktionskosten" identifiziert und der Höhe nach für die zu vergleichenden Alternativen bestimmt worden, dann werden diese Kosten erweiternd zu den auf der Stufe 1 ermittelten Betriebskosten hinzugerechnet. Auf dieser Basis kann dann der finanzanalytische Wirtschaftlichkeitsvergleich mit dem bereits auf Stufe 1 benutzten Investitionsrechnungsverfahren erneut durchgeführt werden.

Da bei Arbeitssystembewertungen die indirekten Kosteneffekte per Saldo gewöhnlich Einsparungen ergeben, führt dies im Vergleich zur Stufe 1 meistens zu einem verbesserten Abschneiden der eher innovativen Gestaltungsalternativen. Die Unsicherheit bzw. das Risiko des zusätzlichen Nutzenbeitrages infolge der indirekt monetären Effekte veranschaulicht man dabei am besten durch Ausweis der Kennwertdifferenzen gegenüber den auf Stufe 1 errechneten Werten.

10.3.3) <u>Stufe 3:</u> Nutzwertanalytische "Ergänzungsrechnung"

Auf der dritten Stufe werden schließlich durch eine ergänzende Nutzwertrechnung auch alle *nicht monetären* Effekte, - speziell der Zielbereiche *"Leistungsfähigkeit"* und *"Arbeitsattraktivität"* - in die Bewertung mit einbezogen und mit den auf den Vorstufen ermittelten Wirtschaftlichkeitskennzahlen schrittweise zu einem *Gesamtergebnis* verknüpft. Das Prinzip dieser Vorgehensweise zeigt **Abb.10.3-4.**

Zur Lösung dieser Aufgaben reicht eine relativ einfache Grundform der Nutzwertanalyse aus. Die bewertende Einstufung erfolgt zweckmäßigerweise mit einer von 0 bis 10 reichenden Punkteskala in Verbindung mit einem kriterienspezifischen *Bewertungsschema*, aus dem je nach erreichter Kriterienerfüllung die zugehörigen Punktwerte entnommen werden können. Für quantitativ meßbare Zielkriterien können auch mathematisch definierte *Zielwertfunktionen* festgelegt werden, um die jeweiligen Bewertungspunkte zu berechnen. Mit Hilfe solcher Zielwertfunktionen lassen sich insbeson-

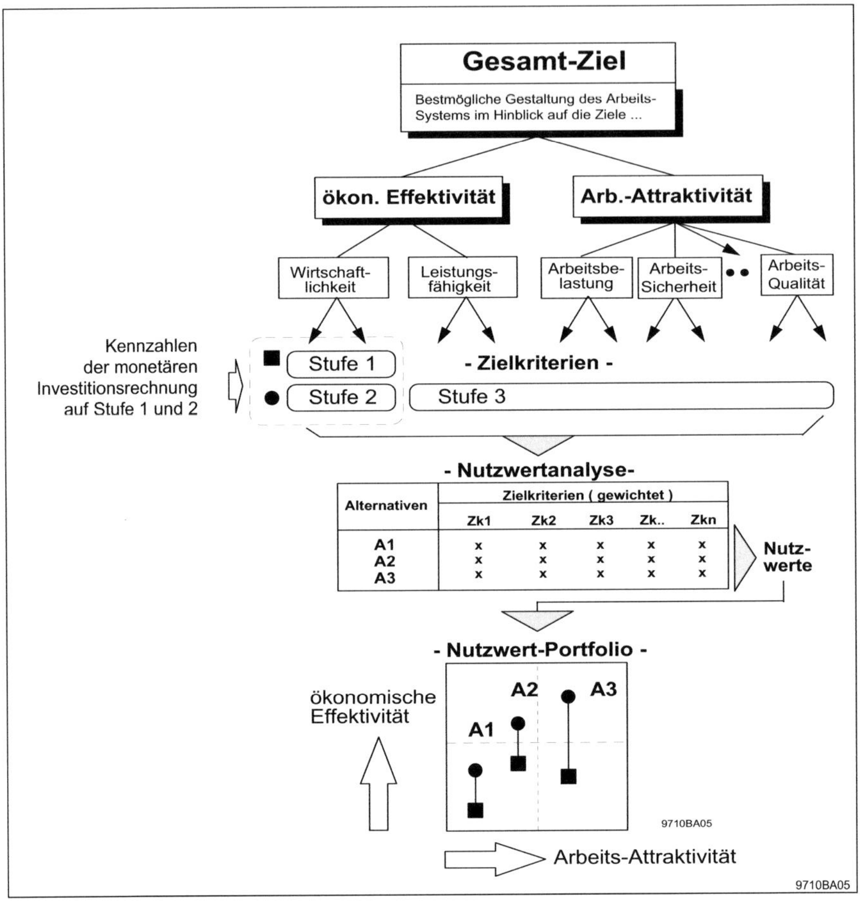

Abb.10.3-4 Prinzip der nutzwertanalytischen Verknüpfung der monetären und nicht monetären Bewertung im Rahmen des Drei-Stufen-Verfahrens der Erweiterten-Wirtschaftlichkeits-Analyse (EWA). Die hier beispielhaft zugrunde gelegte Zielstruktur entstammt dem Anwendungsbereich der Arbeitssystembewertung (vgl. dazu auch Abb.10.3-2).

dere auch die auf den Stufen 1 bzw. 2 für die betreffenden Zielkriterien ermittelten monetären Wirtschaftlichkeitskennzahlen in Punktwerte umrechnen, so daß damit auf der Basis der zugrundegelegten Zielstruktur eine entscheidungslogisch "systemkonforme" Verknüpfung der drei Stufenergebnisse möglich wird (vgl. dazu in [ZAN-93, S.121]).

Für die betriebliche *Akzeptanz* eines Bewertungsergebnisses spielt neben der Organisation des Bewertungsprozesses (kooperativer Ansatz) vor allem auch die *Ergeb-*

nisaufbereitung eine entscheidende Rolle. Eine wichtige Ergänzung zur numerischen Ergebnisaufbereitung sind daher graphische Darstellungen. Außer den bewährten Möglichkeiten von *Nutzwertprofilen* in Form von *Balken-* oder *Netzdiagrammen* (vgl. Kap. 6.6) bieten sich hier speziell auch *Nutzwert-Portfolios* an, um die relative Positionen der Zielerreichung der miteinander verglichenen Gestaltungs-Alternativen (A1, A2 usw.) unter Hervorhebung des Ergebnisaufbaus im Bereich "Wirtschaftlichkeit" von Stufe 1 nach Stufe 2 deutlich zu machen (vgl. die Prinzipdarstellung in **Abb.10.3-4**).

Durch Einsatz spezieller *PC-Programme* kann die betriebliche Anwendung einer EWA wesentlich erleichtert werden (vgl. z.B. [REI-96]; [SCHW-99] und [ZAN-00]). Als Beispiel zeigt hierzu die **Abb.10.3-5** den prinzipiellen Arbeitsablauf beim Einsatz des Programms *NEWA*[5]. Dieses Programm erlaubt eine flexible Kombination von Wirtschaftlichkeitsanalyse und Nutzwertanalyse, indem jede Analyseform einzeln für sich oder integriert als *zwei-* bzw. *dreistufige* Bewertung durchgeführt werden kann [ZAN-00]. In neuerer Zeit sind hierzu auch Programme auf der Basis von Excel als Excel-Addin entwickelt worden, so u.a. das Programm NewaXLS (vgl. dazu beispielsweise auch unter cz@zangemeister.de).

10.4) Schlussbemerkungen und Ausblick

Angesichts des breiten Spektrums unterschiedlich anspruchsvoller EWA-Ansätze erscheint es gerechtfertigt, festzustellen, daß mit den heute verfügbaren Verfahren praktisch jede Bewertungssituation – je nach Kriterienarten und Anspruch der Entscheidungsvorbereitung – methodisch angemessen bearbeitet werden kann. Dennoch sind auch in Zukunft noch Verbesserungen möglich. So ist es insbesondere vorstellbar, daß für besondere Fallsituationen speziell angepasste *Ziele* und *Kriterien* im Sinne von *Checklisten* entwickelt, *Bewertungsschemata* zur Skalierung der Zielerfüllung begründet und weitere *Arbeitshilfen* - wie z.B. PC-Programme - zur Durchführung von Bewertungsprozessen bereitgestellt werden. Dieses alles wären dann jedoch *keine bewertungsmethodischen Neuerungen* grundsätzlicher Art, sondern eher *situationsbezogene* Ergänzungen eines heute bereits im Wesentlichen vorhandenen Bewertungsinstrumentariums!

Das eigentliche Potential der häufig wünschenswerten *Verbesserungen von Systembewertungen* liegt daher unseres Erachtens auch weniger auf bewertungsmethodisch-

---

[5] Die Bezeichnung NEWA steht für "Nutzwert- und Erweiterte Wirtschaftlichkeits-Analyse"

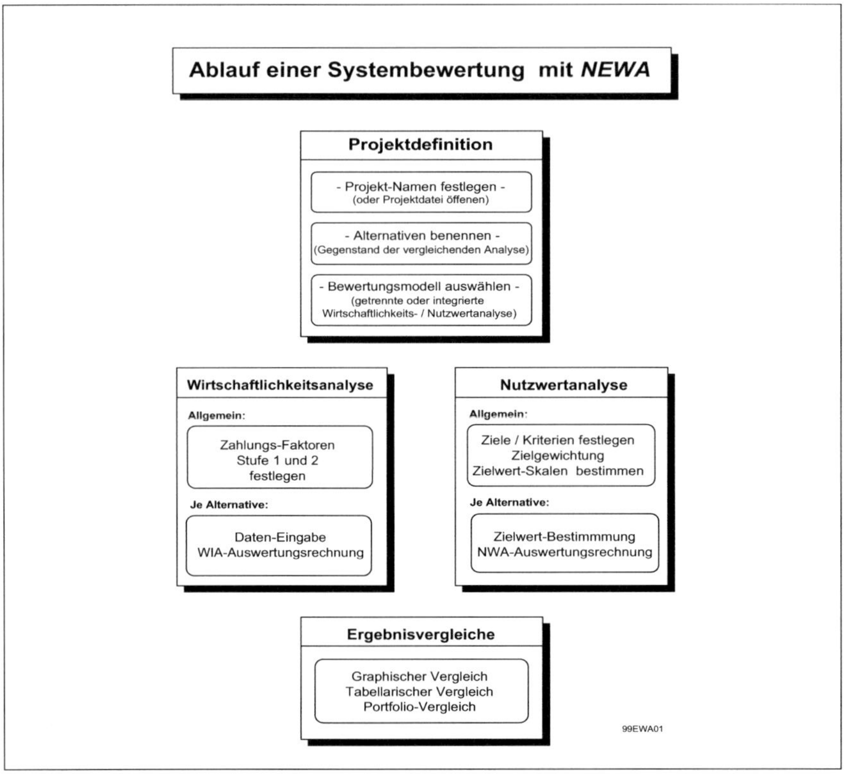

Abb. 10.3-5 Prinzipiellen Arbeitsablauf mit dem PC-Programm NEWA [ZAN-00]

em Gebiet, als vielmehr im Bereich der *Systemanalyse*, um die bewertungsrelevanten Auswirkungen bzw. Eigenschaften einer Gestaltungslösung im Einzelfall zu identifizieren und in ihrer Ausprägung zu prognostizieren (vgl. weiter oben Abb.10.3-1).

Bei der Diskussion und Entwicklung von EWA-Ansätzen wurde bisher häufig auf eine Unterscheidung von *Systemanalyse* und *Systembewertung* verzichtet und infolgedessen meistens auch der für die Qualität eines Bewertungsergebnisses so wichtige Zusammenhang zwischen diesen beiden Aufgaben zu wenig beachtet. Wie Abb.10.3-1 verdeutlicht, ist eine sachlich fundierte Systemanalyse jedoch immer Voraussetzung für eine aussagefähige, inhaltlich zutreffende Bewertung. Das heißt, auch eine methodisch noch so anspruchsvolle Bewertung kann im Ergebnis nicht besser sein, als die systemanalytisch bereitgestellten Informationen über die zielrelevanten Eigenschaften und Auswirkungen der im konkreten Einzelfall zu bewertenden Gestaltungslösungen. Das aber verlangt eine möglichst sorgfältige Analyse der *Ursache-Wirkungs-Beziehungen* im jeweils betrachteten Systemzusammenhang, um die durch Gestaltungsmaßnahmen bewirkten zielrelevanten Lösungseigenschaften und Auswirkungen zu identifizieren und ihrem Umfang nach zu beschreiben.

Ziel zukünftiger Entwicklungen sollte es daher sein, beide Problemdimensionen - d.h. die *systemanalytische* und die *bewertungsmethodische* – verfahrensmäßig gleichwertig anzugehen, so daß z.B. eine anspruchsvolle Systemanalyse aufgrund einer *Simulation* mit einer entsprechend fundierten, mehrdimensionalen Wirkungsbewertung - wie sie z.B. mit einer 3-schichtigen EWA erreicht werden kann – verknüpft wird und umgekehrt.

10.5) Literaturhinweise zu Kap. 10

[BLO-91] Blohm, H.; Lüder, K. (1991): Investition; 7. Auflage, München 1991

[BUL-88] Bullinger, H.-J.; Auch, M. (1988): Arbeitssystemwertanalyse; Schriftenreihe der Bundesanstalt für Arbeitsschutz, Fa 16, Dortmund 1988

[DES-89] Deserno, G.; Heeg, F.J. u.a. (1989): Arbeitsschutz und humanisierungsrelevante Kosten; Bundesanstalt für Arbeitsschutz; Dortmund 1989

[ELI-85] Elias, H. J. (1985): Menschengerechte Arbeitsplätze sind wirtschaftlich: Das GIT-Verfahren zur Humanvermögensrechnung; RKW, Bonn, Eschborn 1985

[GOT-89] Gottschalk, B. (1989): Wissenschaftliche Begleitung der Umsetzung erweiterter Wirtschaftlichkeitsrechnungen; Schriftenreihe der Bundesanstalt für Arbeitsschutz, Fb 598, Dortmund 1989

[GÖT-92] Götze, U.; Bloech, J. (1992): Investitionsrechnung: Modelle und Analysen zur Beurteilung von Investitionsvorhaben; Berlin, Heidelberg 1992

[GRO-82] Grob, R.; Haffner, H. (1982): Planungsleitlinien Arbeitsstrukturierung; Siemens AG, München und Berlin 1982

[KEE-76] Keeny, R. L.; Raiffa, H. (1976): Decisions with Multiple Objectives; New York, Santa Barbara, 1976

[MET-77] Metzger, H. (1977): Planung und Bewertung von Arbeitssystemen in der Montage; Schriftenreihe aus dem Institut für Produktionstechnik und Automatisierung (IPA), Stuttgart 1977

[PIC-85] Picot, A.; Reichwald, R.; Behrbohm, P. (1985): Menschengerechte Arbeitsplätze sind wirtschaftlich: Vier-Ebenen-Modell der Wirtschaftlichkeitsbeurteilung; RKW, Bonn, Eschborn 1985

[REI-96] Reichwald, R.; Höfer, C.; Weichselbaumer, J. (1996): Erfolg von Reorganisationsprozessen - Leitfaden zur strategieorientierten Bewertung; Stuttgart 1996

[SAA-80] Saaty, T.L. (1980): The Analytic Hierarchy Process (AHP); New York, 1980

[SCHW-99] Schweres, M.; Sengotta, M., Roesler, J. (1999): Gesundheits- und Arbeitsschutz in der Investitionsplanung: DV-Unterstützung für erweiterte Wirtschaftlichkeitsrechnungen; In: Schriftenreihe der Bundesanstalt für Arbeitsschutz und Arbeitsmedizin, Fb-1239; Wirtschaftsverlag NW, Bremerhaven,1999

[SEI-83] Seibel, H.-D.; Löhring, H. (1983): Die gesundheitlichen und wirtschaftlichen Kosten psychischer Arbeitsbelastungen. In: Humane Produktion - humane Arbeitsplätze, S. 10-13, 1983

[SEI-85] Seidel, E. (1985): Menschengerechte Arbeitsplätze sind wirtschaftlich: Betriebsökonomische Effizienzindikatoren; RKW, Bonn, Eschborn 1985

[SEN-94] Sengotta, M.; Schweres, M. (1994): Entwicklung und Evaluation eines Verfahrens der erweiterten Wirtschaftlichkeitsrechnung zur Bewertung komplexer Arbeitssysteme; In: Schriftenreihe der Bundesanstalt für Arbeitsschutz und Arbeitsmedizin, Fb. 704; Dortmund 1997

[STA-78] Staudt, E. (1978): Entwurf eines Diagnosesystems zur betriebswirtschaftlichen Analyse und Bewertung organisatorischer Veränderungen im Industriebetrieb; In: Richter, K., u.a.: Einführung neuer Formen der Arbeitsorganisation in Industriebetrieben; Göttingen 1978

[STÄ-85] Staehle, W.H.; Elias, H.J.; Gottschalk, B.; Sydow, J. (1985): Menschengerechte Arbeitsplätze sind wirtschaftlich: Duale Arbeitssituationsanalyse - Ein Verfahren zur Bewertung und Gestaltung von Arbeitssystemen; RKW, Bonn, Eschborn 1985

[VIE-86] Vieweg, H.G. (1986): Die Wirtschaftlichkeit von Fertigungssystemen; München 1986

[ZAN-00] Zangemeister, C. (2000): Erweiterte Wirtschaftlichkeits-Analyse (EWA) - Grundlagen Leitfaden und PC-gestützte Arbeitshilfen für ein "3-Stufen-Verfahren" zur Arbeitssystembewertung; In: Schriftenreihe der Bundesanstalt für Arbeitsschutz, Wirtschaftsverlag NW, Bremerhaven; 2. Auflage, Dortmund 2000, Fb 879 (1. Auflage 1993, Fb 676)

[ZAN-70] Zangemeister, C. (1970): Nutzwertanalyse in der Systemtechnik; 4. Auflage, München 1976

[ZAN-89] Zangemeister, C. (1989): Arbeitssystembewertung in Gießereien: 3-Stufen-Verfahren zur erweiterten Wirtschaftlichkeits-Analyse (EWA); Gießereiverlag Band 13, Düsseldorf 1989

[ZAN-89a] Zangemeister, C. (1989): Wirtschaftlichkeit und Humanisierung: 3-Stufen-Verfahren zur Arbeitssystembewertung in Gießereien;In: ErgoMed 13, Nr.6, S.143-151, 1989

[ZAN-93] Zangemeister, C. (1993): Erweiterte Wirtschaftlichkeits-Analyse (EWA) - Grundlagen und Leitfaden für ein 3-Stufen-Verfahren zur Arbeitssystembewertung; In: Schriftenreihe der Bundesanstalt für Arbeitsschutz, Fb 676. Wirtschaftsverlag NW, Bremerhaven 1993.

[ZÜL-97] Zülch, G.; Richter, P.; Horváth, P. (1997): Erweiterte Bewertung manueller Arbeit; Forschungsvorhaben I/72 138, gefördert von der VW-Stiftung; Unterlagen zum Kolloquium des ifab am 09.12. 1997 an der Universität Karlsruhe; Pub-Nr. 0917002